名家视点 第5辑

计量学研究的发展与创新

《图书情报工作》杂志社 编

海洋出版社

2014年 · 北京

图书在版编目（CIP）数据

计量学研究的发展与创新/《图书情报工作》杂志社编．—北京：海洋出版社，2014.4

（名家视点．第5辑）

ISBN 978-7-5027-8823-0

Ⅰ．①计… Ⅱ．①图… Ⅲ．①化学计量学-研究 Ⅳ．①O6-04

中国版本图书馆CIP数据核字（2014）第041949号

责任编辑：杨海萍

责任印制：赵麟苏

海洋出版社 出版发行

http://www.oceanpress.com.cn

北京市海淀区大慧寺路8号 邮编：100081

北京旺都印务有限公司印刷 新华书店北京发行所经销

2014年4月第1版 2014年4月第1次印刷

开本：787 mm×1092 mm 1/16 印张：27.5

字数：485千字 定价：46.00元

发行部：62132549 邮购部：68038093 总编室：62114335

《名家视点丛书》编委会

序

《名家视点：图书馆学情报学档案学理论与实践系列丛书》第5辑由海洋出版社2014年正式出版，与广大读者见面。本辑丛书包括四本书：《开放获取的现在与未来》、《信息素质的研究与实践进展》、《计量学研究的发展与创新》、《新媒体环境下的网络舆情研究与传播》。

这一辑丛书是由《图书情报工作》杂志社策划编辑的，是从几年《图书情报工作》所发表的论文经过整理加工后形成的，不仅反映了《图书情报工作》近些年所发表的文章的一些特点，更是很大程度上反映了图情理论研究和图情业界所关注的一些重大问题，也表明了图情理论研究的重要成果和图情实践的重要发展，为读者系统地了解这些领域的总体发展变化和研究现状提供了很好的参考。

开放获取是国际学术界近十多年来所关注和推动的重大问题，不仅是出版模式的变革，而是学术交流体系的重大改变。图书馆始终在这场变革中占用重要地位，也应该发挥更加重要的作用；信息素质一直是图书馆用户教育的重要内容。随着信息环境的变化，信息素质的内涵、教育模式、教育手段都在发生变化。无论信息媒介如何变化，信息素质教育都将是图书馆的重要使命和必备能力；文献计量学、信息计量学、网络计量学、科学计量学、知识计量学等相关学科的快速发展，给图情档领域提供了强大的工具和动力。计量学的研究正在不断走向深入，并深刻地影响着图情档理论、方法、模型与实践；网络舆情的研究随着新媒体环境的出现而愈发引起包括政府和相关机构的高度重视，也吸引了广大的研究人员的积极参与。《图书情报工作》已经发表了不少这方面的文章，来稿也还在源源不断。在不少图情机构，网络舆情的监控与分析，已经成为一项重要的情报研究或咨询服务。

时代总在变，理论研究也必须与时俱进，保持理论与实践的互动。我们期待这一专辑的出版，能引起人们对这些问题的高度关注，并作为研究的起点，将相关的研究推向深入。当然，我们还期望通过利用这一专辑的内容，深刻认识并积极创新图情的业务模式与业务体系，加快图情业务结构的调整和图情机构的转型发展，适应当前和未来科研、教育和社会对图情服务的新要求，在新的发展中发挥更加主导的作用。图情工作一定会在新的环境变化中有更大的作为，产生更大的影响力，做出更大的贡献。

感谢海洋出版社的出版，感谢所有的论文作者，感谢所有关心、阅读、利用《名家视点》丛书的同仁！

初景利

《图书情报工作》杂志社社长、主编、教授、博士、博士生导师

2014 年 1 月 26 日　北京中关村

目　次

理　论　篇

替代计量学的提出过程与研究进展 …………………… 邱均平;余厚强(3)

Web 2.0 环境下的科学计量学:选择性计量学 …………………… 刘春丽(19)

科学计量学与信息计量学的发展:中国大陆与台湾地区比较研究 ……………………………………………………………… 梁立明(30)

文献计量系统的文献—实体关系通用模型研究 …… 肖明;陈嘉勇;李国俊(46)

试论科学知识图谱的文献计量学研究范式 …………………… 赵丹群(60)

科学计量可视化软件的对比与数据预处理研究 …………………………………………… 周晓分;黄国彬;白雅楠(68)

试论"科学—技术关联"计量模型的不足及改进
——学科—领域对应优化视角 …………………… 李睿;容军凤;张玲玲(87)

网络计量学领域的网址入链分布规律研究 ……………… 邱均平;汪姝辰(103)

专利质量评价指标及其在专利计量中的应用 ……………………………………… 马廷灿;李桂菊;姜山;冯瑞华(113)

不同水平特征因子与文献计量指标的关系研究 ……………………………………… 俞立平;隆新文;武夷山(127)

基于 PLOS API 的论文影响力选择性计量指标研究 ……………… 刘春丽(137)

g 指数与 h 指数、e 指数的关系及其文献计量意义 ……………… 隋桂玲(152)

专利计量指标研究进展及层次分析 …………………… 陈琼娣(162)

国外网络信息计量学领域合作网络特性分析 …………… 付鑫金;庞弘燊(172)

应 用 篇

云计算领域专利计量研究 ………………… 冯思颖;袁兴福;徐怡;王继民(183)
基于网络文献计量的科技论文学术影响力综合评价研究
…………………………………………………… 沈小玲;徐勇;严卫中(196)
研究脉络梳理方法的计量分析 ……………… 钟芸;韩明杰;李晨英;芦姗(217)
计量学视角下社群信息学研究的特征、轨迹及走向 ……………… 郑洪兰(230)
生物医药领域文献计量评价的创新和改进
…………………………………………… 苏燕;孙继林;于建荣;徐萍(250)
中外信息生态学术论文比较研究——基于文献计量方法
………………………………………………………… 王晰巍;靖继鹏(259)
国际人工智能领域计量与可视化研究——基于 AAAI 年会论文的分析
…………………………………………………… 张春博;丁堃;贾龙飞(275)
基于微软学术搜索的信息检索研究的文献计量分析 …………… 魏瑞斌(291)
公共图书馆发展指标与经济增长关系的计量经济学分析 ……… 赵迎红(302)
我国高校电子政务学位论文计量分析 ………………………… 纪雪梅(312)
国内信息安全研究发展脉络初探——基于 1980 - 2010 年 CNKI 核心期刊的文献计量与内容分析 …………………………………………… 惠志斌(324)
基于年龄的青年人才培养评估计量分析 ………… 彭颢舒;曾丽斌(337)
作者合作视角下的 h 指数计量方法:比较与归纳 …………… 杜建;张玢(345)
国内链接分析研究的计量分析 ………………………………… 魏瑞斌(355)
制造业企业信息化水平测度研究的文献计量分析 ……… 高巍;毕克新(368)
机构合作的科研生产力观测——对灰色文献的文献计量与内容分析实证研究
…………………………………………………………………… 顾立平(380)

人 物 篇

2013 年普赖斯奖获得者 Blaise Cronin 学术成就评价——基于科学计量学的视角 …………………………………………… 张春博;丁堃;王博(391)

刘则渊与中国知识计量学 ………………………… 梁永霞;杨中楷;王贤文(408)

埃里克·冯·希普尔创新管理理论学术贡献的计量分析 ………………………………………………………………… 陈悦;朱晓宇;陈劲(419)

理　论　篇

替代计量学的提出过程与研究进展*

邱均平　余厚强

摘　要　将替代计量学的产生背景梳理为传统文献计量学的局限和在线科研环境带来的机遇两个部分。根据替代计量学发展过程的特点，将其划分为三个阶段，即酝酿阶段、提出与热议阶段和理论应用研究的深化阶段，针对每个阶段深入阐述其内容与特征。进而从主要学术活动主题、代表人物群体、代表作品内容等角度，综述替代计量学的研究进展，在此基础上对替代计量学的进一步发展进行讨论，旨在引起国内学者、出版商、图书馆、信息服务部门等相关人员和部门对替代计量学相关研究的关注，把握这次学术交流与评价体系变革的机遇。

关键词　替代计量学　在线科研　科研评价　科学交流　开放存取

分类号　G350

替代计量学（altmetrics）的兴起是论文层面评价（article-level metrics）、科研成果计量（eurekometrics）、科研发现计量（erevnametrics）、科学计量学2.0（scientometrics 2.0）等众多研究的合流，与科学交流的网络化密切相关。科学交流的网络化既是提高科学交流效率的需要，也是网络时代科学家交流偏好变化的产物，是一种必然趋势。这种必然性体现在以下5点：一是科学家越来越多地使用计算机和网络来进行学术追踪和交流；二是这种交流不仅在学术圈内，而且已经成为全民的交流习惯；三是这种新的交流体系确实能提高交流效率，降低交流成本；四是以开放存取运动引领的出版体系变革，将以网络出版为重要特征；五是开放学术运动的不断深化，在线科研交流成为实现开放学术的重要手段，势必带来科研交流的网络化。替代计量学作为适应这种在线科研交流环境而诞生的研究，与传统文献计量学既存在区别，又保持联系，未来替代计量学将替代传统文献计量学构建起新的科研评价体

* 本文系国家社会科学基金重大项目“基于语义的馆藏资源深度聚合与可视化研究”（项目编号：11&ZD152）研究成果之一。

系，还是作为其有益补充，这是本文要回答的主要问题。为了说明这个问题，接下来笔者先从归纳传统文献计量学的主要局限性入手，然后指出在线科研所带来的机遇，分析替代计量学运动的发展阶段，最后从学术活动主题、代表人物群体、学术论文内容、总体影响力等方面来综述替代计量学的研究进展，在此基础上展开讨论，旨在引起国内学者、出版商、图书馆、信息服务部门等相关人员和部门对替代计量学相关研究的关注，把握这次学术交流与评价体系变革的机遇。

1 替代计量学的提出背景

替代计量学的提出是有深刻学术与社会背景的，归纳起来，主要有以下两个方面：

1.1 传统文献计量学的局限性

传统文献计量用于科研评价从最开始就备受质疑，就连引文索引创始人E. Garfield也告诫人们对引文分析用于评价保持慎重态度[1-2]。只是苦于没有更好的定量数据来源和定量评价方法，后续的文献计量学家们才不断地在引文分析基础上开发新的指数，以最大限度地克服文献计量指标的局限性。显然，被引频次、h指数等不足以决定一名科学家的命运[3]。文献计量用于科研评价的瓶颈主要有：①时滞过长。科学期刊的发表周期一般在3个月到3年之间，已经让科学家无法忍受，而基于引文的文献计量指标的评价，则至少要多出一个出版同期，无法及时反映科学家的科研成果[4]。②影响力片面。发表论文固然是科研成果的重要表现形式，但科学研究的成果显然有更多其他表现形式[5]，如开发的软件、分享的代码、研讨的视频、会议的PPT、撰写的学术博客、发表的学术意见、对公众的科普、研发的新技术等，因此文献计量指标反映的只是科学家的部分影响力。③引文分析的固有缺陷[6-7]。引文分析的前提是引用规范、动机正确，而学者早就已经研究清楚，引用动机多达15种以上，负面引用动机也不下8种[8]。引文分析法无法自动识别引用动机，事实上，在引文分析用于科研评价之后，引用的异化现象已经更加严重[9]。

1.2 新型在线科研环境带来的机遇

期刊的最主要功能是传播科学成果，在图书时代，期刊是伟大的发明，极大地提高了科学传播的效率，缩短了传播周期。而在网络时代，科学成果在网上得到更及时的传播和评价，期刊体系相比之下，已经不堪重负。表1对在线科研交流和期刊科研交流进行了比较。

表1　在线科研交流和期刊科研交流的比较

观察点	期刊科研交流	在线科研交流
交流周期	交流周期比图书短，发表周期在3个月至3年	即时、随地，几乎没有发表周期
评审制度	有编辑、同行评议等几轮审稿环节，反映了期刊的办刊倾向，取决于少数同行（一般是2－4名同行专家）的意见，发表内容受到审查，因而被限制和修改，但是某种程度上更加规范化和严谨。	可以由任何人发表意见、评论，反映阅读者的想法和思考，发表没有条件限制，是否受到认可取决于所有阅读该论文的同行的意见，发表内容不受审查，更加自由，反映学者个性
交流单元	以学科划分期刊类别，研究方向成熟后才会出现相应期刊	交流主体直接是研究者个人，或者研究机构，每个科研成果发布者相当于迷你的出版物，新方向或主题有潜力更加迅速地获得同行注意
管理方法	期刊同时具备系统储存科学知识的作用	知识较为分散，需要交流平台予以有效管理和储存
内容完善程度	发表较为完善、表达严谨的成果	发表的内容可以是科研中间结果，可以是他人研究的述评，甚至是只有和微博一样长度的想法、实验设计等
发表形式	发表成果形式单一，一般是论文	发表成果形式多样，可以是图片、视频、代码，还可以是数据等
评价体系	拥有完备的元数据和参考文献，评价体系较为成熟	没有成熟的元数据，评价指标体系正在研究当中
交流模式	研究者通过期刊这个第三方平台进行交流	研究者直接双向交流

表1显示，从科学成果传播这个最终目标来说，在线科学交流在效率和效果上具备明显的优势：①智能、敏捷的过滤机制[10]。数据挖掘、个性化服务的长足发展，使得科学家不用跟进整个学科领域的期刊去找出与自己研究方向相关的文章，可以直接定制与自己研究主题相关的信息源，通过计算机智能推荐服务来挖掘相关内容，迅速过滤出精选内容，极大地减少耗费在文献调研上的时间和精力。②实时、直接的学术交流。期刊交流和传统的电视、广告媒体一样，都是让作者和读者通过第三方来实现交流，而在线科研拥有Web 2.0动态交互的特性，表现为科学家可以直接双向交流，这在交流速度、

效果、体验上都得到了进一步发展。③透明、民主的评审环境[11]。同行评议的成果只是经过若干名专家的评审，难免有疏漏，而在线科研环境下，评审过程可以说是无限期的，后续读者可以不断地通过评论或述评方式，来表达自己对论文研究方法、研究结论等方面的意见。这种透明的评审环境，也会让作者在公布成果时更加严谨。④多样、全面的影响力覆盖[5]。除了传统的论文形式以外，在线科研环境允许图片、视频、代码、数据、软件、博客等多种形式的成果得到分享、认可和评价，甚至是中间结果如述评、想法、实验设计等的发布；成果的受众除了同行的科学家以外，还可以是社会各界人士，使得科研成果走出象牙塔，得到最大程度的利用。

2 替代计量学的发展阶段

目光敏锐的学者在洞悉了文献计量学无法弥补的缺陷，觉察到在线科研潮流可能带来的变革后，开始从各种途径来构建新的科学交流体系，并在此基础上提出文献计量指标的许多替代性方案。替代计量学家试图监测网络上所有上述有关科研活动的数据，其聚合效果将全面反映科学活动的影响力。相应的网站和研究机构已经建立，如 Total-Impact 网站，并得到大型出版商 Elsevier 和知名期刊 *Science* 的支持。这些努力和 SPARC（Scholarly Publishing and Academic Resources Coalition）组织及众多个人科学家抵制影响因子的运动形成的浪潮，由 J. Priem 为首的替代计量学研讨会聚集到了一起。替代计量学研讨会从 2011 年开始，已经连续召开了两届。由 J. Priem 本人及其合作者提出的 altmetrics 术语不仅得到了与会代表的支持，而且有统一相关研究内容如论文层面计量（article-level metrics）、科研成果计量（eurekometrics）、科研发现计量（erevnametrics）、科学计量学 2.0（scientometrics 2.0）等的趋势。

根据替代计量学发展过程的特点，笔者将其分为三个阶段：

2.1 酝酿阶段（2010 年以前）

这一阶段，许多学者针对传统文献计量指标存在的问题进行了深入研究之后，普遍探索新的非引文数据的指标，并取得了一定成果，但是这些成果较为分散，没有形成合力。其中又以 PLOS 的论文层面计量（article-level metircs，ALMs）影响力和知名度最大。

2.2 概念提出和热议阶段（2010—2011 年）

2010 年 J. Priem[12] 最先在自己的 Twitter 上使用“altmetrics”一词，以弥补 article-level metrics 这一术语内涵的局限性，随后联同 D. Taraborelli 等人在专门设立的网站（http://altmetrics.org/manifesto）上发表“Altmetrics：A

Manifesto"作为宣言，正式提出"altmetrics"术语。altmetrics 实际上是 alternative metrics 的缩写，最初拟用 alt-metrics，在 2011 年 9 月为了简洁起见，J. Priem 等人在第二版宣言中去除了中间的短线，成为现在广泛使用的"altmetrics"。altmetrics 字面意思是"替代性的计量学"，英文单词仿照"scientometrics"、"informetrics"、"webometrics"等以"-metrics"结尾，且其提出是为传统的计量评价提供替代性方案，又属于计量学范畴，所以笔者综合考虑，将其译为"替代计量学"。该术语十分简洁，宣言中对 altmetrics 的愿景描绘得非常清晰和鼓舞人心，altmetrics 首先引起之前一直从事相关工作的研究人员的注意和追捧。2011 年召开了第一次 altmetrics 研讨会，与会者除了 J. Priem 等人，还有出版商、网站站长、评价学者，同时媒体和评论人对 altmetrics 进行了宣传，社交网站上开始出现 altmetrics 的讨论组和 altmetrics 方面的博文。在这一阶段，altmetrics 研究的理论与实践意义、发展中可能遇到的问题都得到了充分的讨论，不论是高校的研究人员、出版商，还是网站站长、实际从事一线研究的科学家，都被替代计量学可能引发的变革所深深吸引，但是也在不同程度上对替代计量的数据收集、数据操纵问题表示质疑和担忧。支持 altmetrics 的学者开始为其研究规划路线图，媒体将这个潮流称为替代计量学运动（altmetrics movement）。

2.3 理论与应用研究的深化阶段（2012 年以后）

H. Piwowar[13] 在 *Nature* 上发表评论，认为 altmetrics 会带来科研影响力的全景，PLOS、Elsevier 等机构对 altmetrics 公开支持，ISSI（International Society for Scientometrics and Informetrics，国际科学计量学与信息计量学学会）也对 altmetrics 研究进行报道[14]，并且在 2013 年的 ISSI 大会上专门为替代计量学开设了两个分会场，表明 altmetrics 开始引起传统计量学者的注意。本阶段，替代计量学从三个方面，即理论研究、实证研究和应用研究同时出发，取得了飞速发展。理论研究方面，学者研究了替代计量学的外部有效性[15]，包括替代计量指标和传统计量指标在内的众多指标之间的关系[16]。实证方面，学者研究了 Mendeley、PLOS、Peer Evaluation、CiteULike、Twitter 等网站的数据[17-19]。应用方面，开发了 ImpactFactory、TotalImpact、Altmetrics 等应用[20]，搜集和分析网上各大社交网站和开放存取平台的数据，提供替代计量指标，已经被部分科学家用以辅助过滤和评价文献，国内也有部分科学家非正式地采用其替代计量指标来评估自己的学术影响力。替代计量的学术活动也更加频繁，除了年度的替代计量学研讨会，还有 PLOS 出版的替代计量学论文专辑（即 *Altmetrics Collection*）。

3 替代计量学的研究进展

替代计量学是较新的研究主题，因此不能采用传统的文献计量学方法来说明其研究进展，本文拟从主要学术活动主题、代表人物群体、代表作品内容来展开论述。

3.1 主要学术活动主题

Altmetrics. org 是由 J. Priem 等人维护的替代计量学学术门户网站，及时报道了替代计量学的有关学术活动，按照时间顺序逐个调研其研究主题，得到表2。

表2 替代计量学主要学术活动主题分布

时间	地点	名称	主题
2011. 1	美国加州大学圣地亚哥分校	Beyond the PDF Workshop	①新的著作工具、科学工作流工具、文献管理工具；②新的标注模式和论文格式；③激励人们使用这些新格式和新工具的方法
2011. 3	法国巴黎	Mining the Digital Traces of Science	①科学数据库可视化数字交互界面的方法论和工具；②从数字追踪到科学政策；③科学动态的重建；④科学演进的建模
2011. 5	英国伦敦	Beyond Impact Workshop	①非传统科研成果的认可问题；②科研成果的全面收集问题；③上述问题的解决方案；④展示已有可用和正在开发的服务与系统
2011. 10	美国加州山景城	Open Science Summit	①科学交流过程；②分布式的、去核心（平民化）的科学，及自主生物学；③开放创新范式；④知识产权管理以促进合作创新；⑤大学扮演的角色
2011. 10	美国马萨诸塞州	Transforming Scholarly Communication	科学交流的6个方面：①新型科学合作平台，如项目合作软件等；②新型交流媒体的生产、分布、存档，如视频、3D 模型；③新型文献的创建、评审、传播、存档和再生产；④新的综述系统，如替代评分系统等；⑤文献资源和数据资源的无缝技术，如基于云、群体共享的获取；⑥新的评价方式以促进合作和对新方式的采用
2012. 6	美国南旧金山	Startup Science	①变革科学交流；②开放存取；③数字科学环境下的电子商务；④大数据、大科学和开放硬件

续表

时间	地点	名称	主题
2012. 6	美国伊利诺伊	Altmetrics12	①基于社会媒体的新计量指标；②追踪网上的科学交流；③传统计量学和替代计量学的关系；④同行评议和替代计量学；⑤收集、分析、传播替代计量学的工具
2012. 11	美国旧金山	ALM Workshop and Hackathon	①建立替代计量学的最佳实践、开发工具，并拓展其外延与宣传；②替代计量学具体应用面临的技术问题和挑战；③设计满足这些需求的方案；④不同论文层面计量应用的数据集成
2012. 12	英国伦敦	Future of Academic Impacts	①学术研究的经济影响；②学术影响力和新的数字范式；③评估学术影响力的新方法；④影响力作为开放存取的驱动力
2013. 2	美国波士顿	A New Social (Media) Contract for Science	①专家作为贡献者和贡献者作为专家：填补维基和学术界的鸿沟；②对科学的群体资助；③在线科学的全球对话；④替代计量学度量社会网络的学术影响力
2013. 3	荷兰阿姆斯特丹	Beyond the PDF2	①有计划的老化：出版、技术和学术的未来；②创立内容的新模型；③传播内容的新模型；④建立学术交流的未来；⑤研究和学者评价的新模型

表 2 显示，替代计量学活动是以开放科学、开放存取为大背景的，其共同主题是探究科学交流在网络时代的变革方向，围绕三个重点来展开：一是在传统论文形式之外，其他形式的科研成果的评价和认可问题；二是网络上整个科学交流过程的重构，包括平台、媒体、资源、文献、工具等方面的改革；三是为实现开放科学、科学民主化等目标而制定的标准、规则和模型。从会议的举办地来看，美国是领导者，其次是英国，法国和荷兰也参与其中。从会议的资助方来看，主要是出版商（如 Elsevier）和大学（如美国北卡罗莱纳大学），也有基金会（如 Open Society Foundation）、期刊社（如 Nature）和公司（如 Digital Science）等。

3.2 主要研究群体

替代计量学还没有形成核心的代表人物（对其推崇备致的当然是 J. Priem 本人。但是可以通过调研替代计量学相关论文的作者来说明，替代计量学现在以及未来的核心研究力量来自哪些领域。通过调研发现，替代计量学的研究力量来自四大领域：一是传统计量学群体，例如 R. Rousseau、J. Bar-Ilan、Ye Ying 等，由于信息计量学、科学计量学、文献计量学学科都密切相关，这些学者对英文术语中出现-metrics 后缀的研究主题都保持着高度警觉，替代计量学进入这些科学家视野以 2011 年第 4 期 *ISSI Newsletter* 为标志，但是这部分科学家主要喜欢探讨替代计量学和传统计量学的关系，并且从定义和学科范围上将其纳入网络计量学和信息计量学的子领域，对替代计量学的术语本身也提出了质疑；二是网络计量学群体，例如 M. Thelwall 等，事实上网络计量学者早期研究中已经开始涉足社会媒体数据，积累了数据采集与分析的技术和方法，只是没有上升到替代计量学的高度，所以在替代计量学的旗帜下，这部分学者具备优势且成为主力之一；三是数字科学交流群体，其中开放存取和开放科学的拥护者如 PLOS 期刊是主力，众多新型科学交流网站如 Mendeley、CiteULike、Faculty of 1000 等是积极倡导者，也有来自维基百科和大学实验室开发数字科学应用的学者，他们的目标就是变革期刊为主体的传统科研交流模式，利用网络来实现更加高效、更加合理的科学交流模式；四是科研评价研究群体，这部分科学家坚信传统评价方法存在致命缺陷，在探索着更加全面评价学者及其成果的方法，其支持者有科研基金会、高校等。

3.3 主要学术成果内容

目前替代计量学的代表作是两届 altmetrics 研讨会论文集和 *PLOS* ONE 上出版的 altmetrics 专辑，当然还有倡导替代计量学运动的思辨性文章，例如替代计量学宣言（Altmetrics：A Manifesto）。论文的主题是多方位的，但是围绕了一个主线，即在开放存取与开放科学的大背景下，探讨替代计量的新思路和新媒体，并实际建立相应模式的网站，进而对网站的数据进行分析，进行质量控制，将这些替代计量指标与传统计量指标进行对比分析，最后是对替代计量的一些反思。

3.3.1 计量单元的深入

替代计量学研究者提出，可以基于“研究对象”（research object）[21] 来实现科研的全面分析，或基于“科学发现”（scientific discovery）[22] 从更深层次理解科学。

3.3.2 新计量指标的提出

可复用性（re-usability）度量[23] 有助于将开放科学运动的哲学基础和现实世界中需要最大化科研产出相统一，是现行基于威望的计量指标如期刊影响因子的一个替代性指标。但是可复用性度量有一定时滞，所以基金资助机构审核项目时，要衡量其提高成果复用可能性的努力，不仅要看申请者是否计划将成果放入某成果库，进行开放存取，利用微博宣传，还要在基金申请书中引用相关文献证明这些传播方式有助于提高研究成果的复用性[24]。与复用不同，E. Iorns 认为可重现性（reproductivity）是科学方法的信条之一，可以作为新颖性之外的一个关键替代计量指标[25]。

此外，学者还开发了从不同维度来测度影响力的指标。例如，有学者提出可以根据研究终端用户的问题的重要性来确定单篇研究论文的影响力值[26]，对于学科特征导致引文数据稀缺的学科，可用该学科成果的用户群规模和使用频率来反映社会经济效益影响力[27]。D. Tarrant 等基于共被引关系构建 CoRank-LinkCount 指标，提供了后续影响力的有效早期预测指标[28]。C. Parra 等人则结合社会网络和文献计量，提出两种基于社区意见的新型声誉指标：UCount 科学影响力和 UCount 评审分数，前者通过调查社区成员判断其对科学的贡献，后者通过收集 ICST（Institute for Computer Sciences，Social Informatics and Telecommunications Engineering）通讯提交系统信息来完成[29]。J. Kaur 等人将科学图谱用于学术网站日志数据的可视化，可以反映更广泛学术群体的活动，研究学术活动的实时动态，探明各种领域和期刊之间的关系，其即时性可以帮助探测发展趋势，也可以用于探索和推荐服务[30]。

除了开发新的计量指标，还出现了对各项指标（包括传统指标）的比较研究。J. Bollen 等人对学术影响力现存的 39 个基于引文和用户日志数据的度量措施作了主成分分析，结果发现常用的影响因子在图的边缘位置，因此使用要谨慎[31]。M. Thelwall 等人将 11 种替代计量指标与 WOS 作对比，发现替代计量分数高与引文量高之间有显著相关，这对于 LinkedIn、Pintrest、问答网站和 Reddit 不成立，并且替代计量分数为零与引文量之间没有必然联系，尽管如此，从不同时间替代计量与引文之间的关系来看，时间会消除乃至逆转这种关系，所以替代计量学家们利用替代计量数据进行排名时要注意时间的影响。此外除了微博之外，其他数据的覆盖率较低，在实际应用中是否普遍存在还未可知[19]。

这些新指标从各自的角度测度了科研影响力，弥补了传统计量指标的不足。比较研究结果也表明，这些计量指标反映了更全面的内涵，具备较强的理论与实用价值。

3.3.3 计量数据源的发展

- 一是网站的科学交流模式的创新：①专业问答网站，例如 BioStaro。

A. Waagmeester 等探讨了对博客引用的标准格式和使用文档对象标识符来解决对特定答案的引用问题[32]。②学术博客网站，如 ResearchBlogging. org。S. Fausto 等人描述了该平台的历史、现行结构、语言特征、覆盖主题、博文数、帖子数、开放存取的使用和科研的提及数，将其视为一种新的科学交流模式[33]。该平台上，约 85% 的博客是英文写成的，五分之四的博主喜欢用自己的真名，具备研究生及以上学历，且博主间存在较大的性别鸿沟[34]。H. Shema 研究了该网站博主和他们的评论倾向，发现博主倾向于评论高影响力和跨学科的期刊，但是也有大量其他期刊被讨论到，最常被参考的期刊是 *Science*、*Nature*、*PNAS* 和 *PLOS ONE*，样本中的大部分博主有与博客关联的 Twitter 帐户，至少 90% 的账户和另一个与科研博客相关的 Twitter 账户相关联[35]。③文献题录管理网站，如 Mendeley、CiteULike 等。J. Bar-Ilan 收集了 *JASIST* 在 WOS、Google Scholar 和 Scopus 的数据，和 Mendeley 中的阅读数据进行比较，发现 Mendeley 的阅读量和引文反映的内涵不同：J. Priem 等人于 2012 年发现 Mendeley 的阅读量与 PLOS 文章的下载量之间的相关程度，比 WOS 及 Scopus 中的阅读量高，所以 Mendeley 阅读量所代表的含义还要再研究[17]。W. Gunn 等人认为 Mendeley 提供学术论文的阅读数据、社会的和人口的数据，有助于识别哪些研究是最可能经得起时间考验的，尽管知道引文数、微博数和书签数很重要，但是更重要地是通过 Mendeley 提供的研究对象的元数据，挖掘出其深层次的内涵[36]。④学术分享与评价网站，例如 Peer Evaluation、Academia. edu 等。Peer Evaluation 网站让同行以任何形式分享他们的原始数据、论文和学术项目，这些成果被开放地评审、传播和讨论，所有互动及评价被聚合起来作为权威度、影响力和声誉的定性指标的数据集，该网站还热衷于多样化和提升科学传播的社会过程[37]。Academia. edu 认为未来科学交流的两大主要特征是即时分布和媒体丰富，替代计量学虽然满足这两点，但是要建立公信力，其数据必须是容易被理解的和从可信数据源那里可验证的，Academia. edu 的替代计量学数据在职位提升、获得书约、受邀参会、被更多引用、在网上就相关研究获得更多联系方面[38]帮助了用户。Scholarometer 是一种基于大众学术标注的社会框架，与快速发展的学科与跨学科图景相一致，统计数据显示利用该框架收集和分享的数据构建的指标，是比较跨学科学术影响力的有效手段[39]。

- 二是研究这些新型数据源的特征：①微博特征，如 Twitter 网站。研究发现，对微博内容、引用和语义分析能揭示许多向公众传播的教育微博，表明利用微博来传播科学会议上的信息十分有效[40]。通过比较 Twitter 中的术语频率和术语基线（baseline），将基线上的频率峰值作为相对趋势，还能发现中等词频术语的趋势[41]。②预印本系统特征，如 arXiv 网站。结合 arXiv 和 WOS 的数据，来分析预印本的出版延迟、老化特征和科学影响力，发现 arXiv 的角色已经从少数人分享预印本发展为大多数人存档成果的地方。而从 arXiv 论文的三种回应形式，即 arXiv 网站上的下载、社会媒体如 Twitter 上的提及和学术记录中的早期引用来看，学术论文的 Twitter 提及和 arXiv 下载遵循两种不同的时序模式，Twitter 提及延迟更短，时间跨度比 arXiv 下载要小，Twitter 提及量和 arXiv 下载量及早期引文数显著相关[42]。③开放存取网站特征，如 PLOS 网站。K. K. Yan 等人基于 PLOS 单篇论文层次计量数据集的网络使用统计数据，提取出论文发表后不同阶段的信息传播速度，发现信息速度呈现出两种衰退形式：发表后第一个月迅速下降，之后按幂律衰退；并用两种衍生过程来识别这两种形式：由论文知名度驱动的短期行为，与引文统计保持一致的长期行为[43]。

3.3.4 新计量工具的开发

替代计量学家们开发了 CiteIn，该网站搜索维基、科学博客搜索引擎、数据库、谷歌书籍、某些特定出版物和社会网络网站，据此提出了 CI-number 指标，弥补了传统结构性引文会遗漏的四个方面，即网络出版物如博客和维基，在线数据库，社会网络引用，补充数据[44]。此外开发的其他替代计量数据收集与分析工具还有 ImpactStory、ReaderMeter 等[20]。

3.3.5 数据源质量的控制

数据质量是替代计量分析的保障，对替代计量指标建立公信力影响重大，替代计量学家也考虑到这个问题，进行了初步探索。J. Priem 等人通过 PLOS 两万多篇论文的替代计量学数据进行分析，发现替代计量学数据并不缺乏，但是反映出与引文不同类型的影响力，最后指出数据质量是个问题，因为不同的网络服务变化太快，其次 PLOS 是开放存取的文章，本身覆盖范围和传统期刊相比小很多，不可避免地使得其阅读模式也有不同[16]。J. Lin 设计了提供高质量的可靠可信数据的整体系统，包括政策、过程和可实行的技术，其策略是将数据异常分为四类，建立调查和解决这些数据异常的过程，并开发 DataTrust 作为 ALM 的审计和通知系统，以最大限度保证 PLOS ALM 数据的一致性[45]。M. Fenner 认为替代计量学的最终目的有两个：一是提供引文之外更加细微的影响力图景，二是查找学术内容更好的过滤器，要实现这些必须提供个性化的替代计量学数据，用 ORCID 项目来解决用户名模糊问题，PLOS 网站正在提供这样的数据[46]。

3.3.6 对替代计量的反思

尽管替代计量取得了可观的进展，但是替代计量学家保持了冷静的审慎态度。R. Schroedert 等人指出替代计量学可能忽视了知识生产过程中，学者所承受的负荷遵从小数定律和注意力空间限制规律；其次由于只有同行评议过的论文才能进入替代计量的筛选，所以除非日后替代计量学自己的评价方式成为主流，替代计量学工具的效果只会让传统渠道被传播的成果得到更多的关注。开放同行评议、在线评论和论文推荐也存在局限，因为科学的限制最终表现在大多数的论文需要经过匿名评审，而且 Web 2.0 学术交流会增加科研影响力评价的复杂性[47]。K. Barr 认为在许多学术领域期刊论文仍然在传播原创性研究方面占据统治性地位，人们还在依靠同行评议作为质量度量措施，不论替代计量指标有多么多样，都不能替代同行评议，因为同行评议的功能是多方面的，有社会的、经济的、政治的、认知的功能，还能建立研究轨迹，既允许在框架内自治，又有自我批判的作用，而不止是筛选出有用的文献。替代计量学想实现的同行评议民主化，与建立高效过滤器的目标存在着固有矛盾；而且替代计量的评价不会对传统习俗的弊病具有免疫功能，利用替代计量来过滤有影响力和意义的研究时会将科研民主化，也会将决定研究轨迹的权力交给了设计和管理这些指标的少部分人，而这些人只是学术群体的一部分；所以同行评议和替代计量可以相互平衡，前者挑战后者谁在评价学术质量时算数，后者挑战前者谁是同行[48]。

从以上内容来看，替代计量学的研究是全面而深入的，结合前面替代计量学术活动主题，可以认为其处于良好的开放存取和开放科学大环境中。学者们的新思路是建立“研究对象”、“科学发现”等新的计量单元，采用复用率、解答问题程度、使用频率、CoRank-LinkCount、基于社区意见的新型声誉指标、基于点击流数据知识图谱等新型计量指标，充分利用 Twitter、arXiv、PLOS、Mendeley 等新媒体，建立 BioStar、Peer Evaluation、Academia. edu、Scholarometer、ResearchBlogging. org、Mendeley 等在线科研交流网站，为替代计量提供数据源，使用 CiteIn、ImpactStory、TotalImpact 等数据收集和分析工具。替代计量的数据并不缺乏，但是要从政策、过程、技术整体来控制数据质量。最后尽管替代计量学有着很好的前景，仍然受到学者遵循小数定律和注意力空间限制规律的影响，且会增加同行评议的复杂性。这说明替代计量的研究框架已初步形成。

4 结论与讨论

传统文献计量学用于科研评价存在时滞过长、引证动机固有缺陷、影响力片面等饱受诟病的不足。在线科研日益成为科学家科研的主流形式，具备科研交流效率高、速度快、智能化、民主化等众多优势，催生了替代计量学的兴起，学者从各个角度出发开发新的在线科研交流与评价体系的努力合流到替代计量学研究框架内。本文根据替代计量学发展过程的特点，将其划分为三个阶段，对每个阶段的内容和特征进行了详细阐述。学术活动主题沿着科学交流变革的主线，研究代表人物主要来自4个群体，即传统计量学群体，网络计量学群体，数字科学交流群体和科研评价研究群体。迄今为止，替代计量学家们从计量单元、计量指标、计量数据源、计量工具、数据质量控制等方面，展开了全面研究，并取得了可观的进展，表明整体研究发展态势良好。相比之下，国内的替代计量学研究还较少，处于引介阶段[49]。

替代计量学与传统文献计量学的关系，将取决于它们分别代表的科研交流方式的相互关系。尽管在线科研活动不断增长，可是线下科研交流作为整个科研交流体系，存在了已经300多年，十分完备，要被取代不是朝夕能完成的事。可以预见，在相当长时间内，在线科研活动和线下科研交流会并存，替代计量学评价会作为传统科研评价的有力补充；但是随着时间推移，新一辈的科学家在网络社会中成长，会更擅长和倾向于在线科研工具的使用，在线科研交流和线下科研交流的主体性将发生逆转，最终使得在线科研交流占据主导地位，替代计量学随之成为主流。然而，传统线下科研交流有某些特性是在线科研交流无法替代的，例如期刊的长期保存功能、科学引文作为知识传承脉络的功能、科技论文全文数据库对论文的系统保存利用等。在接下来的研究工作里，笔者将对替代计量学与其他计量学进行比较分析，并对其发展的关键路径进行研究。

参考文献：

[1] Garfield E，Merton R K. Citation indexing：Its theory and application in science，technology，and humanities[M]. New York：Wiley，1979.

[2] Garfield E. The history and meaning of the journal impact factor[J]. JAMA，2006，295(1)：90－93.

[3] Galligan F，Dyas-Correia S. Altmetrics：Rethinking the way we measure[J]. Serials Review，2013，39(1)：56－61.

[4] 杨思洛．引文分析存在的问题及其原因探究[J]．中国图书馆学报，2011，37(3)：108－117.

[5] Lane J. Let's make science metrics more scientific[J]. Nature，2010，464(7288)：488－489.

[6] Macroberts M, Macroberts B. Problems of citation analysis[J]. Scientometrics,1996,36(3): 435 -444.

[7] Peritz B C. On the objectives of citation analysis: Problems of theory and method[J]. Journal of the American Society for Information Science,1992,43(6):448 -451.

[8] Bornmann L,Daniel H D. What do citation counts measure? a review of studies on citing behavior[J]. Journal of Documentation,2008,64(1):45 -80.

[9] Kostoff R N. The use and misuse of citation analysis in research evaluation[J]. Scientometrics,1998,43(1):27 -43.

[10] Priem J, Taraborelli D, Groth P, et al. Altmetrics: A manifesto[EB/OL]. [2013 -06 -28]. http://altmetrics. org/manifesto/.

[11] Community cleverness required[J]. Nature,2008,455(7209):1.

[12] Priem J. I like the term #articlelevelmetrics, but it fails to imply * diversity * of measures. Lately, I' m liking #altmetrics[EB/OL]. [2013 -10 -08]. https://twitter. com/#! /jasonpriem/status/25844968813.

[13] Piwowar H. Altmetrics: Value all research products[J]. Nature,2013,493(7431):159.

[14] Groth P,Taraborelli D,Priem J. Altmetrics:Tracking scholarly impact on the social Web [J]. ISSI Newsletter,2011(2):70 -72.

[15] Birkholz J,Wang Shenghui. Who are we talking about the validity of online metrics for commenting on science [EB/OL]. [2013 -06 -28]. http://altmetrics. org/workshop2011/birkholz-v0/.

[16] Priem J,Piwowar H A,Hemminger B M. Altmetrics in the wild:Using social media to explore scholarly impact[EB/OL]. [2013 -10 -01]. http://arxiv. org/abs/1203. 4745.

[17] Bar-Ilan J. Jasist@ Mendeley[EB/OL]. [2013 -09 -20]. http://altmetrics. org/altmetrics12/ba-rican.

[18] Torres-Salinas D,Cabezas-Clavijo A,Jimenez-Contreras E. Altmetrics: New Indicators for scientific communication in Web 2. 0[EB/OL]. [2013 -09 -20]. http://arxiv. org/abs/1306. 6595.

[19] Thelwall M, Haustein S, Larivière V, et al. Do altmetrics work? Twitter and ten other social Web services[J]. PLOS ONE, 2013, 8(5): e64841.

[20] Roemer R C,Borchardt R. From bibliometrics to altmetrics:A changing scholarly landscape [J]. College & Research Libraries News,2012,73(10):596 -600.

[21] McSweeney P, Prince R, Hargood C, et al. Aggregated erevnametrics:Vringing together alt-metrics through research objects [EB/OL]. [2011 -12 -21]. http://eprints. soton. ac. uk/272207/6/Altmetricspaper. html

[22] Arbesman S. Altmetrics for eurekometrics[EB/OL]. [2011 -12 -21]. http://ahmetrics, org/workshop2011/arbesman-v0.

[23] Neylon C. Re-use as impact: How re-assessing what we mean by "impact" can support im-

proving the return on public investment, develop open research practice, and widen engagement[EB/OL]. [2011-05-03]. http://altmetrics.org/workshop2011/neylon-v0/.

[24] Holbrook B. Peer review, altmetrics, and ex ante broader impacts assessment-A proposal [EB/OL]. [2012-07-21]. http://altmetrics.org/altmetrics12/holbrook/.

[25] Iorns E. Reproducibility: An important altmetric[EB/OL]. [2012-07-21]. http://altmetrics.org/altmetrics12/iorns/.

[26] Sutherland W J, Goulson D, Potts S G, et al. Quantifying the impact and relevance of scientific research[J]. PLOS ONE, 2011, 6(11): e27537.

[27] Duin D, Van den Besslaar P. The search for alternative metrics for taxonomy[EB/OL]. [2011-05-03]. http://altmetrics.org/workshop2011/duin-v0/.

[28] Tarrant D, Carr L. Using the co-citation network to indicate article impact[EB/OL]. [2011-05-03]. http://eprints.soton.ac.uk/272684/1/alt-metrix.pdf.

[29] Parra C, Birukou A, Casati F, et al. UCount: A community-driven approach for measuring scientific reputation[EB/OL]. [2011-05-03]. http://altmetrics.org/workshop2011/parra-v0/.

[30] Kaur J, Bollen J. Structural patterns in online usage[EB/OL]. [2012-07-21]. http://altmetrics.org/altmetrics12/kaur/.

[31] Bollen J, Van de Sompel H, Hagberg A, et al. A principal component analysis of 39 scientific impact measures[J]. PLOS ONE, 2009, 4(6): e6022.

[32] Waagmeester A, Palidwor G, Szczesny P, et al. Acknowledging contributions to online expert assistance[EB/OL]. [2011-05-03]. http://altmetrics.org/workshop2011/waagmeester-v0/.

[33] Fausto S, Machado F A, Bento L F J, et al. Research blogging: Indexing and registering the change in science 2.0[J]. PLOS ONE, 2012, 7(12): e50109.

[34] Shema H, Bar-Ilan J. Characteristics of ResearchBlogging.org science blogs and bloggers [EB/OL]. [2013-06-07]. http://altmetrics.org/workshop2011/shema-v0/.

[35] Shema H, Bar-Ilan J. Characteristics of Researchblogging.org science blogs and bloggers [EB/OL]. [2013-10-01]. http://altmetrics.org/workshop2011/shema-v0/.

[36] Gunn W, Reichelt J. Social metrics for research quanlity and quality[EB/OL]. [2012-07-21]. http://altmetrics.org/altmetrics12/gunn/.

[37] Wassef A. Altmetrics peer evaluation a case study[EB/OL]. [2011-05-03]. http://altmetrics.org/workshop2011/wassef-v0/.

[38] Price R. Altmetrics and Academia.edu[EB/OL]. [2012-07-21]. http://altmetrics.org/altmetrics12/price/.

[39] Kaur J, Hoang D T, Sun X, et al. Scholarometer: A social framework for analyzing impact across disciplines[J]. PLOS ONE, 2012, 7(9): e43235.

[40] Desai T, Shariff A, Shariff A, et al. Tweeting the meeting: An in-depth analysis of Twitter

activity at Kidney Week 2011[J]. POLS ONE, 2012, 7(7): e40253.

[41] Uren V, Dadzie A S. Relative trends in scientific terms on Twitter[J]. [2011-05-03]. http://altmetrics. org/workshop2011/uren-v0/.

[42] Shuai X, Pepe A, Bollen J. How the scientific community reacts to newly submitted preprints: Article downloads, Twitter mentions, and citations[J]. PLOS ONE, 2012, 7(11): e47523.

[43] Yan K K, Gerstein M. The spread of scientific information: Insights from the Web usage statistics in PLOS article-level metrics[J]. PLOS ONE, 2011, 6(5): e19917.

[44] Waagmeester A, Evelo C T. Measuring impact in online resources with the CI-number (the CitedIn Number for online impact) [EB/OL]. [2011-05-03]. http://altmetrics. org/workshop2011/waagmeester-evelo-v0/.

[45] Lin J. A case study in anti-gaming mechanisms for altmetrics: PLOS ALMs and DataTrust [EB/OL]. [2012-07-21]. http://altmetrics. org/altmetrics12/lin/.

[46] Fenner M. Altmetrics will be taken personally at PLOS[EB/OL]. [2012-07-21]. http://altmetrics. org/altmetrics12/fenner/.

[47] Schroeder R, Power L, Meyer E T. Putting scientometrics 2.0 in its place [EB/OL]. [2011-05-03]. http://altmetrics. org/workshop2011/schroeder-v0/.

[48] Barr K. The role of altmetrics and peer review in the democratization of knowledge[EB/OL]. [2012-07-21]. http://altmetrics. org/altmetrics12/barr/.

[49] 刘春丽. Web 2.0 环境下的科学计量学:选择性计量学[J]. 图书情报工作,2012(14):52-56,92.

作者简介

邱均平，武汉大学中国科学评价研究中心教授，博士生导师；

余厚强，武汉大学信息管理学院博士研究生。

Web 2.0 环境下的科学计量学：选择性计量学

刘春丽

（中国医科大学图书馆　沈阳 110001）

摘　要　介绍一种 Web 2.0 环境下的科学计量学理论——选择性计量学。指出选择性计量学与网络计量学既有联系又有区别，选择性计量学与传统科学质量评价的研究对象有所不同。综合分析选择性计量学在时效性、覆盖面和科学交流过程方面的独特研究意义。总结可以在多种开放存取平台和学术社交网络中提取的选择性计量学的评价指标。以 Total-Impact 工具为例，分析选择性数据集来源和选择性计量类型。

关键词　选择性计量学　科学计量学　网络计量学　软同行评审　开放存取　评价指标　计量工具

分类号　G353

对学术文献进行及时、恰当的评估是进行学术评价的前提。目前，国内外常用的评价体系[1-3]都是基于论文发表的期刊及基于某一数据库中的该论文出版后的总被引次数进行，缺乏对论文本身进行评价的论文评价方式。随着数字出版的发展，出版形式逐渐多样化，科研成果的发布已不再仅仅局限于期刊发表，越来越多的原创性的最新学术成果发表在开放存取的数字出版平台[4-5]上并通过学术社交网络[6-10]实现快速的科技信息传播，对这类论文无法按照旧有的评价体系进行评价。在这一背景下，科学计量学领域正在进行一次科学计量学的 Web 2.0 革命，国际科学计量学、信息应用科学和出版发行学专家们开展了一次有重大意义的理论和实践探索。这就是基于使用和学术社交网络的学术影响力计量——选择性计量学（altmetrics[11]，或表述成 “distributed scientific evaluation”[12]（分布式科学评价）、“alternative peer review models” （选择性同行评审）、“scientometrics 2.0”[13]（科学计量学 2.0”），但 altmetrics 在文章和会议中的使用频率最高）。

1 选择性计量学的定义

选择性计量学的相关研究始于 2008 年，Taraborelli[12] 在对影响因子作为主要评价指标提出质疑后，呼唤一种基于社会软件的分布式科学评价；2009 年，Neylon 和 Wu[14] 以 PLoS 和 Faculty of 1000 为例，分别从计量数据的来源和专家评论的激励机制两个角度指出论文层面的科学影响力计量（artile-level metrics）方案的可行性；2010 年，Priem 和 Hemminger[13] 提出基于社交网络的科学计量学 2.0，并总结了科学计量学 2.0 研究的各种类型的学术社交网络数据资源。

越来越多的像 CiteULike、Mendeley、Twitter 网络学术工具的使用和博客风格的文章评论为创造新的文献过滤器提供机会。基于社会资源的多样化组合的计量能产生更广泛、更丰富、更及时的当前和潜在学术影响力的评估[15]。Priem 等[13] 认为选择性计量学是“基于社会网络文献的使用与科技交流活动的测度的新兴计量学的创造与研究”，网络计量学是 metrics on Web 1.0，即网络计量学 1.0，而选择性计量学的研究是 scientometrics 2.0。

通过大量的文献阅读与综合分析，笔者认为选择性计量学是 Web 2.0 环境中的科学计量学研究，是建立在社交网络工具与开放存取分别在科学交流活动与科学成果出版平台中广泛应用的基础上而产生的。因此，选择性计量学与网络计量学既有联系也有区别。二者均是基于网络的科学计量学的衍生体，扩大了传统引文网络的研究范围，提出了更大覆盖面、更迅速和更开放的科学影响力计量方法。二者的差别主要在于，网络计量学是将万维网看作引文网络，在传统科学计量学中增加了网络链接和点击次数的计量，提出网络影响因子的评价指标；而选择性计量学是将开放存取平台和学术社交网络看作引文网络，研究基于 Web 2.0 的科学交流平台上学术论文各种类型使用与评价的计量，提出知名度、热点、合作注释、标签密度等评价指标。与网络计量学相比，选择性计量学更重要的是强调对学术论文影响力的评价，而不是基于期刊的评价。

2 选择性计量学的研究对象

选择性计量学的研究对象可以概括为开放存取平台与学术社交网络中科技论文的各种使用、交流活动。选择性计量学中的学术影响力评价拓展了先验和后验科学质量评价的内涵。

传统科学计量学中的先验科学质量评价指评价者对论文出版前的同行评

审，评价结果一般是论文发表、项目资助。论文通过期刊的出版前同行评审，达到该刊学术论文发表水平的要求，可以通过期刊影响因子等指标予以计量。而选择性计量学中的先验科学质量评价还包括开放存取平台提供论文即时上网，即完成编校的论文在线提前发表，预印本、手稿、修改稿等版本的论文在网上提前公开，供开放使用、推荐与讨论。

传统科学计量学中的后验科学质量评价是指论文出版后的同行评审，主要包括论文在各种数据库（如 Web of Science 等）和检索平台（如 Google Scholar 等）中的被引用次数以及在正式出版物中的评论等。而选择性计量学中的后验科学质量评价不仅指在正式与非正式出版物中的同行引用、评论，还涵盖开放存取出版平台上论文的各种使用和在各种学术社交网络上的科技信息传播活动的计量。

20 世纪中期，普赖斯[16]认为学者 80% 的信息通过非正式渠道交流获取，科学研究重要的信息往往通过会议或者面谈等其他交流方式获取。传统科学计量学只考察了先验和后验科学质量评价内涵中的一小部分，远远脱离了论文学术影响力多途径传播的客观现实。选择性计量学将能在某种程度上弥补传统科学计量学研究中的不足。

3 选择性计量学的研究意义

选择性计量学在时效性、覆盖面和科学交流过程方面具有独特的研究意义，主要表现在以开放的、即时的和个性化的文献过滤器为研究对象，扩大影响力覆盖范围，基于科学交流过程的评价。

3.1 开放、即时和个性化的过滤器

社交网络环境下，学者们更愿意使用学术社交在线社区与开放存取平台进行学术交流和评论。基于出版物的引用已经不是学术成果传播的主要渠道，科学思想不总是通过科学论文的出版进行传播。越来越多的学者选择在学术网络社区中进行评论和推荐[17-18]。一篇学术论文出版后，要经过至少一年的时间，才能被其他学者引用。因此，科学论文的引用影响力只能在它被发表几年以后才能测量。Brody[19]认为“一篇论文从被期刊出版到被引用要经过科学论文同行评议后，被出版社出版、被其他作者阅读、被其他作者在科学论文中引用、引用文章被同行评议，修改和出版的漫长等待，可能在全世界需要 3 个月至 1 – 3 年甚至更长的时间不等”。这其中的影响因素包括研究领域、出版延迟、期刊的可存取性、研究领域阅读和引用的周转时间等。然而，选择性计量学可能仅需要数天时间，就可以在开放存取平台上浏览、下载，在

学术社交网络上进行标签（Tags）、挖掘（Diggs）、推荐（Tweet）等各种类型的引用活动。Priem 和 Costello[17]研究发现 Twitter 的一个研究样本中近半数的同行评审论文微博客（Twitter）在一周内的链接出现在开放存取出版平台上。因此，选择性计量学的一个研究意义在于开发开放、即时、个性化的文献过滤器，告知学者在更广泛的领域有哪些开创性研究成果。

3.2　扩大影响力覆盖范围

如果一篇论文在某一出版物中被引用，可能表明该论文有一定的学术影响力。但是这种引文影响力的内涵是狭隘的。如果一篇论文通过被阅读、讨论，可以给学者提供一种研究思路，但还不足够重要到被引用，并不代表这篇论文没有产生影响力。

论文的正式引用忽略了许多其他科技交流活动产生的其他种类的影响力。在 Web 2.0 环境中，学者们使用在线学术社交网络工具 CiteULike、Mendeley、Zotero 管理个人参考文献，使用 Faculty of 1000 专家推荐工具浏览论文，使用 Twitter 、FriendFeed 和 ResearchBlogging. org 讨论文献。这些开放存取平台和学术社交网络工具及其提供的开放 API 将扩大科学计量学研究者的视野，便于观察科学交流活动的本来面目。选择性计量学将开发更丰富和更细致的学术影响力地图。

3.3　提出基于科学交流过程的评价

一些被广泛接受以至于被忽视的知识[20]，如默顿理论和孟德尔遗传学，虽然不被引用也同样具有强大的学术影响力；M. H. MacRoberts 和 B. R. MacRoberts[21]研究指出生物地理学和动物地理学的相关论文中普遍使用了大量植物、动物群区系分布类型数据库中的数据，但很少引用这些相关数据。这种通过正式文献引用程序被忽视的科学知识，在基于科学交流的过程评价中将被足够重视。

选择性计量学将打破以专著和期刊作为主要科学交流媒介的思想。除了测量学术论文的正式引用情况，还可以测量它的博客发帖数、数据集合和科研用视频资料。如果在学者偏好的学术社交网络中观察到某一论文被大量评论、转帖、回贴，那么这篇论文将可能有很大阅读价值。基于开放存取平台和学术社交网络的选择性计量学是一种基于出版前开放同行评审与出版后科学交流过程的非正式评价。Taraborelli[12]也将选择性计量学称作“软同行评审”。

选择性计量学可能会随着时间的推移发挥更大的作用。在选择性计量学的理论研究阶段，可能通过观察学者的各种交流行为，研究科学论文通过各种交流平台与网络的学术影响力传播方式；理论成熟后，将会有学校、政府机构的科研管理者尝试将选择性计量学理论应用于学者职称晋升、成果评价和项目评审的科研相关评价试验。通过理论与实践的发展，将会开发出各种过滤工具，帮助学者遴选重要和相关学术论文与成果。因此，选择性计量学具有很大的研究价值，不仅在理论层面，而且有很大的实践应用价值。

4 选择性计量学的评价指标

选择性计量学的研究指标可以在许多开放存取平台和学术社交网络中提取，作为传统的科技论文影响力计量指标的补充。许多社会软件工具允许用户将在线数据库中科学参考文献存档并进行简单操作，如检索、注释、分类，并与合作者分享。社会书签允许使用者将学术期刊的一篇论文编辑到个性化图书馆，并进行标签、评级和注释等操作。

4.1 标签密度

标签是一种合作元数据，被用作语义描述符。标签可以提供与科学文献语义相关的词，往往比作者添加的那些关键词更准确、更详细[12]。标签密度是指在学术社会书签系统中，作者和其他人员关于一篇论文所选择的各种标签按用户数量排序得到的标签频次。许多用户编译多个标签描述学术论文的参考文献，允许聚合标签的服务实际上可以提供免费、大量的文献协作聚合语义元数据；标签按用户数量排序具有较高的价值，对社会软件中每个条目的标签密度的测量将是一种不依赖于专家反馈的、评估一个参考文献条目是否语义相关的比较可靠的策略。

4.2 知名度

知名度指标是从用户数量的角度评价一篇论文的学术影响力，与 CiteSeer、Web of Science 或 Google Scholar 中被引次数指标的评价作用相近。知名度反映了有多少用户在他们的参考文献个人图书馆中对同一个论文条目添加标签。知名度指标将在评估科学内容方面同传统引文分析指标同等重要。社会书签是用户为今后使用一个论文条目而自愿添加标签的网络行为，这也许是一个更相关的学术行为[12]。因此，社会书签系统可能提供关于一个既定科学领域专家经常阅读和引用论文的更准确的数据。知名度指标中有代表性的是 Del. icio. us 中的 Tagometer，又叫标签尺。

4.3 热点

热点可以被描述成一个科学重要性的短期指标，与即年指数、被引半衰期指标的评价作用相近，是在特殊社区中识别一个新兴的研究趋势的有用方法，可以帮助专家尽可能迅速地抓住出版时间不久的有影响力的文章。社会软件服务如 Del. icio. us、Technorati、Flickr 采用热点指标进行论文排名，评价哪些是热门研究，如 Top 100 blogs；CiteULike 和 Mendeley 中的知名度指标（popular）通过明确地让用户为他们喜欢的文章投票来测量热点。

4.4 合作注释

合作注释与传统的共引度指标相近，是指多名专家在学术社交网络中共同注释和评论同一篇论文。实现合作注释的功能平台主要有 Naboj 和 Philica，Naboj 允许 arXiv 预印本的合作注释，而 Philica 允许将期刊的特色论文进行开放同行评论。

一些学术社交网络和开放存取平台免费开放自己的 API 资源供研究人员使用，可以从中提取科学文献的社会聚合元数据，如 FriendFeed、Digg 和 Reddit。通过从整个的用户社区中聚合用户使用的元数据，可以实现基于大规模元数据的选择性计量，这将在覆盖面、速度和效率上胜过传统的论文影响力评估程序；通过使用协作聚合元数据，可以实现基于学术社交网络和开放存取平台中论文使用的计量指标和传统评价指标如被引次数等之间的关联[12]。学术社交网络和开放存取平台可以提供自下而上的分布式论文影响力评价模式所需要的数据，在覆盖范围、效率和可测量性、扩展性方面具有重要价值。对学术社交网络和开放存取平台中论文学术影响力选择性计量指标的聚合将是选择性计量学研究和科学交流工具研究与开发的方向。

5 选择性计量工具的使用

国外相关研究机构已经开始着手尝试开发选择性计量工具。2011 年 3 月，Mendeley 公司的 William 在官方博客上发布了“The Mendeley API Binary Battle”的消息，并宣布竞赛冠军将获得 10 001 美金的奖励。随后不久，Mendeley 和 PLoS 合作，邀请参赛者利用 Mendeley 和 PLoS 的开放应用程序界面所能提供的丰富信息（包括研究论文使用统计数据集、读者个人资料、社会书签和研究论文的相关推荐次数等）建立最具创新性、最受欢迎和最有用的应用程序，用来将程序控制后的数据回归到科学交流社区，并促使科研更合作化、更开放以及更加有效。参赛作品丰富多样，但单篇论文选择性计量工具——Total-Impact[22] 最为引人注目。

Total-Impact 是一个快速、便捷地观察研究成果的社会影响力网站，除了传统评价指标——论文被引量外，它还包括了开放存取平台和学术社交网络中论文影响力分布情况，并允许用户下载基于使用情况的统计数据。通过这个即时评价软件，研究者可以了解自己的成果被下载、添加书签和转发博文的次数；研究团体可以观察到科研成果更广的社会影响力。Total-Impact 可以跟踪各种类型的研究成果，包括论文、数据集、软件、预印本和幻灯片 5 种类型。在输入窗口可以识别的数据格式主要有文献标识号 DOI、Pubmed ID、SlideShare 的 URL 等。系统运行共分三个阶段：首先是研究目标收集，然后是收藏浏览，最后是生成报告。以 2005 年 Ioannidis 在 PLoS Medicine 上发表的 *Why Most Published Research Findings Are False* 为例：

步骤 1：在 PUBMED 网站（http：//www. ncbi. nlm. nih. gov/pubmed/）上输入“Why Most Published Research Findings Are False”，检索到论文，打开题录页面，点击“Display Settings”列表选择用 XML 格式显示页面。在打开的 XML 页面中，找到语句 < ArticleId IdType = “ doi ” > 10. 1371/journal. pmed. 0020124 </ArticleId > 获得 DOI 号。

步骤 2：将 DOI 号“10. 1371/journal. pmed. 0020124”输入到“Paste object IDs”选项框中，点击“Add to collection”按钮，将论文信息添加到数据库中，系统开始运行资源浏览程序，显示“1 objects in this collection”及有哪些被添加论文的 PMID 号。

步骤 3：在“Name your collection”框中输入论文的文件名，点击“get my metrics!”按钮，生成论文的选择性计量报告，如图 1 所示：

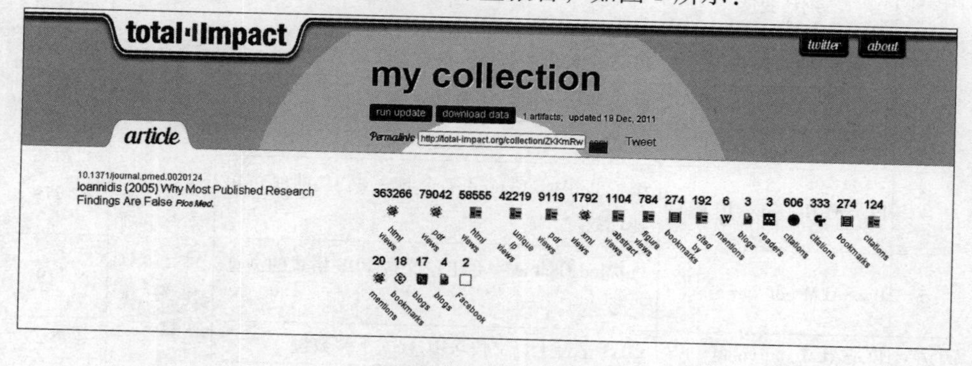

图 1　单篇论文的选择性计量结果

在图 1 中可以看到论文在 22 种开放存取平台和学术社交网络中的选择性计量情况。任意点击某个计量数据，会进入到选择性计量数据提取的来源页面，观察论文被使用和被讨论、引用、标签等行为的具体施引信息，与传统的“施引文献”相类似。如图 2 所示：

图2　单篇论文在 CiteULike 中的“施引文献”列表

笔者对 Total-Impact 的选择性计量统计变量进行注释，并对数据类型加以划分，如表1所示：

表1　Total-Impact 的选择性计量统计变量注释及类型

序号	统计变量	注释	类型	选择性计量学
1	PLoSALM html views	PLoS 平台上的 HTML 格式论文浏览量	开放存取平台上浏览、下载和链接次数	363 266
2	PLoSALM pdf views	PLoS 平台上的 PDF 格式论文下载量		79 042
3	PLoSALM html views	PubMed Central 平台上论文全文浏览次数		58 555
4	PLoSALM unique IP views	浏览 PubMed Central 平台上论文初稿的独立 IP 地址数量		42 219
5	PLoSALM pdf views	PubMed Central 平台上论文按 PDF 格式的浏览次数		9 119
6	PLoSALM xml views	PLoS 平台上论文按 XML 格式下载数量		1 792
7	PLoSALM abstract views	PubMed Central 平台上论文摘要的浏览次数		1 104
8	PLoSALM figure views	PubMed Central 平台上论文中数字、图形的浏览次数		784

续表

序号	统计变量	注释	类型	选择性计量学
9	PLoSALM citations	Pubmed Central 中报告的论文被引量	数据库检索网站、参考文献管理网站中的被引量	124
10	PLoSALM citations	Scopus 中报告的论文被引量		606
11	PLoSALM cited by	Pubmed Central 中报告的论文被引量		192
12	Wikipedia mentions	Wikipedia 中对论文手稿的引用		6
13	PLoSALM citations	CrossRef 中报告的论文被引量		333
14	Research Blogging blogs	Research Blogging 中引用论文的博文量	学术社交网络和开放存取平台中博文、书签、阅读、讨论次数	3
15	CiteULike bookmarks	CiteULike 中用户对论文手稿标记书签次数		274
16	Mendeley readers	Mendeley 中论文的读者人数		3
17	PLoSALM bookmarks	CiteULike 中论文被添加书签的次数		274
18	PLoSsearch mentions	PLoS 中论文全文被讨论量		20
19	PLoSALM blogs	Postgeonomic 博客中论文的讨论次数		18
20	PLoSALM Facebook	PLoSALM Facebook 中论文引用量		2

注：数据中有一个与 PLoSALM blogs 重复的指标，将其删除；在 Research Blogging 的 API 没有提取到相关数据。数据 9 和 10 均是 Pubmed Central 中报告的论文被引量，需要去重处理。

数据来源主要包括 PLoSALM、PubMed Central、Scopus、Wikipedia、CrossRef、Research Blogging、CiteULike、Mendeley 和 Postgeonomic 共 9 个开放存取平台和学术社交网站。选择性计量类型归纳为三大类：①开放存取平台上浏览、下载和链接次数；②数据库检索网站、参考文献管理网站中的被引量；③学术社交网络和开放存取平台中博文、书签、阅读、讨论次数。将三类数据分别求均值，得出 Total-impact1 = 69 485. 13；Total-impact2 = 252. 2；Total-impact3 = 84. 8571。由此可见各类选择性计量数据均值降序排列顺序是 Total-impact1 > Total-impact2 > Total-impact3。

6 结 语

选择性计量工具如 Total-Impact 在传统引文数据外，挖掘了各种类型的论文使用数据，实现了更丰富、更开放和更迅速的社会影响力选择性计量。然而，选择性计量学的研究现在处于早期开发阶段，提取的有些数据还不够准确，还存在很多问题：①不同数据库和开放存取平台下的引用合并问题，如从 CrossRef、PubMed 和 Scopus 中的引文统计有交叉部分，需要去重处理才能汇总；②被不同网站索引的论文链接次数的合并问题，如来自 Postgenomic、Nature Blog、Blogines 和 ResearchBlogging. org 这 4 个博客聚集服务中的关于指向论文的博客记录链接有交叉部分，也需要去重处理才能汇总；③网络引用和传统引用行为一样，也存在引文规范、引文动机、科学评价适用性等问题，有待科学计量学专家们进行探索。

参考文献：

[1] Reinstein A, Hasselback J R, Riley M E, et al. Pitfalls of using citation indices for making academic accounting promotion, tenure, teaching load, and merit pay decisions[J]. Issues in Accounting Education,2011,26(1):99 – 131.

[2] Psmeyers P, Burbules N C. How to improve your impact factor: Questioning the quantification of academic quality[J]. Journal of Philosophy of Education,2011,45(1):1 – 17.

[3] 杨远芬．科技论文评价方法实证比较研究[J]. 科技管理研究,2008(8):57 – 59.

[4] Willinsky J. The nine flavours of open access scholarly publishing[J]. Postgraduate Journal of Medicine,2003,49(3):263 – 267.

[5] Correia A M R, Teixeira J C. Reforming scholarly publishing and knowledge communication: From the advent of the scholarly journal to the challenges of open access[J]. Online Information Review,2005,29(4):349 – 364.

[6] Greenhow C. Social scholarship: Applying social networking technologies to research practices[J]. Knowledge Quest,2009,37(4):42 – 47.

[7] Ebner M, Reinhardt W. Social networking in scientific conferences[C]//Cress U, Dimitrova V, Specht M. Learning in the Synergy of Multiple Disciplines: Proceedings of the EC-TEL 2009. Berlin: Springer,2009:1 – 8.

[8] Kirkup G. Academic blogging: Academic practice and academic identity [J]. London Review of Education,2010,8(1):75 – 84.

[9] Veletsianos G, Kimmons R. Networked participatory scholarship: Emergent techno-cultural pressures toward open and digital scholarship in online networks[J]. Computers & Education,2012,58(2):766 – 774.

[10] Kjellberg S. I am a blogging researcher: Motivations for blogging in a scholarly context [EB/OL]. [2011 – 12 – 20]. http://frodo. lib. uic. edu/ojsjournals/index. php/fm/article/view/2962/2580.

[11] Arbesman S. Altmetrics for Eurekometrics[EB/OL]. [2011 – 12 – 21]. http://altmetrics. org/workshop2011/arbesman-v0/.

[12] Taraborelli D. Soft peer review: Social software and distributed scientific evaluation[EB/OL]. [2011 – 12 – 21] . http://www. mendeley. com/research/soft-peer-review-social-software-and-distributed-scientific-evaluation/.

[13] Priem J, Hemminger B H. Scientometrics 2.0: New metrics of scholarly impact on the social Web[EB/OL]. [2011 - 12 - 21]. http://frodo. lib. uic. edu/ojsjournals/index. php/fm/article/view/2874.

[14] Neylon C, Wu S. Article-level metrics and the evolution of scientific impact[J]. PLoS Biology,2009,7(11):e1000242.

[15] Altmetrics11: Tracking scholarly impact on the social Web[EB/OL]. [2011 - 12 - 21]. http://altmetrics. org/workshop2011/.

[16] Burnett G, Jaeger P T. Small worlds, lifeworlds, and information: The ramifications of the information behaviour of social groups in public policy and the public sphere[J]. Information Research, 13(2):346.

[17] Priem J, Costello K L. How and why scholars cite on Twitter[J]. Proceedings of the American Society for Information Science and Technology,2010,47(1):1 - 4.

[18] Groth P, Gurney T. Studying scientific discourse on the Web using bibliometrics: A chemistry blogging case study[C]//WST Administrator. Proceedings of the WebSci10: Extending the Frontiers of Society On- Line. Raleigh: Webscience. org, 2010:308.

[19] Brody T, Harnad S, Carr L. Earlier Web usage statistics as predictors of later citation impact[J]. Journal of the American Association for Information Science and Technology, 2006,57(8):1060 - 1072.

[20] 杨思洛. 引文分析存在的问题及其原因探究[J]. 中国图书馆学报,2011,37(3):108 - 117.

[21] MacRoberts M H, MacRoberts B R. Problems of citation analysis: A study of uncited and seldom-cited influences[J]. Journal of the American Society for Information Science and Technology,2010,61(1):1 - 13.

[22] What is total-impact? [EB/OL]. [2011 - 12 - 21]. http://total-impact. org/about.

作者简介

刘春丽，女，1980 年生，助理研究员，硕士。

科学计量学与信息计量学的发展：中国大陆与台湾地区比较研究*

梁立明

（河南师范大学科技与社会研究所　新乡 453007）

摘　要　选择期刊 *Scientometrics*、*Journal of Informetrics* 2003—2012 年期间发表的论文和国际科学计量学与信息计量学大会（ISSI 大会）论文集论文为样本，对中国大陆和台湾地区科学计量学与信息计量学的发展进行比较研究。研究从 4 个方面展开：论文计量分析、引文计量分析、合作研究以及研究内容考察。研究结果表明，中国大陆和台湾地区已经成为国际上科学计量学与信息计量学论文产出大户，但是中国大陆地区论文年篇均引文略低于世界平均水平，AR 指数低于台湾地区；两地区学者已经产出合著论文，但合作局限于少数学者和少数机构之间；两地区的研究对象和研究方法有共性又各有特色，中国大陆地区学者更重视科学计量，台湾地区学者更重视技术测度。最后提出促进两地区科学计量学与信息计量学发展需要深入讨论的几个问题。

关键词　中国大陆地区　台湾地区　科学计量学　信息计量学

分类号　G301

1　对 21 世纪中国科学计量学发展的关注和研究

1998 年和 2000 年在北京和上海连续召开了两届科研绩效定量评价国际学术会议，Ronald Rousseau、Leo Egghe、Hildrun Kretschmer、Henk Moed、Ed Noyons 等国际著名科学计量与信息计量学家到会，自此开始了中国大陆地区学者与国际科学计量学与信息计量学界的实质性研究与合作[1-3]。1999 年，

* 本文系国家自然科学基金项目“发达国家科技期刊建设同经济实力、科技发展的关系暨语言选择的历时性研究及其借鉴意义”（项目编号：70973118）研究成果之一。

在墨西哥科利马召开的第7届国际科学计量学与信息计量学（International Society for Scientometrics and Informetrics，ISSI）大会上，中国科学学与科技政策研究会正式向国际科学计量学与信息计量学学会提出主办2003年第9届ISSI大会的申请，迈出了中国科学计量学与信息计量学走向世界的重要一步[4]。近十几年来，中国大陆地区学者一方面积极从事科学计量学与信息计量学研究，在国际国内发表的论文呈指数增长，另一方面将科学计量学与信息计量学指标、模型、方法应用于科研绩效评价、科技政策研究和科技管理实践中，取得了一系列创新性的成果。伴随着中国科学计量学与信息计量学的蓬勃发展，学者们对我国科学计量学与信息计量学的发展态势也给予了密切的关注，作了多视角的考察。例如，研究科学计量学大家[5]，记述科学计量学国际合作进程[6]，评介科学计量学著作[7]，勾勒国际合作网络[8]，介绍中国科学计量学指标、数据库研究与应用等[9-11]。

笔者对中国科学计量学与信息计量学发展的关注始于1999年，并于该年受国家自然科学基金委员会资助，参加了在墨西哥科利马小城召开的第7届ISSI大会。有感于国际上该领域的蓬勃发展，特别是同为发展中大国的印度有13篇论文被大会录用（录用数量居各国之首）而中国仅有1篇的巨大反差，笔者于会后向国家自然科学基金委员会提交了报告，并受托撰写《科学计量学与信息计量学：从世界看中国——第七届ISSI大会后的思考》一文，发表在《科研管理》上[4]。该文介绍了大会的基本情况，对该学科世界总体发展态势、重点研究领域、前沿课题以及一些国家的研究情况作了评价，尝试指出我国该领域研究与国际先进水平的主要差距，并对我国该学科的发展提出了几点建议。

10年转瞬即逝。其间，2003年在北京召开了第9届ISSI大会，由中国科学学与科技政策研究会和中国科学院文献情报中心主办和承办，国家自然科学基金委员会管理科学部对大会给予了资助。这次大会成为新千年中国科学计量学与信息计量学迅速崛起的里程碑。迅速崛起也与国家自然科学基金委员会管理科学部对科学计量学和信息计量学项目的有效资助密不可分。10年中，管理科学部资助的科学计量学和信息计量学项目稳步增长，科学计量学与信息计量学已经成为国家自然科学基金委员会管理科学部产出国际论文最多的领域之一，应用研究的分布也十分广泛。2009年，笔者再次受国家自然科学基金委员会管理科学部之托，同时也实感于新千年以来中国科学计量学与信息计量学研究队伍的壮大和研究绩效的显著，撰文《中国科学计量学的发展：论文引文分析及中印比较》[12]，对20世纪80年代以来，特别是新千年第一个10年中国科学计量学与信息计量学领域的研究内容、科学产出和引文影响做了计量分析，并以曾经的科学计量学研究大国印度为参照系，观察中国科学计量学的进化。研究表明，新千年的第一个10年中国科学计量学论文产出已经明显超过印度。中印两国的研究主体不同，印度国家研究机构是科学计量学的主要研究力量，而中国的主要研究力量是大学。引文测度显示，新千年以来中国的科学计量学研究比印度的研究更受国际同行关注。

两年一届的国际ISSI大会到2011年已是第13届了（于2011年7月在南非德班举行）。中国大陆地区学者向大会提交了19.67篇论文（分式计量法），提交论文数名列榜首。但是，论文录用率只有47%，排名第26位。作为25个国家95人组成的大会科学委员会中唯一的中国委员，同时也是大会科学委员会“理论”专题的主席（“Theory Thematic Chair”），笔者感到有责任也极有必要探讨一下如何提升我国学者所提交论文的质量和论文录用率的问题。于是，借助大会议程主席（“Program Chair”）——荷兰的Ed Noyons博士提供的珍贵数据和资料，撰写了《第13届国际ISSI大会论文投稿、评审及录用分析》一文，德班会议两个月之后与Noyons博士联名发表在《科学学研究》上[13]。

近年来台湾地区学者发表的科学计量学论文数量增加很快——2010年发表在*Scientometrics*上的论文已经达到18篇，2011年为19篇，笔者欣然于此，愉悦之情发自肺腑。适逢2012年春天第三届海峡两岸区域合作与协同发展论坛在台湾地区举行，于是，想到应对中国大陆和台湾地区科学计量学与信息计量学的发展做些研究和比较，希望海峡两岸学者可以在这一领域加强交流，相互促进，携手前行，取得更大的成绩。研究和比较主要基于国际科学计量学与信息计量学的两种权威期刊*Scientometrics*和*Journal of Informetrics*的论文和引文数据，也考察了几届ISSI大会论文。选择这样的数据源固然因为这是该领域最具权威的学术期刊和学术会议，但同时也有另一番考虑：首先，自2004年被聘为*Scientometrics*编委至今已经8年了，自*Journal of Informetrics*创刊就担任其编委也已经5年。编委是国际性的，我必须为期刊公正而专业地审稿，努力工作，但我是中国学者，由衷希望有更多海峡两岸的同行能在这两种期刊上发表更多高质量的论文。评介我们在这两种期刊上的发文和引文现状，或许有助于推动两岸学者的相关研究。其次，笔者前后担任了6届ISSI大会科学委员会成员，三次担任中国—东亚区主席或专题主席，渴望看到海峡两岸的同行能有更多机会参加大会，走上国际论坛，并加强交流与合作。

Thomson Reuters公司的Web of Science为本项研究的数据来源。研究从以下4个方面展开：①中国大陆与台湾地区论文比较：论文的时间序列、论文的机构分布、作者群分析、论文的国际合作、论文的基金资助等；②中国大陆与台湾地区引文比较：同年发表论文的篇均引文比较、高频被引论文分析；③两地区合作研究；④两地区研究内容比较：用 WordSmith Tools 软件对两地区选题作词频分析。

2 中国大陆与台湾地区论文比较

在 Web of Science 中分别检索期刊 *Scientometrics* 和期刊 *Journal of Informetrics* 发表的论文，作者地址栏中有“Peoples R China”字段的论文称为中国大陆地区论文，有“Taiwan”字段的论文称为台湾地区论文。例如，台湾地区 *Scientometrics* 论文的检索式是：

Address = （Taiwan）AND Publication Name = （Scientometrics）

Timespan = All Years. Databases = SCI-EXPANDED，SSCI，CPCI-S，CCR-EXPANDED，IC.

中国大陆地区 *Journal of Informetrics* 论文的检索式是：

Address = （Peoples R China）AND Publication Name = （Journal of Informetrics）

Timespan = All Years. Databases = SCI-EXPANDED，SSCI，CPCI-S，CCR-EXPANDED，IC.

在 Web of Science 中检索 ISSI 大会论文需要逐次会议检索。例如，检索 2005 年在瑞典斯德哥尔摩召开的第 10 届 ISSI 大会论文的检索式是：

Conference = 10th International Conference of the International Society for Scientometrics and Informetrics AND Stockholm AND 2005

本项研究数据检索时间为 2012 年 2 月 10 日 –2 月 20 日。

2.1 论文的时间序列

Scientometrics 1978 年创刊。2000 年台湾地区淡江大学（Tamkang Univ）学者 Tsay Ming-Yueh、Jou Show-Jen 和 Ma Sheau-Shin 联名发表了台湾地区第一篇 *Scientometrics* 论文，计量研究半导体文献。2001 和 2002 两年台湾地区论文空白。2003 年台湾地区论文达到 5 篇，这一年是台湾地区学者连续发表 *Scientometrics* 论文的开端。中国大陆地区第一篇 *Scientometrics* 论文是赵红州先生 1984 年发表的，研究科学工作的智力常数。1984—2002 年中国大陆地区学者共计发表了 19 篇论文。我们决定选择 2003—2012 年为本次考察的时间段，在此期间中国大陆和台湾地区学者均连续发表 *Scientometrics* 论文，便于比较研究。如表 1 所示：

表1　中国大陆与台湾地区 *Scientometrics* 论文的时间序列（2003—2012）

年份	世界论文数（篇）	大陆地区		台湾地区	
		论文数（篇）	占世界份额	论文数（篇）	占世界份额
2003	94	7	0.074	5	0.053
2004	101	11	0.109	3	0.030
2005	114	8	0.070	3	0.026
2006	160	11	0.069	3	0.019
2007	129	12	0.093	7	0.054
2008	131	16	0.122	5	0.038
2009	192	23	0.120	11	0.057
2010	223	18	0.081	18	0.081
2011	225	27	0.120	19	0.084
2012	44	9	0.205	2	0.045
合计	1 413	142	0.100	76	0.054

表1列出了2003—2012年中国大陆与台湾地区 *Scientometrics* 论文的时间序列及占世界 *Scientometrics* 论文的份额。从论文数量看，中国大陆和台湾地区学者在国际科学计量学领域已占有一席之地。2003—2012年中国大陆地区发表142篇论文，占世界论文总数的1/10，台湾地区发表76篇论文，占5.4%。排除重复计数的10篇中国大陆与台湾地区合著论文，两地区学者共发表208篇论文，占同期世界论文总数的14.7%。尤其是2009年以来，两地区论文数增长神速。中国台湾地区2010和2011年发表论文占世界 *Scientometrics* 论文的份额均超过8%。中国大陆地区2009和2011年论文分别为23篇和27篇，均占当年世界论文的12%。到检索日为止，2012年开始不到两个月，中国大陆地区学者已经发表了9篇 *Scientometrics* 论文，占世界论文总数的1/5。

从世界各国和地区2003—2012期间 *Scientometrics* 论文数量排序来看，中国大陆和台湾地区也是名列前茅的。该时段发表 *Scientometrics* 论文最多的10个国家和地区是USA（198篇），BELGIUM（152篇），SPAIN（151篇），PEOPLES R CHINA（143篇，含香港1篇），NETHERLANDS（100篇），ENGLAND（97篇），HUNGARY（81篇），GERMANY（79篇），TAIWAN（76），INDIA（62篇），中国大陆和台湾地区分别排在第4位和第9位。具体到2011

年，中国大陆地区（27 篇）已经排到第 2 位，仅次于美国（32 篇）。台湾地区（19 篇）排在西班牙（22 篇）之后，居世界第 4 位。

期刊 *Journal of Informetrics*（简称 JOI）是 2007 年创刊的，创刊仅 3 年期刊影响因子就超过 3，并一直稳定在 3 以上。中国大陆地区学者在创刊年发表了 2 篇论文，2008 和 2009 年都是 4 篇，2010 和 2011 年均翻番为 8 篇。2012 年伊始，我们已经检索到中国大陆地区学者在该刊发表了 4 篇论文，其中一篇是两地区作者合著论文。台湾地区学者 2011 年开始在 JOI 上发表论文，当年发表 4 篇。2012 年台湾地区学者在该刊发表了 2 篇论文，其中一篇是两地区学者合作发表的。

国际 ISSI 大会论文统计如下：

1999 年第 7 届 ISSI 大会论文集共计 73 篇论文，中国大陆地区 1 篇；

2001 年第 8 届 ISSI 大会论文集共计 115 篇论文，中国大陆地区 3 篇，台湾地区 1 篇；

2003 年第 9 届 ISSI 大会论文集共计 43 篇论文，中国大陆地区 6 篇，台湾地区 1 篇；

2005 年第 10 届 ISSI 大会论文集共计 133 篇论文，中国大陆地区 8 篇，台湾地区 4 篇；

2009 年第 12 届 ISSI 大会论文集共计 157 篇论文，中国大陆地区 10 篇，台湾地区 3 篇；

2011 年第 13 届 ISSI 大会录用全文和研究进展论文 96 篇，中国大陆地区 10 篇；录用墙展论文 70 篇，中国大陆地区 17 篇，台湾地区 2 篇。

总的趋势是，两地区学者都有参加国际 ISSI 大会的热情，被录用论文数量也在不断增长。

2.2 论文的机构分布

表 2 列出了 2003—2012 年中国大陆和台湾地区发表 *Scientometrics* 论文数量排序前 10 位的机构，各 11 家。中国大陆地区的 11 家机构最少发表 6 篇论文，台湾地区的 11 家机构最少发表 4 篇论文。中国大陆地区发表论文最多的机构和台湾地区发表论文最多的机构发文量相同，都是 15 篇。中国大陆地区的 11 家机构中排名第 4 和第 9 的是研究机构（INST SCI TECH INFORMAT CHINA、CHINESE ACAD SCI），其他都是大学。台湾地区的 11 家机构中有 10 所大学、1 所医院。由此看来，中国大陆和台湾地区科学计量学的主要研究力量还是在高等院校。

表 2　中国大陆与台湾地区发表 *Scientometrics* 论文最多的机构（2003—2012）

大陆地区	台湾地区
HARBIN INST TECHNOL（15 篇）	NATL TAIWAN UNIV（15 篇）
PEKING UNIV（14 篇）	NATL CHENGCHI UNIV（12 篇）
WUHAN UNIV（14 篇）	TAIPEI MED UNIV（9 篇）
INST SCI TECH INFORMAT CHINA（13 篇）	TAMKANG UNIV（6 篇）
BEIJING UNIV AERONAUT ASTRONAUT（12 篇）	ASIA UNIV（6 篇）
HENAN NORMAL UNIV（11 篇）	NATL CHENG KUNG UNIV（6 篇）
DALIAN UNIV TECHNOL（10 篇）	NATL YANG MING UNIV（5 篇）
FUDAN UNIV（10 篇）	NATL YUNLIN UNIV SCI TECHNOL（5 篇）
CHINESE ACAD SCI（9 篇）	NATL CENT UNIV（4 篇），TAIPEI VET GEN HOSP（4 篇）
NANJING UNIV（6 篇），TSING HUA UNIV（6 篇）	NATL CHUNG HSING UNIV（4 篇）

中国大陆地区发表 JOI 论文最多的机构是：ZHEJIANG UNIV（6 篇），FUDAN UNIV（5 篇），INST SCI TECH INFORMAT CHINA（5 篇）和 DALIAN UNIV TECHNOL（4 篇）。台湾地区 6 篇 JOI 论文中有 4 篇作者机构为 NATL TAIWAN UNIV。

国际 ISSI 大会论文集收录论文的机构分布相对分散。例如，2005 年 ISSI 大会的 8 篇中国大陆地区论文出自 7 个机构，2009 年 ISSI 大会的 10 篇中国大陆地区论文源于 6 个机构。但是，也有一些机构产出相对较多，例如，2009 年 ISSI 大会录用了 3 篇大连理工大学 WISE 实验室的论文，2011 年 ISSI 大会录用的 6 篇中国大陆地区第一作者全文中有 3 篇出自大连理工大学 WISE 实验室。2005 年 ISSI 大会的 4 篇台湾地区论文两篇出自台湾大学。2009 年 ISSI 大会的 3 篇台湾地区论文也有两篇出自台湾大学。

2.3　作者群分析

中国大陆地区 *Scientometrics* 论文有一个庞大的作者群，超过 100 人，包括与中国大陆地区学者合作的台湾地区学者和外国学者。2003—2012 期间发表 5 篇论文以上的中国大陆地区作者有 8 人：GUAN J C（15 篇），YU G（13 篇），LIANG L M（9 篇），QIU J P（7 篇），ZHOU P（7 篇），LI Y J（6 篇），YU D R（6 篇），MA N（5 篇）。发文最多的 GUAN J C 发文量排名世界第

13 位。

台湾地区 *Scientometrics* 论文的作者群也超过 100 人。作者群中包括与台湾地区学者合作的中国大陆地区学者和外国学者。2003 –2012 期间发表 5 篇论文以上的台湾地区作者有 7 人：HO Y S（14 篇），HUANG M H（9 篇），TSAY M Y（9 篇），CHEN D Z（8 篇），CHEN Y S（5 篇），CHIU W T（5 篇），JANG S L（5 篇）。发文最多的 HO Y S 发文量排名世界第 14 位。

尽管 2003—2012 年期间中国大陆地区论文（142 篇）几乎两倍于台湾地区论文（76 篇），两地区高产作者分布及其论文产出数量却很相似，说明两地区高产作者发文能力相当。同时表明，台湾地区作者群发文的集中度要高于中国大陆地区。

JOI 创刊时间短，论文的作者群较小。30 篇中国大陆地区 JOI 论文涉及 62 位作者，包括 1 位台湾地区作者和 3 位外国作者。发表 3 篇以上 JOI 论文的中国大陆地区学者有 6 人：GUAN J C（5 篇），LIANG L M（3 篇），PAN Y T（3 篇），WU Y S（3 篇），YE F Y（3 篇），ZHANG L（3 篇）。台湾地区 6 篇 JOI 论文涉及 11 位作者，含 1 位中国大陆地区作者。其中，HUANG M H 和 CHEN D Z 合作发表 4 篇论文。

2.4 论文的国际合作

2003—2012 期间与中国大陆地区学者合作发表 *Scientometrics* 论文最多的外国学者是比利时的 R. Rousseau，合著论文 15 篇，占他个人该时段该刊论文总数的一半。Rousseau 是 2003—2012 期间该刊排名第 2 的高产作者（29 篇）。Rousseau 自 2003 年起担任国际科学计量学与信息计量学学会主席至今，每年两次访问中国大陆地区高校与研究机构，十分关心中国大陆地区科学计量学研究队伍的建设和研究工作的进展，对中国大陆地区科学计量学的发展予以了实质性的促进。Rousseau 教授于 2012 年 4 月赴台湾地区大学进行了学术访问。比利时鲁汶大学的 W. Glanzel 指导了两名在鲁汶大学学习的中国大陆地区留学生，合著 7 篇 *Scientometrics* 论文。与中国大陆地区学者合作发表 *Scientometrics* 论文的欧洲学者还有荷兰的 L. Leydesdorff 和德国的 H. Kretschmer 等。2003—2012 期间中国大陆地区学者与美国学者合作 *Scientometrics* 论文 9 篇。9 篇论文的美国合作者分散在多家机构中。此外，中国大陆地区学者还与印度及澳大利亚学者有 *Scientometrics* 论文合著关系。

台湾地区学者与外国学者发表 *Scientometrics* 论文的合著规模远小于中国大陆地区学者与外国学者的合著规模。台湾地区学者与美国学者合著 3 篇论文，与英国学者合著 2 篇论文，与德国学者合著 1 篇论文，与新西兰、荷兰、日本学者共同合著1篇论文。

中国大陆地区JOI论文的国际合著比例是相当大的。30篇论文中有20篇是国际合作完成的。比利时的R. Rousseau与中国大陆地区学者合作了10篇JOI论文，W. Glanzel与中国大陆地区学者合作3篇论文，英国和瑞士各合作2人次，加拿大、美国、法国、荷兰、德国各合作1人次，其中，J. Katz双署英国和加拿大地址，法国C. Roth和瑞士S. Lozano为同一篇合著论文的作者。

台湾地区作者的6篇JOI论文中没有国际合著论文。

2.5 论文的基金资助

科学研究需要经费的支持，国家、行业、地方、私人设立的科学基金是科研经费的主要来源。得到各类科学基金资助的科研项目在发表科研成果时应该标注受何种基金资助以及项目编号。

据Web of Science的统计，中国大陆地区142篇*Scientometrics*论文标注了74频次科学基金的资助。其中，标注最多的是国家自然科学基金项目（26频次）和国家社会科学基金项目（7频次）。教育部各类科学基金、科技部各类科学基金也是标注次数较多的基金。各省市的地方科学基金、各高校与研究机构的部门基金的资助相对比较分散。此外，资助者中还出现了德国、韩国等国的基金会以及一家私人基金会，如James S. McDonnell Foundation。我们特别注意到一项基金，名为ISTIC THOMSON REUTERS JOINT LAB FOR SCIENTOMETRICS RESEARCH，资助了两篇论文。该项基金是中国科技信息研究所与汤森路透科技集团科学计量学联合实验室专项基金。这是中国大陆地区各项基金中唯一特指科学计量学研究的基金。

台湾地区76篇*Scientometrics*论文标注21频次科学基金的资助。标注最多的是TAIWAN S NATIONAL SCIENCE COUNCIL（NATIONAL SCIENCE COUNCIL TAIWAN），12频次。其他基金标注比较分散。澳大利亚、日本和新西兰基金各出现一次。

3 中国大陆与台湾地区引文比较

引文分析旨在反映学术论文的影响。我们以*Scientometrics*论文为样本，比较两地区作者同年发表论文的篇均被引频次，并分析两地区作者发表的高频被引论文。JOI论文和ISSI会议论文样本较小，不再作引文分析。

3.1 同年发表论文的篇均引文比较

比较篇均引文只有针对同年发表的论文才有意义。表3列出了中国大陆与台湾地区各年度发表 *Scientometrics* 论文的篇均被引频次，以世界 *Scientometrics* 论文篇均被引为参照：

表 3　中国大陆与台湾地区 *Scientometrics* 论文篇均被引频次（2003—2012）

发文年	世界篇均被引（次数）	大陆地区篇均被引（次数）	台湾地区篇均被引（次数）
2003	13.73	3.57	10.4
2004	15.04	12.45	83.00
2005	12.11	17.63	14.33
2006	14.37	7.45	4.33
2007	9.34	8.00	11.00
2008	7.22	4.69	6.60
2009	3.70	3.96	4.36
2010	2.18	2.72	2.22
2011	0.63	0.41	0.58

由于中国大陆和台湾地区在一些年份发文数量较小，引文数据会有一些由小样本引起的波动。但总体上看，和世界篇均被引水平相比，中国大陆地区论文还有一些差距。多数年份中国大陆地区论文的篇均被引频次也略低于台湾地区论文，这与已有文献对中国大陆、香港和台湾地区大学论文数量和质量比较研究的结论相似，尽管该文与本文所用方法不同[14]。

3.2　高频被引论文分析

高频被引论文是反映国家、地区、机构、期刊或个人论文影响的重要样本，目前最常用的测度高频被引论文的指标是 h 指数[15]。Web of Science 对检索论文作出的引文分析报告中已经列出 h 指数。中国大陆地区 2003 - 2012 年 142 篇 *Scientometrics* 论文的 h 指数为 14，台湾地区 76 篇 *Scientometrics* 论文的 h 指数为 10。这即是说中国大陆地区有且仅有 14 篇论文被引 14 次或 14 次以上，这 14 篇论文构成了中国大陆地区 142 篇论文的 h 核，而台湾地区有且仅有 10 篇论文被引 10 次或 10 次以上，这 10 篇论文构成了台湾地区 76 篇论文的 h 核。

我们不能对中国大陆地区论文和台湾地区论文的 h 指数进行直接比较，因为 h 指数受发文规模的影响，也受发文时间早晚的影响。可以采用 AR 指数对两地区高频被引论文的影响进行比较。AR 指数考虑 h 核内论文的“年龄”，对 h 核内各篇论文的年均被引频次之和求几何平均值，这就消除了发文规模和发文时间的影响[16]。表 4 列出了中国大陆地区 14 篇 h 核论文和台湾地区 10 篇 h 核论文。论文年龄从发文年算截止至 2011 年。经计算，中国大陆地区 142 篇论文的 AR 指数为7.05，台湾地区 76 篇论文的 AR 指数为7.75，后者略高于前者。

台湾地区最高频被引论文十分引人注目。该文 2004 年由台北医科大学（Taipei Med Univ）的 Ho Yuh-Shan 发表，至今已被 42 个国家的学者引用 234 次。论文题目是 *Citation Review of Lagergren Kinetic Rate Equation on Adsorption Reactions*。

表 4　中国大陆与台湾地区 *Scientometrics* 论文的 h 核

大陆地区				台湾地区			
发文年	论文年龄（年）	被引频次	年均被引频次	发文年	论文年龄（年）	被引频次	年均被引频次
2005	7	51	7.29	2004	8	234	29.25
2006	6	42	7.00	2007	5	34	6.80
2004	8	29	3.63	2007	5	26	5.20
2007	5	27	5.40	2005	7	24	3.43
2004	8	27	3.38	2008	4	17	4.25
2005	7	20	2.86	2003	9	16	1.78
2005	7	19	2.71	2003	9	15	1.67
2005	7	18	2.57	2005	7	14	2.00
2008	4	17	4.25	2004	8	14	1.75
2004	8	17	2.13	2009	3	12	4.00
2004	8	16	2.00				
2006	6	15	2.50				
2005	7	15	2.14				
2004	8	15	1.88				

4　中国大陆与台湾地区合作研究

中国大陆和台湾地区学者在科学计量学与信息计量学领域的合作卓有成

效，2003—2012 年期间已经合作发表 10 篇 *Scientometrics* 论文和 1 篇 JOI 论文。其中，与台湾地区 Ho Yuh-Shan 合作 7 篇 *Scientometrics* 论文，Ho Yuh-Shan 7 篇都是通讯作者。Ho Yuh-Shan 合作的主要机构是北京大学环境科学系。注意到 Ho Yuh-Shan 7 篇合著论文中有 4 篇的作者地址栏不仅标注台湾大学（或亚洲大学，或 I Shou Univ），而且标注北京大学，这表示他近年来同时受聘于台湾地区的大学和北京大学，这显然是另外一种有效的合作方式。台湾地区学者 Chen Dar-Zen 与 Huang. Mu-Hsuan 是研究搭档，论文经常联合署名。他们与中国大陆地区学者合作了 3 篇 *Scientometrics* 论文和 1 篇 JOI 论文，主要合作伙伴是中国科技信息研究所。

5　中国大陆与台湾地区研究内容比较

主题词分析是对论文研究内容和研究方法进行考察的有效手段。JOI 论文和 ISSI 大会论文样本较小，此处仅以两地区学者发表的 *Scientometrics* 论文为样本作主题词分析。

利用 WordSmith Tools 词频分析软件的 Wordlist 功能和 Concordance 功能对 142 篇中国大陆地区论文和 76 篇台湾地区论文的题目作词频和词组分析，得到两地区论文的主题词表和主题词组表。将虚词去掉，同根词和同义词归类，得到实词主题词表。表 5 列出两地区论文排序前 20 位的高频主题词（高频主题词组表略）：

表 5　中国大陆与台湾地区 *Scientometrics* 论文高频主题词

大陆地区主题词	频次	台湾地区主题词	频次
CHINA，CHINA'S，CHINESE	61	PATENT（S）	27
SCIENCE（S），SCIENTIFIC	44	BIBLIOMETRIC（S）	19
CITATION（S），CITED	30	CITATION（S）	18
JOURNAL'S，JOURNAL（S）	26	TECHNOLOG *，TECHNIQUE，TECH	16
INDICATOR（S），INDEX（INDICES）	20	TAIWAN，TAIWAN'S，TAIWANESE	11
BIBLIOMETRIC	18	JOURNAL（S）	10
PUBLICATION（S），PUBLISHED，PUBLISHING	17	SCIENCE（S），SCIENTIFIC	9
NETWORK（S）	14	NETWORK（S）	8
UNIVERSITY（-IES）	14	AUTHOR，AUTHORSHIP	7

续表

大陆地区主题词	频次	台湾地区主题词	频次
IMPACT（S）	13	CHINA，CHINA'S，CHINESE	7
COLLABORATION，COLLABORATIVE，COOPERATION	13	INDUSTRIAL，INDUSTRY（-IES）	7
EVALUATE，EVALUATING，EVALUATION	12	IMPACT（S）	6
PATENT（S）	12	PERFORMANCE	6
WEB，WEBSITES	11	PRODUCTIVITY	6
INTERNATIONAL，INTERNATIONALI+	10	MEDICINE，MEDICAL	5
MODEL（S），MODELING	10	DATA，DATABASE	5
PERFORMANCE	8	LITERATURE	5
AUTHOR（S），AUTHORSHIP	8	SEMICONDUCTOR	5
KNOWLEDGE	7	COMPANY（-IES）	4
NANOSCIENCE，NANOTECHNOLOGY，NANOBIOPHARMAC+	7	INNOVATION，INNOVATIVE	4

利用表5提供的高频主题词，结合主题词组表（略）提供的词组，对两地区论文的高频主题词和高频主题词组进行比较，笔者发现了两地区论文研究内容、研究方法的相似性和研究侧重点的差异。

第一，两地区论文都重视引文（citation）、期刊（journal）、作者（author）、网络（network）、绩效（performance）等方面的研究。

第二，两地区论文都以文献计量（bibliometric）和引文分析（citation）为主要研究方法。

第三，中国大陆地区论文比较侧重科学的产出研究（publication，knowledge），台湾地区论文特别偏爱技术的产出研究（patent）。patent在台湾地区词频表中位列第一，词频高达27次。publication一词在台湾地区高频词表中没有出现。

第四，中国大陆地区论文重视大学（university）研究，台湾地区论文重视工业（industry）和公司（company）研究。industry和company两词在中国大陆地区高频词表中没有位置，而university在台湾地区高频词表中也没有出现。

第五，中国大陆地区论文特别侧重指标（indicator，index）和模型（model）研究，台湾地区论文比较重视文献（literature）、数据和数据库（data，database）研究。

第六，中国大陆地区论文涉及合作（collaboration）研究，台湾地区高频词不包含该词汇。台湾地区高频词表中“创新”（innovation）一词出现4次，检索到中国大陆地区论文该词出现3次，未列入高频词表。

第七，纳米科技（nanoscience，nanotechnology）是中国大陆地区论文重点研究的领域，医药（medicine）和半导体（semiconductor）则是台湾地区论文重点研究的领域。

第八，中国大陆地区论文钟爱研究中国大陆地区科技发展，有61篇论文题目包含China，China’s或Chinese。有11篇台湾地区论文题目中出现Taiwan，Taiwan’s或Taiwanese。研究台湾地区问题的台湾地区论文的比例远小于研究中国大陆地区问题的中国大陆地区论文。

6 关于中国大陆与台湾地区科学计量学与信息计量学发展的几个问题

通过分析中国大陆学者和台湾地区学者发表的科学计量学与信息计量学论文产出、被引状况、研究内容以及两地区合作研究的情况，笔者对近10年两地区该领域的发展有了粗略的了解。由此提出几个问题与大家共同思考，希望进一步的讨论能对两地区科学计量学与信息计量学的发展有些帮助。

- 两地区学者发表*Scientometrics*和*Journal of Informetrics*论文的数量已达到一定规模，占世界论文总量的份额也在不断攀升。但是，引文指标提示我们，论文的影响力还有待提升。两地区学者，特别是中国大陆地区学者，需要思考如何在大量产出论文的同时努力提升论文的质量，以便在发文数量和质量间保持必要的张力？
- 大学是两地区科学计量学与信息计量学研究的主要力量。有没有可能进一步扩展科学计量学研究的范畴，特别是推广应用研究？例如，公司企业在绩效评价、科技队伍建设、科技投入等方面是否也采用一些科学计量学的方法？
- 从合作发表论文看，两地区学者已经开展了卓有成效的合作研究，但局限于少数几个人和两三家机构。能否通过加强互访、联合召开学术会议等方式增进两地区的学术交流，进一步创造合作的机会，扩大合作的途径？
- 从研究内容和侧重点看，两地区学者各有所长。如何通过学术交流与合作优势互补？

• 中国大陆地区有约40%的论文研究中国大陆地区的科技发展问题，台湾地区研究台湾地区科技发展问题的论文比例要低很多。毋庸置疑，对本土问题的研究是使世界了解我们的重要途径，然而，研究本土问题比例大，研究其他国际性选题的比例相对就要小一些。如何在研究本土问题与国际性问题之间保持动态的平衡？

几个问题，抛砖引玉，乃为促进两地区科学计量学与信息计量学的繁荣。

参考文献：

[1] 邱均平．顺应国际趋势，大力推进我国文献计量学科学计量学情报计量学的全面发展——“大学科研量化评价国际研讨会暨第五次全国科学计量学情报计量学年会”综述[J]．图书情报论坛，1999(2)：3－5，28.

[2] 蒋国华．迎接科学计量学应用的新时代——“第二届科研绩效定量评价国际学术会议暨第六次全国科学计量学与情报计量学年会”综述[J]．科学学与科学技术管理，2000(12)：76－77.

[3] 陈晓田．发展科学计量学，为科学评估、科学决策服务——在第二届科研绩效定量评价国际学术会议暨第六次全国科学计量学与情报计量学年会上的讲话[J]．世界科技研究与发展，2000(6)：89－90.

[4] 梁立明．科学计量学与信息计量学：从世界看中国[J]．科研管理，2000(3)：95－101.

[5] 刘则渊．赵红州与中国科学计量学[J]．科学学研究，1999(4)：104－109.

[6] 蒋国华．从普赖斯到鲁索：影响中国科学计量学发展的若干国际交往纪事[J]．评价与管理，2008(3)：1－5.

[7] 姜春林，刘则渊．评述我国的五部科学计量学著作[J]．科学学研究，2002(5)：557－560.

[8] 侯海燕，刘则渊，克雷奇默，等．中国科学计量学国际合作网络研究[J]．科研管理，2009(3)：172－179.

[9] Jin Bihui, Zhang Jianggong, Chen Dingquan, et al. Development of the Chinese scientometric indicators (CSI) [J]. Scientometrics, 2002, 54(1):145－154.

[10] Wu Yishan, Pan Yuhua, Zhang Yuntao, et al. China scientific and technical papers and citations (CSTPC): History, impact and outlook [J]. Scientometrics, 2004, 60(3):385－397.

[11] Liang Liming, Wu Yishan. Selection of databases, indicators and models for evaluating research performance of Chinese universities [J]. Research Evaluation, 2001, 10(2):105－113.

[12] 梁立明．中国科学计量学的发展：论文引文分析及中印比较[J]．中国科学基金，2010(3)：145－153.

[13] 梁立明，Noyons Ed．第13届国际ISSI大会论文投稿、评审及录用分析[J]．科学学研

究,2011(9):1435-1440.

[14] Li Feng, Yi Yong, Guo Xiaolong, et al. Performance evaluation of research universities in Mainland China, Hong Kong and Taiwan: Based on a two-dimensional approach[J]. Scientometrics, 2012, 90(2):531-542.

[15] Hirsch J E. An index to quantify an individual's scientific research output[J]. Proceedings of the National Academy of Sciences of the United States of America, 2005, 102(46): 16569-16572.

[16] Jin Bihui, Liang Liming, Rousseau R, et al. The R- and AR-indices: Complementing the h-index[J]. Chinese Science Bulletin,2007, 52(6): 855-863.

作者简介

梁立明，女，1949年生，博士，教授，博士生导师，享受国务院政府特殊津贴。大连理工大学和上海交通大学兼职教授和博士生导师；中国科学学与科技政策研究会常务理事、科学计量学专业委员会副主任。*Scientometrics*、*Journal of Informetrics* 等3种国际期刊编委；连续6届担任国际科学计量学与信息计量学大会（ISSI）的科学委员会委员，其中，第11届和第12届担任中国—东亚区主席，第13届担任大会科学委员会Theory专题主席。主持完成5项国家自然科学基金项目（均为管理科学项目），评估结果4项"特优"，1项"优秀"。出版专著3部，在国际SSCI和SCI源期刊发表科学计量学与信息计量学论文30篇，国内期刊论文100余篇。

文献计量系统的文献—实体关系通用模型研究*

肖　明[1]　陈嘉勇[2]　李国俊[3]

（1. 北京师范大学管理学院　北京 100875；2. 北京邮电大学图书馆　北京 100876；3. 北京科技大学图书馆　北京 100083）

摘　要　针对文献计量系统的共性，回顾文献计量工作的发展历程，阐述文献和学术实体之间的关系，提出文献－实体关系模型。作为文献计量系统的通用模型，文献－实体关系模型能对文献数据的文本进行智能处理，实现半结构化纯文本文献数据向结构化关系数据库格式的完整转换，为文献计量系统的研发奠定基础。

关键词　文献计量学　文献计量系统　文献－实体关系模型　通用模型　学术实体

分类号　G350. 7

1　引　言

科学知识具有显著的积累性、继承性，任何新的科学技术都是在原有科学技术的基础上分化、衍生出来的，都是对原有科学技术的发展。各学科的研究成果由科技文献（学术论文）直接体现，科技文献是几位作者合作完成的由大量专业术语组成的作品，作者提炼出摘要和关键词，以一个独特的标题命名后，在合适的时间发表在期刊或会议上。科技文献的形成和专业术语的组合都与文献自身所属的研究领域以及参考文献所象征的前人科学观点、方法或实验有着较大关系。

在科学发展过程中，每篇科技文献都与作者、关键词、学科分类等多个学术实体之间有着直接关系。由于科学技术的发展是连续的，各个学科之间

＊　本文系国家社会科学基金项目“基于多方法融合的图书馆学情报学知识图谱实证研究”（项目编号：11BTQ019）研究成果之一。

都是彼此联系、相互交叉、相互渗透的，各学术实体之间又不断产生着间接关系。

科技文献的二次文献数据记录了文献本身的特性和引用的参考文献记录，具有揭示关于知识之知识的潜在模式的重要价值。文献数据的完整性为文献数据分析奠定了基础，使文献计量学、科学计量学得以发展。

文献计量系统是文献数据存储和计量方法实施的平台，本文拟提出文献-实体关系模型，以实现半结构化纯文本文献数据向结构化关系数据库格式的完整转换，并探讨文献计量系统的关键问题和相关研究。

2 文献计量的相关工作

科技文献数据中记录了论文本身的特性，主要包括：标题、作者、作者地址、来源出版物、基金资助、出版年、引文部分（包括被引参考文献的引文记录，一般由第一作者、来源出版物、出版年等组成）。每个属性都有时间、语义、结构这三个层次或视角上的独特价值，单独分析某个属性或是综合分析多个属性，都能挖掘出相应有价值的潜在模式。

然而，由于早年科技文献的数据格式以非结构化的文本形式居多，因此大规模科技文献的分析无法有效开展。Garfield 在 1960 年成立了科学情报研究所（Institute for Scientific Information，ISI），并在 1963 年建立了世界上著名的“科学引文索引”（Science Citation Index，SCI）[1]，其设计初衷是为研究者提供一种引文检索工具，它是从被引文献去检索施引文献的索引。由于文献和作者、参考文献等学术实体之间存在引用和被引用关系，SCI 同时也为引文分析提供了必需的大量数据。因此，SCI 的问世不仅为研究人员提供了一种可追踪科技文献的强大工具，又极大地促进了引文分析的发展。美国工程信息公司（Engineering Information Inc.）在 1884 年推出了工程技术类综合性检索工具“工程索引”（The Engineering Index，EI），Garfield 在 1997 年推出了引文索引数据库 Web of Science，类似这样的半结构化或结构化科技文献数据库的问世，使得大规模科技文献的获取、分析和挖掘成为可能。

Garfield 团队在 2001 年推出了引文编年可视化系统 HistCite[2]，能对 Web of Science 中导出的文献教据进行计量处理并输出重要文献、作者和期刊等学术实体的列表，进而生成引文编年图和引文矩阵。该系统可以直观地反映某一阶段的重要文献以及学术实体之间的引用关系，这种方式既有利于学科馆员为研究者提供文献信息服务，也能帮助各领域的研究人员跟踪研究前沿动态。

随后，全世界多所大学的研究机构都尝试将文献计量学理论付诸实践，先后开发出 Bibexcel、CiteSpace、CoPalRed、IN-SPIRE、Leydesdorff's Software、Network Workbench Tool、Sci2、SciMAT、VantagePoint、VOSViewer 等多款文献计量系统[3]，国内也产生了 LiterMiner[4]、Arnetminer[5] 等软件，这些工具软件在数据处理、文献分析算法、可视化技术等方面各有所长。

无论是哪款文献计量系统，都需要以文献数据中的文献和学术实体关系作为基础[6]。因此，有必要总结设计出文献计量系统的通用模型，以实现半结构化纯文本文献数据格式向结构化关系数据库格式的完整转换，为文献计量分析系统的设计与开发奠定必要的基础。

3 文献和实体的关系

学生作为潜在的科研工作者，步入校园并通过基础知识的学习之后，需要寻找和发现自己感兴趣的研究方向，了解实验室、导师的研究方向及研究成果，从而选择理想中的院系实验室。具体来说，这需要便捷地查询某位教师或学术机构的研究由哪些高频的关键词、参考文献、学科分类组成。

高校教师在开展教学、科研活动的同时，也需要了解各院系、实验室的科研情况，这不仅能为寻找科研合作者提供途径，同时还能了解同行的研究成果，对于教师开阔教学、科研思路大有裨益。具体来说，科研工作者在寻找领域专家进行咨询或合作时，可以用关键词、期刊或学科分类查询出高频作者；在选择期刊进行投稿时，可以从用关键词或学科分类查询出的高频期刊中选择合适的期刊；在寻找经典文献时，可以用关键词、期刊或学科分类查询出高频的参考文献。

此外，高校需要定期地从全景视角去了解高校的科研成果，了解历年来院校层面科研发展方向的变化，从而就进一步的科研发展做出决策。具体来说，高校可以从文献数据中计量出高校的高频科研工作者、学术机构、投稿的期刊、参加的会议、参与的基金项目、论文所属学科类别等实体，从而全面了解高校科研成果。

以上情况所需要的信息都蕴藏在文献和实体数据中，需要通过个性化的文献计量系统，针对特定需求整合文献数据，并且通过文献与实体的直接、间接或是更深层次的关系，帮助科研工作者便捷获取科研成果的全景和细节信息，如图 1 所示：

实体关系模型来源于计算机领域，能从现实世界中抽象出实体类型和实体间联系，是描述现实世界概念结构模型的有效方法。本文利用实体关系模型来认识文献，挖掘文献之间的联系。将文献和相关实体都看成实体，把文献和实体的数据分解成文献和实体的属性，文献和实体之间的引用关系看成

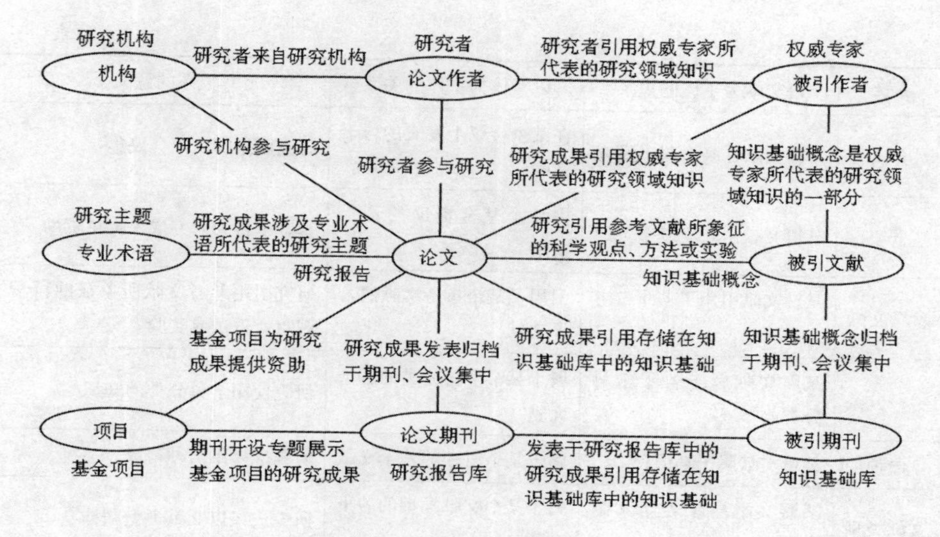

图1　文献与实体关系

关系。而关系基本上只有三种：文献与实体的直接关系、实体与实体的间接关系、实体对的共现关系。文献和实体的不同关系可以从不同角度反映和揭示文献所蕴含的意义。

3.1　文献与实体的直接关系

通过文献与实体之间的直接关系，可以计量出某篇文献由哪些作者、关键词和参考文献组成，或者包含某个关键词、作者、来源出版物或参考文献的有哪些文献。常见的直接关系如表1所示：

表1　文献—实体关系模型中文献与实体常见的直接关系

实体	以文献为主体的关系	以实体为主体的关系	关系的意义
作者	某篇文献由若干作者完成	某位作者发表过的若干文献	研究者参与研究
学术机构	某篇文献由若干学术机构完成	某个学术机构发表过的若干文献	研究机构参与研究
关键词	某篇文献由若干关键词组成	使用某个关键词的若干文献	研究成果涉及专业术语所代表的研究主题
期刊	某篇文献在某期刊中发表	在某个期刊中发表的若干文献	研究成果归档于期刊

续表

实体	以文献为主体的关系	以实体为主体的关系	关系的意义
会议	某篇文献在某会议上发表	在某个会议上发表的若干文献	研究成果归档于会议集
基金项目	某篇文献由若干基金资助	由某个基金资助的若干文献	基金项目为研究成果提供资助
参考文献	某篇文献引用了若干参考文献	引用了某个参考文献的若干文献	研究引用参考文献所象征的科学观点、方法或实验
学科分类	某篇文献属于若干学科分类	属于某个学科分类的若干文献	研究使用学科分类的知识
语种	某篇文献属于某语种	属于某个语种的若干文献	研究成果用语种写成
文献类型	某篇文献属于若干文献类型	属于某个文献类型的若干文献	研究成果以文献类型归档

3.2 实体与实体的间接关系

实体之间的间接关系，可以计量出某位作者或学术机构的研究由哪些关键词、参考文献、学科分类组成，或者使用过某个关键词或属于某个学科分类的作者、学术机构或来源出版物有哪些。常见的间接关系如表2所示：

表2 文献—实体关系模型中实体与实体常见的间接关系

主实体	关联实体	实体与实体的间接关系	关系的意义
关键词	作者	某位作者的研究由若干关键词组成	作者的研究成果涉及专业术语所代表的研究主题
作者	关键词	若干位作者涉及到某个关键词的研究	专业术语所代表的研究主题由作者参与研究
关键词	学术机构	某个学术机构的研究由若干关键词组成	学术机构的研究成果涉及专业术语所代表的研究主题
学术机构	关键词	若干学术机构涉及到某个关键词的研究	专业术语所代表的研究主题由学术机构参与研究
关键词	参考文献	引用了某个参考文献的若干关键词	参考文献所象征的科学观点、方法或实验是专业术语所代表的研究主题的知识基础

续表

主实体	关联实体	实体与实体的间接关系	关系的意义
参考文献	关键词	某个关键词引用的若干参考文献	专业术语所代表的研究主题引用参考文献所象征的科学观点、方法或实验
学科分类	期刊	某个期刊属于若干学科分类	期刊论文涉及学科领域的知识
期刊	学科分类	某个学科分类包含若干期刊	学科领域的知识在期刊论文中讨论
关键词	期刊	期刊由若干关键词组成	期刊论文涉及专业术语所代表的研究主题
期刊	关键词	若干期刊使用过某个关键词	专业术语所代表的研究主题发表于期刊中
作者	作者	某位作者的所有合作者	研究者与同行参与研究
关键词	关键词	与某个关键词相关的所有关键词	专业术语所代表的研究主题的相关专业术语

3.3　基于实体关系的共现网络

文献与实体的直接或间接关系隐藏着潜在的共现关系和模式，通过实体的共现关系进行聚类分析，可以计量出文献耦合网络、作者引文耦合网络、文献共引网路、共词网络、作者合作网络等。常见的共现网络如表3所示：

表3　文献—实体关系模型中的共现网络

实体对	共同实体	共现关系	共现网络	关系的意义
文献	参考文献	文献耦合	文献耦合网络	揭示研究领域的研究热点和研究前沿
作者	参考文献	作者引文耦合	作者引文耦合网络	从作者角度揭示研究领域的概况
期刊	参考文献	期刊引文耦合	期刊引文耦合网络	从期刊角度揭示研究领域的概况
参考文献	文献	文献共引	文献共引网路	揭示研究领域的知识基础和结构
被引作者	文献	作者共引	作者共引网络	揭示作者的学术相关性
被引期刊	文献	期刊共引	期刊共引网络	揭示期刊的学术相关性
关键词	文献	共词	共词网络	揭示研究领域的研究主题和研究热点
作者	文献	作者合作	作者合作网络	揭示作者的合作情况
学术机构	文献	机构合作	机构合作网络	揭示机构的合作情况

4 文献—实体关系模型

4.1 文献数据的文本结构分析

各种数据库的文献记录都由一些类似的字段组成，但标识上可能会有所区别。以从 Web of Science 数据库中导出的纯文本格式为例，Web of Science 数据库的二次文献数据较全，字段标识有 50 多种。随着 Web of Science 数据库的不断发展，字段标识数量也在不断增加。RID（Researcher ID）是最新增加的用来标识研究者 ID 的字段，其相关的产品 ResearcherID. com 是著作管理与科研社交工具，能为每位作者生成明确的著作列表，消除同名同姓的混淆情况[7]。

据笔者统计，目前，Web of Science 数据库（期刊和会议论文）共有 53 个字段标识（FN、VR、ER、EF4 个非内容性标识除外），通过对这些字段本身的特性和取值进行分析，并考虑如何将半结构化的纯文本数据格式转换为结构化的关系数据库格式，本文将字段标识分成文献字段、多实体（1 篇文献含有多个相同实体）、单实体（1 篇文献只含有 1 个实体）、实体字段 4 种类型，如表 4 所示：

表 4 Web of Science 数据库导出的纯文本格式的字段标识

标识	标识中文名	字段英文名	标识类型	标识	标识中文名	字段英文名	标识类型
PT	出版物类型	Publication Type	文献字段	NR	引用数	Cited Reference Count	文献字段
AU	作者	Authors	多实体	TC	WOS 被引频次	WOS Times Cited	文献字段
AF	作者全称	Author Full Name	实体字段	Z9	总被引频次	Total Times Cited	文献字段
CA	团体作者	Group Authors	多实体	PU	出版商	Publisher	单实体
BE	编者	Editors	多实体	PI	出版商城市	Publisher City	实体字段
TI	标题	Document Title	文献字段	PA	出版商地址	Publisher Address	实体字段
RID	研究者 ID	Researcher ID	多实体	SN	国际标准期刊编号	International Standard Serial Number（ISSN）	文献字段
SO	出版物名称	Publication Name	单实体	BN	国际标准图书编号	International Standard Book Number（ISBN）	文献字段

续表

标识	标识中文名	字段英文名	标识类型	标识	标识中文名	字段英文名	标识类型
SE	丛书标题	Book Series Title	文献字段	J9	29字符来源缩写	29 – Character Source Abbreviation	实体字段
BS	丛书副标题	Book Series Subtitle	文献字段	JI	ISO来源缩写	ISO Source Abbreviation	实体字段
LA	语种	Language	单实体	PD	出版日期	Publication Date	文献字段
DT	文献类型	Document Type	多实体	PY	出版年	Year Published	单实体
CT	会议名称	Conference Title	单实体	VL	卷	Volume	文献字段
CY	会议日期	Conference Date	实体字段	IS	期	Issue	文献字段
HO	会议主办方	Conference Host	实体字段	PN	子辑	Part Number	文献字段
CL	会议地点	Conference Location	实体字段	SU	增刊	Supplement	文献字段
SP	会议赞助商	Conference Sponsors	实体字段	SI	特刊	Special Issue	文献字段
DE	作者关键词（主题词）	Author Keywords	多实体	BP	起始页	Beginning Page	文献字段
ID	标引人员关键词（标引词）	Keywords Plus ®	多实体	EP	结束页	Ending Page	文献字段
AB	摘要	Abstract	文献字段	AR	文献号	Article Number	文献字段
C1	作者地址	Author Address	多实体	PG	页数	Page Count	文献字段
RP	通讯作者地址	Reprint Address	多实体	DI	数字对象标识	Digital Object Identifier（DOI）	文献字段
EM	邮箱地址	E-mail Address	多实体	WC	WOS分类	WOS Category	多实体
FU	基金资助	Funding Agency and Grant Number	多实体	SC	学科分类	Subject Category	多实体
FG	授权号	Grant Number	实体字段	GA	文献传递号	Document Delivery Number（IDS Number）	文献字段
FX	基金资助信息	Funding Text	文献字段	UT	入藏号	Unique Article Identifier	文献字段
CR	被引文献	Cited References	多实体				

从现有数据的标题（TI）、作者地址（C1）、基金资助（FU）等字段标识中可抽取出扩展实体，包括表5所示的6种学术实体。扩展实体不限于这6种，如州或省（State/Province）、邮政编码（Zip Code）等。

表5　Web of Science 数据库导出的纯文本格式的扩展字段标识

标识	标识中文名	字段英文名	标识类型	标识	标识中文名	字段英文名	标识类型
WO	词	Word	多实体	SUBD	学术机构分支	Institution with Sub-division	多实体
FO	基金资助机构	Funding Agency	多实体	COUN	国家	Country	多实体
INST	学术机构	Institution	多实体	CITY	城市	City	多实体

Web of Science 数据库中的字段标识虽然较全，但仍有一些数据库未覆盖到。为了实现本文提出的文献－实体关系模型的通用性，需要补充国际上其他重要文献数据库的特殊字段标识，如中文数据库中的《中国图书馆分类法》分类号（简称“中图分类号”）、化学文摘数据库中的分子式等，如表6所示：

表6　其他数据库导出的纯文本格式的字段标识

标识	标识中文名	字段英文名	标识类型	标识	标识中文名	字段英文名	标识类型
CLCN	中图分类号	Chinese Library Classification Number	多实体	FORM	分子式	Formula	多实体

4.2　文献—实体关系模型的设计

文献计量系统是文献数据存储和计量方法实施的平台，本文提出的文献－实体关系模型是文献计量系统的通用模型，实现了半结构化的纯文本文献数据格式向结构化关系数据库格式的完整转换。

本文提出的多实体和单实体以及文献实体等概念在模型的设计上起到了关键作用，决定了每种实体对应一张数据表，文献实体字段作为文献实体表中的字段，学术实体字段作为对应学术实体表中的字段。模型的具体实现按照关系模型建立数据库的基本思路，为文献实体和各学术实体建立数据表，同时为文献实体和各学术实体以及实体和实体间的关系建立关系数据表。

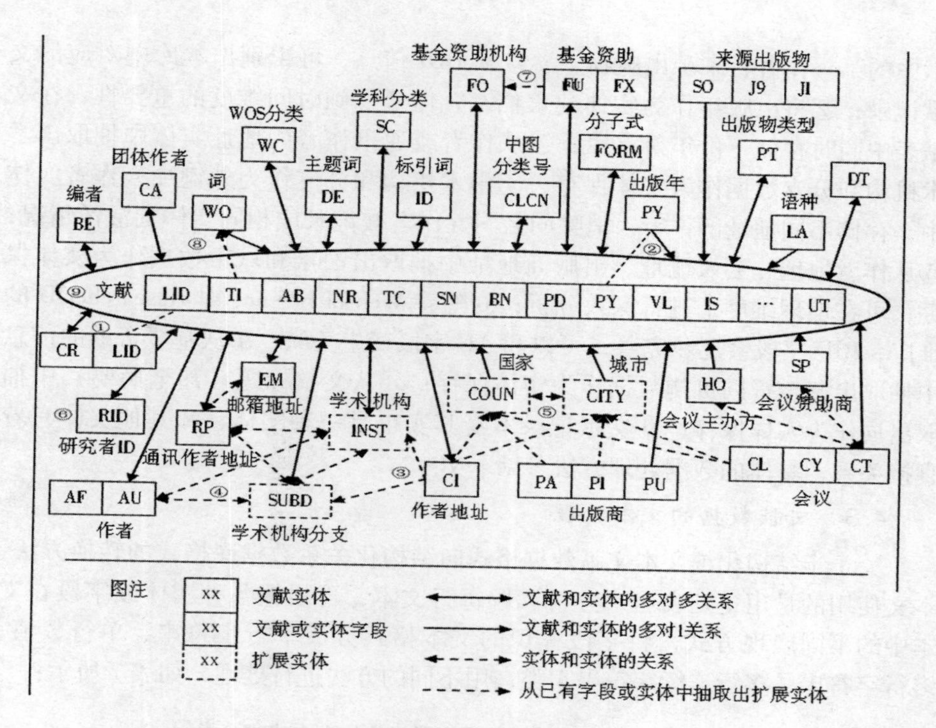

图2　文献—实体关系模型

从图2所示的文献－实体关系模型中可以看出，文献实体由能代表文献本身特性的字段组成，对文献的产生有着不同程度贡献的各种学术实体与文献实体之间建立了形式相同但含义不同的联系：AU、BE、CA、RID、RP、EM等学术实体记录了完成文献的贡献者信息；C1、INST、SUBD、CITY、COUN、LA等学术实体记录了文献的来源地信息；DE、ID、WO、WC、SC、CLCN、FORM、PT、DT等学术实体用专业术语或标识为文献实体打上了标签；FO、SO、CL、PA、SP、HO等学术实体记录了和文献的产生密切相关的非营利或商业组织信息；CR作为被引参考文献和文献实体同属一类；最重要的PY为所有实体打上了时间标签。

文献实体为这些学术实体之间架起了桥梁，通过这座桥梁，文献实体与学术实体之间的多对多或多对一的直接关系、学术实体与学术实体的间接关系以及隐藏在文献和学术实体中的深层次的网络关系都可以从文献数据中提取出来，实现对文献实体和学术实体数据及其关系的无损完整保存，为深入的文献计量分析奠定基础。

在文献—实体关系模型中，值得注意的地方有以下几点：①根据被引文献中的第一作者、来源出版物、卷号和DOI信息，可识别出本库中对应的文献记录；②将出版年作为实体建表储存，但考虑到时间维度的重要性，在文献表中同时存储一份年份字段；③从作者或通讯作者的地址实体中抽取出学术机构和分支数据作为实体保存；④学术机构和分支作为外键加入作者实体中，存储不同地址的作者，消除同名同姓作者被记录成相同实体的混淆情况；⑤从作者地址、会议地址、出版商地址中抽取出国家和城市数据作为实体保存，可在地理维度上进行深入分析；⑥随着Web of Science对ResearcherID的推广，RID字段会逐步完善，可以和AU字段产生关联；⑦从基金资助的信息中抽取出基金资助机构数据作为实体保存；⑧从文献标题（甚至摘要）中抽取出词作为实体保存；⑨文献记录本身其实也是一种实体，和其他实体有着直接关系。具体的数据处理方法参见下文。

4.3 文献数据的文本处理

关于半结构化纯文本文献数据格式向结构化关系数据库格式的转换方法，本文使用的是用正则表达式分析读取每行文本，再根据各种实体或字段在文本中的不同展现方式，将字段标识的文本格式分成单行字符串、单行数值、多行字符串、多行连续字符串4类，用不同的方法进行处理，如表7所示：

表7 Web of Science数据库导出的纯文本格式分类

#	文本类型	实体	文本格式示例	
1	单行字符串	PT、LA、CY、CL、HO、SP、PI、PA、SN、BN、J9、JI、PD、VL、IS、SU、SI、PN、AR、BP、EP、DI、GA、UT	PT LA GA UT	J English 309OL WOS：000256470000004
2	单行数值	NR、TC、Z9、PY、PG	PY	2008
3	多行字符串	AU、AF、CA、BE、RID、C1、RP、EM、CR	AU	Tian，Y Jiang，DQ Ge，WG
			CR	POLITI C，2007，OPT FIB COMM C OPT S Martinez R，2006，IEEE COMMUN MAG，V44 CARDILLO R，2006，OPT FIB COMM C OPT S SAMBO N，2006，PIEEE GLOB TEL C IE

续表

#	文本类型	实体	文本格式示例	
4	多行连续字符串	TI、SO、SE、DT、CT、DE、ID、AB、FU、FX、PU、WC、SC	TI	Multiple positive solutions of periodic boundary value problems for second order impulsive differential equations
			ID	WDM NETWORKS; LAYER; PERFORMANCE; CHALLENGES; AWARENESS

将字段标识分成单行字符串、单行数值、多行字符串、多行连续字符串4种类型，在对文献数据文本格式的处理上起到了关键作用，对文本数据的批量处理算法只需识别字段标识对应的类型，再对4种类型分别处理即可。

在对各实体的数据进行分类处理后，为了生成扩展实体和实体字段，并向结构化关系数据库格式完整转换，需要对一些实体数据进行特殊的分析处理。

4.3.1 解决同名作者混淆问题

同名作者混淆问题是文献计量系统中普遍存在的一个问题，尽管知名学者同名的情况不多，为了考虑到文献计量的准确性，解决同名作者混淆问题仍然十分必要。国内外各大学的老师重名的情况还是不可忽视的，但在某个大学的院系中，重名情况几乎不存在。

因此，本文将作者地址中的学术机构及其分支的数据引入作者实体中。从作者的地址实体中抽取出学术机构和分支数据作为实体保存，同时学术机构和分支作为外键加入到作者实体中，存储不同学术机构的作者，即可解决同名同姓作者被记录成相同实体的混淆情况。然而，由于Web of Science数据的不完整，某些作者没有对应的学术机构和分支，本文中只能保存作者名称，留待解决。

4.3.2 提取标题中的词

除了文献数据中的主题词和标引词外，标题和摘要等自然语言中的专业术语和语义信息对文献分析也具有相当的价值。本文运用自然语言处理的相关技术进行分词、去除停用词、词归一化，提取标题中的词作为实体保存。

4.3.3 识别被引参考文献对应的文献记录

文献和被引参考文献本属同一种实体，但是由于格式和意义的不同以及引文分析的需求，文献和被引参考文献被区分成了不同的实体。即使如此，还是有必要识别出系统内部的被引参考文献对应的文献记录，从而进行文献本地被引或引用本地文献的统计和分析以及系统内部或学术机构自引率的计算。

被引参考文献中一般由第一作者、来源出版物、卷号或DOI组成，本文根据第一作者、来源出版物、卷号这三者的组合或DOI识别出被引参考文献对应的文献记录，将文献作为被引参考文献的外键标识其对应的文献记录。

4.3.4 识别地址数据中的地理数据

文献的作者地址、会议地址、出版商地址等数据中蕴藏了大量地理数据，从中抽取出国家和城市数据作为实体保存，将文献和实体与地理实体关联能深入揭示地理维度上的潜在模式。

地理维度上的深入分析需要以完整的国家和行政区划的地理数据作为基础，包括地理实体的中英文全称、简称、ISO名称、经纬度等。

4.4 文献计量系统的研发

如今国内外主流的文献计量系统大多采用了客户机/服务器模式（C/S模式），这种模式的文献计量系统适合文献分析者对文献数据进行一次性的分析。

浏览器/服务器模式（B/S模式）是本文推荐的模式，如图3所示：

图3 B/S模式文献计量系统的用户界面示例

B/S模式不但能满足C/S模式的需求，还能定期持续导入文献数据进行持续性的文献分析，而且在界面设计、交互设计等用户体验设计上都更胜一筹。本文推荐的B/S模式文献计量系统的用户界面。

5 结　论

文献计量系统通用模型的设计有助于文献计量学理论的付诸实践以及各研究领域文献分析工作的开展。文献数据的内容丰富不仅体现在时间、语义或结构上，还包括了多种学术实体数据，本文提出的文献－实体关系模型实现了半结构化的纯文本文献数据格式向结构化关系数据库格式的完整转换，针对文献数据的相关文本处理技术为解决文献－实体关系模型的实现难点阐明了思路，为文献计量系统的研发奠定了基础。

参考文献：

[1] Garfield E. Citation indexes for science: A new dimension in documentation through association of ideas[J]. Science, 1955, 122(3159): 108－111.

[2] Garfield E. Histofiographic mapping of knowledge domains literature[J]. Journal of Information Science, 2004, 30(2): 119－145.

[3] Cobo M J, Lopez－Herrera A G, Herrera－Viedma E. Science mapping software tools: Review, analysis, and cooperative study among tools[J]. Journal of the American Society for Information Science and Technology, 2011, 62(7): 1382－1402.

[4] 赵斌，吴斌. LiterMiner——可视化多维文献分析工具[J]. 数字图书馆论坛，2010(8): 2－8.

[5] Tang Jie, Hong Mingcai, Zhang Jing, et al. ArnetMiner: Toward building and mining social networks[C]// Proceedings of the Thirteenth ACM SIGKDD International Conference on Knowledge Discovery and Data Mining. New York: ACM, 2007.

[6] Morris S A, Van der Veer Martens B. Mapping research specialties[J]. Annual Review of Information Science and Technology, 2008, 42(1): 213－295.

[7] ResearcherID[EB/OL]. [2012－05－01]. http://www.researcherid.com.

作者简介

肖　明，男，1969 年生，教授，信息管理系主任，博士生导师，发表论文 80 余篇，出版著作（含编著）14 部。

陈嘉勇，男，1987 年生，馆员，硕士，发表论文 8 篇。

李国俊，男，1986 年生，馆员，硕士，发表论文 10 余篇。

试论科学知识图谱的文献计量学研究范式

赵丹群

（北京大学信息管理系　北京 100871）

摘　要　针对目前科学知识图谱研究范式多元化、主流研究范式是基于引文分析理论的文献计量现状，对该研究范式的理论基础、基本研究框架和主要研究策略三个方面进行理论性阐释和思考，以促进国内研究实践中所存在问题的解决。

关键词　科学知识图谱　文献计量学　科学计量学

1　引　言

近现代以来科学技术的迅猛发展，使科学活动本身逐渐成为一个重要的学术研究对象，得到来自不同领域学者的广泛关注，并由此诞生了一门崭新的学科——科学计量学（scientometrics）。世纪之交，信息可视化技术的异军突起及其在学科发展历史描述、学科（专业）结构分析、前沿研究趋势探测等诸多科学计量学研究课题中的成功应用，将科学计量学推进到一个更高的研究发展阶段——基于可视化工具的科学知识图谱绘制（mapping knowledge domains）。

所谓“科学知识图谱”，是用于显示科学知识的发展进程与结构关系的一种图形，具有“图”和“谱”的双重性质与特征：既是可视化的知识图形，又是序列化的知识谱系，可对知识单元或知识群体之间存在（或形成）的网络结构及其互动、交叉、衍化等诸多复杂关系进行表达和描述[1]。事实上，有关科学知识图谱的早期研究可以追溯到 20 世纪 60 年代。1964 年，Garfield E 等人就开始尝试应用引文分析方法研制一个精确有用的、导致特定学科取得重大进展的累积性研究的网络图，以便考察它在科学史和学科结构关系分析等方面的有效性，并以 Isaac Asimov 博士的《遗传密码》一书作为研究基线，手工绘制完成了 DNA 研究领域的知识演进图谱[2]；1965 年，Price D 也运用类似的引文数据和方法完成了其经典论文——“*Networks of Scientific Papers*”的写作，文中对物理学和它的一个分支领域的结构进行了分析[3]。这些早期具有开创性的研究活动，对科学知识图谱的后续发展起到了非常巨大的影响和推动作用。

目前，国内外的科学知识图谱研究异常活跃，研究人员的来源学科广泛，研究视角及范式也非常多元。例如，以文献调研和综述分析为主的传统研究范式；以 Merton R K 创立的科学社会学（sociology of science）为基础的理论研究范式；基于引文分析的书目（或文献）计量（bibliographical or bibilometrical）范式；基于复杂网络（complex network）理论的社会网络分析范式，等等。作者认为，尽管研究范式非常多元化，但对于目前的科学知识图谱研究而言，文献计量学研究范式（以下简称“Bib 范式”）应是其中最为重要的一种。因此，本文主要就该研究范式进行论述分析，涉及内容包括 Bib 范式的理论基础、基本研究框架和主要研究策略等。

2 Bib 范式的理论基础

科学史的研究工作表明，科学的发展和知识的增长具有明显的继承性和累积性，任何的知识创新与技术进步，都是在原有科学或技术基础上发展、分化和衍生出来的。另外，科学的统一性原则也可以证明，不同的学科之间存在着广泛的交叉、关联和渗透。那么，作为由全部人类智慧积累而建立起来的这样一个复杂而庞大的科学系统，它的特性、知识结构、演化规律及发展趋势等，是如何被记录、保存和展示的？我们又该如何对其进行研究和探索？答案无疑是简单的——科学文献及其计量分析。众多科学文献集合起来，形成了对科学及其研究活动的一种客观表示；而科学文献之间普遍存在的引用和被引用关系，则隐含反映了科学知识之间的内在关联性。不难设想，一旦大量的文献及其引用数据被聚集起来，并基于各种数学和统计学方法以及可视化工具的加工处理之后，就可以形成对特定文献集合及其引文网络（citation network）结构规律的显性化揭示，进而解决相应科学知识图谱的有效绘制问题。自 20 世纪 60 年代以来科学知识图谱的大量研究实践也证明，基于引文分析的文献计量学方法，因无需专业知识、可基于计算机系统处理大规模数据以及方法自身的客观性等，为科学知识图谱绘制提供了一种崭新而有效的研究范式。

那么，如何来认识和评估 Bib 这一研究范式的有效性及合理性？其理论基础是什么？对这一问题的回答，我们可以从 1999 年瑞典学者 Wouters P 在其博士学位论文中对“科学表示”问题的研究中找到答案。他认为，对科学

（活动）的“表示”（representation）可以概括抽象为如下的三个不同层次[4]：①第一级表示（first order representation）：科学文献（scientific literature）；②第二级表示（second order representation）：引文分析（citation analysis）；③第三级表示（third order representation）：引证文化（citation culture）。

Wouters P 的这种“科学表示”论断以及将科学文献中蕴涵的引文机制及其学术价值上升到“引证文化”（citation culture）的高度、并把它视作一种“科学亚文化”（subculture in science）所进行的理论性分析，是 Bib 范式下科学知识图谱研究合理性和有效性的一个有力阐释，也为相关研究活动奠定了一个较为坚实的理论基础。

不过也必须承认，与实验室里科学家们每日进行的科学观察、实验、分析和具体操作等科学活动相比起来，上述三级不同层次的每一级“科学表示”都并不是“镜像现实”（mirroring reality），其中可能存在一些简单的线性变换（linear reflection）以及平移（translation）、畸变（distortion）、变形（transformation）等其他风险。不过，这些可能性和表示风险的存在，也正是科学知识图谱的其他研究范式得以形成、并与 Bib 范式共存互补的原因之一。

3 Bib 范式的基本研究框架

前已述及，Bib 研究范式的理论基础来自于对“科学表示”问题的深入认识，因此，其基本研究框架的建立，自然应该从对科学表示的第一级载体——科学文献（集合）的分析着手。由于学术期刊文献最能体现科学研究的质量和水平，因此以下以期刊文献为例进行说明。

图 1 是一个描述期刊文献（集合）及其书目要素构成的简单模型图。该模型图看似简单，但可传递出的、对构建 Bib 范式基本研究框架有用的信息却是充足的，具体总结如下：

3.1 书目要素

对期刊文献而言，图 1 主要描述了 7 种不同类型的书目要素：①论文，最核心的一个要素，它与图中多个其他书目要素存在关联；②索引词，可反映论文内容的主题词；③参考文献，反映论文的研究基础；④论文作者；⑤参考文献作者；⑥发表论文的期刊；⑦发表参考文献的期刊。

3.2 书目要素间关系

图 1 描述的所有书目要素间关系可以细分为以下三类：

3.2.1 直接书目关系（direct bibliographic links）

具体包括以下 6 种：“论文—论文作者”关系，“论文—索引词”关系，

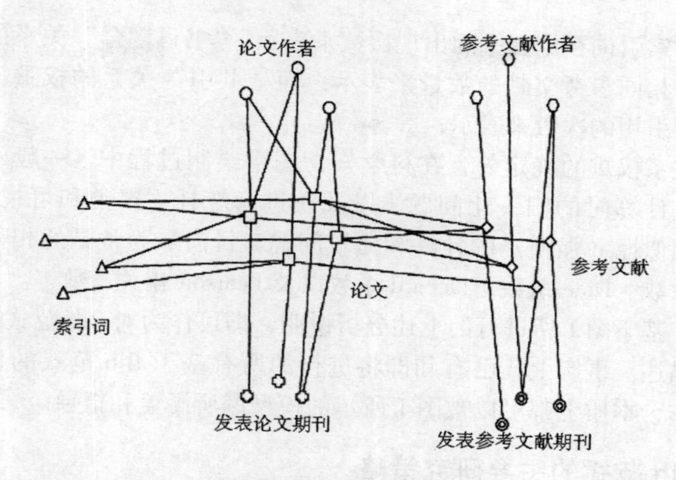

图1　一个期刊文献集合的简单模型[5]

"论文—发表论文期刊"关系，"论文—参考文献"关系，"参考文献—参考文献作者"关系和"参考文献—发表参考文献期刊"关系，它们的路径长度均为1。

3.2.2　间接书目关系（indirect bibliographic links）

主要由两个及以上的直接书目关系构造形成，共有14种情形。其中，路径长度为2的有8种，例如"论文作者—索引词"关系；路径长度为3的有6种，例如"论文作者—参考文献作者"关系。

显然，如果直接书目关系使用关系表（矩阵形式）进行表示和存储的话，那么，间接书目关系通过对存储直接关系的矩阵进行乘法运算即可获得。这两类关系的一个共同特点是反映了两个不同书目要素之间的关联关系。

3.2.3　共现关系（co-occurrence links）

主要指两个（或多个）相同书目要素之间形成（或存在）的相互关系，与书目关系不同。例如，两篇论文因为引用了一篇或多篇相同的参考文献而形成的"书目耦合"（bibliographic coupling）关系；两篇参考文献因为被其他一篇或多篇论文引用而形成的"共引"（co-citation）关系；三个论文作者因共同发表一篇或多篇论文而形成的"合著"（co-authorship）关系；等等。

3.3　关系权重及其计算

图1中描述的所有书目要素间关系还应该考虑其权重问题。不同类型的关系，其权重定义或计算方式也有所不同。例如，"论文-索引词"关系的权

重，可以用索引词在论文中的出现次数来表示；“书目耦合”关系的权重，可用所拥有的相同参考文献的数量来表示；而“共引”关系的权重，则以被不同论文共同引用的次数来表示；等等。

除了关系权重的确定外，在科学知识图谱绘制过程中，一般还需考虑不同关系权重计算时的归一化问题，以及在进行统计、聚类和可视化处理时，各种关系相似性（强度）的计算和比较问题。目前最为常见的相似性计算方法有余弦系数、Dice 系数、Jaccard 系数以及 Pearson 相关系数等。

至此，基于图 1 所进行的上述分析说明，即可作为对 Bib 范式基本研究框架的一种描述。事实上，已有和即将进行的所有基于 Bib 范式的科学知识图谱研究工作，本质上都可以被图 1 所示的模型图所涵盖和指导。

4　Bib 范式的主要研究策略

目前，国内外的科学知识图谱研究大多基于 Bib 范式来开展，常用的研究策略主要包括：书目耦合分析、共引分析、词共现分析、作者合著分析以及基于多种研究策略的集成分析。不同的研究策略，由于采用的计量分析指标不同，所形成的研究结果及所绘制的科学知识图谱也各有不同和侧重。

4.1　书目耦合分析

书目耦合分析最早由 Kessler M M 于 1963 年提出[6]，主要基于共同的参考文献对科学论文（集合）进行聚类处理，由于高被引参考文献（集合）通常被视为一个专业领域的知识基础，因此耦合分析的结果主要应用于对特定专业领域不同研究分支的描述与识别。例如，2003 年，Morris S A 等人曾基于时间线可视化（time line visualization）技术开展文献耦合分析研究，并通过图谱绘制来揭示 2001 年炭疽生物恐怖袭击事件以来炭疽学术研究领域中非连续性事件的发展及其影响情况[7]。

事实上，科学论文集合中书目耦合现象的普遍存在，除用于知识图谱绘制以揭示学科内部结构外，在文献检索方面也有着非常重要的利用价值。Kessler M M 最早也是把书目耦合关系作为一种新型检索途径来看待的，并认为基于耦合关系检索具有以下诸多优势[6]：可以不依赖于任何人工检索语言和词汇，避免了由于语法、词汇等语言使用习惯不一致所造成的匹配错误；不需要专家阅读或判断，可由机器自动完成；便于突破传统学科分类的限制；随着时间的推移，与一篇特定论文具有耦合关系的文献集合，即“逻辑参考文献”（logical references）会不断扩大，从而检索得到更多相关文献。另外，书目耦合关系还可以推广到不同的对象集合中，例如学科/专业耦合、期刊耦合、著者/机构耦合、国别/语种耦合等。对这些耦合关系进行分析和可视化，对科学知识图谱绘制也具有十分重要的研究价值。

4.2 共引分析

主要包括文献共引分析（1974 年由 Small H 和 Griffith B C 提出[8]）、作者共引分析（1981 年由 White H D 和 Griffith B C 提出[9]）和期刊共引分析（1991 年由 MaCain K W 提出[10]）等三种类型，它们主要基于共同的论文分别对参考文献（集合）、参考文献作者（集合）和发表参考文献的期刊（集合）进行聚类分析，其聚类结果可分别用于对特定专业领域的知识基础构成（structure of the base knowledge）的揭示、共用广义知识基础概念（broad base knowledge concepts）和共用知识基础档案（base knowledge archives）的识别等，进而绘制出该专业的相应知识图谱。

与耦合关系的静态和回溯性不同，共引关系通常是动态和展望性的（forward-looking perspective），即两篇文献之间是否存在共引关系及其共引强度的大小，是会随着时间的变化而变化的，并且这种变化的趋势总是从无到有，从弱到强的。因此，各种共引分析策略在对学科结构、学科之间相互联系以及文献（或作者）之间联系等进行历时性研究方面，要比书目耦合分析具有更大的优越性。

4.3 词共现分析

词共现分析最早由 Callon M 等人于 1983 年提出[11]，主要基于共同的论文对索引词（集合）进行聚类，其聚类结果可揭示特定专业领域的不同研究主题，进而用于对论文簇、参考文献簇等的标签标注。

4.4 作者合著分析

作者合著分析主要基于共同的论文对作者（集合）进行聚类，以揭示特定专业领域研究团队的合作及其社会性结构。1979 年，Beaver D D 和 Rosen R 率先对科学合作现象进行探讨[12]，其后，不同领域的作者合著分析迅速展开，讨论的主要问题广泛涉及科学合作的类型、水平及合作结构图谱的绘制等。

4.5 集成分析

鉴于科学系统自身的复杂性，科学知识图谱的绘制工作也是相当复杂的。上述任何单一的文献计量学研究策略都无法胜任对某一特定专业领域研究活动的全面描述。因此，将多种不同的、具有互补性的研究策略结合起来，进而开展一些跨图谱分析，无疑是一种恰当的选择。目前，已有越来越多的研究工作是基于集成分析策略完成的。

5 结 语

自2005年以来，国内的科学知识图谱研究一直处于十分活跃的状态。不过，仔细分析发现，所谓的活跃与繁荣，基本上都停留在应用性研究水平上，理论研究工作的沉闷滞后，已与之形成了鲜明的反差。而大量的应用性研究所引发的问题，诸如图谱绘制缺乏规范，图谱质量参差不齐且缺乏第三方质量评估，对图谱的各种不当解读（错误解读、过度解读、遗漏解读等），单张图谱信息量的过载导致图谱可视化直观程度的下降，图谱绘制工具的缺乏等[13]，又迫切需要从理论研究中寻求有效的解决之道。为此，期望本文以上对Bib研究范式所做的理论性阐释，能够对国内科学知识图谱的深入研究和健康发展有所助益。

参考文献：

[1] 刘则渊，陈悦，侯海燕．科学知识图谱：方法与应用[M]．北京：人民出版社，2008：3－5.

[2] Garfield E，Sher I，Torpie R J. The use of citation data in writing the history of science[R]. Philadelphia：Institute for Scientific Information，1964：86.

[3] Price D. Networks of scientific papers [J]. Science，1965，149(3683)：510－515.

[4] Wouters P. The citation culture[OL]. [2011－08－10]. http://garfield. library. upenn. edu/wouters/wouters. pdf.

[5] Morris S A，Van der Veer Martens B. Mapping research specialties[J]. Annual Review of Information Science and Technology，2008，42(1)：213－295.

[6] Kessler M M. Bibliographic coupling between scientific papers[J]. American Documentation，1963，14(1)：10－25.

[7] Morris S A，Yen G，Wu Z，et al. Time line visualization of research fronts[J]. Journal of the American Society for Information Science and Technology，2003，54(5)：413－422.

[8] Small H，Griffith B C. The structure of scientific literatures I：Identifying and graphing specialties[J]. Science Studies，1974，4(1)：17－40.

[9] White H D，Griffith B C. Author co－citation：A literature measure of intellectual structure [J]. Journal of the American Society for Information Science，1981，32(3)：163－172.

[10] McCain K W. Mapping economics through the journal literature：An experiment in journal co－citation analysis[J]. Journal of the American Society for Information Science，1991，42(4)：290－296.

[11] Callon M，Courtial J P，Turner W A，et al. From translations to problematic networks：An introduction to co－word analysis[J]. Social Sciences Information，1983，22(2)：191

–235.
[12] Beaver D D,Rosen R. Studies in scientific collaboration. Part III. Professionalization and the natural history of modern scientific co-authorship[J]. Scientometrics,1979,1(3):231–245.
[13] 王钦炜. 基于 CiteSpace Ⅱ 的科学知识前沿图谱研究[D]. 北京:北京大学图书馆,2011.

作者简介

赵丹群，女，1966 年生，副教授，博士，发表论文 30 篇，出版教材和著作（含编著）10 部。

科学计量可视化软件的对比与数据预处理研究*

周晓分　黄国彬　白雅楠

摘　要　从软件运行平台、数据来源、数据文件格式要求、数据导入规模与处理规模等角度对10款科学计量软件（Bibexcel、Bicomb、CiteSpace、HistCite、NetDraw、Pajek、SATI、SPSS、Ucinet、VOS-viewer）的数据预处理要求进行比较，发现：CNKI、万方、CSSCI和WoS数据库的数据可由不同的软件处理；不同的软件仅能处理相应格式的Text、Excel、Html和其他文件格式的文件；软件不同，所能处理的数据量也有所差别。

关键词　数据预处理　科学计量　可视化软件

分类号　G353

1　引　言

文献计量分析一般包含5个步骤：数据收集、数据预处理、数据挖掘、数据分析和报告撰写，其中数据收集和数据预处理这两个阶段在整个文献计量分析过程中所占的时间最多[1]。科学计量软件中的数据预处理是从原始数据到导入数据之间的过程，包括数据来源的确定、文件格式的要求、数据导入与处理规模等部分。数据预处理这一环节是整个数据分析的基础，预处理的目的是将收集到的数据进行格式转换，使之符合特定科学计量软件的要求，便于以后的统计分析。

然而，笔者在CNKI中以“知识图谱”为主题进行检索，对其中利用科学计量软件的文章进行分析后发现：在最终的论文撰写过程中，很多学者往往会忽略对数据预处理这一阶段的介绍，而是直接从“数据来源”进入“数据分析”阶段；一些学者虽然对数据规范做了一定的说明，但大都是对数据

---

* 本文系中央高校基本科研业务费专项资金资助项目“知识图谱软件的技术原理与评价指标体系研究”（项目编号：2012LYB02）研究成果之一。

进行排序、删除、合并、分类、颜色标识、指标规范、加权处理、归一化处理等，没有对数据来源、文件格式要求、软件处理规模等方面做进一步详细的介绍。

本文在分析“知识图谱”相关论文的基础上，选取10款应用比较广泛的科学计量软件（Bibexcel、Bicomb、CiteSpace、HistCite、NetDraw、Pajek、SATI、SPSS、Ucinet、VOSviewer），从软件运行平台、数据来源、数据文件格式要求、数据导入规模与处理规模等角度对数据预处理过程进行详细介绍，以方便研究人员的学习和使用，从而减少软件使用过程中的重复劳动，提高研究效率。

2 可视化软件运行平台要求

可视化软件一般都会运行在使用最普遍的系统平台上，不同的软件对平台的具体要求又有所不同。下面依次对这10款软件的运行平台进行简单介绍。

Bibexcel[2]是瑞典科学家佩尔松（O. D. Persson）开发的文献计量学研究软件，用以帮助用户分析文献数据。其主页为http：//www8. umu. se/inforsk/Bibexcel/。该软件既可在Windows系统下运行，也可在Linux系统下运行。

书目共现分析系统Bicomb[3]由崔雷开发，受中国卫生政策支持项目（HPSP）资助，主要功能是对生物医学文献数据库中的书目文献信息进行快速扫描、准确提取并归类存储、统计计算、矩阵分析等。软件下载地址为http：//dmi. cmu. edu. cn/dmi/research/Bicomb. php。Bicomb软件在安装了Windows 98/2000/NT/XP/Vista等操作系统的电脑上均可正常运行，不建议使用Windows ME/2003等特殊版本。另外，因Bicomb的统计功能将利用Microsoft Excel生成报表，所以电脑中需要具备Microsoft Office办公软件系统；软件系统的界面包含Flash动画，要求操作系统中Flash的版本在8以上。在Bicomb的下载界面可看到需要首先运行一遍bde - install，布置好环境，然后才能运行Bicomb。

CiteSpace[4]是陈超美博士使用Java平台开发的知识图谱可视化工具，该软件通过聚类和时区视图的方式展示一个领域在一定时期内的知识基础与研究前沿。目前最新版本为2013年5月25日更新的3. 5. R7（64 bit）版。此版本运行时，操作系统须为Windows 64 - bit，内存要求2GB RAM，同时必须安装Java 7（64 - bit）。在其下载页面http：//cluster. ischool. drexel. edu/~cchen/CiteSpace/download. html可看到对此的详细说明。目前CiteSpace可在Linux系统下运行，其脚本是由法国阿维尼翁大学（University of Avignon）的

E. SanJuan 提供的。CiteSpace 的一些历史版本也可在 Mac 系统上过运行，但最近几版都尚未在 Mac 系统上测试。运行 CiteSpace，除了下载到地，也可采用 Webstart 的方式。

HistCite[5]，即 History of Cite，是加菲尔德博士开发的一款引文图谱分析软件。最初使用该软件需要收取一定的费用，但现在用户只需签署一份 HistCite 最终用户许可协议（HistCite End User License Agreement），并提交用户的姓名、所在机构与 Email 地址，即可进行任何非商业用途的使用。目前可用版本于2012 年3 月17 日更新，可在 HistCite 主页 http：//www. HistCite. com 中下载。HistCite 软件只能用于 Windows 操作系统的电脑，运行时会在本机上搭建一个服务器，并在默认浏览器（如 Internet Explore，Chrome 和 Firefox 等）中打开 HistCite 工作网址 http：//127. 0. 0. 1：1925/。

NetDraw[6] 由美国肯塔基州立大学商学与经济学院管理系 S. Borgatti 教授开发，是一款免费的社会网络分析软件，由 Analytic Technologies 公司提供。NetDraw 简单易学，容易操作，且只要是 Windows 98 及以上的系统都可以安装使用。主页为：http：//www. analytictech. com/NetDraw/NetDraw. htm。最新版本为2011 年11 月26 日更新的 NetDraw 2. 118。

Pajek[7] 是1996 年11 月由伍拉迪米尔 · 巴塔格利（V. Batagelj）和安德雷 · 马尔瓦尔（A. Mrvar）使用 Delphi（Pascal）语言开发的大型复杂网络分析工具，其中的一些程序由 M. Zaversnik 提供。Pajek 在 Windows 95 及以上的版本、Linux（64）和 Mac 系统下运行，可免费使用，但仅限于非商业用途。目前 Pajek 软件主页已转至维基百科 http：//Pajek. imfm. si/doku. php。

文献题录信息统计分析工具（Statistical Analysis Toolkit for Informetrics，SATI）[8] 是国内学者刘启元等利用 . NET 平台，使用 C#编程语言设计的一款免费开源的数据统计与分析辅助工具。该软件的官方网站为 http：//sati. liuqiyuan. com/。在安装该软件前，需要确保电脑已经安装 . NET Framework 4。因国内学者开发，所以有关软件的一切说明都是中文，方便国内学者学习和使用。目前 SATI 最新版本是2012 年11 月20 日更新的 SATI 3. 2。

“统计产品与服务解决方案” 软件 SPSS（Statistical Product and Service Solutions）[9] 是世界上最早的统计分析软件。1968 年由美国斯坦福大学的三位研究生 N. H. Nie、C. Hadlai（Tex）Hull 和 D. H. Bent 研究开发成功。2009 年，IBM 公司收购 SPSS，至今已更新至21. 0. 0 版，需选择适合个人计算机的系统版本，登录后方可下载，下载地址为 http：//www14. software. ibm. com/download/data/web/en_ US/trialprograms/W110742E06714B29. html。SPSS 客户端支持 Windows、Linux 和 Mac OS 操作系统。

Ucinet（University of California at Irvine Network）[10] 由加州大学欧文（Irvine）分校的一群网络分析者编写的一款基于菜单驱动的 Windows 程序，现由 Analytic Technologies 公司进行维护更新，该公司由 Roberta Chase 和 Steve Borgatti 共同经营。目前最新版本是官方于 2011 年 11 月 28 日更新的 6.365 版本，下载地址为 http：//www.analytictech.com/Ucinet/download.htm，可免费试用 60 天。

VOSviewer[11] 是雷登大学 CWTS 研究机构的研究人员 Nees Jan Van Eck 和 L. Waltman 开发的一款免费知识图谱绘制工具。该软件使用 Java 程序语言编写，运行 VOSviewer 前，需要安装 Java 环境（Java 6.0 版本或者更高）。VOSviewer 可下载安装，也可直接点击 launch 在线运行。其最新版本为 VOSviewer 1.5.4 版，下载及 launch 运行页面为 http：//www.VOSviewer.com/download/。

以上 10 款软件的运行平台要求的总结见表 1。

3　可视化软件数据来源

科学计量可视化的基础是对某一主题有关的大量数据的收集。通过对“知识图谱”主题的论文进行分析，发现这些论文中的数据通常来源于中外各知名数据库。其中，中文数据主要来源于中国知网（CNKI）、万方和 CSSCI 这三个主流数据库。外文（主要为英文）数据主要来源于 Web of Science（WoS）平台中的 SCI、SSCI、A&HCI 等数据库。各数据库所支持的下载格式与各可视化软件所支持的格式各有不同，下面将以本文的检索为例，对此做详细说明。

表 1　10 款可视化软件的运行平台要求

软件名称	最近更新日期	是否免费	操作系统	内存	其他
Bibexcel	未说明	是	Windows 系统，Linux 系统	无	无
Bicomb	未说明	是	Windows 98/2000/NT/XP/Visat 等，不建议使用 Windows ME/2003 等特殊版本	无	具备 Microsoft Office 办公软件系统，Flash 版本在 8 以上，运行 bde-install，布置好环境
CiteSpace 3.5.R7（64 bit）	2013 年 5 月 25 日	是	Windows 系统，Linux、Mac 系统	2GB RAM，历史版本最少为 1024MB	Java 7（64 - bit）

续表

软件名称	最近更新日期	是否免费	操作系统	内存	其他
HistCite	2012 年 3 月 17 日	是	Windows 系统	无	有默认浏览器（如 Internet Explore、Chrome 和 Firefox 等）
NetDraw 2. 118	2011 年 11 月 26 日	是	Windows 98 及以上	无	无
Pajek 3. 12	2013 年 5 月 20 日	是	Windows 95 及以上，Linux （64），Mac 系统	无	无
SATI 3. 2	2012 年 11 月 20 日	是	Windows 系统	无	安装 . NET Frame-work 4
SPSS 21. 0. 0	未知	否	Windows 系统，Linux、Mac 系统	无	无
Ucinet 6. 365	2011 年 11 月 28 日	否	Windows 系统	无	无
VOSview-er 1. 5. 4	未说明	是	Windows 系统	无	最新 Java 运行环境

3. 1　数据下载与保存

笔者进入各数据库的下载界面，限定主题为“知识图谱”或“mapping knowledge domains”，获得各数据库相应的检索结果，检索日期为 2013 年 5 月 29 日。

3. 1. 1　CNKI 数据库

从 CNKI 可得 686 条数据。由于每页可显示的最大结果数为 50 条，CNKI 规定高版本浏览器（IE8. 0 及以上版本）可支持导出/参考文献的最大数据量是 500 条，因此若需导出这 686 条数据，可将每页显示结果数改为 50，然后勾选本页全部 50 条数据，接着点击“下一页”，勾选“第二页”的全部数据，直至勾选满 500 条数据为止，如图 1 所示：

若要导出剩余数据，只需点击“清除”，选择所要导出的数据即可。选择好文献后点击“导出/参考文献”，勾选全部数据后继续点击“导出/参考文献”，可得到 CNKI 文献输出界面，见图 2。

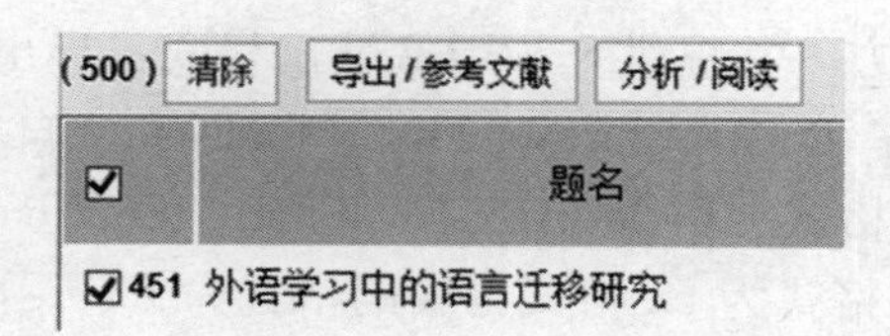

图 1　CNKI 导出数据限制

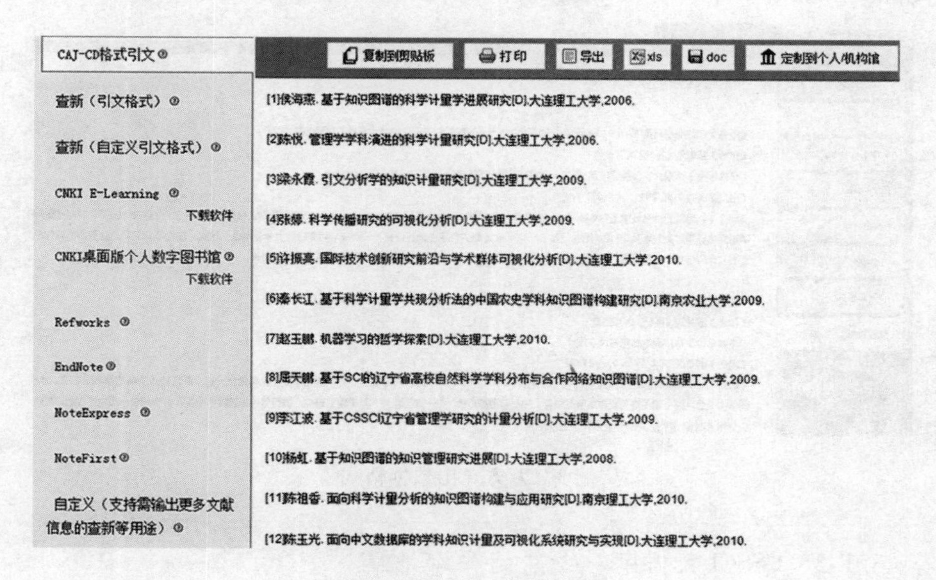

图 2　CNKI 导出数据格式

从图 2 可以看出，对于数据集输出格式，CNKI 除提供 . xls 和 . doc 两种格式外，还提供其他 10 种引文的文本输出格式，研究者可根据需要选择相应的引文格式。其中，CAJ-CD 格式引文、CNKI 查新（引文格式）、CNKI 查新（自定义引文格式）、Refworks、Endnote、NoteFirst、自定义（支持需输出更多文献信息的查新等用途）的数据集都输出为 text 格式文件，text 文件的编码格式为 UTF－8；NoteExpress 可保存为 . net 文件；CNKI 桌面版个人数字图书馆保存为 . cnt 格式文件；CNKI e－learning 保存为 . eln 格式文件。

3. 1. 2　万方数据库

在万方数据库的高级检索中进行检索，可得 683 条数据。万方检索结果中每页最多显示 50 条数据，但一次只允许导出 100 条数据。选择 100 条数据后，点击“导出”，可得图 3。

从图 3 可见，万方一共提供 8 种引文输出格式：导出文献列表、参考文献格式、NoteExpress、RefWorks、NoteFirst、EndNote、自定义格式、查新格式。其中，参考文献格式、RefWorks、NoteFirst 、EndNote、自定义格式、查新格式所导出的文件格式为 txt 格式，编码格式为 UTF-8；NoteExpress 导出的文件格式为 net 格式；“导出文献列表”需要手工将数据复制粘贴到文本（如 doc，txt 等）中。

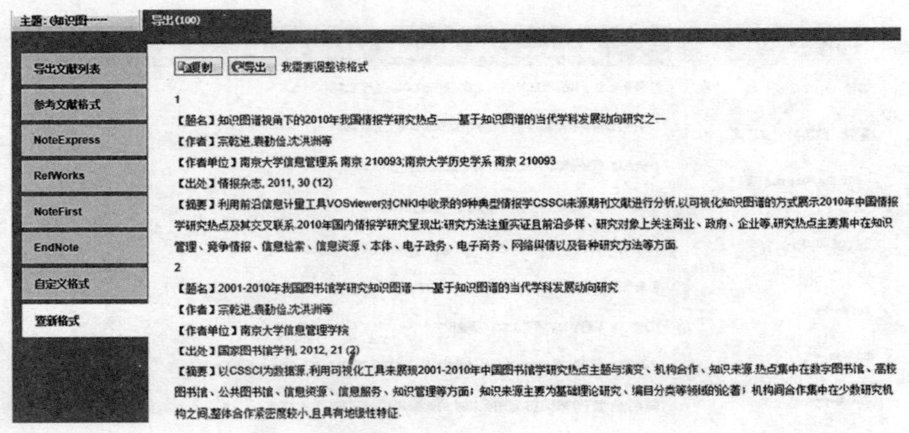

图 3　万方导出数据格式

3.1.3　CSSCI 数据库

在 CSSCI 检索页，有来源文献和被引文献两种检索途径，数据年限从 1998 年至 2012 年，目前来源数据库又增加了 CSSCI 扩展版（试运行中）2008、2010、2011 年的来源数据库和 2011-2012 年港澳台及海外华文期刊数据库（试验版）。以来源文献的检索为例，限定“来源篇名（词）”为“知识图谱”，可得 132 篇文献。目前 CSSCI 每页显示的最大结果数为 50 条，每次下载的数据量也仅为 50 条。这 50 条数据集的下载格式为 txt 格式，编码格式为 ANSI。

3.1.4　Web of Science 数据库

外文（主要为英文）数据主要来源于 Web of Science 平台中的 SCI、SSCI、A&HCI 等数据库，可得检索结果有 2 490 条数据。WoS 每页可显示 50 条记录，支持下载的数据集为 500 条。但在下载前需要对记录数进行标记，以防记录重复下载。

WoS 共提供 7 种导出格式：保存为纯文本格式；保存到其他参考文献软

件，保存为制表符分隔的格式（win，utf－8）和（mac，utf－8）的txt文件编码都为utf－8；保存为制表符分隔的格式（win）和（mac）格式的txt文件编码均为Unicode；保存到bibtex的文件格式是.bib，可用ultraedit打开；保存为HTML的文件格式为.html。

3.1.5 其他数据库

Bicomb还可以处理生物医学文献数据库PubMed中的数据。

CiteSpace还可处理arXiv、Derwent专利数据库（http://www.pencils.co.uk/）、美国国家科学基金会NSF Awards、Project DX、斯高帕斯数据库Scopus和SDSS数据库中的数据。

Pajek向以下网络提供分析和可视化操作工具：合著网、化学有机分子、蛋白质受体交互网、家谱、因特网、引文网、传播网（AIDS、新闻、创新）、数据挖掘（2－mode网）等[12]。

3.1.6 其他来源

NetDraw、SPSS、Ucinet和VOSviewer还支持其他社会网络分析软件的相应格式文件。VOSviewer也可接受其他软件（如SPSS、Pajek、NetDraw等）绘制的图谱。详见4.4小节。

3.2 可视化软件对数据的要求

在数据预处理过程中，首先需要了解的是不同软件对数据来源、数据格式、数据量等的要求，这样才能进行后续的操作。下面以数据来源为依据，将其对数据的要求做一整理。

3.2.1 支持CNKI数据

包括Bicomb、CiteSpace、SATI和Ucinet。

Bicomb能够处理CNKI的数据，但需要进行一些编码转换，详见4.1小节。CiteSpace能够处理中文数据，但进行处理前需要选择中文编码（Preferences——Chinese encoding）。需要注意的是，CNKI数据需要先导出Refworks格式，且CNKI数据不包含参考文献，做图时选择Cited Reference是不能得到可视化图谱的。SATI是国内学者刘启元等开发的，所以支持较多的中文数据。软件开发者建议：使用CNKI的数据时，数据导出为EndNote/ EndNote2（知网旧版）格式，因为CNKI提供的EndNote格式题录数据较为完整[8]。Ucinet能够处理中文数据，但原始数据须为矩阵格式。所以，CNKI数据需要先转换为矩阵形式。矩阵的获得，既可以使用SATI 3.2，也可以使用Excel的数据透视表功能[13]。VOSviewer能够处理转换后的CNKI的数据，详见4.4小节。

3.2.2 支持万方数据

包括 Bicomb 和 SATI。

在这 10 款软件中，只有 Bicomb 和 SATI 明确支持万方数据的处理。Bicomb 对万方数据库中的数据没有额外的要求；在 SATI 中，因为万方提供的 NoteExpress/NoteFirst 格式题录数据较为完整，所以 SATI 开发者推荐使用万方数据（WF）提供的 NoteExpress/NoteFirst 格式题录数据。

3.2.3 支持 CSSCI 数据

包括 Bibexcel、CiteSpace、SATI、Ucinet、VOSviewer。

使用 Bibexcel 和 CiteSpace 处理 CSSCI 的数据前，都需要利用刘盛博开发的软件 CSSCIREC 进行格式转换。CSSCIREC 也需要 Java 运行环境，只要 CiteSpace 能正常运行，CSSCIREC 就可以正常运行。CSSCIREC（可从陈超美的科学网博客介绍中下载）程序运行界面会显示如何下载数据和保存数据。SATI 支持 CSSCI 数据库新旧版平台导出的来源文献。Ucinet 对 CSSCI 数据的要求同对 CNKI 数据的要求。VOSviewer 能够处理格式转换后的 CSSCI 数据，详见 4.4 小节。

3.2.4 支持 WoS 数据

包括 Bibexcel、Bicomb、CiteSpace、HistCite、SATI、Ucinet 和 VOSviewer。

Bibexcel、Bicomb、CiteSpace 和 HistCite 都要求将从 WoS 下载的数据以纯文本的形式保存。SATI 推荐 Web of Science 数据库平台导出的题录数据为 HTML/text 格式[8]。Ucinet 只能处理矩阵形式的 WoS 数据，转换方式同 3.2.1 小节。VOSviewer 能处理格式转化后的 WoS 数据，详见 4.4 小节。

3.3 自建数据

可视化软件不仅能够处理数据库中的数据，还可以自建数据以方便研究人员的使用。提供此类功能的软件有：NetDraw、SPSS、Ucinet 和 Pajek。

NetDraw 使用记事本文件创建数据，需要按照 NetDraw 所要求的数据描述格式来描述节点信息。总体来说，要描述的内容共分为三个部分：Node Data、Node Properties 和 Tie Data，但研究者可以根据需要来对这三部分做选择性的描述，不必每个文件都包含三部分。Node Data 主要包含用于描述网络中节点所代表的研究对象的属性；Node Properties 部分和 Tie Data 部分很相似，不同的是前者所包含的变量一般是用来描述节点的坐标、大小、颜色和形状等，而 Tie Data 主要用于描述节点与节点之间的关系属性[14]。

SPSS 在数据编辑窗口建立数据文件。进入 SPSS 数据编辑窗，可看到

SPSS 数据文件是按个案（行）和变量（列）组织的。在此数据文件中，个案表示各个调查对象。变量表示对调查中提出的每个问题的回答。SPSS 数据文件的文件扩展名为 . sav，包含所保存的数据。

Ucinet 自建数据文件有两种方法：①利用写字板或 Microsoft word 等任一种文字处理程序，在一个文本文件中输入矩阵数据。或者，利用 Ucinet 自带的文本编辑器"file——text editor"将矩阵数据保存为纯文本文件，再利用"Data——import text file——DL/Raw"可将文件转换为 Ucinet 格式的数据。②使用 Ucinet 的数据编辑器，见图 4。可在其中直接输入或粘贴 Excel 矩阵数据[15]。

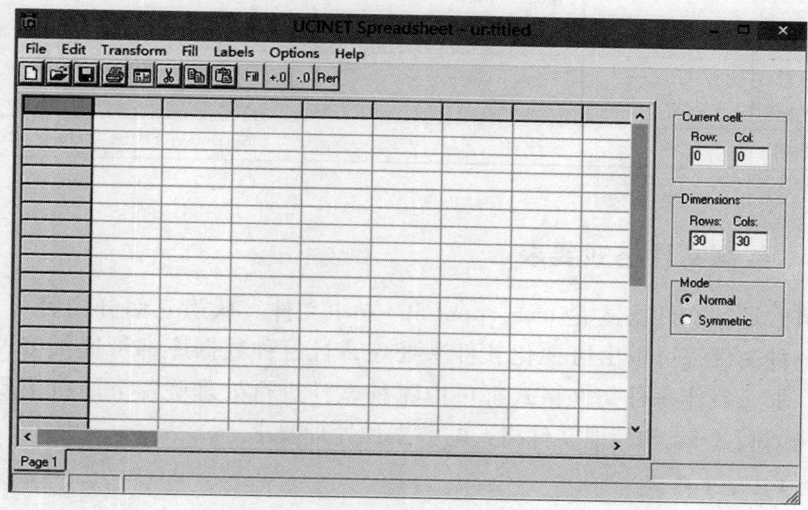

图4　Ucinet 数据编辑器

Pajek 自建数据有 4 种途径：采用手工方式、利用专用辅助软件、使用字处理软件和应用关系型数据库软件。因篇幅限制，在这里不再一一详细介绍，可参阅相关文献[12]。

表 2 清楚地展现了这 10 款可视化软件对数据来源的要求。

表 2　10 款可视化软件数据来源要求

数据来源	单次下载数据量（条）	可导出文件格式	支持该数据库的软件
CNKI	500	. xls，. doc，. txt（编码格式为 UTF-8），. net，. cnt，. eln	Bicomb、CiteSpace、SATI、Ucinet

续表

数据来源	单次下载数据量（条）	可导出文件格式	支持该数据库的软件
万方	100	. doc，. txt（编码格式为 UTF-8），. net	Bicomb、SATI
CSSCI	50	. txt（编码格式为 ANSI）	Bibexcel、CiteSpace、SATI、Ucinet、VOSviewer
WoS	500	. txt（编码格式为 UTF-8），. txt（编码格式为 Unicode），. bib，. html	Bibexcel、Bicomb、CiteSpace、HistCite、SATI、Ucinet、VOSviewer
其他数据库	–	–	Bicomb、CiteSpace、Pajek
其他软件产生的文件	–	–	NetDraw、SPSS、Ucinet、VOSviewer
自建数据	–	–	NetDraw、SPSS、Ucinet、Pajek

4 数据文件格式要求

最常见的文件格式是 text、word 和 excel 文件。从第三部分内容可看出，不是每种文件都可以由可视化软件来处理，且每种数据库都可提供多种文件格式，那么具体每种文件格式都可由哪种软件进行处理呢？下面将主要介绍 text、excel、html 和其他文件格式的数据预处理要求。

4.1 text 格式

Bibexcel、Bicomb 、CiteSpace、HistCite、NetDraw 和 Ucinet 都可处理 text 格式的文件。其中，Bibexcel 所能处理的最初文件格式为 txt 格式，之后经过 Bibexcel 自身的转换，可生成 . doc，. out，. cit，. oux，. coc，. ma2，. xls 格式的文件，具体过程可参考相关文献[16]。但有一点需要注意，在转换 txt 数据时，需先用“Editpad Lite”转换成 Windows 格式，否则所得的 doc 文件的内容为空。NetDraw 和 Ucinet 支持使用记事本创建的数据，具体方法可见 3. 3 小节。Bicomb 、CiteSpace 和 HistCite 对 text 文件格式的要求可如表 3 所示：

表 3　10 款可视化软件所能处理的文件格式

	text 格式	Excel 格式	html 格式	其他软件格式
Bibexcel	用“Editpad Lite”转换成 Windows 格式	–	–	–

续表

	text 格式	Excel 格式	html 格式	其他软件格式
Bicomb	从数据库下载的记录，都应以 txt 的形式储存。对于从 CNKI 等中文文献库中下载的记录，需要打开 . txt 文件，将编码选项从 UTF－8 改为 ANSI 格式后另存	－	－	－
CiteSpace 3. 5. R7 (64 bit)	从 WoS 和 CNKI 下载的数据须以纯文本的形式保存，并以 download * . txt 的形式命名；对于 Project DX 的数据，包含 node 信息的文件命名形式为 * nodes. txt，包含 edge 信息的文件命名形式为 * edges. txt；从 Scopus 数据库中下载的数据保存为完整的 CSV 格式，然后把 CSV 格式保存为制表分隔符的 txt 文件，并将文件以 download * . txt 的形式命名	从 research. gov 网站下载获奖记录时，需将数据保存为 xlsx 格式	处理 NSF Awards 数据时，若是从 www. nsf. gov 网站下载的获奖记录，则需保存为 xml 格式	－
HistCite	text 格式	－	－	－
NetDraw 2. 118	使用记事本创建的数据			Ucinet 系统文件（. ## h），Ucinet DL（Ucinet 以 DL 语言描述数据格式的文件），Pajek 文件和软件自身的格式文件（. vna）

续表

	text 格式	Excel 格式	html 格式	其他软件格式
Pajek 3.12	-	-	-	蜘蛛网络格式 .net (Pajek networks)，蜘蛛矩阵格式 .mat (Pajek matrices)，Vega 格式，世系谱数据的标准数据格式（GEDCOM 格式，Ucinet DL Files），三种文本格式（Ball And Stick，Mac Molecule 和 MDL MOL）用于化学专业
SATI 3.2	text (WoS) 格式、CSSCI 数据格式，但在分析前都需转换为 xml 格式	-	其他格式的文件自动转化为 xml 格式 SATI 专用数据文件。目前，其提供转换的其他文件格式有：html (WoS) 格式、EndNote 格式、NoteExpress 格式、NoteFirst 格式、zotero（开源文献管理插件）	-
SPSS 21.0.0	文本编辑器软件生成的 ASCII 数据文件 *.txt	Excel 文件 (*.xls，*.xlsx)，无其他特殊要求	-	SPSS 文件 (*.sav)，由 dBASE、FoxBASE、FoxPRO 产生的 *.dbf 文件，文本编辑器软件生成的 ASCII 数据文件 (*.dat)，Access (*.mdb)，SAS (*.sd7，*.sd2) 等数据文件

续表

	text 格式	Excel 格式	html 格式	其他软件格式
Ucinet 6.365	使用记事本创建的 text 文件	Excel 格式	–	csv，ntf，dl，net 等格式的文件，数据语言形式的文本文件（Data Language，DL），多元数据文件（Multiple Data Files），VNA 软件使用的文件（VNA），Pajek 软件使用的文件（Pajek），Krackplot 软件形式的文件（Krackplot），Negopy 软件使用的文件，ASCII 型的初始文件（Raw）
VOSviewer 1.5.4	–	–	–	map 文件和 network 文件

4.2　Excel 格式

CiteSpace 在处理从 research. gov 网站下载的获奖记录时，需将数据保存为 xlsx 格式；Ucinet 能够处理 Excel 格式的数据，详见 3.3 小节；SPSS 也可处理 Excel 格式的数据，详见 4.4 小节。

4.3　html 格式

CiteSpace 处理 NSF Awards 数据时，若是从 www. nsf. gov 网站下载的获奖记录，则需保存为 xml 格式。SATI[8] 开发者规定：为方便后期题录数据的存储、交换和分析，要将其他格式的文件自动转化为 xml 格式 SATI 专用数据文件。目前，其提供转换的文件格式有：html（WoS）格式、text（WoS）格式、EndNote 格式、NoteExpress 格式、NoteFirst 格式、zotero（开源文献管理插件）和 CSSCI 数据格式。

4.4　其他文件格式

NetDraw、Pajek、SPSS、Ucinet 和 VOSviewer 还能够处理自身及其他可视化软件的导出结果。这里详细介绍 SPSS 和 VOSviewer 所处理的其他软件格式的预处理要求，NetDraw、Pajek 和 Ucinet 的预处理要求见表 3。

SPSS 所处理的数据文件有两种来源：①SPSS 环境下建立的数据文件，即在SPSS数据编辑窗口建立数据文件，见3.3小节；②调用其他软件建立的数据文件。SPSS可以调用的多种文件格式见表3。另外，通过使用ODBC（Open Database Capture）的数据接口，可以直接访问以结构化查询语言（SQL）为数据访问标准的数据库管理系统，通过数据库导出向导功能可以方便地将数据写入到数据库中等[17]。

VOSviewer能够处理两种主要的文件类型：map文件和network文件，这两种文件都是简单的文本文件。因此VOSviewer不能直接处理WoS的输出文件，需要中间步骤将WoS文件转换为map文件或network文件（如Pajek等）。在VOSviewer使用手册中，开发者推荐使用免费的SAINT Toolkit[18]。但是，我们也可以利用Pajek将WoS文件转换为.net文件。经过试验，发现也可以使用VOSviewer处理中文数据。具体方法为：将CSSCI/CNKI数据导入SATI 3.2进行中文共现分析，再依次通过Ucinet、NetDraw软件将格式转换为.net文件，即可导入VOSviewer进行相应的分析。

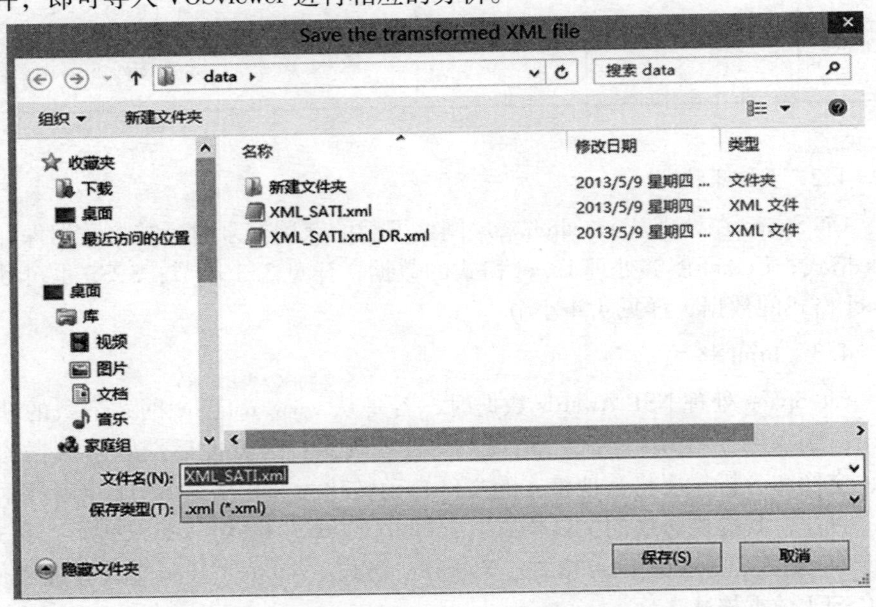

图5　SATI导入数据时“XML格式保存”的对话框

5　数据语种、导入与处理规模

每种软件的运行速度都会受到数据量的影响。数据预处理时，也需要了解可视化软件相应的数据处理能力，才能保证软件的正常运行。数据导入规模和处理规模是反映可视化软件数据预处理能力的两个重要方面，而语种则是导入数据前要首先考虑的内容。

5.1 语种要求

除了 HistCite 只支持英文数据，其余 9 款软件都支持中文和英文数据。其中，Bibexcel 还支持瑞典语；SPSS 还支持德、法、日、意等语言，可在“菜单 - 编辑—选项—常规”界面，在输出和用户界面中的语言下拉列表中更改语言选项。

5.2 数据导入规模

5.2.1 一次只能导入一个文件

可视化软件 Bibexcel、Bicomb、HistCite、NetDraw、Pajek、SATI、SPSS 和 VOSviewer 一次只能导入一个文件。需要注意的是，使用 SATI 导入数据时，需按照下述步骤进行：选择转换格式——单文件/文件夹——去重——转换，且必须弹出“XML 格式保存”的对话框（见图 5），保存在原始数据所在文件夹，数据才是真正导入成功。使用 Pajek 时，将第一次打开的所有文件保存为 . paj 的文件，下次只要打开其中一个 paj 文件，就可打开所有 paj 文件。Ucinet 大部分程序仅可导入一个文件，小部分可导入多个文件。

5.2.2 一次导入一个文件夹或多个文件

CiteSpace、Bicomb 和 SATI 支持一次导入单个文件夹。HistCite 则可导入多个文件。

5.3 数据处理规模

Bibexcel、Bicomb 和 HistCite 并未对数据处理规模做详细说明。

CiteSpace、SATI 和 VOSviewer 未限制数据处理规模。但考虑到软件运行速度及其他因素（如计算机配置高低）的影响，对数据规模还是做相应限制较好。

NetDraw 软件在处理数据时，若数据文件为 vna 格式，那么 NetDraw 可处理的数据规模可以很大。如对于非常稀松的数据，计算机的 RAM 为 1G 时，NetDraw 可处理 3 500 个节点，为 2G 时可处理 10 000 个节点[6]。

Pajek 可以处理多达 999 999 997 个顶点的网络。一般情况下，绘制网络图不应超过几千个顶点。因为对庞大的网络进行绘图将会非常费时，而且画出来的图也往往不美观。在默认情况下，Pajek 不对超过5 000个顶点的网络进行绘图。用户可在”options—read - write“菜单中修改这个限制。当然，计算机本身的配置性能也可能造成其他方面的限制[12]。

SPSS 对数据处理规模虽然没有明显限制，但为了保证运行速度，多数情况下建议处理 100×100 以内的矩阵。

Ucinet 能处理 32 767 个网络节点。当然，从实际操作来看，当节点数在 5 000－10 000 之间时，一些程序的运行就会很慢[19]。

对这 10 款软件的数据语种、导入和处理规模的概括，如表 4 所示：

表 4　10 款可视化软件数据语种、导入和处理规模

软件名称	导入规模	处理规模	语种
Bibexcel	导入一个文件	未说明	中、英、瑞典语
Bicomb	导入一个文件或一个文件夹	未说明	中、英
CiteSpace 3.5.R7 (64 bit)	导入一个文件夹	无限制，但若数据量过多，会处于无反应的状态	中、英
HistCite	导入一个或多个文件	未说明	英
NetDraw 2.118	导入一个文件	文件为 vna 格式时，可处理的数据规模可以很大	中、英
Pajek 3.12	将第一次打开的所有文件保存为.paj 的文件，下次只要打开其中一个 paj 文件，就可打开所有 paj 文件	可以处理多达 999 999 997 个顶点的网络，在默认情况下，不对超过 5 000 个顶点的网络进行绘图	中、英
SATI 3.2	导入一个文件或一个文件夹	无限制	中、英
SPSS 21.0.0	导入一个文件	多数情况下建议处理 100×100 矩阵	中、英、德、法、日、意等
Ucinet 6.365	大部分程序仅可导入一个文件，小部分可导入多个文件	处理 32 767 个网络节点；当节点数在 5 000－10 000 之间时，一些程序的运行会很慢	中、英
VOSviewer 1.5.4	导入一个文件	无限制，可处理数以万计的数据	中、英

6　结　语

掌握数据预处理的方法对熟练使用科学计量软件，节约科研时间，加速科研进度有很大帮助。从以上 10 种科学计量软件的分析中可看出，这 10 款软件大都能够处理主流数据库（CNKI、万方、CSSCI、WoS）的数据，但在数据文件格式以及数据导入等方面有较大的限制，且不同软件对数据预处理的要求有很大不同。以同是科学知识图谱绘制工具的 CiteSpace 和 VOSviewer 为例，两者都可处理来自 CNKI、CSSCI 和 WoS 数据库中的数据，但两者在文件命名、数据导入规模等方面存在不同。若对这些细节有所忽略，就会造成使用上的障碍。希望本文能对读者了解这 10 款软件的数据预处理方法有所帮助。

参考文献：

[1] 虞飞华. 基于 Google Scholar 的文献计量分析研究的数据预处理技术[J]. 情报杂志，2008(12):48-50.

[2] Persson O D, Danell R, Schneider J W. How to use Bibexcel for various types of bibliometric analysis[M]//Celebrating Scholarly Communication Studies: A Festschrift for Olle Persson at His 60th Birthday. Leuven: International Society for Scientometrics and Informetrics, 2009:9-24.

[3] 书目共现分析系统 Bicomb 用户操作使用说明书[EB/OL]. [2013-05-12]. http://dmi.cmu.edu.cn/dmi/resource/20120724.pdf.

[4] 陈超美. CiteSpace Ⅱ:科学文献中新趋势与新动态的识别与可视化[J]. 情报学报，2009(3):401-421.

[5] Histcite[EB/OL]. [2013-05-28]. http://www.histcite.com.

[6] NetDraw[EB/OL]. [2013-05-11]. http://www.analytictech.com/Netdraw/netdraw.htm.

[7] Mrvar A, Batagelj V. Pajek and Pajek-XXL programs for analysis and visualization of very large networks reference manual: List of commands with short explanation version 3.12[EB/OL]. [2013-05-29]. http://pajek.imfm.si/lib/exe/fetch.php? media=dl:pajekman.pdf.

[8] 刘启元，叶鹰. 文献题录信息挖掘技术方法及其软件 SATI 的实现——以中外图书情报学为例[J]. 信息资源管理学报，2012(1):50-58.

[9] SPSS 中国[EB/OL]. [2013-05-25]. http://www.spss.com.cn/index.aspx.

[10] Ucinet[EB/OL]. [2013-05-13]. http://www.analytictech.com/Ucinet/.

[11] VOSviewer[EB/OL]. [2013-05-22]. http://www.vosviewer.com/.

[12] 诺伊，姆尔瓦，巴塔盖尔吉. 蜘蛛:社会网络分析技术[M]. 2 版. 林枫，译，李葆嘉，审订. 北京:世界图书出版公司北京公司，2012.

[13] 魏瑞斌. 社会网络分析在关键词网络分析中的实证研究[J]. 情报杂志，2009(9):46-49.

[14] 王运锋，夏德宏，颜尧妹. 社会网络分析与可视化工具 NetDraw 的应用案例分析[J].

现代教育技术,2008(4):85 -89.

[15] 刘军. 整体网讲义——Ucinet 软件实用指南[M]. 上海:格致出版社,2009.

[16] 姜春林,陈玉光. CSSCI 数据导入 Bibexcel 实现共现矩阵的方法及实证研究[J]. 图书馆杂志,2010(4):58 -63,42.

[17] 数据管理[EB/OL]. [2013 -05 -12]. http://zhibao.swu.edu.cn/epcl/spss/spss_edit/spss2.html.

[18] Eck N J v, Waltman L. VOSviewer manual [EB/OL]. [2013 - 05 - 10]. http://wenku.baidu.com/view/84cc2fd33186bceb19e8bb0a.html.

[19] Ucinet[EB/OL]. [2013 -05 -09]. http://baike.baidu.com/view/2343008.htm.

作者简介

周晓分，北京师范大学政府管理学院信息管理系硕士研究生；

黄国彬，北京师范大学政府管理学院副教授，硕士生导师；

白雅楠，北京师范大学政府管理学院信息管理系硕士研究生。

试论“科学－技术关联”计量模型的不足及改进

——学科－领域对应优化视角*

李睿　容军凤　张玲玲

摘　要　科学－技术关联是指技术创新系统与科学研究系统之间的知识传递关系。探测科学－技术关联的情报学方法是：计量“论文－专利”互引信息，用专利所属的4位IPC类目与论文所属的学科之间的对应关系来反映科学－技术关联。此方法中存在两方面问题：一方面，论文被笼统地视为基础科学的代表，忽略了自然科学体系的“基础科学－技术科学－工程科学”的层级结构；另一方面，IPC类目以“功能”为分类原则且粒度过粗，难以与科学学科合理对应。对科学端的学科层级划分问题和技术端的4位IPC类目细化问题进行研究，对探测科学－技术关联的情报学方法进行改进，并以2006－2009年间的美国催化技术专利和与之具有互引关系的论文为样本进行实验，实验结果反映出更精细的学科－领域对应关系，呈现出更清晰的科学－技术关联图景。

关键词　科学－技术关联　“论文－专利”互引　专利计量　专利引文

分类号　G255.53

1　科学－技术关联研究现状

科学－技术关联是指科学研究成果与技术创新成果之间的知识传递关系[1]。国家中长期发展规划明确了“科技创新”的国家发展战略地位以及“整合科技资源、提升创新能力、加速成果转化”的战略目标。然而，哪些科

* 本文系教育部人文社会科学一般项目“科学－技术关联探测方法研究——专利引文视角”（项目编号：12YJC870013）研究成果之一。

技资源应当被整合？什么样的整合能够催生创新？是需要首先解答的基本问题。探测和发现科技资源之间的客观知识关联，是找准整合对象，制定正确整合方案的依据和保障，因此，计量科学－技术关联具有重要的情报学意义。

专利计量学的创始人——美国著名文献计量学家 F. Narin 于 1995 年[1] 提出了通过计量专利对论文的引用关系来揭示科学－技术关联的思想。2000 年，国际权威专利情报机构美国 CHI 公司（Computer Horizons Inc.）构建了专利计量指标 SL（Science Linkage）：$SL=\frac{\text{被专利引用的论文数量}}{\text{专利数量}}$，为定量测度科学－技术关联奠定了基础[2]。2002 年，比利时情报学家 A. Verbeek 进一步设计了科学－技术关联计量模型（以下简称 Verbeek 模型），用专利的 4 位国际专利分类号（International Patent Classification，IPC）类目与所引论文的学科分类之间的对应关系来表达技术创新与基础科学之间的知识关联[3]（见图 1）。近年来，基于上述模型的科学－技术关联计量实践活动已在欧、美、日、韩广泛开展。

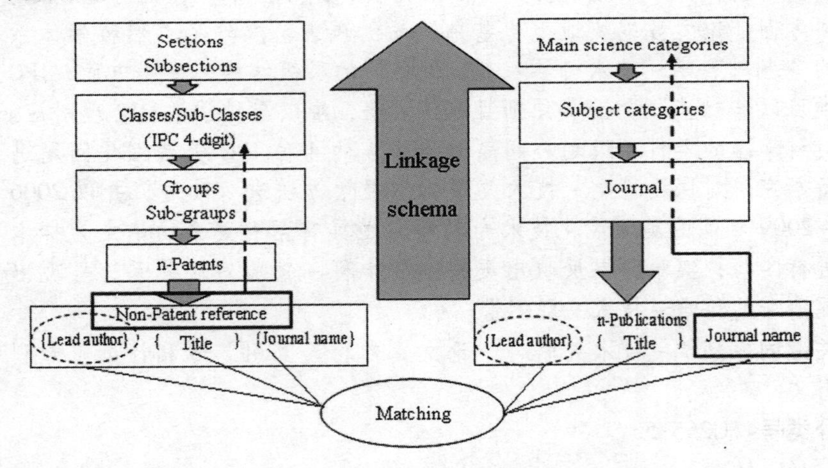

图 1　A. Verbeek 所设计的科学－技术关联计量模型[3]

2　研究问题的提出：学科－领域对应问题

尽管 Verbeek 模型在理论上具有合理性，在实践中已得到了大量应用，但笔者经研究发现，该模型仍存在以下两个方面的问题需要解决：

- 该模型将所有被专利引用的论文均归结为基础科学（basic research）的代表，这在认识上存在误区。事实上，自然科学体系自身存在内在的层级结构，通常划分为“基础科学－技术科学－工程科学”三个层级。目前，自然科学已包含数千种学科、无数知识分支，是不断发展变化的庞大体系，划分科学层级对于把握整个现代科学的发展态势具有重要意义，对于学科及产业布局、R&D资源规划与调配等工作具有重要的指导作用。Verbeek模型没有对科学端进行科学层次划分，这将导致计量结果不够客观和准确，所求得的“科学－技术关联”对“科技资源整合”的指导作用也受到相当的局限。

• Verbeek模型用4位IPC号标识的技术领域难以与科学学科建立起合理的对应关系。首先，IPC以“功能”为分类原则，不能反映技术的知识类别特征；其次，IPC更新频繁、类目设置标准不稳定，2006年以来每3年更新一次，核心版则每3个月修订1次，这就会造成相同的技术拥有不同的IPC号或相同的IPC号代表不同技术的情况；再者，各国专利机构使用的IPC标准不统一，多数国家的专利审批机构使用IPC核心版，而欧、美、日等专利审批机构则使用IPC扩展版，因此，相同的技术在不同的国家可能会获得不同的IPC号。4位IPC号所标识的技术领域粒度过粗，而6位或8位IPC号在不同国家或不同时间段上又不统一，如何对4位IPC号进行合理细化，以实现技术领域与科学学科之间的有效对应，是又一个需要解决的实际问题。

3 科学端的学科分层研究

由古至今，人类对科学结构的探索从未间断。达·芬奇、培根、恩格斯、圣西门、孔德、黑格尔等均提出了自己的科学分类思想[4]。从划分维度来看，科学的一维分类是对“什么是科学”的回答；二维分类是将科学划分为大小科学、软硬科学、理论与应用科学；三维分类是将科学划分为自然科学、社会科学和人文科学；四维分类是在三维基础上加上交叉科学；五维分类是将科学划分为形式科学、自然科学、技术科学、社会科学和人文学科；六维分类是将科学划分为哲学、符号科学、自然科学、社会科学、精神科学和文化科学。科学的界定是模糊的，科学的层级形式也是不完全确定的，而科学的三维分类，秉承了客观知识的高度统一，是当前国际公认的三大基础类别，同时三种类别在更高的思维方式、研究方法和实现机制上具有归一性。

对自然科学而言，学术界对其体系内部的层级结构并无完全统一的认知，代表性的分层观点包括[5]：①自然科学－技术科学；②基础科学－应用科学；③基础科学－技术科学－工程技术；④基础自然科学－技术基础科学－工程应用科学；⑤基础理论科学－技术科学－应用科学；⑥基础科学－技术科学－工程科学。目前，钱学森所倡导的“基础科学－技术科学－工程技术”分层思想已成为国内自然科学分层思想的主流。

基础科学研究自然界各种物质运动的基本规律，其研究对象是自然界的某个局部、某个片断，以发现自然界客体的变化规律，探索某种事实或现象，提出或完善已有定律、定理、学说等。基础科学是技术科学、工程科学的奠基石。

技术科学由基础科学和工程技术相互结合而产生，是为工程技术服务的科学。钱学森认为[6]，“要产生有科学依据的工程理论需要另一种专业的人，而这种工作内容本身也成为人们知识的一个新部门——技术科学。”技术科学实现基础科学研究成果向工程技术应用之间的转化，同时，技术科学将工程科学中的各种问题、疑点、难点反馈到基础科学，促进基础科学的发展。

工程科学是工程中运用的综合性的科学知识体系。其主要任务是综合运用基础科学、技术科学的理论研究改造自然界的具体过程、工艺、操作等问题，是自然科学的生产实践环节。

科学层级的划分能够为国家科技管理者提供系统的管理方法论。技术创新都立足于微观的具体问题，而科学体系的层级结构则能帮助管理者在宏观范围内明确定位所要解决的问题所处的位置以及如何从相关科学学科中吸收知识。科学层级的划分能够指导管理者制定更加精确的发展战略，分别从基础科学、技术科学、工程科学三个层面上规划重点学科、指导研究方向、制定有效的科研政策与合理的资金规划。

目前，“基础科学－技术科学－工程技术”分层思想已经在权威文献情报系统中得到应用和体现。Web of Knowledge 的 Journal Citation Report（JCR）将地学、化学、物理学、生物学等 7 个学科门类的 54 个学科划归基础科学，将材料科学、环境科学、计算机科学、力学、农学和医学等 6 个学科门类的 100 个学科划归技术科学，将名称中直接带有“Engineering”的 16 个学科划归工程科学。由于 JCR 已在国际范围内得到广泛应用和高度认同，因此，本文认为，将 JCR 的学科划分原则引入到科学－技术关联计量中具有合理性，依据 JCR 的学科划分原则，可以对科学端的期刊论文进行有效的、可靠的科学层次划分。

4　技术端的 IPC 研究

目前，业界对 IPC 进行细化的基本途径是基于技术知识自组织机制的专利自动聚类，而引用关系是常用的聚类依据。基于引用关系的专利聚类方法主要涉及选定专利相似性判断依据、构建专利相似度算法、相似度矩阵多元统计三大步骤。

在选定专利相似性判断依据方面，T. B. Stuart 和 J. M. Podoly[7] 以专利间的同被引关系为依据进行了技术相似度计算；Lai Kueikuei 等[8] 设计了通过同被引分析对专利进行聚类的方法；Chang Shanhbin 等[9] 以专利间的同被引关系为基础进行了专利聚类实验；M. M. Kessler[10] 认为引用耦合可以作为判断专利相似度的依据；W. Ganzel 和 H. I. Czerwon[11] 在机构、地区、国家三个层面上以专利引用耦合为依据进行了专利相似度判断；Huang Muhsuan 等[12] 从专利引用耦合为依据对台湾高技术专利进行了相似度判断，并对 50 个高技术企业的专业技术类别进行了划分；Lo Szuchia[13] 通过专利引用耦合分析实现了遗传工程技术领域内 40 个机构的聚类。

在构建专利相似度算法方面，孙涛涛[14] 采用 Dice 算法进行了专利相似度计算；康宇航和苏敬勤[15] 提出了基于同被引强度的专利相似度算法，其实质是一种 Jarccard 算法的变形。

在相似度矩阵多元统计方面，学者们提出了聚类分析、多维尺度分析、因子分析等方法。在聚类分析方面，M. A. Félix 等[16] 使用 Ward 距离法对专利同被引相似度矩阵进行了聚类；魏兵和李亚非[17] 提出了基于改进的 K－Means 聚类算法对专利同被引矩阵进行分析，从而实现专利聚类的方法。在多维尺度分析方面；赵党志[18]、刘青林等[19] 也先后进行了基于多维尺度分析的专利聚类尝试；Lo Szuchia[13] 以基因工程领域内 40 个主要企业所拥有的 780 项专利之间的引用关系为依据，通过多维尺度分析将这些企业划分为 7 个大类。在因子分析方面，Lai Kuaikuai 等[8] 设计了以因子分析为途径对高被引专利集进行聚类的工作原理。

本文以上述前人研究成果为基础，结合科学－技术关联计量的实际需求，在以下步骤上进行了研究和创新：

4.1 选定专利间相似性判断的依据

目前，同被引关系和引用耦合关系都常被用作文献相似性判断的依据。本文在选定专利间相似性的判断依据时，对同被引关系和引用耦合关系进行了对比：①引用耦合关系比同被引关系更加稳定，因为同被引关系是一种暂时的关系，一项专利在下一时刻又会被什么新的专利引用是未知的，而引用耦合是一种不变的静态关系，对某一专利而言，引用哪些参考文献（包括专利和非专利文献）在专利问世时就已确定；②引用耦合关系比同被引关系时效性更强，因为专利从问世到被引总有一个时滞，同被引关系不能被即时统计，而每一项专利在公布之时就同时公布了其施引信息，引用耦合能够被即时统计；③专利间的引用耦合关系通常是创新主体间（专利施引主体间）创新行为相互协调、相互衔接的结果，更适用于揭示和解释专利间的聚类现象。因此，本文选择引用耦合关系作为专利间相似性判断的依据。

4.2 计算专利间的相似度

笔者认为，在基于专利引用耦合进行专利间相似度计算时，应当考虑专利引用关系的多阶性。本文对具有多阶性的专利引用耦合关系进行计量的步骤如下：

4.2.1 构建专利间的相似度算法

M. A. Rodriguez 和 M. J. Egenhofer[20] 给出了能够体现概念本身的层级差异的相似度算法：

$$f_{sim}=(a,b)=\frac{|A\cap B|}{|A\cap B|+\alpha(a,b)|A-B|+(1-\alpha(a,b))|B-A|}$$

$$a(a,b)=\begin{cases}\dfrac{f_{depth}(a)}{f_{depth}(a)+f_{depth}(b)}, f_{depth}(a)\leq f_{depth}(b)\\ 1-\dfrac{f_{depth}(a)}{f_{depth}(a)+f_{depth}(b)}, f_{depth}(a)\succ f_{depth}(b)\end{cases} \quad \text{式（1）}$$

X. S. Souza 和 J. Davis[21] 所给出的模型用 α 简化了对概念层级的计算：

$$f_{sim}(a,b)=\frac{|(a\vee b)^{\wedge}|}{|(a\vee b)^{\wedge}|+a|(a-b)^{\wedge}|+(1-a)\ |(b-a)^{\wedge}|} \quad \text{式（2）}$$

Lu Mingyu 等[22] 提出，在计算相似度时，应当为不同层级的特征赋予不同的权重，并给出了权重计量公式：

$$W(i)=\frac{1}{2^i} \quad \text{式（3）}$$

本文对上述三种模型进行了综合，构建了基于多阶引用耦合计量的专利相似度计算模型：

$$\begin{cases}S(A,B)=\sum_{i=1}^{n}W_iS_i(A,B)\\ S_i(A,B)=\dfrac{|A\cap B|}{|A\cap B|+\alpha|A-B|+(1-\alpha)|B-A|}\\ W_i=\dfrac{1}{2^i}\end{cases} \quad \text{（式 4）}$$

其中 $|A\cap B|$ 表示 A、B 两项专利在第 i 阶引用深度上发生的引用耦合频次，a 是描述 A、B 两项专利的概念层级差异的参数，W_i 表示第 i 阶引用深度的权重，$S(A,B)$ 表示综合计量了全部 n 阶引用耦合后所得的 A、B 两项

专利的相似度。

4.2.2 选定引用阶数

从理论上讲，任意两项专利间的完整的相似度计算，应当以对两个完整的引用网络的对比计算为基础。但从实际可行性上来讲，要完成上述完整计算几乎是不可能的。相似理论认为，距离越近的因素间的相互作用和影响越强，而随着距离的递增，相互作用和影响会递减，直至可以被忽略不计。笔者认为，一阶引用耦合对相似度具有实质性的影响，二阶引用耦合对相似度的影响已较为间接，而三阶及以上深度的引用耦合对相似度的影响已非常微弱甚至已没有影响。因此，出于计算的完整性考虑，本文将二阶引用耦合纳入相似度计算。

4.2.3 参数设置

在本文的专利相似度计算中，n 的取值范围应设置为［1，2］。i 是引用阶数的序号，因此 i 的取值范围为［1，2］。a 是描述 A、B 两项专利所对应的概念的层级差异的参数。概念间的相似度评估规则包括两方面：一是两个概念的相似度大小与它们的共性相关，共性越多，相似度越大；二是两个概念的相似度大小与它们的差异性相关，差异性越大，相似度越小。在形式概念分析理论中，概念的外延被理解为属于这个概念的所有对象的集合，内涵被理解为所有这些对象的公共属性集合；所有的形式概念连同定义在其上的层次关系共同构成了概念格，概念格是形式概念分析理论中的核心数据结构，它从本质上描述了概念之间的泛化与特化关系[23]。本文所需进行的相似度计算是针对某一专利集中任意两项专利之间的相似程度的计算，而这任意两项专利所属的专利集是来自同一 IPC 类目的，即在概念格中二者存在上层交汇点。本文计算同一专利集中所有专利间的两两相似度的根本目的是对该专利集进行聚类，从而实现对专利集所属的 IPC 类目的自动细划，因此，同一专利集中所有专利的概念格层次被默认为是相同的，即本文将 a 的取值设置为 0.5。

4.3 通过相似度矩阵结构匹配实现专利聚类

在算得专利间的相似度之后还不能必然地确定专利间的相似，因为专利引用的目的是多样的，引用耦合的发生存在较大的偶然性，基于引用耦合频次所得的离散相似度数值还不够可靠。也就是说，虽然两个专利（变量）间的引用耦合度（相似度）数值很大，但事实上二者并不真正相似。例如，美国专利 7418611：Thermal and power management for computer systems 与美国专利 7782110：Systems and methods for integrated circuits comprising multiple body bias domains 的引用耦合频次是 9（相对于平均引用耦合频次而言已经很高），但从技术内容来看，7418611 是对电源发热进行控制的技术，而 7782110 是集成电路整合技术，二者并不相似。

因此，笔者认为专利的引用耦合频次分布规律的匹配是专利特征集合的结构一致性的表现，这种匹配比离散的引用耦合度更能够深入地揭示专利之间的相似性。近年来提出的结构匹配模型[24]认为，两种事物之间的相似是由两个基本的限制条件来决定的——结构一致性和系统性。结构匹配模型强调整体特征元素的系统性匹配统率局部特征元素的匹配。根据结构匹配模型的思想，专利间的相似性计算应当建立在专利相似度数据分布结构的一致性之上。因此，本文需要进一步挖掘专利相似度数值的整体分布规律和结构特征，才能更准确地识别专利间的相似程度。

本文基于因子分析方法对专利相似度矩阵进行了结构匹配计算，主要步骤如下：

- 提出因子假设，抽取共性因子（技术领域）。由于因子是不可观测的共性，具有潜在性和抽象性，所以在进行因子分析之前，须先进行因子假设。设有原始变量（专利）集［$X_1, X_2, X_3, \ldots\ldots, X_i, \ldots\ldots, X_n$］中包含 k 个共性因子（技术类别），n 个变量共享这 k 个因子，f_j 是第 j 个假设的共性因子（j = 1，2，3，……，j，……，n），a_{ij} 为变量 X_i 在因子 f_j 上的载荷。
- 计算各变量（专利）在各共性因子上的载荷。利用 *SPSS* 等工具可以自动求解 a_{ij}，a_{ij} 刻画了 X_i 与 f_j 之间的相关性。因子载荷 a_{ij} 的统计意义是第 i 个变量与第 j 个共性因子的相关系数，反映了第 i 个变量对第 j 个共性因子的相关重要性，其绝对值越大，相关的密切程度越高。因此，依据“最大似然”原则，通过设置一定的 a_{ij} 阈值范围，可以将 a_{ij} 值较高的变量（专利）归入 f_j 所代表的共性因子（技术类别）。
- 通过斜交旋转得到因子载荷阵。一项专利往往具有多重技术特征，各技术类别的成员可以是部分交叉重叠的。因此，从专利集中抽取出的共性因子不应当是绝对互不相关的正交因子，而应当是可以部分相关的斜交因子。因此，经斜交旋转后的因子载荷矩阵才可成为更为合理的分类依据。
- 依据因子载荷矩阵对变量（专利）进行归类。这一步骤中的关键问题是“什么样的载荷值可以被视为是较大的载荷值”，即如何设定因子载荷的阈值范围。本文广泛收集了前人利用因子分析进行事物归类的实例，总结了因子载荷阈值设置方面的经验数据，并通过反复的样本试验，最终决定将因子载荷阈值范围设置为［0.100，1.000］。在确定了因子载荷阈值范围之后，可依据各变量（专利）在各因子（技术类别）上的因子载荷值判断是否将该变量（专利）归入该因子（技术类别），并最终得到变量（专利）的归类方案。

• 识别因子所代表的技术类别并进行命名。对因子进行解释的过程就是识别技术类别并对之进行命名的过程。在得到一个基于某种因子模型的专利归类方案后，需要聘请相关领域专家，结合领域知识对归类方案进行评估。如果方案中的各个技术类别都能够被合理地解释和命名，则该方案将是一种有效的专利聚类结果，如果不能，则该方案无效。

• 根据领域专家评估意见，修正因子假设，重新进行因子分析。通常情况下，很难基于一种因子假设，通过一次因子分析就得到满意的细化结果，在求得无效方案之后，应当根据领域专家评估意见，修正因子假设，重新进行前 5 项操作，直至得到领域专家认可的专利细化结果为止。

5 改进后的科学 - 技术关联计量

通过对科学端论文所属的学科进行分层以及对技术端专利所属 *IPC* 进行基于专利自动聚类的细化，本文实现了对 *Verbeek* 模型的改进。利用改进后的科学 - 技术关联计量方法，本文进行了计量实验，实验步骤如下：

5. 1 “论文 - 专利”互引信息的获取

从美国专利与商标局在线专利数据库（*USPTO*）检索到 2006 - 2009 年间授权催化技术专利 557 项，检索式为：（*ISD/1/1/2006 - >9/1/2009*）*and*（*ICL = B01J* *）*and*（*TTL = cataly* *），同时获得上述专利引用的科学论文2 652篇。

将上述 557 项催化技术专利号逐一输入 *Web of Science* 的“被引著作检索”模块，获得该领域专利被期刊论文引用的信息。上述催化技术专利共计被 *Web of Science* 论文引用 2 847 次。

5. 2 科学端论文所属学科的分层

通过对上述“论文 - 专利”互引信息的融合，基于 *Verbeek* 模型，本文确认了科学端的 39 种学科，主要包括：材料科学、电化学、分子化学、固体化学、光学、环境科学、纳米科学、热能工程、生物化学、无机化学、物理化学、物理学、药学、有机化学、自动化工程等。

本文依据钱学森科学分层理论和 *JCR* 学科分类方法对上述学科进行了科学层次的划分，结果如表 1 所示：

表 1 催化技术的关联学科及其分层

基础科学	学科	无机化学	物理化学	光谱学	晶体学	光学	电化学
	SL	27. 327	37. 921	5. 494	0. 993	3. 213	22. 594

续表

	学科	生物化学	微生物化学	纤维化学	生物分子晶体	表面科学	材料科学
	SL	2.16	6.37	2.578	31.6	4.73	53.398
	学科	金属与合金	反应动力学	沸石	高分子	膜	光化层
	SL	7.365	1.101	20.27	8.358	6.086	6.437
技术科学	学科	胶质表面	介孔材料	聚合物	微材料与纳米材料	氢能	石油
	SL	2.247	29.524	29.487	3.361	6.145	24.857
	学科	太阳能	生物材料	碳	陶瓷	应用物理学	有机催化剂
	SL	0.304	9.243	6.913	6.303	24.759	13.688
	学科	有机金属	粘土	谷类及农作物与食品			
	SL	13.859	6.294	3.187			
工程科学	学科	测量与分辨控制工程	绿色化学与污染控制工程	合成化学工程	热分析与工程	熔合工程	药剂传递工程
	SL	0.993	4.09	11.117	5.416	1.217	0.993

5.3 技术端专利所属 IPC 的细化

基于本文第 4 节“技术领域细化研究”所述的方法，对催化技术进行了 IPC 细化。本文共得到了 20 个技术领域，它们是：硼、铝催化；硅、钛、锆催化；粘土催化；碳催化；碱－碱土金属催化；稀土族催化；铂系金属催化；铁系金属、铜催化；卤素催化；卤化物催化；磷及其化合物催化；有机化合物催化；离子交换树脂催化；催化剂载体；物理性质催化；催化剂再生、再活化；Ⅷ系金属催化；碳氢化合物催化；金属混合物催化；催化反应支持物。

5.4 科学－技术关联计量

依据 SL 公式，本文计量了分层后的科学学科与细化后的技术领域之间的科学－技术关联，结果如表 2 所示（完整的计量结果为 20 列 39 行，由于版面限制，这里只列出部分计量结果）：

表 2　催化技术各领域与各学科之间的科学－技术关联计量结果（部分）

学科	催化技术各领域										
	硼、铝催化	硅、钛、锆催化	粘土催化	碳催化	碱－碱土金属催化	稀土族催化	铂系金属催化	铁系金属、铜催化	磷及其化合物催化	有机化合物催化	物理性质催化
表面科学		1.93			1.40	1.40					
催化动力学		5.51					4.72	5.06			
电化学				3.81	4.55						
沸石							3.40				2.68
分子化学				2.17	2.09					2.17	
光学					0.71	0.71	0.71				1.24
介孔材料						4.30	4.95				
聚合物		1.22	1.75	2.18	1.22						
纳米材料				4.50	4.07	3.54	3.54			4.23	
碳		5.34		5.70	5.34	5.62	6.25		4.61		
氢能						2.44	1.91		1.99	3.52	
光谱学	4.49	4.49	5.02	6.49	5.57	6.34	6.54	4.71	4.71		
生物化学						0.99					
石油		4.07		4.88	4.15	4.07	5.47		4.87		
无机化学				2.58							
物理化学		2.03		1.22			2.37				1.75
物理学							2.01	2.09			
药学		5.73		6.04		6.40	5.20		6.16		
有机金属					0.71	0.71	0.71				1.24

5.5　改进前后的科学－技术关联计量结果对比

5.5.1　改进前的科学－技术关联计量结果

利用改进前的 Verbeek 模型计量出的“科学－技术关联”如图 2 所示，图中各点表示与催化技术存在知识关联的学科，纵坐标值表示催化技术与各学科之间的关联度。

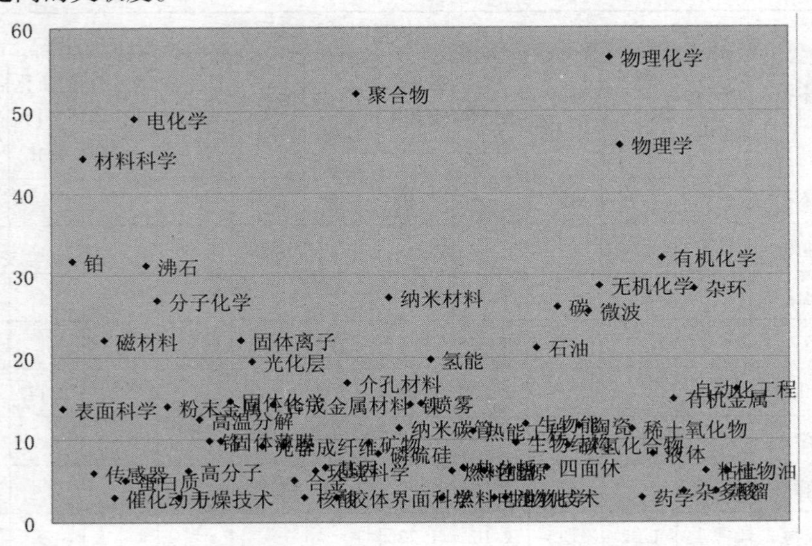

图 2　由 Verbeek 模型计量所得的催化技术与各学科的关联图景

5.5.2　改进后的科学 - 技术关联计量结果

利用 Ucinet Netdraw 对表 2 所示结果进行可视化处理，在“基础科学”、“技术科学”、“工程科学”3 个不同的视窗下分别绘制出科学端各学科与技术端各领域之间的关联网络图（见图 3 - 图 5），图中圆形节点代表科学端的各

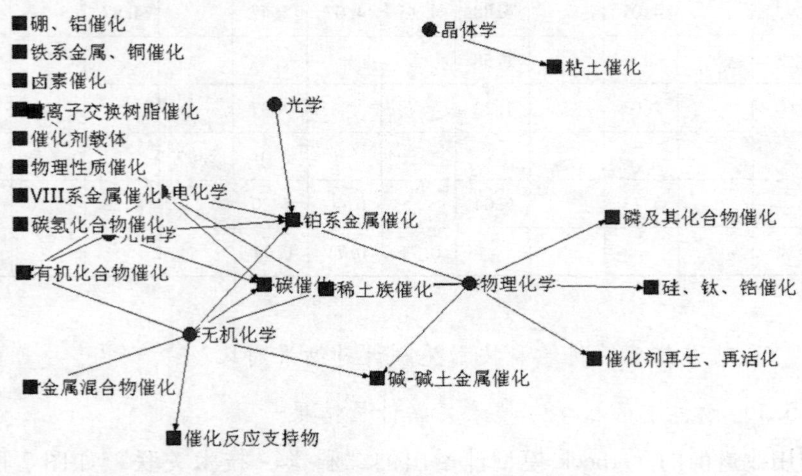

图 3　催化技术与基础科学各学科的关联图景

种学科，方形节点代表技术端的各种领域，各学科节点和各领域节点之间的相对位置和距离由二者间的关联度决定。

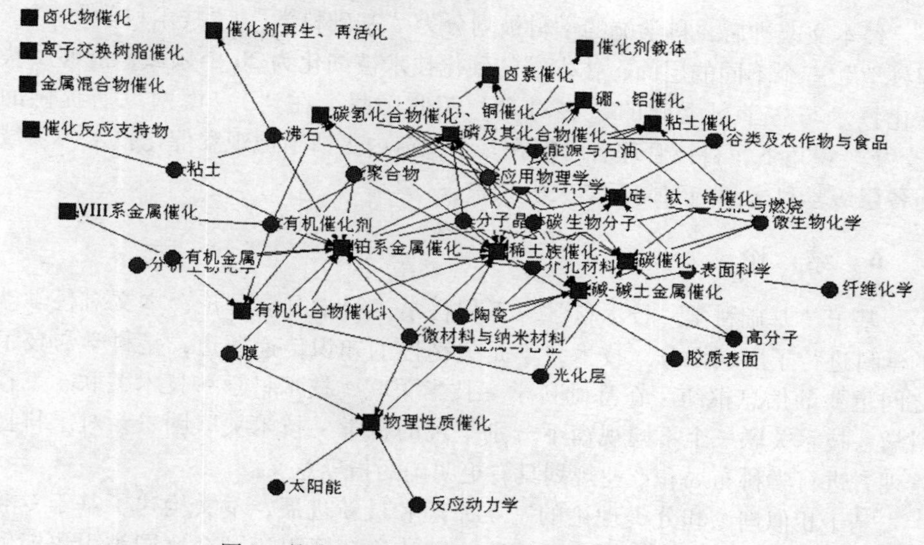

图4　催化技术与技术科学各学科的关联图景

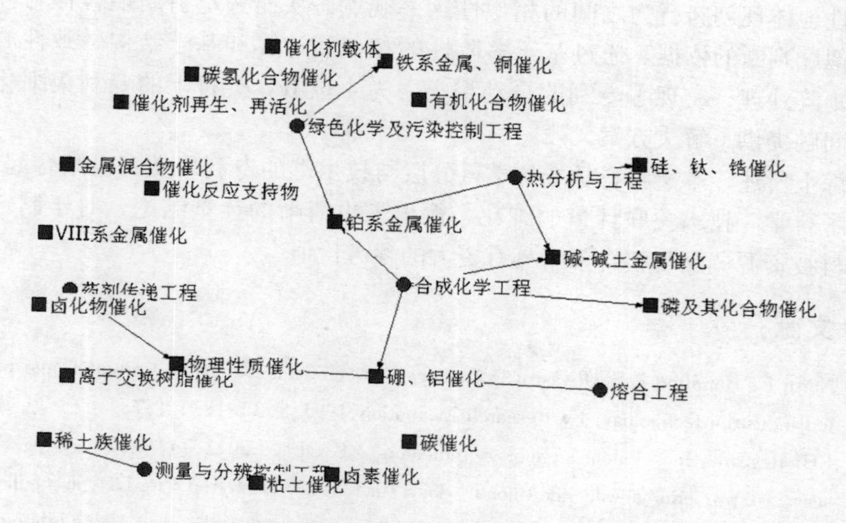

图5　催化技术与工程科学各学科的关联图景

5.5.3　改进前后的计量结果对比

改进前的 Verbeek 模型得出的结果，只能反映催化技术与各学科之间的

"一对多"关联图景，不能揭示不同科学层面的学科与催化技术之间的差异性关联。

经本文改进后，科学端的学科被划分为"基础科学"、"技术科学"、"工程科学"三个不同的层面，技术端的催化技术被细化为20个领域，能够反映催化技术与各学科之间的"多对多"关联图景。在"2-模网"所提供的"交互"视角下，科技管理者可以在多个视窗内更清晰地观察催化技术各领域与各层级学科之间的双向互动关联关系。

6 结 论

基于"基础科学-技术科学-工程科学"科学分层理论，本文对科学端的学科进行了层级划分。技术科学是关键性的知识传递通道，是科学与技术之间重要的信息枢纽。在基础科学-技术关联、技术科学-技术关联、工程科学-技术关联三个不同视窗下分别呈现的科学-技术关联图景，对于科技管理者进行学科布局和产业规划具有更明确的指导意义。

基于相似理论和分类理论的基本原理和最新进展，本文构建了基于专利-专利二阶引用耦合的专利自动聚类方法，论证了引用耦合比同被引更能够实质性地体现创新行为之间的相似性这一观点，从而选定引用耦合作为专利间相似度判断的依据。通过基于多阶性的相似度计算和基于结构一致性的相似度矩阵处理，实现了专利的自动聚类，为4位IPC类目下的专利集细化与描述问题提供了解决方案。

综上所述，本文将科学端的学科分层与技术端的专利聚类有机结合起来，实现了科学-技术关联计量的细化，得出了更清晰的计量结论，对于制定高效的科技资源调配与整合策略具有更大的参考价值。

参考文献：

[1] Narin F, Hamilton K S, Olivastro D. Linkage between agency supported research and patented industrial technology[J]. Research Evaluation, 1995, 5(3): 183-187.

[2] CHI Research Inc. Patent technology indicators[EB/OL]. [2012-11-12]. http://citeseerx.ist.psu.edu/viewdoc/download? doi=10.1.1.23.4124&rep=rep1&type=pdf.

[3] Verbeek A, Debachere K, Luwel M, et al. Linking science to technology: Using bibliographic references in patents to build linkage schemes[J]. Scientometrics, 2002, 54(3): 399-420.

[4] 黄顺基. 历史上的科学分类及现代科学技术的新特点[J]. 辽东学院学报(社会科学版), 2009, 11(5): 1-8.

[5] 王续琨. 自然科学的学科层次及其相互关系[J]. 科学技术与辩证法,2002,19(1):58-61.
[6] 钱学森. 论技术科学[J]. 科学通报,1957(3):97-104.
[7] Stuart T B,Podoly J M. Local search and the evolution of technological capabilities[J]. Strategic Management Journal,1996,17(1):21-28.
[8] Lai Kueikuei,Wu Shiaojun. Using the patent co-citation approach to establish a new patent classification system[J]. Information Processing and Management,2005,41(2):313-330.
[9] Chang Shannbin, Lai Kueikuei, Chang Shumin. Exploring technology diffusion and classification of business methods:Using the patent citation network[J]. Technological Forecasting & Social Change,2009,76(1):107-117.
[10] Kessler M M. Bibliographic coupling between scientific papers[J]. American Documentation,1996,14(1):10-25.
[11] Ganzel W, Czerwon H I. A new methodological approach to bibliographic coupling and its application to the national, regional and institutional level[J]. Scientometrics, 1996, 37(2):195-221.
[12] Huang Muhsuan, Chiang Liyun, Li Darzen, et al. Constructing a patent citation map using bibliographic coupling: A study of Taiwan's high-tech companies[J]. Scientometrics, 2003,58(3):489-505.
[13] Lo Szuchia. Patent coupling analysis of primary organizations in genetic engineering research[J]. Scientometrics,2008,74(1):143-151.
[14] 孙涛涛. 基于专利引用计量的企业竞争情报挖掘[D]. 北京:中国科学院研究生院,2008.
[15] 康宇航,苏敬勤. 基于专利引文的技术跟踪可视化研究共引、互引、他引、自引[J]. 情报学报,2009,28(2):283-289.
[16] Félix M A, Víctor H S, Evaristoas J C. A connectionist and multivariate approach to science maps: The SOM, clustering and MDS applied to libraryand information science research[J]. Journal of Information Science,2006,32(1):63-77.
[17] 魏兵,李亚非. 基于同被引矩阵的专利引文分析方法[J]. 计算机工程与设计,2010,31(8):1779-1785.
[18] 赵党志. 共引分析——研究学科及其文献结构和特点的一种有效方法[J]. 情报杂志,1993,12(2):36-42.
[19] 刘青林. 作品共被引分析与科学地图的绘制[J]. 科学学研究,2005,23(2):155-159.
[20] Rodriguez M A, Egenhofer M J. Determining Semantic similarity among entity:Lasses from different ontologies[J]. IEEE Transactions on Knowledge and Data Engineering,2003,15(2):442-456.
[21] Souza X S, Davis J. Aligning ontologies and evaluating concept similarities[C]//Mersman R, Tair Z. Lecture Notes in Computer Science. Berlin:Springer-Verlag,2004:1012-1029.

[22] Lu Mingyu, Guo Chonghui, Sun Jiantao, et al. A SVM method for Web page categorization based on weight adjustment and boosting mechanism[C]//Proceedings of Fuzzy Systems and Knowledge Discovery, Berlin: Springer-Verlag, 2005: 801 – 810.
[23] 潘跃建,王立松. 改进的高精度单本体概念相似度计算模型. 应用科学学报,2009,27(6):630 – 636.
[24] 阴国恩,安蓉,郑金香. 分类中相似性的理论与模型[J]. 心理学探新,2005,26(1):41 – 43.

作者简介

李睿，四川大学公共管理学院副教授；
容军凤，四川大学公共管理学院硕士研究生；
张玲玲，四川大学公共管理学院硕士研究生。

网络计量学领域网址入链分布规律研究*

邱均平　汪姝辰

（武汉大学信息管理学院　武汉 430072）

摘　要　以网络计量学领域的网站链接数为基础，研究网址入链分布规律。首先，通过研究中网站之间的链接关系，选定入链数作为研究对象，并获取原始数据；接着，利用最小二乘法、K-S 检验算法以及 M. L. Pao 教授提出的指数不为 2 时的逼近 c 值的估计公式对数据进行洛特卡定律拟合，发现网络计量学领域的网址入链分布并不服从洛特卡定律。最后，讨论造成不服从洛特卡定律的原因。

关键词　网络计量学　入链数　洛特卡　分布规律　K-S 检验

分类号　G350

随着计算机技术和信息技术的发展，越来越多的信息被从传统的文献转移到了网络上。既然是网络，那么网络中的每个节点便是相互连接的。网站可以被认为是互联网上的节点，网络链接便是连通各个网站的桥梁。网络链接类似于文献信息之间的引用关系，将庞杂的信息以一定的规律联系在一起。网络信息的入链数来源于引文分析中的被引次数，被链接的次数越多，代表被认可的程度越高，网站的曝光程度越高，其经济效益也就越大[1]。因此，对网络信息的入链分布规律进行研究具有重要的理论意义与实践意义。本文以网络计量学为例，对网络中网站的网址入链分布规律进行研究。

1　研究方法

洛特卡定律一直都是计量学的重要研究命题之一，它的诞生便是为了揭示科学生产率以及作者与论文之间的数量关系的。洛特卡定律的最原始表述

*　本文系国家自然科学基金项目“基于作者学术关系的知识交流模式与规律研究”（项目编号：70973093）研究成果之一。

是：在某一时间内，撰写 x 篇论文的作者数占作者总数的比例 f（x）与其撰写的论文数 x 的平方成反比[1]。即：

$$f(x)=\frac{c}{x^2}$$

其中，c 为某主题领域的特征常数。

为了更有针对性地研究此规律，笔者选择了“网络计量学”这一新兴但却蓬勃发展的学科作为研究对象，并选定网络链接分析计量指标之一的入链数进行研究。基于洛特卡定律的原始表达式，笔者用各个网站的入链数代表原始定义中涉及到的每个作者所写论文数，用被链 x 次的网站数代替原始定义中涉及到的撰写 x 篇论文的作者数。

为了获得上述数据，笔者选用 Google 作为搜索引擎来获取网络计量学领域的网址信息，并对这些信息进行入链数统计；再选用 Seoquake 浏览器插件将这些数据下载下来，采用 Microsoft Excel 对这些数据进行各种处理和统计分析。在拟合洛特卡定律阶段，笔者利用最小二乘法和 M. L. Pao 教授提出的指数不为 2 时的逼近 c 值的估计公式来算得洛特卡定律公式中的参数，再利用 K-S 检验进行检验，并最终得出结论。

2　样本的获取

样本的获取遵循以下几个步骤：①选择搜索引擎。搜索引擎种类繁多，特点各异，主流的主要有 Google、百度和 AltaVista 等。综合考虑各搜索引擎的搜索功能及其在国内使用的稳定性，最终选定 Google。②选定关键词“cybermetrics”、“webmetrics”、“webometrics”，逻辑连接词为“OR”，进行高级检索。③选取数据。通过对由超过 5 亿个变量和 20 亿个词汇组成的方程进行计算，PageRank 能够对网页的重要性作出客观的评价。PageRank 并不计算直接链接的数量，而是将从网页 A 指向网页 B 的链接解释为由网页 A 对网页 B 所投的一票。这样，PageRank 会根据网页 B 所收到的投票数量来评估该网页的重要性。此外，PageRank 还会评估每个投票网页的重要性，因为某些网页的投票被认为具有较高的价值，这样，它所链接的网页就能获得较高的价值。重要网页获得的 PageRank（网页排序）较高，从而显示在搜索结果的前列。Google 技术使用网上反馈的综合信息来确定某个网页的重要性[2]。所以，本研究只选取搜索结果中的前 500 条信息进行分析研究。④数据处理。对 500 条记录的网址进行抽取，以用于检索每个网址的链入情况。Google 的高级搜索具备统计入链数的功能，因此，这一步继续选用 Google 高级搜索，并将统计结果记录下来。

3 网址链接数量分析

经过对样本数据的处理与整合，得出表1。

可以看到，在这500个选定的网址中，最明显的特点在于，入链次数越多的网站，其数量越少；而入链次数越少的网站，其数目越多。例如，被链接5 720次的网站只有1个，仅占总样本的0.2%；被链接5 690次、2 510次、2 100次的网站也都只有1个。仅被链入1次的网站有43个，占样本总量的8.6%。链入2次、3次、4次的网站数分别为21个、8个和23个，分别占样本总量的4.2%、1.6%、4.6%。另外，入链次数为0，即未被任何其他网站链接的网站所占比例最大——占样本总数的74.6%。

表1 网址链接数量

链入次数（x）	被链x次的网址数	网址比重	链入次数（x）	被链x次的网址数	网址比重
5 720	1	0.002	21	1	0.002
5 690	1	0.002	20	1	0.002
2 510	1	0.002	19	1	0.002
2 100	1	0.002	15	1	0.002
541	1	0.002	10	1	0.002
318	1	0.002	9	1	0.002
141	1	0.002	8	2	0.004
113	1	0.002	7	4	0.008
94	1	0.002	6	2	0.004
79	1	0.002	5	2	0.004
75	1	0.002	4	23	0.046
56	2	0.004	3	8	0.016
48	1	0.002	2	21	0.042
31	1	0.002	1	43	0.086
24	1	0.002	0	373	0.746

4 网站链接分布分析

经过查证，被链接次数在10次以上的网站如表2所示：

表2 入链次数为10以上的网站

入链次数	网址
5 720	www. onestat. com/
5 690	www. opentracker. net/
2 510	www. onestatfree. com/
2 100	www. goingup. com/
541	www. webometrics. info/
318	www. advanced-web-metrics. com/blog/
141	www. webmetrics. com/
113	www. websiteoptimization. com/secrets/metrics/
94	www. onestat. net/
79	www. amazon. com/Advanced-Web-Metrics-Google-Analytics/dp/0470562315
75	cybermetric. blogspot. com/
56	www. webometrics. info/top100_ continent. asp？ cont = asia
56	cybermetrics. wlv. ac. uk/
48	www. advanced-web-metrics. com/
31	www. webmetricsguru. com/
24	www. advanced-web-metrics. com/blog/about-the-book/
21	www. amazon. com/Web-Metrics-Methods-Measuring-Success/dp/0471220728
20	www. webometrics. info/top100_ continent. asp？ cont = europe
19	www. cdc. gov/metrics/
15	zing. ncsl. nist. gov/WebTools/
10	www. advanced-web-metrics. com/blog/about-brian-clifton/

入链数最多的网站为 www. onestat. com/。OneStat. com 是一家全球领先的实时网络分析解决方案提供商，在全球电子商务的大环境下，它所提供的网

络分析解决方案可显著提高游客体验与网上销售和投资回报率[3]。排在第二位的 www. opentracker. net/跟 onestat. com 类似，也是一家网站分析网站，致力于商业追踪和网站分析，并全方位地了解网上客户。Opentracker 通过建立工具来帮助企业做出强效的广告和内容丰富的管理决策，制定投资策略[4]。www. webometrics. info/是西班牙世界大学排名的官方网站[5]。

笔者针对入链 10 次以上的所有网站做了调查，最终发现，这些网站中，提供商业网络信息服务的网站占大多数，此外便是以大学排名为主的网站以及网络信息计量学领域的点击率较高的博客。

5 洛特卡定律拟合分析

信息生产者的分布规律一直是信息计量学领域研究的热点问题，洛特卡定律也是迄今为止最具代表性的描述信息生产者分布规律的经验定律之一[6]。根据洛特卡定律形成之初所采用的方法以及在后来研究中研究人员采用的新方法，洛特卡定律拟合的具体步骤大致包括：数据的处理、数学模型的建立、斜率的求解、c 值的求解、预测、结果的检验[6]，具体操作如下：

第一步：数据的处理。在验证洛特卡定律时，lgx 和 lgy 的直线关系不适于高被链的分布，因此，在计算过程中，删除高频率被链网址 12 个以及未被链入的网址 373 个，整理后如表 3 所示：

表 3　网络计量学领域代表性网址链接分布情况

x	y_x	X = lgx	$Y = lgy_x$	XY	X^2
1	43	0	1. 633 468	0	0
2	21	0. 301 03	1. 322 219	0. 398 028	0. 090 619
3	8	0. 477 121	0. 903 09	0. 430 883	0. 227 645
4	23	0. 602 06	1. 361 728	0. 819 842	0. 362 476
5	2	0. 698 97	0. 301 03	0. 210 411	0. 488 559
6	2	0. 778 151	0. 301 03	0. 234 247	0. 605 519
7	4	0. 845 098	0. 602 06	0. 508 8	0. 714 191
8	2	0. 903 09	0. 301 03	0. 271 857	0. 815 572
9	1	0. 954 243	0	0	0. 910 579
10	1	1	0	0	1

续表

x	y_x	X = lgx	Y = lgy_x	XY	X^2
15	1	1.176 091	0	0	1.383 191
19	1	1.278 754	0	0	1.635 211
20	1	1.301 03	0	0	1.692 679
21	1	1.322 219	0	0	1.748 264
24	1	1.380 211	0	0	1.904 983
31	1	1.491 361 7	0	0	2.224 159 7
48	1	1.681 241	0	0	2.826 572
Σ	–	16.190 671	6.725 655	2.874 068	18.630 22

注：① x 表示被链次数；② y_x 表示被链 x 次的网址数目。

第二步：数学模型的建立。对于本研究而言，若将洛特卡定律应用于网络中各网站的链接情况，那么洛特卡定律的表达式则可表述为：在某一领域内，被链接 x 次的网站数目在总网站数目中所占的比例 f（x）与被链接的次数 x 的 n 次方成反比，即：

$$f(x) = \frac{c}{x^n}$$

其中，n 表示 x 与 y 之间直线关系的斜率。

第三步：斜率的求解。由 n 的表达式：

$$n = \frac{N\sum XY - \sum X\sum Y}{N\sum X^2 - (\sum X)^2} \quad (1)$$

其中，N = 17，$\sum XY = 2.874068$，$\sum X = 18.6302197$，$\sum Y = 6.725656$，$\sum X^2 = 18.6302197$，代入（1）式可得：

$$n = \frac{17 * 2.874068 - 16.19067069 * 6.725656}{17 * 18.6302197 - 18.6302197^2} \quad (2)$$

第四步：c 值的求解。对参数 c 的估计除可以用最小二乘法之外，还有其他方法。其中一种是 1985 年美国情报学家 M. L. Pao 教授在数学家的协助下提出的指数不为 2 时的逼近 c 值的估计公式[7]：

$$\frac{1}{c} = \sum_{x=1}^{\infty}\frac{1}{x^n} \approx \sum_{x=1}^{19}\frac{1}{x^{1.1}} + \frac{1}{1.1-1}(20^{1.1-1}) + \frac{1}{2}20^{1.1} + \frac{1.1}{24}(19)^{1.1+1} \quad (3)$$

当规定 p = 20 时，（3）式误差是可以忽略不计的，即有足够的准确性，因此，此处取 $p=20$，并将（2）式一起代入（3）式求得 c 值：$c=0.019$。

第六步：预测。为了说明理论计算与实际统计分布的一致性，本研究还进行了 K-S 检验。如表 4 所示：

表4　K-S 检验

x	y_x	f 实际值	f 实际值和	f 理论值	f 理论值和	D
1	43	0.377 193	0.377193	0.019	0.019	0.358 193
2	21	0.184 210 5	0.561 403 5	0.008 863 8	0.027 863 8	0.533 539 7
3	8	0.070 175 4	0.631 578 9	0.005 674 4	0.033 538 2	0.598 040 7
4	23	0.201 754 4	0.833 333 3	0.004 135 1	0.037 673 3	0.795 66
5	2	0.017 543 9	0.850 877 2	0.003 235 1	0.040 908 4	0.809 968 8
6	2	0.017 543 9	0.868 421 1	0.002 647 2	0.043 555 6	0.824 865 4
7	4	0.035 087 7	0.903 508 8	0.002 234 3	0.045 789 9	0.857 718 8
8	2	0.017 543 9	0.921 052 6	0.001 929 1	0.047 719	0.873 333 6
9	1	0.008 771 9	0.929 824 6	0.0016 947	0.049 413 7	0.880 410 8
10	1	0.008 771 9	0.938 596 5	0.001 509 2	0.050 922 9	0.887 673 5
15	1	0.008 771 9	0.947 368 4	0.000 966 2	0.051 889 1	0.895 479 3
19	1	0.008 771 9	0.956 140 4	0.000 744 9	0.052 634 1	0.903 506 3
20	1	0.008 771 9	0.964 912 3	0.000 704 1	0.053 338 1	0.911 574 1
21	1	0.008 771 9	0.973 684 2	0.000 667 3	0.054 005 4	0.919 678 8
24	1	0.008 771 9	0.982 456 1	0.000 576 1	0.054 581 6	0.927 874 6
31	1	0.008 771 9	0.991 228 1	0.000 434 8	0.055 016 3	0.936 211 7
48	1	0.008 771 9	1	0.000 268 8	0.055 285 1	0.944 714 9

注：① D＝｜f 实际值和－f 理论值和｜；② D_{max} 为 D 值中最大者。

被统计的网站总数为 $\sum y_x$，统计检验的 $D_{临界}$ 值可按 $1.63/\sqrt{(\sum y_x)}$ 计算，则 $D_{临界}=1.63/\sqrt{500}=0.073$。

第七步：结果的检验。若规定 $\alpha=0.01$，则 $D_{max}=0.9447149>D_{临界}$。因此，不通过检验。

6 讨 论

笔者试图使用洛特卡定律研究各网站之间的入链数分布规律，并选定了“网络计量学”作为信息来源领域。但结果发现，来自于网络计量学领域的网址入链分布拟合的洛特卡定律没有通过 K－S 检验。

考虑到可能是因为 c 值计算过程中 p 值选取不当而造成这一结果，笔者选取了 1－20 这 20 个值一一进行了试验。试验发现，随着 p 值取值的增大，c 值逐渐变小（即 c 值的增长与 p 值成反比）；而且随着 p 值的增大，D_{max} 值逐渐增高（即 D_{max} 的增长与 p 值成正比），如图 1 所示：

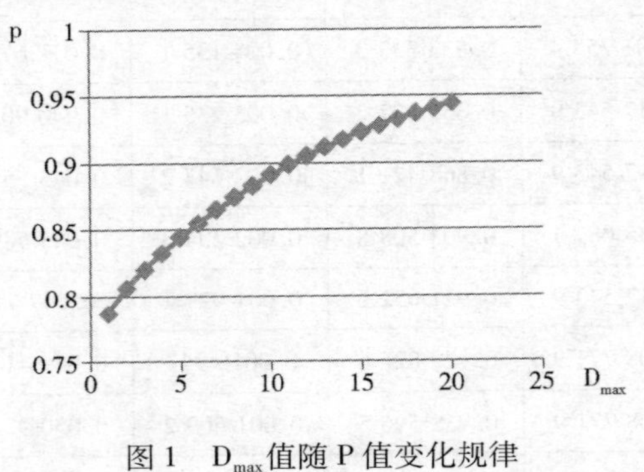

图 1 D_{max} 值随 P 值变化规律

然而，K－S 检验无法通过的原因在于 $D_{临界} < D_{max}$；图中的状况显示，即使 p 取到其能取到的最小值 1，D_{max} 也比 $D_{临界}$ 大很多，仍然无法通过 K－S 检验。因此，网址入链分布拟合的洛特卡定律通不过 K－S 检验与 p 的取值无关。

在原始的洛特卡应用领域，Vlachy 的研究曾经证明，一般 n 值大于等于 1.2 小于等于 3.5，最大可达 4.8[8]。但是，在本文中，n 等于 1.10，并未落入此范围。在洛特卡定律中，c 值的大小决定了作者分布的均匀程度。c 值越大，作者的分布越均匀，高产作者的贡献越小；反之，c 值越小，作者的分布越不均匀，高产作者的贡献越大[9]。根据 Vlachy 的经验及本文的研究结果可以看出，对于网络计量学领域网站入链数分布规律而言，高被链网站的贡献率远高于其他网站。究其原因，第一，网络计量学是一门比较新的学科，是伴随着网络的兴起与发展而逐步发展起来的，因此，网络计量学的研究成果不如其他发展成熟的学科多，与之相关的网站信息自然比较少。第二，马太效应表明，好的越好，多的越多。越是好的网站，信息量越大，点击量越大，网站的信息就越是容易被人们所关注，从而使得其被链接的频率越大。因此，高链接网站的贡献程度取决于其领域的发展状况。

随后，笔者将前面的数据绘制成了曲线图（见图2），试图观察是否拟合洛特卡定律，并观察其中所产生的问题。

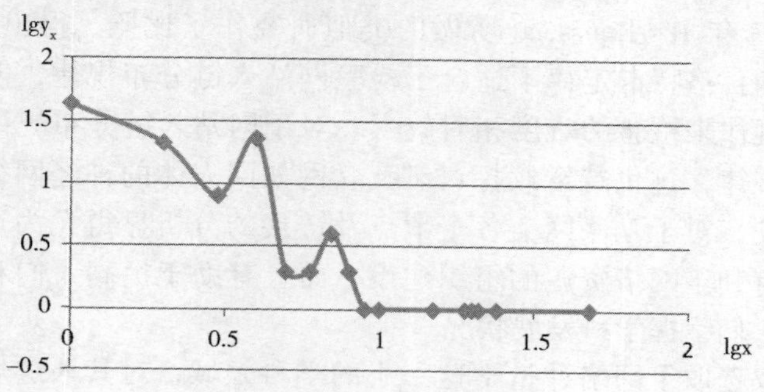

图2　拟合洛特卡分布曲线

经观察发现，洛特卡在其研究中绘制出的分布曲线，不仅在总体分布上是递减的，而且并无明显的上升与下降痕迹。从图2中可以看出，虽然其总体趋势是下降的，但是，在几处地方都有明显的回弹痕迹以及陡降迹象。笔者认为，造成这一现象的原因可能在于纸质环境与网络环境所存在的差异性以及学科发展的程度不一性。这也成为网站入链分布的洛特卡拟合无法通过K－S检验的重要原因。

虽然本文的研究结果并不符合洛特卡定律，但是在1997年，著名计量学家R. Rousseau进行的类似研究却显示出了相反的结果[10]。相比于两个研究，笔者发现造成结果差异的变量在于：首先，选取的实验领域不同：R. Rousseau在其研究中选取了“信息计量学”，而本研究选择的是“网络计量学”。其二，R. Rousseau的实验时间较早，网络上关于信息计量学的信息甚少，因此，其选取的实验数据为全部的搜索结果，保证了实验数据来源的绝对精确性；而就本研究而言，由于搜索所得的数据高达数十万条，对如此之多的信息进行处理的难度甚大，且基于现行搜索引擎的弊端，即只能显示出相关性较高的信息条，因此，本文的数据来源相对而言精确性不如R. Rousseau（但是大致相当）。综合R. Rousseau在其文章结尾中所提到的结束语，笔者认为，本研究无法拟合K－S检验的另一个原因可能在于网络信息的易变动性。

7　结　论

本文以网络计量学领域为研究对象，利用洛特卡定律对网站入链规律进行了分析，并进行检验，发现网络计量学领域的网站入链分布不能通过 K－S 检验，也不服从洛特卡分布。笔者试图做几组试验寻找造成这种结果的原因，试验结果显示，K-S 检验通不过与 c 值计算时所选用的 p 值无关，而与以下两个因素有关：①所研究领域的发展状况；②研究所处的媒介。另外，笔者将本研究与 1997 年 R. Rousseau 所做的类似研究作了比照，得出这样的结论，即：虽不能断言洛特卡定律不适合于检验网站入链分布规律，但是可以肯定的是，用此规律来检验的难度相对较大。对于网站入链分布规律是否符合其他信息分布规律，这仍待继续探讨。互联网如同人体的神经网络，牵一发而动全身，因此，对于互联网上各个节点及链接的分析显得尤为重要。网络链接分析不仅有利于网络资源的组织建设，而且有助于提高人们利用资源的能力，有利于人们掌握学科发展状况。

本文仅仅选取了网络计量学这一小的学科领域，对其入链规律进行了定量分析，对于网络链接的普遍规律，仍然值得进一步研究探索。

参考文献：

[1] 邱均平．网络计量学[M]．北京：科学出版社，2010.

[2] 百度百科．Google[EB/OL]．[2012－03－04]．http://baike.baidu.com/view/105.htm.

[3] OneStat.com. about us[EB/OL]．[2012－03－04]．http://www.onestat.com/html/aboutus.html.

[4] Opentracker. about us[EB/OL]．[2012－03－04]．http://www.opentracker.net/company/about-us.

[5] WR. about us[EB/OL]．[2012－03－04]．http://www.webometrics.info/about.html

[6] 庞景安．科学计量研究方法论[M]．北京：科学技术文献出版社，1999.

[7] Pao M L. Lotka's law: A testing procedure [J]. Information Processing & Management, 1985, 21(4): 305－320.

[8] 王崇德．期刊作者的量化研究[J]．情报科学，1998，16(5)：369－373，380.

[9] 夏鸣．图书情报领域作者生产率研究[J]．河南图书馆学刊，2008(6)：28－31.

[10] Rousseau R. Sitation: An exploratory study[J]. Cybermetrics, 1997, 1(1): 1－9.

作者简介

邱均平，男，1947 年生，教授，博士生导师，发表论文 400 余篇。

汪姝辰，女，1988 年生，硕士研究生，发表论文 1 篇。

专利质量评价指标及其在专利计量中的应用

马廷灿　李桂菊　姜　山　冯瑞华

（中国科学院国家科学图书馆武汉分馆/中国科学院武汉文献情报中心　武汉 430071）

摘　要　通过对国内外专利质量评价相关研究的系统调研和梳理，提出一种新的专利质量评价指标分类体系，并选取稀土永磁这一重要的战略材料技术领域，对专利质量评价指标在专利计量中的用途进行实证研究。研究结果表明，有效地综合利用专利数量指标和质量评价指标，有助于对竞争区域、竞争机构等进行更加全面、更加深入的对比分析，快速遴选重点机构、重点专利，从而提升专利统计分析结果的深度和价值。

关键词　专利计量　质量评价　指标　分类体系

分类号　G255.53

1　引　言

专利文献集技术、法律、经济信息于一体，记载了世界各国的新技术、新工艺、新产品、新方法以及新的科技与市场发展动态。根据世界知识产权组织（WIPO）的统计，专利文献涵盖了人类95%的科研成果，有效运用专利信息，可大幅节省研发费用，缩短研发时间，加快科研开发和发明创造[1-2]。

海量的专利包含了世界上最全、最新的技术信息，而要从中提取有用的情报，就必须借助科学计量手段。早在20世纪40年代，A. H. Seidel等就提出以计量方式分析专利信息[3-4]，但限于当时专利信息难以获取，研究成果相当有限。在随后的三四十年中，专利信息可获得性的不断提高推动了专利信息分析取得一定的进展。20世纪80年代，美国原CHI Research公司（已被并购并改名为ipIQ公司）的F. Narin等将文献计量学的计量对象从科学文献扩展到专利文献，开展了专利计量研究[5]。F. Narin的这项研究及其后续相关工作确立了专利计量的基础研究方法体系，他也因此被公认为专利计量学的创始人[6]。

专利计量的英文一般写作“patent bibliometrics”或“patentometrics”，以专利中的计量信息作为分析研究的基础。可以看出，专利计量源于文献计量（bibliometrics），两者不论是在基础理论还是具体的统计技术与分析方法上都有很多相通之处，因此通常也将专利计量归为广义的文献计量。同时，由于专利权具有地域性、时间性等特点，专利计量在分析方法、计量指标等方面又有其许多独特之处。例如，不论是在国内还是在国外，原则上，科技论文都是不允许一稿多投、重复发表的。而由于专利权是有地域性限制的，发明人如果想使其发明在多个国家或地区得到保护，就必须在相应的每个国家或地区申请专利，也由此产生了专利族。专利计量以专利族为计量单元，可以使统计分析结果更为地反映某一技术领域的真实发展态势。

多年来，学者们不断探索、研究专利计量方法，并找寻更好的计量指标。目前，专利计量已经发展成为一门相对独立的学科。例如，学者们提出了专利申请数量、专利成长率、相对专利产出率等一系列数量计量指标[7-9]，也提出了专利被引次数（及 H 指数）、同族专利数量、专利授权率和授权量、专利存活率等专利（族）质量评价指标[10-13]。但目前专利计量整体仍然是以数量计量为主，限制了专利这一宝贵科技情报信息的充分利用。本文系统调研、梳理了国内外专利质量评价相关研究进展，提出一种新的专利质量评价指标分类体系，并选取具体技术领域，研究了专利质量评价指标在专利计量中的实际应用。

2 专利质量评价指标及其用于专利质量评价的意义

2.1 关于专利质量的界定

到目前为止，国内外学术界对于专利质量还没有统一的定义。现有文献中关于专利质量的定义大致可以分为两大类：①基于审查者的专利质量。主要是指专利审查员通过把握专利审查的宽严尺度，确保授权专利的整体质量；②基于使用者的专利质量。主要是指专利使用者从专利对自身利益的影响出发，综合考虑其法律稳定性、技术重要性以及经济效益等，评价专利质量。朱雪忠教授和万小丽博士对竞争力视角下的专利质量界定进行了研究，将专利质量界定为：专利技术对使用者形成竞争力的重要程度。该定义认为一项（组）专利的技术越先进，对使用者形成竞争力越重要，其专利质量越高[14]。本文的研究综合了上述观点。

2.2 专利质量评价指标分类体系

在过去几十年中，国内外学者提出了一系列专利质量评价指标。归纳起来，大致可以分为以下几类：①基于被引的专利质量评价指标，例如被引次数、被引率、即时影响指数等；②基于引用的专利质量评价指标，例如科学关联度、科学强度等；③基于技术保护范围的专利质量评价指标，例如权利要求数量、专利宽度等；④基于区域保护范围的专利质量评价指标，例如专利族大小、保护区域数量等；⑤基于有效维持的专利质量评价指标，例如专利寿命等；⑥其他专利质量评价指标，例如发明专利率、专利质量综合指数等（见表1）。

2.2.1 基于被引的专利质量评价指标

目前，在所有专利质量评价指标中，基于被引的专利质量评价指标研究得最为深入，应用也最为广泛。在该类指标中，最基本的指标就是专利被引次数。一般认为，一件专利被引次数越多，表明该专利对后续发明创造的影响越大，专利蕴含的知识越多，潜在的市场价值越高，通常被视为某一技术领域的核心专利。因此，被引次数较高的专利被认为具有较高的质量。进而，拥有较多高被引专利的国家、机构和个人会被认为具有较强的竞争力。

在被引次数的基础上，衍生出了总被引次数、被引率、平均被引次数、H指数等指标。其中，H指数是将传统文献计量学领域中的H指数拓展到了专利领域[15-16]。H指数结合了专利数量和专利被引次数，可在一定程度上反映出一个区域、机构或个人在相关技术领域中的专利总体质量的高低：H指数越大，专利总体质量通常越高。

在该类指标中，另外一个会经常在文献中被提到的是由原CHI Research公司的F. Narin于1999年最早提出的“即时影响指数（current impact index，CII）”[17]。F. Narin给出的CII的原始计算方法较为繁琐，多数后续文献中关于CII的计算都没有遵循F. Narin的原始算法，而是将其简化如下：在选定的数据库中，先统计某一公司（当然也可以是某一区域或个人等）前5年的所有授权专利在当年的平均被引次数以及该数据库中前5年的所有授权专利在当年的平均被引次数，前者除以后者的比值即该公司当年的CII[16,18]。如果CII等于2，则表明该公司前5年的专利的平均被引次数是该数据库中所有专利的平均被引次数的两倍。

此外，基于被引的专利质量评价指标还包括技术强度（technology strength，TS，专利数量与CII的乘积）、优质专利指数（essential patent index，EPI）、优质技术强度（essential technology strength，ETS）等[17,19-20]。

2.2.2 基于引用的专利质量评价指标

与基于被引的专利质量评价指标不同，该类指标主要是基于被评价专利所引用的文献，即参考了哪些在先文献，主要反映该专利技术与最新科技发展的关联程度。这类指标数量较少，在实际专利统计分析中应用也相对较少，主要包括由 F. Narin 于1999 年最早提出的3 个指标[17,21]：①科学关联度（science linkage，SL），反映的是一个企业（当然也可以拓展到一个区域或个人等）的专利引用科学论文的平均数量。该指标数值越大，表明该企业的研发活动和技术创新越是紧跟最新科技的发展。该指标具有产业依存性，在不同产业间的差距很大。②科学强度（science strength，SS），其数值等于专利数量与科学关联度的乘积，反映的是分析对象的专利技术与最新科技发展的总体关联程度。③技术循环周期（technology cycle time，TCT），指的是分析对象所拥有的专利所引用的所有专利的年龄的时间中位数，反映的是分析对象创新或科技发展的速度。J. Lanjouw 和 M. Schankerman 等学者则在后续研究中使用引用现有专利的数量来表征发明的技术水平，认为该指标高，说明发明是建立在较多研究成果的基础上，发明的技术水平也就较高[22-23]。和科学关联度类似，该指标也具有较强的产业依存性，在不同产业间的差距很大。

2.2.3 基于技术保护范围的专利质量评价指标

这类指标主要是基于专利技术内容本身，体现在发明人或专利权人对其专利技术或发明创造是否进行了尽可能宽泛的保护，从本质上来说是最能够直接反映专利质量的一类指标。

- 权利要求数量（number of claims）。一件专利主张权力要求的数量在很大程度上反映出该专利技术的技术含量、技术覆盖范围以及发明人或专利权人对其专利技术的重视。研究表明，高质量的专利表现为权利要求数量多且技术覆盖范围广，遭遇侵权和诉讼的频率也较高[24]。一个机构或区域的专利（特别是授权专利）的平均权力要求数量越多，通常表明该机构或区域的技术创新能力越强，其专利的总体质量也就越高。

H 指数的思想同样也可以用于权利要求数量，即权利要求数量 H 指数（$H_{权利要求数量}$）。如果一个公司的 $H_{权利要求数量}=40$，表明该公司有 40 件专利的权利要求数量都大于等于40，而其剩余专利的权利要求数量都不大于40。如果一个公司的 $H_{权利要求数量}$越高，则可以认为该公司的专利总体质量也就越高。

- 技术覆盖范围（technology scope）。顾名思义，技术覆盖范围就是指一件专利覆盖的技术范围，通常也成为专利保护范围（patent scope）或专利宽度（patent breadth），本文统一称为专利宽度。Lerner 提出用专利文件中的 4 位国际专利分类号（即 IPC 小类）的数量来表征其专利宽度[25]。其实例研究显示，专利被引次数与其 4 位分类号数量高度正相关；美国 173 个私有生物技术公司的市值随其平均专利宽度的增大而提高。这表明专利宽度是一项重要的专利质量评价指标。H 指数的思想同样也可以用于专利宽度，即专利宽度 H 指数（$H_{专利宽度}$）。

2.2.4 基于区域保护范围的专利质量评价指标

不同于基于技术保护范围的专利质量评价指标，该类指标主要是通过考量专利权人对其专利在全球多少区域内申请了法律保护来评价其专利的质量。

- 专利族大小。专利权是有地域性限制的，发明人如果想使其发明在多个国家或地区得到保护，就必须在相应的每个国家或地区申请专利。这些至少有一个相同优先权、在不同国家或国际专利组织多次申请、多次公布或批准的内容相同或基本相同的一组专利文献，就构成了一个专利族。一个专利族的成员数量称为专利族大小。同一技术领域中，某个公司的平均专利族大小越大，我们可以认为该公司的总体专利质量越高。

- 保护区域数量。在统计分析中，专利族大小通常也可用申请保护的区域数量来反映。一件专利申请保护的区域数量越多，越表明该专利技术有较高的市场价值和专利质量。因此，可将保护区域数量、平均保护区域数量、保护区域数量 H 指数（$H_{保护区域数量}$）等作为基于区域保护范围的专利质量评价指标。

- 美国专利数量。在美国申请专利程序复杂，审查严格，费用较高。特别是对于外国机构来说，只有其认为具有较高创新水平并且能够产生预期经济效益的专利技术才会申请美国专利[11]。因此，美国专利数量，特别是授权专利数量，可以在很大程度上反映出一个公司或区域的专利总体质量（当然，美国公司在该指标上会占有地域优势）。

- 三方专利数量。美国专利和商标局（USPTO）、欧洲专利局（EPO）和日本专利局（JPO）是全球最重要的三大专利受理机构，人们通常将其合称为三方专利局。在三方专利局都提交了申请，特别是取得授权的专利，就被称为三方专利。一个机构或区域的三方专利数量比美国专利数量更能反映其专利总体质量。

- PCT 申请数量。PCT，即《专利合作条约》（*Patent Cooperation Treaty*），是巴黎公约之下的一个关于专利申请的国际条约。PCT 申请程序比较复杂，费用昂贵，在一定程度上反映了相应专利技术的重要性以及申请人抢占国际市场的迫切愿望，因而一定程度上反映了专利技术的质量。

2.2.5 基于有效维持的专利质量评价指标

专利权人要想使其专利获得法律保护，就必须在法定有效期内持续缴纳年费以维持其专利权有效。而对于专利权人而言，只有当专利权带来的预期收益大于专利维护费用时，他才会继续缴纳专利维持费。因此，一般来说，专利的维持年限越长，表明专利权人对其重视度越高，我们可以认为其专利质量相对较高。我国大多数机构，特别是科研机构的专利平均维持年限普遍较短；而 M. Schankerman 等研究欧洲（德、英、法）专利数据时发现，大约一半的欧洲专利维持年限超过了 10 年[26]。

专利维持年限也常被称为专利寿命、专利存活年龄等。需要注意的是，专利寿命是对单件专利申请，特别是获得授权的专利申请而言的，指的是一件专利从其申请日期至失效（包括有效期届满）日期的持续时间。基于专利寿命，可以衍生出专利寿命 H 指数（$H_{专利寿命}$）、专利授权后的（平均）维持年限、第 N 年（自申请日起计算或自授权日起计算）的专利存活率或有效率等，这些指标都可以用于专利质量的评价。

此外，是否取得授权也是评价专利质量的一个重要指标。一件专利申请公布以后，申请人的相关专利技术就获得了相应的“临时保护”，但是只有取得授权以后，才能获得正式的法律保护。一件专利申请能够通过严格审查并获得授权，表明该专利申请具备了授予专利权的三性条件。如果一个公司的专利申请数量很多，但是授权数量很少，或授权率很低的话，那么该公司的专利总体质量就不可能很高。反之，如果一个公司的专利授权率很高，则可以认为该公司的专利总体质量较高。

2.2.6 其他专利质量评价指标

除了上述 5 大类指标外，还有其他一些指标也可以用于专利质量的评价，例如发明专利率、专利质量综合指数等。

- 发明专利率。我国专利法中，将专利类型分为发明专利、实用新型专利和外观设计专利。其中，发明专利的要求最为严格。因此，在中国专利分析中，发明专利在一个公司的所有专利中所占的比例，即发明专利率的高低，可以作为一个反映该公司专利总体质量高低的指标。

- 专利质量综合指数。随着专利质量评价指标研究的不断深入，学者们也开始探索将多个指标集合成一个综合指数，以更全面地反映专利的质量。例如，J. Lanjouw 和 M. Schankerman 从权利要求数、被引次数、专利参考文献数量和专利族大小 4 个专利质量指标中提取一个“质量”公因子，开发了基于一个潜在公因子的多指标模型。他们发现利用构建的综合指数可降低专利质量的方差，能更好地评价专利质量[10,23]。M. Mariani[27]、F. Schettino[28] 等也开展了这方面的一些研究。

此外，专利是否遭遇并成功通过异议或诉讼、专利是否进行了实施许可、专利是否被纳入技术标准等也可用于专利质量的评价。

表1　专利质量评价指标及其应用范围

专利质量评价指标		单件专利	专利族	区域、机构、个人等
基于被引的专利质量评价指标	被引次数	•	•	
	总被引次数			•
	被引率			•
	平均被引次数			•
	$H_{被引次数}$			•
	即时影响指数			•
基于引用的专利质量评价指标	参考文献数量	•	•	
	科学关联度			•
	科学强度			•
	技术循环周期			•
基于技术保护范围的专利质量评价指标	权利要求数量	•		
	平均权力要求数量			•
	$H_{权利要求数量}$			•
	专利宽度	•	•	
	平均专利宽度			•
	$H_{专利宽度}$			•
基于区域保护范围的专利质量评价指标	专利族大小		•	
	平均专利族大小			•
	$H_{专利族大小}$			•
	保护区域数量		•	
	平均保护区域数量			•
	$H_{保护区域数量}$			•
	是否申请了美国专利	•	•	
	美国专利数量			•
	是否为三方专利		•	
	三方专利数量			•
	是否为 PCT 申请	•	•	
	PCT 申请数量			•

续表

专利质量评价指标		单件专利	专利族	区域、机构、个人等
基于有效维持的专利质量评价指标	是否授权	●		
	授权专利数量			●
	专利授权率			●
	是否有效	●		
	有效专利数量			●
	专利有效率			●
	专利寿命	●		
	平均专利寿命			●
	$H_{专利寿命}$			●

注：● 表示该单元格对应的专利质量评价指标适用于该单元格对应的分析对象。

3　专利质量评价指标在专利计量中的应用

在实际专利统计分析过程中，有机融合数量计量和质量计量，可以使得我们的分析更加全面、更加深入，分析结果也更具参考价值。专利质量评价指标在专利计量中的具体应用可以分为三个大的层次（见图1）。

- 在宏观分析中的应用，主要是针对国家或地区层面的分析。通常情况下，一次专利分析所涉及的国家或地区数量比较有限。基于专利数量的统计对比，就可以快速选出所分析技术领域中的一些相对重要的国家或地区，进而借助专利质量评价指标，更加全面地对比主要国家或地区在所分析技术领域中的真实影响力和技术地位。

- 在中观分析中的应用，主要是针对机构（专利权人）层面的分析。一般来说，在一次专利分析过程中，涉及的专利申请机构（专利权人）的数量会远远多于国家或地区的数量。有效地综合利用专利数量和各种专利质量评价指标，可以帮助我们从数量庞大的申请机构群体中快速遴选出重点机构，并对它们进行更为全面、深入的对比分析。

- 在微观分析中的应用，主要是针对具体专利层面的分析。多数情况下，一次专利分析所涉及的专利数量少则数千条，多则上万条。由于时间和精力有限，我们不可能对所有专利进行解读，而是希望能够从中找出一些相对重要的专利进行解读。通过综合考虑多种质量评价指标及其组合，可以从中快速筛选出在一个或一些质量评价指标上有相对比较突出的表现，而且小了一个或两个数量级的一小批重点专利，从而大幅减少专利技术解读的工作量，提高工作效率。

通过有效综合利用专利数量指标和专利质量评价指标，国家或地区层面的宏观分析可以为机构层面的中观分析提供参考，机构层面的中观分析可以为具体专利层面的微观分析提供参考；反过来，具体专利层面的微观分析、机构层面的中观分析可以依次为更高层面的分析提供印证和补充。

限于篇幅，下文以稀土永磁技术为例，重点研究专利质量评价指标在重点机构遴选和对比分析中的应用。分析所用专利来源数据库为 Derwent Innovations Index（DII），数据检索与下载日期为 2012 年 2 月 6 日，检索到的专利（族）数量为 11 495 件。

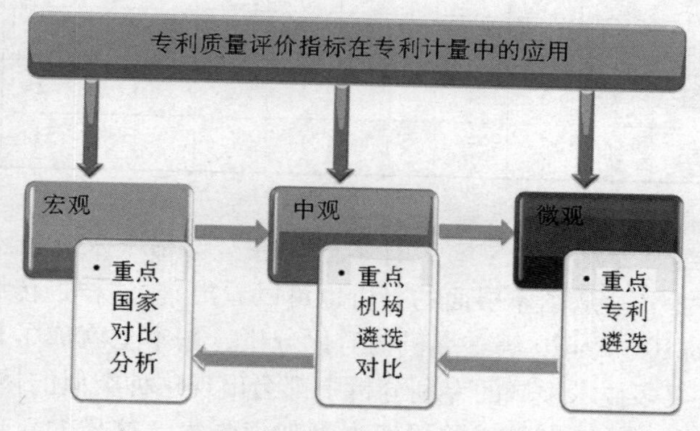

图 1　专利质量评价指标在专利计量中的应用

本次分析的 11 495 件稀土永磁专利共涉及 2 000 多个专利申请机构，其中专利申请数量不少于 5 件的机构有 200 多个。表 2 根据不同的专利数量范围，对相应的主要申请机构的国家或地区分布情况进行了统计。可以看出，专利申请数量较多的机构在不同国家或地区的分布极其不均。例如，专利申请数量不少于 100 件的 11 个申请机构全部为日本机构；专利申请数量不少于 50 件的机构总共 27 个，其中有 23 个来自日本；专利申请数量不少于 10 件的机构总共 103 家，其中有 63 个来自日本，占到 60% 以上，而来自中国、美国、德国、韩国的仅分别为 21 个、7 个、3 个和 4 个。

表 2　稀土永磁不同专利数量范围申请机构的国家或地区分布情况（单位：个）

机构专利数量	日本	中国	美国	德国	韩国	加拿大	荷兰	法国	中国台湾	瑞士	俄罗斯	英国
> =500	3											
> =200	10											
> =100	11											
> =50	23	2	1	1								
> =40	28	3	2	1								
> =30	35	4	2	2	1	1						
> =20	45	6	5	3	2	1	1					
> =10	63	21	7	3	4	1	1	1	1	1		
> =5	105	55	21	9	7	1	1	6	1	3	3	1

因此，单纯从专利数量来看，日本机构在全球稀土永磁技术领域中的领导地位毋庸置疑（这从国家层面的分析也可以看出）。这样，传统的单纯基于专利数量的 Top10、Top20 等重点机构对比分析，基本上就成了日本机构间的对比分析（在很多技术领域的专利分析中都会出现这种类似的情况）。但不管日本机构在稀土永磁技术领域的研发力量如何强大，这样的对比分析终究让人感觉不够全面。专利个体之间的差异巨大，对于机构来说，一件核心专利可能抵得上上百件边缘专利。因此，在机构的对比分析中，需要综合利用专利数量指标和质量评价指标。

一个机构如果能在某一专利技术领域中具有一定影响力或地位，一定的专利数量是必不可少的条件，同时也一定会在某些专利质量评价指标上有相对较好的表现。例如，在专利申请数量不少于 5 件的 200 多个机构中，通过综合考虑数量指标和多种质量评价指标的组合，可以快速筛选出 51 个满足下列条件之一的机构：①专利件数≥50；②总被引次数≥100；③$H_{被引次数}$≥7；④专利件数≥20，$H_{被引次数}$≥6；⑤专利件数≥10，而且平均被引次数≥4.0，而且 $H_{被引次数}$≥5；⑥专利件数≥10，而且 $H_{保护区域数量}$≥5；⑦专利件数≥10，而且平均保护区域数量≥5；⑧利件数≥10，而且平均保护宽度≥5；⑨专利件数≥10，而且 PCT 专利申请件数≥5；⑩专利件数≥5，$H_{保护区域数量}$≥4，而且 $H_{被引次数}$≥4。

针对筛选出的 51 个机构，我们可以进行基于多指标的进一步综合对比，如表 3 所示：

表 3　稀土永磁重要专利申请人专利质量及专利保护力度对比

ID	机构	国别	专利族数量	总被引次数	平均被引次数	被引率	$H_{被引次数}$	平均专利族大小	平均保护区域数量	$H_{保护区域数量}$	平均保护宽度	PCT专利数量	三方专利数量
1	HITACHI	日本	1376	3787	2.75	59.0%	21	2.75	1.8	9	3.59	127	146
2	SEIKO	日本	663	869	1.31	43.3%	11	1.9	1.39	8	2.67	13	32
3	TDK CORP	日本	535	837	1.56	38.1%	12	2.14	1.41	6	3.64	28	35
4	NEC	日本	430	401	0.93	43.0%	6	1.39	1.1	5	2.42	3	7
5	SUMITOMO	日本	283	430	1.52	43.5%	11	2.28	1.6	7	3.63	18	24
6	MITSUBISHI	日本	278	344	1.24	47.8%	8	1.61	1.27	5	2.48	9	12
7	SHINETSU	日本	270	710	2.63	63.0%	11	3.32	2.38	9	3.74	11	66
8	PANASONIC	日本	268	387	1.44	44.0%	7	1.73	1.37	5	2.63	12	17
9	TOSHIBA	日本	231	539	2.33	51.5%	12	1.91	1.43	5	2.62	8	11
10	DAIDO TOKUSHUKO	日本	216	204	0.94	44.9%	6	1.35	1.17	4	3	0	8
11	FUJITSU	日本	159	295	1.86	50.9%	7	1.65	1.3	5	2.23	0	6
12	KANEKA CORP	日本	71	83	1.17	47.9%	5	1.52	1.34	4	3.04	1	7
13	SHOWA	日本	67	180	2.69	65.7%	7	3.36	2.24	6	4.6	19	11
14	ZHONGKE SANHUAN	中国	67	3	0.04	3.0%	1	1.07	1	1	2.13	0	0
15	CAS	中国	61	5	0.08	6.6%	1	1.28	1	1	2.57	0	0
16	GE	美国	61	323	5.3	75.4%	10	3.46	2.85	6	3.15	8	5
17	KAWASAKI STEEL	日本	60	62	1.03	36.7%	4	1.35	1.27	2	2.5	2	2
18	DOWA	日本	58	104	1.79	56.9%	5	3.55	2.03	5	3.71	4	14
19	VACUUMSCHMELZE GMBH	德国	57	105	1.84	63.2%	5	4.12	3.51	7	4.68	21	9
20	TOYOTA	日本	56	24	0.43	25.0%	3	1.68	1.59	4	3.39	12	4
21	NAMIKI	日本	55	89	1.62	47.3%	4	1.58	1.25	3	2.93	4	1
22	KOBE STEEL	日本	53	45	0.85	41.5%	3	1.3	1.13	2	2.62	1	2
23	NISSAN	日本	53	52	0.98	49.1%	4	2.09	1.42	3	4.38	2	4
24	AICHI STEEL	日本	52	116	2.23	61.5%	6	2.37	1.87	5	3.48	9	5
25	NIPPON STEEL CORP	日本	52	71	1.37	57.7%	4	1.29	1.13	2	2.79	0	0
26	RICOH KK	日本	51	49	0.96	27.5%	4	1.51	1.2	2	2.47	0	2
27	SONY	日本	51	56	1.1	41.2%	4	1.61	1.2	2	1.84	1	1
28	GM	美国	48	719	14.98	91.7%	15	4.17	3.63	7	3.85	0	20
32	NITTO DENKO CORP	日本	40	4	0.1	2.5%	1	2.13	2.13	5	5.08	20	5
33	ULVAC	日本	40	29	0.73	25.0%	2	3.98	3.7	8	4.68	17	0
36	TODA KOGYO KK	日本	38	94	2.47	63.2%	6	2.71	1.79	4	4.16	1	8
38	ASAHI KASEI	日本	36	122	3.39	63.9%	5	2.69	1.81	4	3.56	4	5
39	INTERMETALLICS KK	日本	36	59	1.64	47.2%	5	2.53	2.19	5	4.5	12	6
41	MAGNEQUENCH	美国	35	150	4.29	74.3%	5	6.17	5.26	8	4.57	15	16
43	SIEMENS	德国	32	87	2.72	62.5%	4	2.91	2.75	5	3.38	6	7
45	BRIDGESTONE	日本	31	20	0.65	35.5%	2	1.65	1.48	3	3.87	7	2
46	PHILIPS	荷兰	28	106	3.79	82.1%	6	4.68	4.36	6	3.32	4	11
50	SANTOKU CORP	日本	26	139	5.35	53.8%	6	5.35	3.5	6	5.15	12	8
53	BOSCH GMBH ROBERT	德国	24	70	2.92	45.8%	5	3.46	3.25	5	3.29	14	6
58	UNIV IOWA RES FOUND	美国	22	67	3.05	72.7%	5	2.64	2.18	3	2.73	12	2
60	ALPS ELECTRIC CO LTD	日本	20	175	8.75	75.0%	6	3.25	2.4	4	4.15	0	5
62	CRUCIBLE MATERIALS	美国	20	130	6.5	95.0%	7	3.95	3.3	5	2.85	1	9
63	JST	日本	20	83	4.15	65.0%	4	3.65	2.4	5	4.45	7	4
81	US SEC OF ARMY	美国	14	62	4.43	78.6%	5	1.71	1.14	2	1.64	0	0
86	SANEI KASEI	日本	12	38	3.17	66.7%	3	5.58	4.75	6	3.58	1	6
88	BBC BROWN BOVERI & CIE	瑞士	11	82	7.45	90.9%	4	6.73	6.36	7	4.73	0	0
89	CNRS	法国	11	61	5.55	45.5%	4	4.45	4.09	5	5.45	9	6
97	UNIV TOHOKU	日本	11	2	0.18	18.2%	1	2	1.73	2	5	2	1
102	UNIV CALIFORNIA	美国	10	62	6.2	100.0%	5	2.5	2	3	3.1	6	0
106	KOLLMORGEN CORP	美国	9	228	25.33	88.9%	7	4.78	4.22	4	3	0	1
204	SHINO MAGNETIC MATERIAL	日本	5	34	6.8	80.0%	4	12.8	5.8	4	7.2	3	2

注：表中 ID 字段的数值为该机构的专利数量在专利申请数量不少于 5 件的 200 多个机构中的排名；较深的底色表示该机构在该指标上的表现排名靠前，较浅的底色则表示该机构在该指标上的表现排名靠后。

通过综合对比可以发现，日本的日立（主要是其下属子公司日立金属）、精工（主要是其下属子公司精工爱普生）、TDK、住友（主要是其下属子公司住友特殊金属）、信越（主要是其下属子公司信越化工）等机构不仅专利数量众多，而且在多数质量评价指标上的表现也都非常突出。通过文献调研可以发现，这些机构都是稀土永磁技术领域中的全球领先企业。

当然，我们也可以发现，有些机构（如 NEC 等）虽然专利数量不少，但其在其他多数指标上的表现并不突出，甚至靠后。其中一个很重要的原因，可能就是这些企业的主要角色是稀土永磁相关技术的利用者，在稀土永磁核心技术的开发方面处于相对边缘地带。

此外，通过综合上述考虑多种指标的组合筛选策略，我们可以遴选出一些专利体量相对较少，但专利质量相对较高的一些“小机构”，例如美国的通用汽车（钕铁硼永磁的开创者之一，麦格昆磁公司最初的母公司）和通用电器、日本的昭和电工（日本最大的永磁材料公司之一）和 SANTOKU 公司、德国的真空熔炼公司（VACUUMSCHMELZE）以及美国的麦格昆磁（MAGNEQUENCH）等。在某些情形下，这种发现可能会比其他所有计量统计都更有价值。

当然，即便是融合了各种专利数量指标和专利质量评价指标，我们的分析可能还是比较浅显、比较表面化的。要进一步深入地对比分析某一技术领域中各机构的真实技术实力、地位或影响力，就需要结合充分的文献调研，对关键专利技术进行解读；此外，在机构的对比分析中，我们有时可能还需要结合时间序列分析来进行，特别是对于那些发展时间已经较长或很长的技术领域。这样，可以分析随着时间的推移，某一技术领域中各机构的技术地位的变化情况，找出该技术领域中的老牌机构和新兴技术力量。

4 结 语

本文通过对国内外专利质量评价相关研究进展的系统调研和梳理，提出一种新的专利质量评价指标分类体系，并选取稀土永磁这一重要的战略材料技术领域，以专利质量评价指标在重点机构遴选对比分析中应用为例，对专利质量评价指标在专利计量中的应用进行了实证研究。

专利质量评价指标的种类和数量繁多，而且持续有新的评价指标被提出，在实际的专利统计分析工作中，需要根据所分析技术对象的特点、各种专利质量评价指标的应用范围以及资源的保障情况等，选择合适种类和数量的专利质量评价指标，不宜盲目贪多求全。例如，本文总结的 5 大类专利质量评价指标中，“基于被引的专利质量评价指标”是目前研究最多、最为深入的一类指标，但是目前只有 DII 等少数几种专利数据库提供了专利引文数据，实际应用中可能会受到可用资源的制约。此外，由于引用的滞后性，此类指标也不太适于新兴专利技术的对比分析；“基于被引的专利质量评价指标”的研究和应用都相对较少，主要用于反映所分析的专利技术与最新研究成果的关联；“基于技术保护范围的专利质量评价指标”，可以从技术本身层面上反映出专利的内在质量，从本质上来说是最能够直接反映专利质量的一类指标，但相关指标的获取也会受到可用资源的制约；“基于区域保护范围的专利质量评价指标”和“基于有效维持的专利质量评价指标”则可以反映出专利权人对其专利技术的期望和重视，从更深层次上折射出专利技术的质量。

总之，在实际专利统计分析过程中，有效地综合利用专利数量指标和质量评价指标，可以帮助我们对竞争区域、竞争机构等进行更加全面、更加深入的对比分析，快速遴选重点机构、重点专利，从而提升专利统计分析结果的深度和价值。

参考文献：

[1] Jin B, Feng L, Piao H J, et al. Research on information fusion model for patent retrieval [J]. Information Technology Journal, 2011, 10(1): 164 - 167.

[2] 张建英．专利文献在技术创新中的应用[J]. 图书馆学研究, 2003(9): 91 - 94.

[3] Seidel A H. Citation system for patent office[J]. Journal of the Patent Office Society, 1949 (31):554 - 567.

[4] Hart H C. Re: Citation system for patent office[J]. Journal of the Patent Office Society, 1949(31):714.

[5] Narin F. Patent bibliometrics[J]. Scientometrics, 1994, 30(1):147 - 155.

[6] 杨中凯．专利计量与专利制度[M]. 大连: 大连理工大学出版社, 2008.

[7] 阮明淑, 梁峻齐．专利指标发展研究[J]. 图书馆学与资讯科学, 2009, 35(2): 88 - 106.

[8] Narin F. Patents as indicators for the evaluation of industrial research output[J]. Scientomertics, 1995, 34(3):489 - 496.

[9] 张娴, 方曙, 肖国华, 等．专利文献价值评价模型构建及实证分析[J]. 科技进步与对策, 2011, 28(6): 127 - 132.

[10] 万小丽．专利质量指标研究[D]. 武汉:华中科技大学, 2009.

[11] 李春燕, 石荣．专利质量指标评价探索[J]. 现代情报, 2008(2):146 - 149.

[12] 梁峻齐．台湾地区专利指标应用之数目计量学研究[J]. 教育资料与图书馆学, 2009, 47(1):19 - 53.

[13] 陈琼娣．专利计量指标研究进展及层次分析[J]. 图书情报工作, 2012, 56(2): 99 - 103.

[14] 朱雪忠, 万小丽．竞争力视角下的专利质量界定[J]. 知识产权, 2009, 19(4):7 - 14.

[15] Guan Jiancheng, Gao Xia. Exploring the h - index at patent level[J]. Journal of the American Society for Information Science and Technology, 2009, 60(1):35 - 40.

[16] 冯君．h 指数应用于专利影响力评价的探讨[J]. 情报杂志, 2009, 28(12):16 - 20.

[17] Narin F. Tech-line background paper, measuring strategic competence[M]. London: Im-

perial College Press, 1999.

[18] Hirschey M, Richardson V J. Valuation effects of patent quality: A comparison for Japanese and U. S. firms[J]. Pacific-Basin Finance Journal, 2001, 9(1): 65 -82.

[19] Chen D Z, Lin W Y, Huang M H. Using essential patent index and essential technological strength to evaluate industrial technological innovation competitiveness[J]. Scientometrics, 2007, 71(1): 101 -116.

[20] 王俊杰，陈达仁，黄慕萱．从专利观点比较台湾与南韩技术创新能力(1987 -2006)[J]．政大智慧财产评论，2007，5(2):31 -51.

[21] 肖国华，王春，姜禾，等．专利分析评价指标体系的设计与构建[J]．图书情报工作，2008，52(3):96 -99.

[22] Lanjouw J, Schankerman M. Characteristics of patent litigation: A window on competition [J]. The RAND Journal of Economics, 2001, 32(1):129 -151.

[23] Lanjouw J, Schankerman M. Patent quality and research productivity: Measuring innovation with multiple indictors[J]. The Economic Journal, 2004, 114(495): 441 -465.

[24] 李清海，刘洋，陈卫明．专利价值评价指标概述及层次分析[J]．专利文献研究，2006(6):1 -9.

[25] Lerner J. The importance of patent scope: An empirical analysis[J]. The RAND Journal of Economics, 1994, 25(2): 319 -333.

[26] Schankerman M, Pakes A. Estimates of the value of patent rights in European countries during the post -1950 period[J]. The Economic Journal, 1986, 96 (384):1052 -1076.

[27] Mariani M, Romanelli M. "Stacking" and "picking" inventions: The patentingbehavior of European inventors[J]. Research Policy, 2007, 36(8):1128 -1142.

[28] Schettino F, Sterlacchini A, Venturini F. Inventive productivity and patent quality: Evidence from Italian inventors[R]. MPRA Paper No. 7765 (2008).

作者简介

马廷灿，男，1980 年生，副研究员，发表论文 20 余篇。

李桂菊，女，1979 年生，副研究员，发表论文 10 余篇。

姜　山，男，1981 年生，助理研究员，发表论文 10 余篇。

冯瑞华，女，1977 年生，副研究员，发表论文 20 余篇。

不同水平特征因子与文献计量指标的关系研究

俞立平[1]　隆新文[2]　武夷山[3]

（1. 宁波大学商学院　宁波 315211；2. 东南大学图书馆　南京 210096；3. 中国科学技术信息研究所　北京 100038）

摘　要　为研究不同特征因子分值条件下，其与其他文献计量指标的关系，基于 JCR 2009 年电气电子期刊数据，采用分位数回归进行研究。结果表明，对于特征因子分值较低的期刊，论文影响分值、总被引频次与特征因子呈较低正相关，即年指标与特征因子无关，5 年影响因子、被引半衰期与特征因子呈较低的负相关。载文量只在特征因子分值较低时与它呈正相关关系，其他情况无关。对于特征因子分值较高的期刊，论文影响分值与特征因子呈较高的正相关，即年指标与其呈较高的负相关，其他情况特点不明显。研究发现，特征因子分值的引入有利于期刊提高学术质量，但对于其他学科的情况有待进一步研究。

关键词　特征因子分值　分位数回归　文献计量指标

分类号　G312

1　引　言

过去 40 年来，引文分析已经成为十分重要的科学计量工具，特别是在科学评价中[1-5]。虽然也存在着各种各样的局限[6-7]，但为了评价科研人员对于知识增长的贡献，在引文分析中仍然涌现出大量的文献计量指标[8]，这些指标广泛应用于科技人员评价、科研机构评价、学术期刊评价等众多领域。

汤森路透（Thomson Reuters）科技集团于 2009 年 1 月推出《期刊引用报告》增强版[9]，增加了两个新的文献计量指标——特征因子分值（eigenfactor score）和论文影响分值（article influence score），一般也统称为特征因子，这是继影响因子之后的两个重要文献计量指标。分析学术期刊特征因子与其他文献计量指标的关系，总结其中潜在的规律，不仅对期刊评价与期刊管理具有重要意义（有利于期刊重视提高学术质量），也可以丰富科学计量学的相关理论。

特征因子由华盛顿大学的 Carl Bergstrom、Jevin West 等[10]提出，它的制定考虑到不同层次期刊的引用权重，通过引文构建起文献引用网络，对期刊的影响力进行评价。Saad[11]采用相关系数研究发现，影响因子和总被引频次的相关系数高于特征因子分值，特征因子分值和 H 指数高度相关。Franceschet[12]比较了特征因子分值和 5 年影响因子的排序，发现虽然总体上有较高的一致性，但在物理、工程、材料、计算机等“硬学科”中的差距要大于地球科学、生物制药、社会科学等“软学科”。Davis [13]通过 165 种医学期刊的研究，发现特征因子分值与总被引频次的相关系数（0.95）超过其与两年影响因子的相关系数（0.84）。任胜利[14]介绍了特征因子的概念及其原理，比较分析了中外期刊的特征因子分值与论文影响分值，并讨论了特征因子的不足之处。米佳等[15]以 CSSCI 收录的 18 种图书情报学期刊为例，计算出它们的特征因子分值和论文影响分值，在此基础上对这两项指标同其他期刊评价指标的关系进行了探讨，结果表明，特征因子分值、论文影响分值和期刊综合指数、H 指数、影响因子之间存在较强的皮尔逊相关性。朱兵[16]以 2008 年 JCR Web 数据为依据，分析了特征因子与影响因子比较所具有的优势和存在的不足。

目前对特征因子分值与其他文献计量指标关系进行研究的学者主要考察相关系数和散点图，少数学者采用普通回归分析，尚没有学者系统地研究当特征因子分值大小不同时，它与其他文献计量指标之间的相关关系是否发生变化。

本文采用汤森路透 JCR 数据，以 2009 年电气电子学科为例，采用分位数回归（quantile regression）分析特征因子分值与文献计量指标的关系。该学科期刊数量相对较多，有较大的样本量。分位数回归可以精确计量特征因子分值在不同水平下与其他文献计量指标的不同关系，克服了普通回归只能估计平均关系的不足。

2　数据与方法

2.1　分位数回归模型

分位数回归是一种基于被解释变量 Y 的条件分布来拟合解释变量 X 的回归模型，是在均值回归上的拓展，最早由 Koenker、Basset[17]提出。它依据因变量的条件分位数对自变量 X 进行回归，这样得到了所有分位数下的回归模型。与普通最小二乘回归相比，分位数回归更能精确地描述自变量 X 对于因变量 Y 的变化范围以及条件分布形状的影响。

Koenker、Hallock[18] 和 Bernd、Peter[19] 的研究认为，从理论上说，经典线性回归是拟合被解释变量 Y 的条件均值与解释变量 X 之间的线性关系，而分位数回归是通过估计被解释变量取不同分位数时，对特定分布的数据进行估计。最小二乘法估计的是解释变量对被解释变量的平均边际效果，而分位数回归估计的则是解释变量对被解释变量的某个特定分位数的边际效果。最小二乘法只能提供一个平均数，而分位数回归却能提供许多不同分位数的估计结果。分位数回归的参数估计十分复杂，主要有单纯形法、平滑算法、内点算法以及预处理后内点法等方法，本文采用比较成熟的单纯形法进行估计。

2.2 数据

本文中所有数据来自汤森路透 JCR 数据，为了减少学科差异造成的差异，本文仅选取电气电子期刊进行研究。增强版 JCR 数据从 2007 年开始公布，指标有：总被引频次（total cites）、影响因子（impact factor）、5 年影响因子（5-year impact factor）、即年指标（immediacy index）、论文数（articles）、被引半衰期（cited half-life）、特征因子分值（eigenfactor score）、论文影响分值（article influence score）。

特征因子从 2007 年开始公布，迄今只有 3 年的数据，本文选用 2009 年的最新数据进行分析。2009 年电气电子类期刊共有 246 种，由于特征因子是根据过去 5 年数据计算，有些期刊办刊年限还不足 5 年，因此没有特征因子值，必须将这部分期刊删除。此外部分期刊载文量、被引半衰期数据缺失，也要进行删除，最后实际期刊数为 180 种。

为了使回归系数具有可比性，同时减少异方差，本文将自变量和因变量同时取对数进行回归。有 26 种期刊的即年指标数据为 0，这是不能取对数的，如果将这些期刊删除必然丢失数据中的重要信息，必须进行调整，方法是将即年指标为 0 的数值统一改为 0.001，使该期刊数据继续存在，增加了信息量。由于该数据的值极小，不会影响数据分析结果。期刊数据的描述统计量如表 1 所示：

表 1　数据描述统计量

描述内容	特征因子分值 ES	论文影响分值 AIS	总被引频次 TC	影响因子 IF	5 年影响因子 IF5	即年指标 II	被引半衰期 CH	论文数 AR
均值	0.010 8	0.61	3 771.32	1.42	1.78	0.17	6.62	190.05
极大值	0.075 1	3.37	25 950.00	4.91	7.67	1.00	10.00	1 385.00
极小值	0.000 2	0.01	100.00	0.04	0.04	0.001	2.10	6.00
标准差	0.013 5	0.52	4 934.33	0.98	1.37	0.14	2.00	205.53
数据数量	n = 180							

3　实证结果

3.1　普通回归结果

首先研究特征因子分值与其他文献计量指标的平均关系，采用普通回归进行估计，结果见表 2。

表 2　普通回归结果

计量指标	含义	回归 1	回归 2
C	常数	−9.953*** (−103.453)	−9.937*** (−103.843)
Log (AIS)	论文影响分值	0.996*** (26.896)	1.004*** (27.427)
Log (TC)	总被引频次	0.966*** (33.794)	0.959*** (34.086)
Log (IF)	影响因子	−0.067 (−1.362)	—
Log (IF5)	5 年影响因子	−0.886*** (−14.293)	−0.942*** (−20.299)
Log (II)	即年指标	−0.938** (−2.140)	−0.026*** (−2.746)
Log (CH)	被引半衰期	0.054*** (−19.434)	0.924*** (−19.523)
Log (AR)	论文数	−0.022* (1.953)	−0.058** (2.112)
n	样本数	180	
R^2	拟合优度	0.992	0.992

注：*表示在 10% 的水平上通过统计检验，**表示在 5% 的水平上通过统计检验，***表示在 1% 的水平上通过统计检验。

影响因子没有通过统计检验，将其删除，其他所有指标都通过了统计检验。由于特征因子计算的原理与影响因子完全不同，加上影响因子计算中存在自引因素，结果导致二者不相关。

论文影响分值对特征因子分值的影响最大，每提高 1%，特征因子分值提高 1.004%；其次是总被引频次，每提高 1%，特征因子分值提高 0.959%。5 年影响因子和即年指标与特征因子分值呈高度负相关，估计和影响因子及即年指标的计算过程中没有排除自引相关。被引半衰期和特征因子分值呈低水平的正相关，原因有待进一步分析；期刊载文量和特征因子分值呈低水平的负相关。当然，这些都是“平均水平”下的回归。

3.2 分位数回归结果

为了进一步分析期刊特征因子分值在不同水平下与其他文献计量指标间的关系，将特征因子分值分为 10 个分位（τ=0.1－0.9），采用分位数回归进行估计。随着 τ 值变大，拟 R^2 由 0.887 逐渐提高到最高值0.936，然后又略有降低到 0.931，总体上拟合优度较高。分位数回归结果如表 3 所示：

表 3 分位数回归结果

自变量	C	Log（AIS）	Log（TC）	Log（IF）	Log（IF5）	Log（II）	Log（CH）	Log（AR）	拟 R^2
τ=0.1	－10.222***	0.937***	0.753***		－0.698***		－0.579***	0.250	0.887
	（－58.284）	（11.588）	（9.677）		（－4.271）		（－5.835）	（4.201）	
τ=0.2	－10.263***	0.927***	1.044***	－0.175***	－0.830***		0.987***		0.904
	（－85.710）	（19.829）	（81.882）	（－3.249）	（－11.206）		（－32.159）		
τ=0.3	－10.041***	1.025***	1.026***		－1.030***	－0.031**	－0.977***		0.917
	（－56.989）	（16.913）	（89.368）		（－14.474）	（－2.447）	（－22.006）		
τ=0.4	－9.773***	1.041***	1.008***		－1.053***		－0.985***		0.922
	（－86.739）	（24.442）	（99.709）		（－20.973）		（－20.490）		
τ=0.5	－9.819***	1.010***	1.011***		－0.993***	－0.029**	－1.018***		0.931
	（－84.055）	（30.754）	（110.257）		（－24.806）	（－2.389）	－17.821）		
τ=0.6	－0.759***	1.008***	1.009***		－0.994***	－0.027**	－1.033***		0.935
	（－92.588）	（33.132）	（111.036）		（－27.460）	（－2.419）	（－18.232）		
τ=0.7	－9.734***	1.015***	1.005***		－0.999***	－0.024**	－1.019***		0.936
	（－105.561）	（37.434）	（118.732）		（－31.241）	（－2.341）	（－18.926）		
τ=0.8	－9.753***	1.008***	0.999***	－0.056*	－0.943***	－0.019*	－0.981***		0.936
	（－109.498）	（35.968）	（119.491）	（－1.756）	（－22.995）	（－1.971）	（－18.633）		
τ=0.9	－9.760***	1.068***	1.007***		－1.035***	－0.039***	－0.974***		0.931
	（－104.398）	（34.220）	（117.789）		（－31.462）	（－2.811）	（－21.099）		

注：*表示在 10% 的水平上通过统计检验，**表示在 5% 的水平上通过统计检验，***表示在 1% 的水平上通过统计检验。

τ=0.1－0.9 时，论文影响分值的回归系数如图 1 所示：

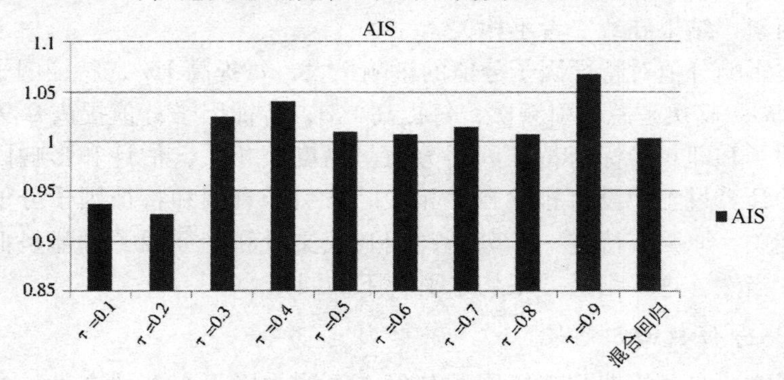

图 1　论文影响分值的分位数回归系数

当 τ 为 0.1 和 0.2 时，论文影响分值的回归系数较低，当 τ≥0.3 时，基本稳定在 1－1.05 之间，当 τ=0.9 时，达到最高值 1.068。也就是说，对于特征因子分值较低的期刊，论文影响分值提高时，特征因子的相应提高量也较小；对于特征因子较高的期刊，论文影响分值提高时，特征因子的相应提高量也较大。

τ=0.1－0.9 时，总被引频次的回归系数如图 2 所示：

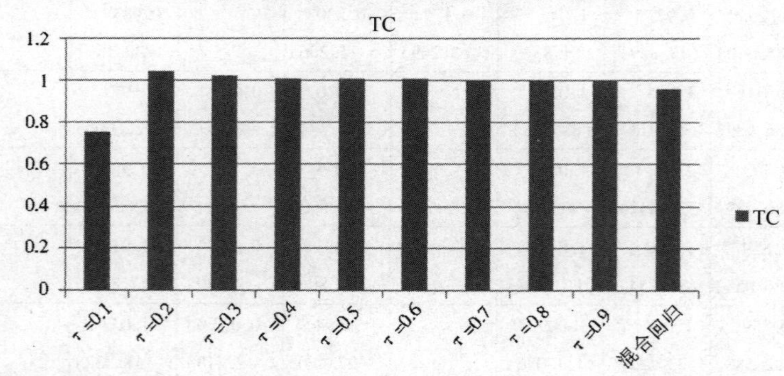

图 2　总被引频次的分位数回归系数

当 τ=0.1 时，回归系数较低，其他情况下回归系数大致相差不大。也就是说，对于特征因子分值较低的期刊，总被引频次的提高对它的提高也较低，其他情况下相差不大。

τ=0.1－0.9 时，影响因子的回归系数如图 3 所示：

有趣的是，影响因子只在 τ=0.2 和 τ=0.8 时与特征因子分值负相关，其

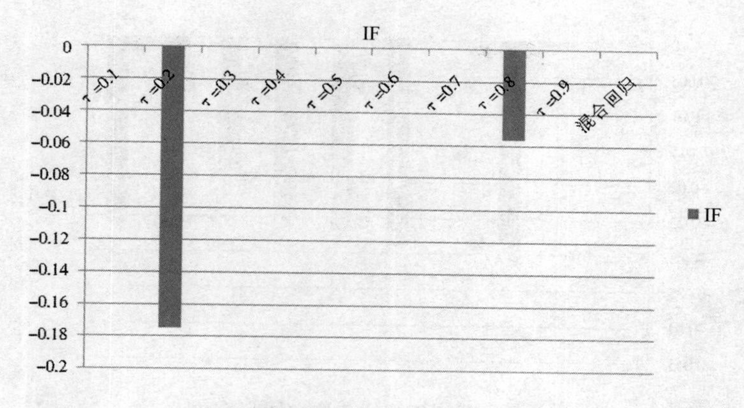

图 3　影响因子的分位数回归系数

他情况下都不相关。

τ=0.1－0.9 时，5 年影响因子的回归系数如图 4 所示：

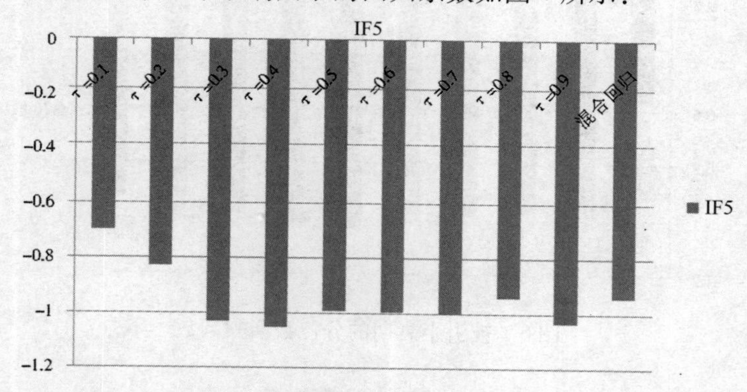

图 4　5 年影响因子的分位数回归系数

当 τ=0.1－0.2 时，5 年影响因子与论文特征因子分值呈较低的负相关，其他情况下都呈较高的负相关。影响因子和 5 年影响因子与论文特征因子分值都呈负相关，这可能与论文特征因子的全新计算方法有关，特征因子总体区分度较低，有时两本期刊的差距能小到 0.001 甚至更小，从而导致与影响因子不相关或者负相关。

τ=0.1－0.9 时，即年指标的回归系数如图 5 所示：

总体上，对于特征因子分值较低的期刊，即年指标与特征因子分值无关，对于特征因子分值较高的期刊，即年指标与其呈较高的负相关。

τ=0.1－0.9 时，被引半衰期与特征因子分值的回归系数如图 6 所示：

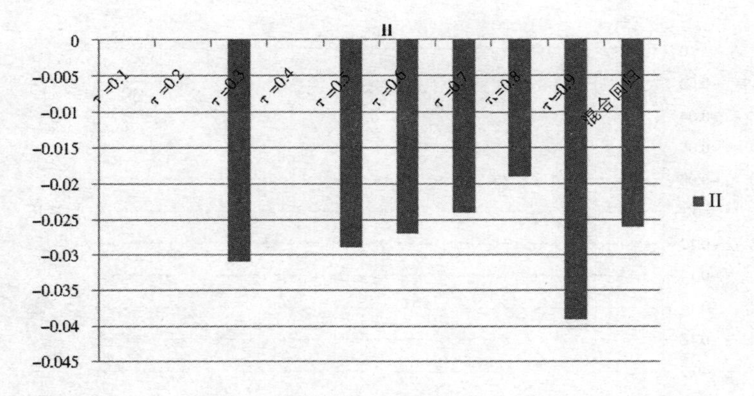

图5　即年指标的分位数回归系数

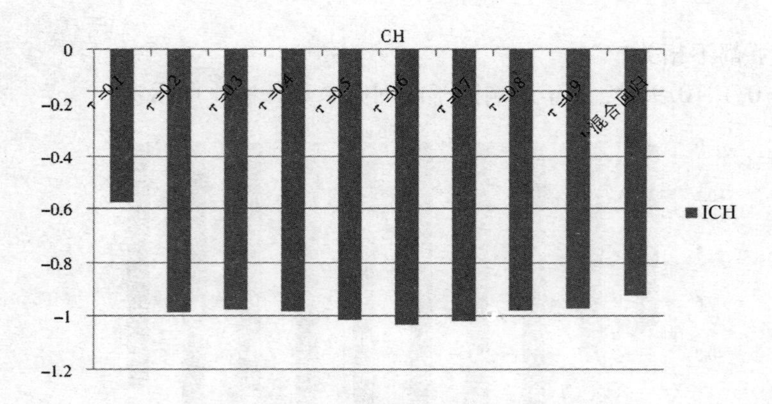

图6　被引半衰期的分位数回归系数

对于特征因子分值较低的期刊，被引半衰期与特征因子分值呈较低的负相关，其他情况相差不大。此外，对于特征因子分值较低的期刊，载文量与其呈正相关，回归系数为0.25，也就是说，载文量每提高1%，期刊特征因子分值提高0.25%。但在混合回归中，它们之间存在极低的负相关。

4　结　论

传统最小二乘法回归只能从宏观上分析期刊特征因子分值与其他文献计量指标的关系，本质上是一种均值回归，而分位数回归可以分析期刊特征因子分值不同水平时，其与其他文献计量指标的关系，能提供更为详细的信息。将二者相结合，既可以了解期刊特征因子分值影响因素的宏观图景，也可以了解微观状况。

本文研究发现，对于特征因子分值较低的期刊，论文影响分值、总被引频次与之呈较低正相关，即年指标与之无关，5年影响因子、被引半衰期与之呈较低的负相关。载文量只在特征因子分值较低时与之呈正相关关系，其他情况无关。对于特征因子分值较高的期刊，论文影响分值与之呈较高的正相关，即年指标与其呈较高的负相关，其他情况下特点不明显。

影响因子的提高总体上对特征因子分值提高的影响不大，即年指标、5年影响因子基本与之呈负相关，因此单纯提高这些指标值无助于提高期刊的特征因子分值，期刊必须注重提高内在的学术质量以扩大自己的影响，单纯致力于“改善”某些指标值有时可能会起反作用。

由于本文的研究数据来自于电气电子类期刊，因此对于其他学科特征因子分值与其他文献计量指标的关系有待于进一步研究。

参考文献：

[1] Braun T, Glanzel W, Schubert A. World flash on basic research – The newest version of the facts and figures on publication output and relative citation impact of 100 countries 1981 – 1985. Scientometrics, 1988, 14(5/6): 181 – 188.

[2] Garfield E. Citation indexing. Its theory and application in science technology and humanities. NewYork: Wiley, 1979.

[3] Martin B R, Irvine J. Assessing basic research: Some partial indicators of scientific progress in radio astronomy. Research Policy, 1983, 12(2): 61 – 90.

[4] Price D J D. Towards a model for science indicators//Elkana Y, Lederberg J, Merton R K, et al. Toward a metric of science: The advent of science indicators. New York: John Wiley, 1978.

[5] Van Raan A F J. Measuring science//Moed H F, Glanzel W, Schmoch U. Handbook of quantitative science and technology research. The use of publication and patent statistics in studies of S&T systems. Dordrecht: Kluwer Academic Publishers, 2004: 19 – 50.

[6] Cheek J, Garnham B, Quan J. What's in a number? Issues in providing evidence of impact and quality of research(ers). Qualitative Health Research, 2006, 16(3): 423 – 435.

[7] MacRoberts M H, MacRoberts B R. Problems of citation analysis. Scientometrics, 1996, 36(3): 435 – 444.

[8] Moed H F. Citation analysis in research evaluation. Dordrecht: Springer, 2005.

[9] Thomson Reuters releases new journal citation reports. [2010 – 12 – 02]. http://www.reuters.com.

[10] Bergstrom C T, West J D, Wiseman M A. The eigenfactor metrics. Journal of Neuroscience, 2008, 28(45): 11433 – 11434.

[11] Saad G. Convergent validity between metrics of journal prestige: The eigenfactor, article

influence, h-index scores, and impact factors. [2011 - 04 - 05]. http://eprints. rclis. org/handle/10760/13304.

[12] Franceschet M. A cluster analysis of scholar and journal bibliometric indicators. Journal of the American Society for Information Science and Technology, 2009, 60(10): 1950 - 1964.

[13] Davis P M. Eigenfactor: Does the principle of repeated improvement result in better estimates than raw citation counts. Journal of the American Society for Information Science and Technology, 2008, 59(13): 2186 - 2188.

[14] 任胜利. 特征因子(Eigenfactor):基于引证网络分析期刊和论文的重要性. 中国科技期刊研究, 2009(3): 415 - 418.

[15] 米佳, 濮德敏. 特征因子原理及实证研究. 大学图书馆学报, 2009(6): 64 - 68.

[16] 朱兵. 特征因子及其在 JCR Web 中与影响因子的比较. 情报杂志, 2010, 29(5): 85 - 88.

[17] Koenker R, Gilbert B. Regression quantiles. Econometrica, 1978, 46(1): 33 - 50.

[18] Koenker R, Hallock K F. Quantile regression. Journal of Economic Perspectives, 2001, 15(4): 143 - 156.

[19] Fitzenberger B, Winker P. Improving the computation of censored quantile regressions. Computational Statistics & Data Analysis, 2007, 52(1): 88 - 108.

作者简介

俞立平，男，1967 年生，教授，博士，发表论文 110 篇；

隆新文，女，1971 年生，副研究馆员，发表论文 8 篇；

武夷山，男，1958 年生，研究员，总工程师，发表论文 100 余篇，出版专著、译著 20 余部。

基于 PLOS API 的论文影响力选择性计量指标研究

刘春丽

摘　要　以 PLOS API 平台提供的"论文层面计量"数据集为样本，对20个选择性计量指标进行标准化处理和正态性检验，提出选择性计量指标的适用广度和分布密度两个特征，通过 Spearman 相关分析方法得到非参数相关系数矩阵，利用 R 程序包 Corrplot 绘制系数矩阵的可视化颜色图，直观显示出选择性计量指标的相关程度；利用 SPSS、Ucinet 和 NetDraw 软件对选择性计量指标进行多维尺度和社会网络分析，得到的指标维度虽有细微差异，但基本呈现一致性。最后，总结选择性计量指标的主要作用、适用范围和难度。

关键词　选择性计量指标　论文层面计量　学术影响力　评价指标　开放存取　社交网络

分类号　G353

1　引　言

学术影响力评价是近年来科学家、科研机构和基金委员会关注的重要课题。传统观点认为科技论文是最新研究成果或创新见解的科学记录，只有通过发表才能实现科技信息交流与知识传承。科技论文正式发表所在期刊是科研人员传播创新科技思想的重要载体，被引频次和期刊影响因子被用来综合计量单篇论文的学术影响力水平。然而，随着科学技术的进步与 Web 2.0 的学术化发展，越来越多的最新研究成果在各种期刊开放存取平台和学术社交网络中被快速、大量地传播。选择性计量学研究人员[1]认为，单篇论文的推送、标签、注释、网上排名、推荐、博客的数量也能在某些程度上作为评价该论文的学术影响力水平的指标。新型的科技传播活动载体为学术影响力评价开拓了更广阔的视野，为论文出版后学术影响力评价提供了丰富的可计量数据。

在理论方面，国外已经有基于网上专家评论、学术博客、学术微博、网络引文和学术社交网络的探索研究，如 C. Neylon 和 S. Wu[2] 指出影响因子只是基于期刊的计量指标，现阶段急需基于科学文献的质量、重要性和相关性的其他指标，并指出了论文级别计量实践中专家评论的激励机制问题及多种指标的选择问题；P. Groth 和 T. Gurney[3] 联合使用网络计量学和书目计量学方法下载 Researchblogging. org 数据对学术博客进行分析，得出结论：学术博客中的科学文献与传统文献相比更即时、更具有上下文的相关性，且聚焦于高质量的学术研究和非技术的科学范畴；J. Priem[4] 等通过主成分分析方法，认为推特（Twitter）类的引文可以作为基于社交网络的论文社会影响力计量的新指标；G. Eysenbach[5] 提出使用推文预测论文学术影响力的设想，分析基于学术社交网络和传统文献计量方法预测论文学术影响力的相关性；L. Vaughan 和 D. Shaw[6] 选取 1 483 篇图书情报学领域的科学研究成果作为样本，对不同类型成果（图书、部分图书章节、会议论文、开放存取期刊论文和印刷期刊论文）的不同类型网络引文（WOS、Google 和 Google Scholar）与传统引文分布进行比较，认为 Google 搜索能检索到博客评论、各类报告等更丰富的引文资源，开放存取期刊论文相比印刷型论文能吸引更多网络引文；D. Taraborelli[7] 指出可以挖掘学术社交网络中的合作元数据，提取科学文献影响力的分布式评价指标，如语义相关、知名度、热点、合作注释等。

开放存取期刊 PLOS 认为期刊影响因子及其衍生指标是基于期刊层面的书目计量，可以在预测一种期刊的平均影响力方面发挥作用。然而，期刊影响因子被广泛地错误使用，如许多学术界的职称、奖励和资助用期刊影响因子衡量论文质量。在这一背景下，2009 年 3 月末，PLOS 实施了一项“article-level metrics”[2] 计划，即“论文层面计量”，提供来自期刊开放存取平台和学术社交网络的评价数据，反映每篇论文的多维使用情况和传播水平，包括：在线使用（浏览和下载指标）、引用活动（在 CrossRef、PubMed 和 Scopus 数据库中的引用）、博客及媒体报道、评论活动、社会书签、明星排名和学术专家最佳挑选情况。这些数据附加在每篇论文的网页上，实时更新。PLOS 的这些计量数据是存放在其 API 平台上向社会免费开放的，可以通过使用这些丰富的计量数据进行统计分析，实现基于 PLOS API 的单篇论文学术影响力综合评价。

通过前期文献调研和多次样本统计实验，笔者认为学术社交网络及开放存取、检索平台提供了比正式期刊引文更迅速、更丰富的学术影响力评价数据，经过计算处理，提取的计量指标可以用来对各种类型的学术成果进行影响力评价。这种评价方式更侧重于来自学术共同体外的社会影响力评价，与传统的论文评价结果相比，在影响力覆盖范围和细致程度上更有理论和实践价值。因此，建立在开放存取平台上被下载、评论、评级、链接等多种传播活动数据基础上的选择性计量指标的研究具有较高的理论和实践研究价值。

本文以 PLOS API 平台提供的论文各种网络使用数据集为样本，通过标准化处理和正态性检验，研究选择性计量指标的特征和指标间的相关性，并对相关系数矩阵绘制可视化颜色图，对选择性计量指标进行多维尺度和社会网络分析，揭示其相关强度和可能的维度。

2 材料和方法

笔者注册了“article-level metrics”密钥，在 PLOS API 网站上搜集到由 PLOS 提供的 2003 - 2011 年间 PLOS 系列 8 种期刊出版论文的选择性计量（altmetrics）和引文（citation）数据列表，手工下载该数据集，作为本文的研究样本，检索时间是 2011 年 12 月 14 日。该表格是在 2011 年 9 月 18 日建立的，论文收录日期起始于 2003 年 8 月 18 日，截止到 2011 年 7 月 19 日。该论文样本数量大——包含了 33 128 篇论文，且包含的期刊类型丰富——包括 PLOS 出版的全部 8 种期刊，影响因子从 4.411 到 15.617 不等。

该数据集包含了丰富的选择性计量数据，如论文基本信息：出版时间、期刊名、论文题名、DOI 识别号；来自 CrossRef、PubMed 和 Scopus 三种引文索引库的论文引用信息；论文页面浏览量、PDF 下载量、XML 下载量及联合使用量（HTML + PDF + XML）；来自 Postgenomic、Nature 博客、Bloglines 和 ResearchBlogging. org 网站统计的指向单篇论文的博客发贴量（blog postings）；外部网站对单篇论文的链接量（trackbacks）；CiteULike 与 Connotea 社会书签用户对单篇论文编辑的书签量（bookmarks）；PLOS 平台上论文被评级次数（number of ratings）及平均评级次数（average rating）；论文文本被注释量（number of note threads）和回复量（number of replies to notes）；论文评论量（number of comment threads）与回复量（number of replies to comment）；附加评论内容的论文评级量（number of 'Star Ratings' that also include a text comment）。

根据本文的统计分析需要，对该数据集采取以下标准化预处理：

处理 1：将论文导入 Access 数据库，为每篇论文自动生成识别序号，便于统计等操作。增加年、月、期刊分组字段，将 8 种 PLOS 期刊按字母顺序排列分别赋予期刊分组号，如表 1 所示：

表 1　**PLOS 期刊分组对照**

期刊名	期刊分组
PLOS BIOLOGY	1
PLOS COMPUTATIONAL BIOLOGY	2
PLOS CLINICAL TRIALS	3
PLOS GENETICS	4
PLOS MEDICINE	5
PLOS NEGLECTED TROPICA	6
DISEASE PLOS ONE	7
PLOS PATHOGENS	8

处理 2：选择性计量指标 Bi 的变量值数值相差太大，会导致在计算个案间的距离时，绝对值较小的数值权数较小，即权数的大小几乎由大数值所决定，而且原始指标的量纲不同，因此，需要对 Bi 进行无量纲化处理。标准化处理有许多种，如 Z 得分值法、均值化法、极差法和标准差法等。本文借鉴 J. Priem[8] 等的处理办法，将数值标准化到变量均值的范围内，将变量值和该变量的样本均值的比值作为标准化值。为了消除出版时间对论文计量指标统计的影响，在标准化前，对样本按出版时间降序排列，以 6 个月为 1 个时间间隔，将 2003 年 8 月 18 日 –2011 年 7 月 19 日发表的 33 128 篇论文分为 16 个时间组 T_J，分别在不同时间组 T_J 中对 Ai 取平均值，再按“mean of 1”方法对 Ai 变量标准化，得到标准化后的数据变量 Bi，i = 1，2，…，20。

3　正态性检验与频率分布

为了选择合适的相关性检验方法，应该首先对选择性计量数据集检验正态性。本文采取的是 K-S 单样本检验和频率分布的直方图两种方法。对选择性计量指标 Bi，i = 1，2，…，20 进行正态性检验，结果中得到 Pi = 0.000（小于 0.05），拒绝正态分布资料的假设，说明 Bi 不服从正态分布。由于偏度系数较高，为了更清楚地观察 Bi 的分布情况，对非零值进行对数转换（Bi 转换为 Di）。笔者使用 SPSS 18.0 统计软件，得到的 K-S 单样本正态性检验结果，列表较长，此处省略。根据检验结果，所有选择性计量指标的双侧检测 $P < 0.05$，拒绝正态分布资料的假设，说明 Di 不服从正态分布。

频率分布的直方图结果与非参数检验结果相符，再次证明 Di 属于非正态分布变量。图 1 中涵盖了 20 个选择性计量指标变量的频率分布直方图，虽然频率分布有所不同，但都大致符合正偏态分布。D、E、F、G 图显示了 PLOS

开放存取平台上对论文集的单独或多维（HTML + PDF + XML）使用数量的分布，大致符合帕累托定律[9]，即有大约 20% 的论文浏览和下载量在较高的取值范围内，而 80% 的论文浏览和下载量在较低的取值范围内。

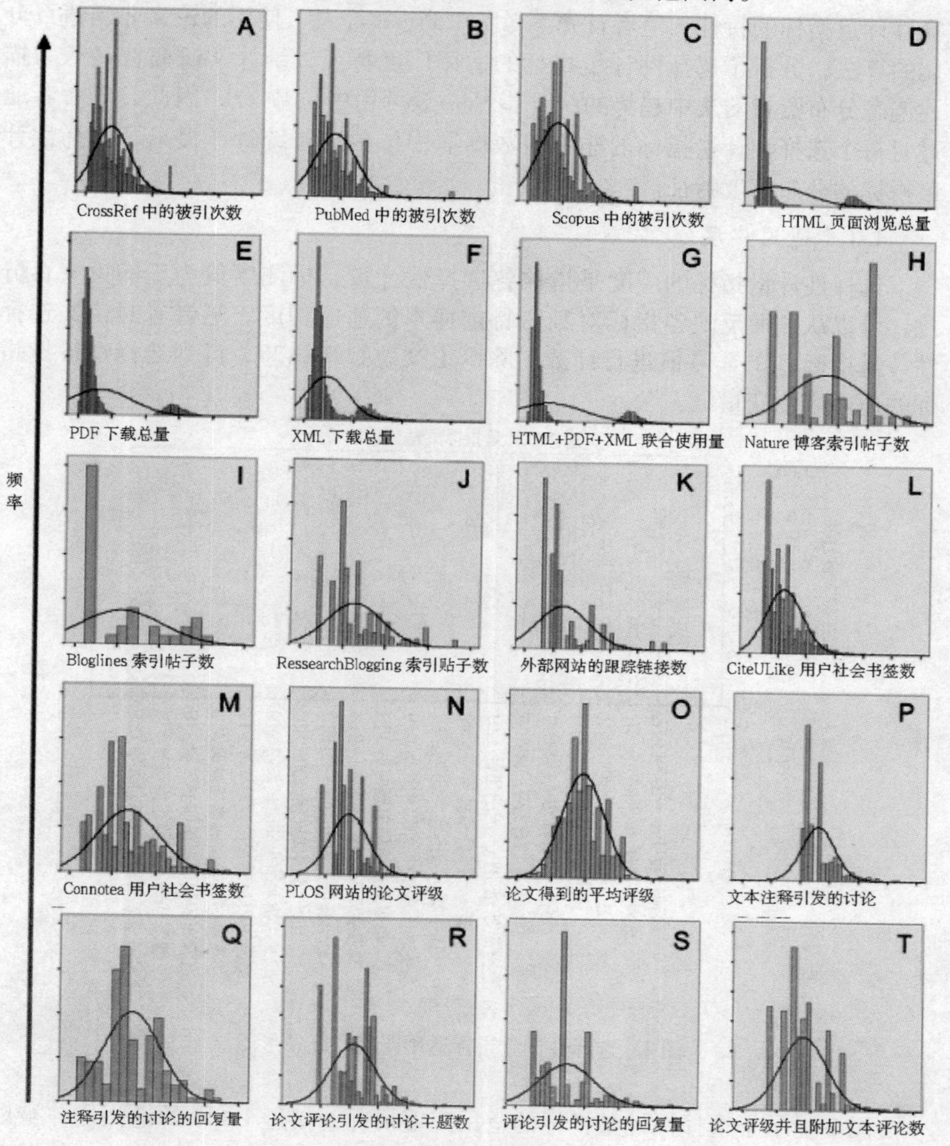

图 1　20 个选择性计量指标变量的频率分布直方图

4 选择性计量指标的两个特征

本文使用的是由 PLOS API 提供的“论文层面计量”数据集，为了考察选择性计量指标的特性，笔者首先参考了 J. Priem 等人[8]使用的论文非零值百分比的算法，分析了选择性计量指标的适用广度特征，统计学研究普遍认为描述偏态分布资料的集中趋势的统计指标一般可用中位数[10]，因此，笔者者通过对每个选择性计量指标的非零值数据取中位数进行统计，提出了选择性计量指标的分布密度特征。

4.1 适用广度

选择性计量指标的广度是指被各选择性计量指标测度值为正的论文百分比，可以从侧面反映各指标对某一特定样本的适应程度。笔者者对论文选择性计量指标 B_i 的非零值进行计数，除以论文总数 33 128，得到选择性计量指标的适用广度变量。

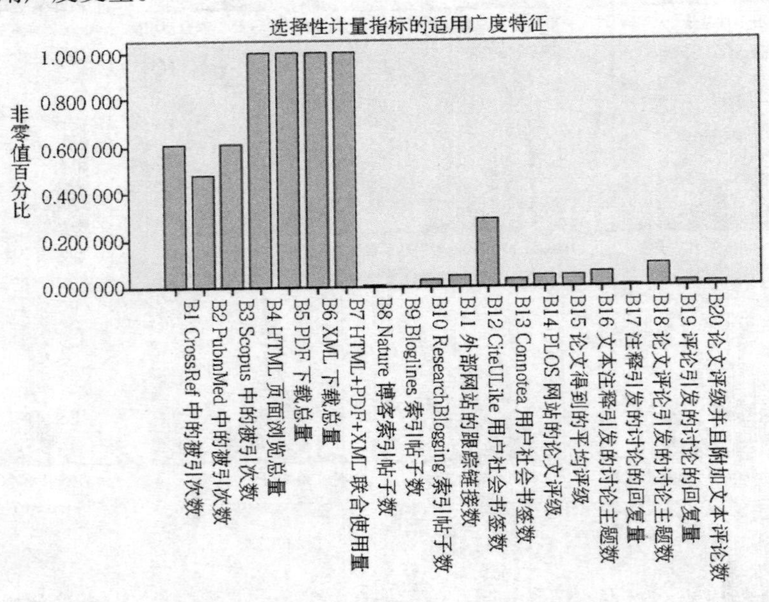

图 2　选择性计量指标适用广度特征条形图

图 2 显示了选择性计量指标的适用广度情况，接近 100% 的论文均曾被以 PDF 和 HTML 形式浏览和下载；61% 的论文曾经在 CrossRef 和 Scopus 数据库中被引用；48% 的论文在 PubMed 数据库中被引用；29% 的论文在 CiteULike

社会书签服务系统上被标记。然而，其他的选择性计量指标代表的学术社交网络活动发生很少。如在 Nature 博客和 Bloglines 博客平台上指向论文的博文数量、在 PLOS 开放出版平台上论文被评级次数、文本被注释次数、论文被评论次数在1以上的论文不到论文总数的1%。因此可以理解为，来自 CrossRef、PubMed 和 Scopus 三种引文索引库的论文引用指标与在 PLOS 开放存取平台上对论文集的多维（HTML + PDF + XML）使用指标在论文影响力评价上，较其他指标的适用范围更广。

4.2 分布密度

选择性计量指标的分布密度是指各选择性计量指标变量的非零值在某一特定样本中的平均数。非参数检验和频率分布图证实 Bi 是偏态分布，笔者选取各变量的中位数取值作为分布密度变量，反映非零值变量 Bi 的集中位置或平均水平。

图3显示了选择性计量指标的分布密度，可以看出其走势与图2接近相反。论文博客发贴量、外部网站对单篇论文的链接量、论文社会书签量与论文被评级、注释、回复、评论等指标的非零值中位数较高，有较高的集中趋势，分布密度较大；而与此相反，论文引用指标与论文多维使用指标由于非零值中位数较低，集中趋势较低，分布密度也相对很小。

参照统计学相关知识[11]，那些具有较高集中趋势和分布密度较大的选择性计量指标（论文被博客报道、评论、社会书签和排名等指标）在论文影响力评价中有较强的特异性，可以作为判断论文具有较高影响力的特异性指标；而具有较广适用范围的选择性计量指标（论文引用、浏览和下载等指标）可以作为论文影响力评价的常用指标，因为它们作为科学计量学领域的论文影响力评价指标已经被应用很长时间。

5 选择性计量指标的相关性

相关分析研究现象之间是否存在某种依存关系，相关系数是测定变量之间相关密切程度和相关方向的代表性指标。鉴于 Spearman 等级相关算法更适合处理偏态分布数据，对20个选择性计量指标进行双变量 Spearman 相关分析（应用 SPSS 18.0 统计软件），得到非参数相关系数矩阵。在此基础上，用魏太云的 R 程序包 Corrplot[12] 生成相关系数矩阵的可视化颜色图，将矩阵映射到指定的颜色序列上，恰当地选取颜色来展示数据。在相关矩阵中，所有的数据都在 -1 到 1 之间，因此不仅要关注相关系数的绝对值大小，还要关注正负号。笔者选取两种色差较大的颜色序列来展示不同符号的相关系数，蓝色

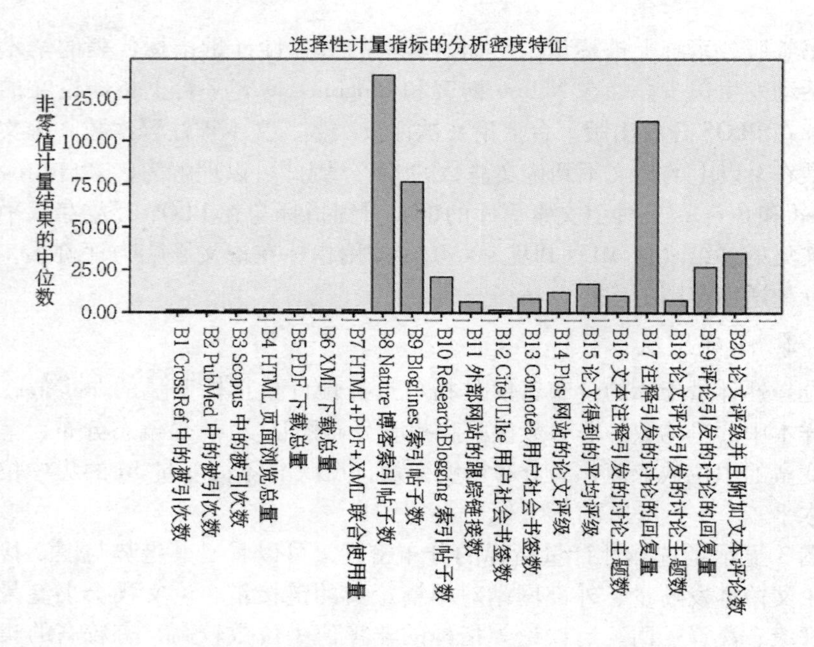

图 3　选择性计量指标分布密度特征条形图

表示正相关系数，红色表示负相关系数。为了节省空间，对相关系数乘以 100，使用 R 语言颜色函数绘制出相关可视化图，如图 4 所示：

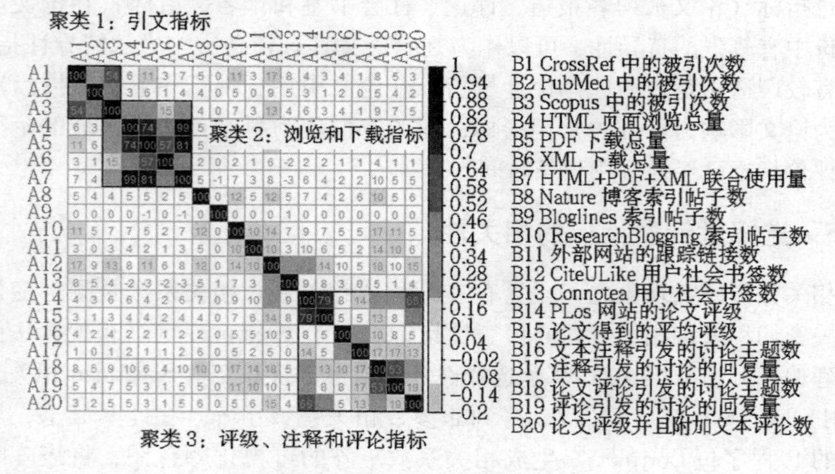

图 4　相关系数矩阵的可视化颜色图（Corrplot）

深蓝色表格表示变量间呈现强正相关，浅蓝色的表格表示变量间呈现弱正相关，粉色的表格表示变量间呈弱负相关。通过相关系数矩阵的可视化颜色图，可以发现 A1、A2、A3 间有较显著相关，A4、A5、A6、A7 间有较显著相关，A14、A15 间有较显著相关；A18、A19 间有较显著相关；从颜色上可分辨出三个显著相关聚类，即聚类 1：A1、A2、A3，聚类 2：A3、A4、A5、A6、A7，聚类 3：A14、A15、A16、A17、A18、A19、A20，且聚类 1 和聚类 2 之间有交叉部分。图 4 较好地对各种类型变量进行了归类显示：聚类 1 代表索引库中的引文量，聚类 2 代表开放存取平台中的浏览和下载量；聚类 3 代表开放存取平台中的评级、注释、评论量。

6 多维尺度与社会网络分析

6.1 基于相关系数矩阵的多维尺度分析

多维尺度分析是一种分析研究对象的相似性或差异性的多元统计分析方法。笔者使用 Ucinet 6 读入 Bi 各变量的相关系数矩阵，将矩阵转化成 Ucinet 格式保存后，选择 Tool 中的 Scaling/Decomposition，选 Non-Metric 类型，作出 MDS 图，如图 5 所示：

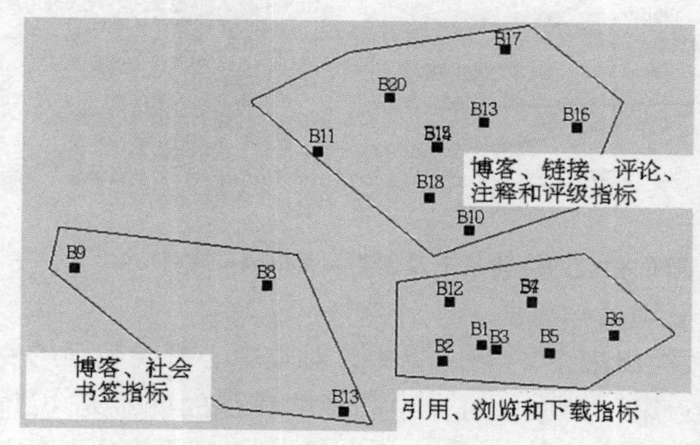

B1 CrossRef 中的被引次数
B2 PubMed 中的被引次数
B3 Scopus 中的被引次数
B4 HTML 页面浏览总量
B5 PDF 下载总量
B6 XML 下载总量
B7 HTML+PDF+XML 联合使用量
B8 Nature 博客索引帖子数
B9 Bloglines 索引帖子数
B10 ResearchBlogging 索引帖子数
B11 外部网站的跟踪链接数
B12 CiteULike 用户社会书签数
B13 Connotea 用户社会书签数
B14 PLOS 网站的论文评级
B15 论文得到的平均评级
B16 文本注释引发的讨论主题数
B17 注释引发的讨论的回复量
B18 论文评论引发的讨论主题数
B19 评论引发的讨论的回复量
B20 论文评级并且附加文本评论数

图 5 基于相关系数矩阵的多维尺度图及聚类（Ucinet）

Stress 和 RSQ 分别是多维尺度分析的信度和效度的估计值，Stress 是拟合度量值，其值越小说明拟合度越好，一般在为 0. 20 以内是可接受的；RSQ 值越大越好，一般在 0. 60 以上是可接受的[13]。本次分析 Stress 值为 0. 004 24，RSQ 值为 0. 999 98，说明拟合效果较好，可以反映各变量之间的关联。

在图 5 中根据变量的相对距离进行归类。其中 B1、B2、B3、B4、B5、

B6、B7、B12 距离较近，被归为聚类 1，代表的是引用、浏览和下载量；B10、B11、B14、B15、B16、B17、B18、B19、B20 距离较近，被归为聚类 2，代表的是博客、链接、评论、注释和评级量；B8、B9、B13 距离较近，被归为聚类 3，代表的是博客和社会书签量。可以发现 B4 和 B7 坐标点重合，B14 和 B15 坐标点重合的现象，说明它们之间显著相关，关系极为紧密，完全可以降维处理。

6.2 基于相关距离矩阵的社会网络分析

多维尺度图虽然可以较好地观察到变量之间的关系，但只能体现相似性，无法表现变量之间的关系强弱[14]。笔者使用 NetDraw 软件在多维尺度相关距离矩阵基础上，对变量进行聚类处理，通过图形显示各变量之间的关系强弱，得到图 6：

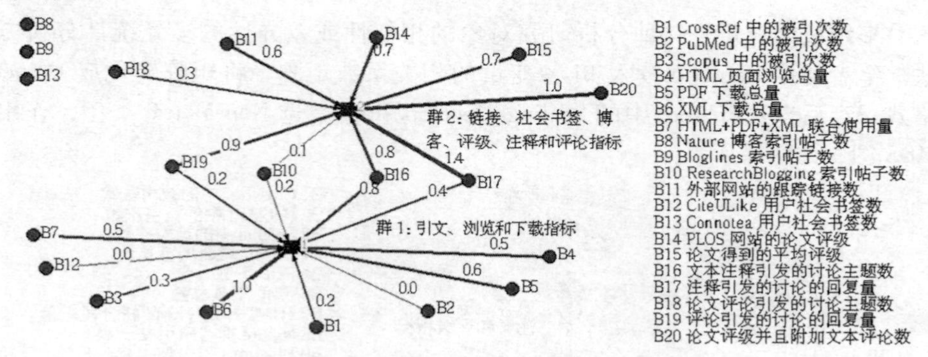

图 6　基于相关距离矩阵的社会网络关系图及聚类（NetDraw 软件）

可以看到变量被归为两大类出来[15]：第一类中，对类中心影响较强的变量是 B4、B5、B6、B7、B16；第二类中，对类中心影响较强的变量是 B11、B14、B15、B16、B17、B19、B20。根据图 6，可以将 20 个变量大致分为两大类：一类是索引库中的引文量与开放存取平台中的浏览和下载量；第二类是外部网站链接、社会书签、博客、评级、注释和评论的数量。

6.3 基于指标特征的多维尺度

笔者在选择性计量指标特征分析的基础上，对指标的适用广度与分布密度变量进行多维尺度分析，以判断哪些选择性计量变量是相似的。使用 SPSS 18.0 统计软件，选定 Scale——Multdimensional Scaling（ALSCAL），进行多维尺度分析，选择从数据中创建距离及平方欧氏距离参数，得到各变量多维尺度分布图（见图 7），其中信度值 Stress = 0.001 89，效度值 RSQ = 1.00。

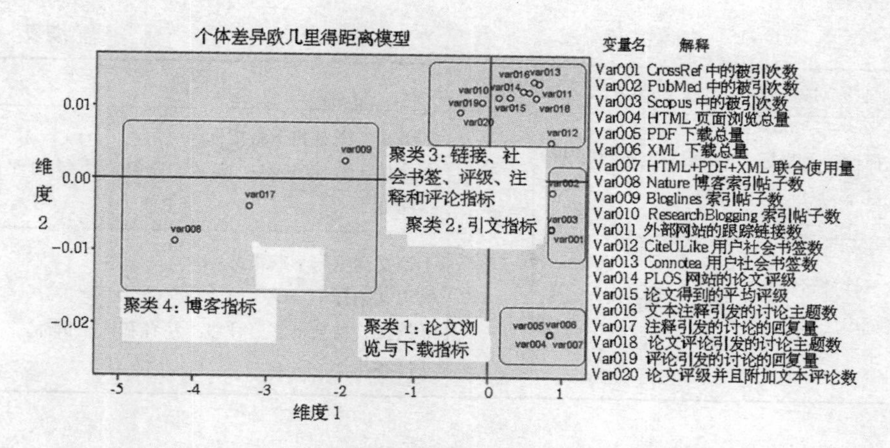

图 7　基于指标特征的多维尺度图及聚类（SPSS）

图 7 按照变量间的距离将其分成 4 类：第一类由 4 个变量组成，可以解释成论文浏览与下载量；第二类由 3 个变量组成，可以解释成论文在数据库中的被引量；第三类由 10 个变量组成，可以解释成外部网站对论文的链接量、编辑书签、量评级次数、论文文本被注释量和评论量；第四类由 3 个变量组成，分别是来自 Nature 博客和 Bloglines 网站统计的指向单篇论文的博客发贴量、PLOS 平台上论文文本被注释的回复量。

从变量分类结果来看，基于适用广度与分布密度数据的多维尺度分布图对变量类型的揭示更易于解释。这种分类体现了 4 个变量大类中，每个类别中的变量在适用广度和分布密度上距离最近，相似度最高。

通过多种方法联用，从不同角度直观、细致地揭示了选择性计量指标的特征和相关关系及社会网络维度。不同的统计工具和方法得到的结论大致呈现一致性（见表 2）。由于分析方法和侧重角度不同，结论中的维度数量和聚类情况有细微差异。

表 2　三种不同统计方法或工具对选择性计量相关指标的聚类

研究对象	工具与方法	维度	聚类情况
选择性计量指标变量	R 语言相关矩阵可视化分析	3	①引文指标 ②浏览和下载指标 ③评级、注释、评论指标
选择性计量指标变量	Ucinet 多维尺度分析	3	①引用、浏览和下载指标 ②博客、链接、评论、注释和评级指标 ③博客、社会书签指标

续表

研究对象	工具与方法	维度	聚类情况
选择性计量指标变量	NetDraw 聚类分析	2	①引文、浏览和下载指标 ②链接、社会书签、博客、评级、注释和评论指标
选择性计量指标的适用广度与分布密度变量	SPSS 多维尺度分析	4	①论文浏览与下载指标 ②引文指标 ③链接、社会书签、评级、注释和评论指标 ④博客指标

7 选择性计量指标的作用、适用范围和难度

基于 PLOS API 的选择性计量指标，在论文学术影响力评价方面将产生评价开放化、即时化、社会化和过程化的作用，而且能很好地纠正传统的单一引文指标产生的偏差。

- 提供了开放、即时和个性化的评价指标[16]。“开放”是指选择性计量数据可以被任何人及时、免费、不受任何限制地通过论文网页或 API 应用程序编辑接口获取；“即时”是指相对传统引文而言，不需要等各种引文数据库揭示论文被引用情况，而是通过开放存取平台和 Web 2.0 学术社交网络以更迅捷的速度展示论文的使用和传播水平；“个性化”是指针对不同学科、不同类型、不同研究目的、不同载体上的论文可以选择更具特异性的指标进行评价，而不是千篇一律地使用引文指标。

- 是基于社会的学术交流共同体的评价指标。传统的引文指标仅以论文在出版物上被正式引用并被数据库收录为要素决定论文的使用情况。而 Web 2.0 环境下，论文的选择性计量指标则揭示了论文在开放存取平台和其他学术社交网络工具上的引用、博客评论、社会书签、排名和注释情况。这是将论文放在除正式的学术共同体外的、一个基于社会的学术交流共同体的影响力评价，将更具民主的选拔优势，对正式的学术共同体评价具有监督和纠正的作用。

- 是基于交流过程的全面评价指标。选择性计量指标涵盖了论文出版后的不同交流阶段，可以选择各类型评价指标。其中，大致有三个阶段：第一阶段是浏览和下载阶段；第二阶段是交流和讨论阶段；第三阶段是引用阶段。低被引论文并不是没有较高的学术影响力，而大部分是出于引文动机的原因，

作者故意（规避论文新颖性审查风险）和非故意（节约篇幅、学界共识）不引用。但论文仍然曾经有过交流记录，无论是浏览、下载，还是标签、评论、注释等。这种基于交流过程的评价指标更符合论文影响力的传播路径，可以从三个不同交流阶段综合评价论文的学术影响力水平。

从选择性计量指标的适用范围来看，主要包括论文推荐、监督和评价三方面。论文推荐主要源于学术论文数量繁多，选择性计量指标可以让学者在某个学科、某本期刊、某个数据库、某个学术社交网络群体内，快速地发现下载、浏览、发帖、标签、评论量较高的论文。这些指标从不同角度揭示论文的优势地位，可供学者选择。论文监督是指发起除学术共同体外的更广泛的社会学术共同体，监督论文的使用和传播水平。如可以通过开放存取平台和学术社交网络，选择不同工具上的各种选择性计量指标，监督论文的质量，防止学术共同体内对某些创新性较高的论文和个人的故意排斥。科技评价是指各种与论文评价的相关部门（如职称晋升、科研管理和基金发放）可以对选择性计量指标进行深入研究，采用科学、合理的方式，灵活地对各个学科，特别是新兴学科和交叉学科论文的影响力进行评价。

选择性计量理论才刚刚兴起，评价指标的研究还不够深入，因此还不能将选择性计量指标立即、盲目地投入使用。通过采用不同方法对 PLOS API 数据集的选择性计量指标进行相关和聚类分析发现，选择性计量指标类别之间具有交叉性，指标类别内部具有重复性，需要作去重等方式处理。此外，使用选择性计量指标综合评价 PLOS 的论文还要考虑不同年代论文的使用和传播水平的差异性以及不同指标的权重分配、是否需与专家评价指标相结合等。

8 结 语

本文总结了国外关于选择性计量指标的最新理论，介绍了开放存取期刊 PLOS 论文级别计量项目，并以 PLOS API 平台提供的论文相关社会网络使用数据集为基础，通过标准化处理和正态性检验，采用可视化图形的方法，分析选择性计量指标的适用广度、分布密度、指标相关性与社会维度和社会网络关系。

本文的创新之处：①以 PLOS API 上提供的“论文层面计量”数据集为基础，对选择性计量指标进行正态性检验、相关分析、多维尺度和社会网络分析，并用多个可视化图形展示，揭示选择性计量指标之间的相关性和聚类；②提出论文选择性计量指标的适用广度和分布密度两个特征，并指出论文引用和浏览、下载等指标是论文影响力评价的常用指标，而论文被博客报道、评论、社会书签和排名等选择性计量指标是鉴别论文高影响力的特异性指标。

本文对选择性计量指标的研究并未使用因子分析，主要源于 KMO 测度值较低。此外，可视化图形对指标聚类的揭示结果还有待商榷，关于选择性计量指标的特征挖掘方面，还有待进一步研究。笔者认为，对论文的综合评价不能操之过急，而是要研究学术社交网络中的论文交流与传播特点与论文使用规律，进而总结 Web 2.0 媒介中论文的增长、老化、集中和分散规律，循序渐进地深入研究。

参考文献：

[1] Priem J, Taraborelli D, Groth P, et al. Altmetrics: A manifesto [EB/OL]. [2012-08-25]. http://altmetrics.org/manifesto/.

[2] Neylon C, Wu S. Article-level metrics and the evolution of scientific impact [J]. PLOS Biology, 2009, 7(11): e1000242.

[3] Groth P, Gurney T. Studying scientific discourse on the Web using bibliometrics: A chemistry blogging case study [EB/OL]. [2012-08-25]. http://journal.webscience.org/308/2/websci10_submission_48.pdf.

[4] Priem J, Costello K. How and why scholars cite on Twitter [J]. Proceedings of the American Society for Information Science and Technology, 2010, 47(1): 1-4.

[5] Eysenbach G. Can tweets predict citations? Metrics of social impact based on Twitter and correlation with traditional metrics of scientific impact [J]. Journal of Medical Internet Research, 2011(4): e123.

[6] Vaughan L, Shaw D. A new look at evidence of scholarly citation in citation indexes and from Web sources [J]. Scientometrics, 2008, 74(2): 317-330.

[7] Taraborelli D. Soft peer review: Social software and distributed scientific evaluation [EB/OL]. [2012-08-25]. http://eprints.ucl.ac.uk/8279.

[8] Priem J, Piwowar H, Hemminger B. Altmetrics in the wild: Using social media to explore scholarly impact [EB/OL]. [2012-08-25]. http://arxiv.org/abs/1203.4745.

[9] 曹艺. 面向学术影响力评价的网络学术交流中的文献的下载与引用研究[D]. 南京：南京理工大学, 2012.

[10] 黄正南. 中位数的统计推断[J]. 湖南医学, 1988, 5(1): 43-45.

[11] 雷桂林, 林文忠, 郑伟强. 统计分布中集中趋势指标间的关系[J]. 甘肃教育学院学报(自然科学版), 1999, 13(2): 10-12.

[12] 魏太云. 相关矩阵的可视化及其新方法探究[EB/OL]. [2013-03-11]. http://cos.name/2009/03/correlation-matrix-visualization/.

[13] 胡昌平, 胡吉明, 邓胜利. 基于 Web 2.0 的用户群体交互分析及其服务拓展研究[J]. 中国图书馆学报, 2009, 35(9): 99-106.

[14] 付鑫金, 方曙. 国外网络信息计量学研究的作者共被引分析[J]. 图书馆, 2012(1):

73－74,78.

［15］ 刘淑芬．以社会网络分析法探讨 BBS 中的互动——对人民网“中日论坛”的个案研究［EB/OL］．［2012 － 08 － 25］．http://media.people.com.cn/GB/22114/150608/150619/10610064.html.

［16］ 刘春丽．Web 2.0 环境下的科学计量学:选择性计量学［J］．图书情报工作,2012,56(14):52－56,92.

作者简介

刘春丽，中国医科大学图书馆馆员，硕士。

g 指数与 h 指数、e 指数的关系及其文献计量意义

隋桂玲

摘　要　从 h 指数、g 指数和 e 指数的定义出发，通过数学推导和实例验证给出 g 指数与 h 指数、e 指数的不等式关系和函数关系表达式；通过对文献检索数据的统计分析，总结出论文按引频大小递减排序时，引频数随论文序号的变化规律的数学表达式；通过实例计算和比较，证实 g 指数对引频数非常敏感，并对这种敏感性的根源进行分析。最后对如何利用 g 指数客观评价科技工作者学术水平的问题进行探讨。

关键词　h 指数　g 指数　e 指数　文献计量学　引用频次

分类号　G350

1　引　言

如何根据科技工作者发表的论文及其被引用的数据来公正、合理地评价其学术水平和影响力，一直是文献计量学领域重要的研究课题之一。从文献计量学角度，过去常常根据科研工作者发表论文的数量和被引用频次进行评价。这种方法虽然具有一定的合理性，但也存在一些缺点，如不能反映出哪些论文最能代表作者的学术水平。2005 年 J. E. Hirsch 提出通过将某一科技工作者发表的论文按被引用频次（以下简称“引频”）多少递减排序所确定的 h 指数作为评价作者学术水平的指标[1]。这种方法首次将出版量和引用量合并为一个指数，既能清晰反映出作者主要研究工作及其学术水平，又操作简单，因此，近年来受到人们广泛的关注和研究[2-6]。但 h 指数也存在对高引频论文不敏感的缺点，低估了高引频论文对作者学术水平评价的贡献。为此，L. Egghe 提出 g 指数[7]、Zhang Chunting 提出 e 指数[8]来作为评价学术水平的指标。这些方法虽然考虑了高引频论文的贡献，但关于引频数对这些指数将产生多大的影响及其数学描述、产生影响的根源等问题，还缺少定量的验证和描述。另外，如何利用 h 指数、g 指数和 e 指数客观评价一个科技工作者的

学术水平以及其评价的准确性和可靠性的理论证明等问题，也一直是近年来文献计量学的研究热点之一。

本文从 h 指数、g 指数和 e 指数的定义出发，利用严格的数学推导，并结合实例验证，研究它们之间可能存在的关系及其在文献计量学上的意义，并对如何适用这些指数客观评价一个科技工作者的学术水平进行探讨。

2 g 指数与 h 指数、e 指数的关系推导、实例验证及其意义

2.1 g 指数与 h 指数、e 指数的不等式关系、实例验证及意义

J. E. Hirsch 提出的 h 指数的定义是[1]：将作者发表的所有 N 篇论文按引频的大小递减排序，当且仅当排序前 h 篇论文每篇论文的引频至少为 h，同时排序第 h+1 篇论文的引频小于 h+1 时，则这个 h 值被定义为该作者的 h 指数。如果设 c_i 为第 i 篇文章的引频，h 指数的数学表达式可写成：

$$h = \max(i):c_i \geqslant i \tag{1}$$

h 指数巧妙地将作者发表论文的数量与反映论文质量指标的引频结合在一起，克服了以往各种评价科学工作者科研成果的单项指标的缺点；这 h 篇被认为最能反映作者学术水平的代表性论文，也被称为 h－核论文。虽然 h 指数不受单纯论文数量增长的直接影响，克服了以文章数量论英雄的缺点，但对高引频论文和低引频论文均不敏感，因此它不利于客观评价那些论文数量少而引频高的科学家，或刚开始从事科学研究的青年科技工作者的学术水平。

2006 年，L. Egghe 在分析 h 指数评价效果时，提出了一种能反映高引频论文的评价指标，即 g 指数[7]，其计算方法如下：将一个作者发表的 N 篇论文按照引频从高到低递减排序，当且仅当这 N 篇论文中有 g 篇论文，总共获得了不少于 g^2 次的引频总数，而 g+1 篇论文总共获得的引文总数少于 $(g+1)^2$，称该作者的评价指数为 g [9]。其数学表达式为：

$$g = \max(i): \sum_i c_i \geqslant i^2 \tag{2}$$

显然，g 指数是引频累积数量大于等于序号平方的最大序号。g 指数打破了文献总数的限制，而且按引频排序靠前的文章的引频越大，g 指数越大，因此，对文献产出少但引频高的学者和机构更为公正。

由于 $\sum_{i=1}^{h} C_i \geqslant \sum_{i=1}^{h} = h^2$ (3)

按式（2），显然有：

$$g \geqslant h \tag{4}$$

Zhang Chunting 在考虑 h 指数对高引频论文不敏感的问题后，提出 e 指数

作为 h 指数的补充，其定义的数学表达式为[8]：

$$e^2 = \sum_{i=1}^{h}(c_i - h) = (\sum_{i=1}^{h} c_i) - h^2 \tag{5}$$

式（5）只考虑了引频不小于 h 的论文的贡献。虽然 e 指数比较适合对论文少而单篇论文引频高的作者的评价，但从数学的角度严格来看，也存在一定的问题。如：如果 h 篇论文的引频都是 h 的话，按式（5），e = 0。这显然不合理。因此，用 e 指数评价论文引频比较接近的学者的学术水平时，可能会出现低估其学术水平的问题。

由式（5）可以得到：

$$\sum_{i=1}^{h} c_i = h^2 + e^2 \tag{6}$$

下面讨论 g 指数与 h 指数、e 指数的关系及意义。

从 g 指数定义有：

$$g = \max(i) : \sum_i c_i \geqslant i^2 \tag{7}$$

令 i = g，有：

$$\sum_{i=1}^{g} c_i \geqslant g^2 \tag{8}$$

把求和分成两部分得：

$$\sum_{i=1}^{h} c_i + \sum_{i=h+1}^{g} c_i \geqslant g^2 \tag{9}$$

利用式（6）和式（9）得到：

$$h^2 + e^2 + \sum_{i=h+1}^{g} c_i \geqslant g^2 \tag{10}$$

或：

$$g^2 - (h^2 + e^2) \leqslant \sum_{i=h+1}^{g} c_i \tag{11}$$

因为：

$$\begin{aligned} c_{h+1} &\leqslant h \\ c_{h+2} &\leqslant h \\ \cdots &\leqslant \cdots \\ c_g &\leqslant h \end{aligned} \tag{12}$$

可以得到：

$$\sum_{i=h+1}^{g} c_i \leqslant (g - h)h \tag{13}$$

利用式（11）和式（13），有：

$$g^2 - (h^2 + e^2) \leqslant (g - h)h \tag{14}$$

或者：

$$g^2 - gh - e^2 \leqslant 0 \tag{15}$$

这类似于二元方程 $ax^2 + bx + c = 0$，其根的形式如下：

$$x = \frac{-b \pm \sqrt{b^2 - 4ac}}{2a} \tag{16}$$

这里有 $a = 1$，$b = -h$，$c = -e^2$，因此 g 指数唯一的根为：

$$g \leqslant \frac{h + \sqrt{h^2 + 4e^2}}{2} \tag{17}$$

$(h+2e)^2 = h^2 + 4e^2 + 4eh$，也就是：

$$h^2 + 4e^2 \leqslant (h + 2e)^2 \tag{18}$$

这意味着：

$$\sqrt{h^2 + 4e^2} \leqslant h + 2e \tag{19}$$

使用式（17）和式（19），可得：

$$g \leqslant \frac{h + (h + 2e)}{2} \leqslant h + e \tag{20}$$

结合式（4），得到 g 指数与 h 指数、e 指数如下不等式关系：

$$h \leqslant g \leqslant (h + e) \tag{21}$$

式（21）给出了 g 的取值范围。由式（3）可知，当 N 篇论文中 h 篇的引频都为 h，而第 h+1 篇小于 h 时，g=h。g 指数回归到 h 指数，克服了 e 指数为零的问题。从这一点看，g 指数比 e 指数要好。如果这 h 篇论文中任何一篇的引频大于 h，都会使 g≥h，这说明 g 指数对高引频论文很敏感，有利于对论文引频高的作者学术水平的评价。但式（21）也给出 g 指数的上限——e。根据 e 指数的定义式（5），e 等于前 h 篇论文引频与 h 差的开平方。这意味着引频越大，g 越大。但同 h 指数相比，g 指数的增加也是有限的。这表明 g 指数在评价学术水平时，既考虑到引频对学术水平评价的贡献，但又不是无限夸大这样的贡献。

为了验证上述不等式关系的正确性，笔者利用 Web of Science 数据库，检索了吉林大学化学学院无机水热合成国家重点实验室和超分子结构与材料国家重点实验室 14 位著名教授（其中包括院士、长江特聘教授、杰出青年基金获得者）2002－2012 年发表的论文及其被引用情况。检索不区分作者是否是第一作者，通讯作者还是一般合作作者。利用检索的数据，计算了每位作者的 h 指数、g 指数和 e 指数。由表 1 可见，（21）式不等式是成立的。

表 1　14 位教授发表的学术论文的 h 指数、g 指数和 e 指数

姓名	h 指数	g 指数	e 指数	h + e
Yang B（YB）	33	55	37	70
Yu JH（YJH）	24	40	28	52
Xu RR（XRR）	21	38	23	44
Shi Z（SZ）	20	33	23	43
Feng SH（FSH）	19	32	22	41
Wang H（WH）	19	32	22	41
Li GD（LGD）	15	33	27	42
Liu YL（LYL）	14	23	18	32
Zhu GS（ZGS）	12	20	14	26
Xu JQ（XJQ）	10	15	11	21
Yan WF（YWF）	9	17	13	22
Yuan HM（YHM）	9	25	22	31
Pang GS（PGS）	8	12	9	17
Liu XY（LXY）	7	12	9	16

2.2　g 指数与 h 指数、e 指数的函数关系、实例验证及意义

从式（21）g 指数与 h 指数和 e 指数的不等式关系可推论，g 指数可以近似表达为 h 指数和 e 指数的函数形式。为此，重新定义 g 指数：$\{c_i\}$ 为递减序列（$c_1 \geqslant c_2 \geqslant c_3 \geqslant \cdots \geqslant c_N$）。为了不缺乏普遍性，假定 $\{c_i\}$，i = 1，2，…，N 可以被平滑成函数，$c_i = C(t)$，$1 \leqslant t \leqslant N$。这样，$\sum_{i=1}^{x} C_i$ 就可以用积分式 $\int_1^x C(t)dt$ 替代。令：

$$S(x) = \int_1^x C(t)\,dt \tag{22}$$

定义：

$$G^2 = S(G) \tag{23}$$

其中，$S(N) < N^2$，式（23）中 G 与真实 g 指数定义相近，且 g =

[G], [x] 表示为数字 x 取整数部分。

将 S (x) 在 x = h 附近展开成泰勒级数，若只保留线性部分，有：

$$S(x) \approx S(h) + S'(h)(x - h), h \leqslant x \leqslant N \tag{24}$$

从式 (5) 和式 (22) 知道，$S(h) = h^2 + e^2$，$S'(h) = C(h) \approx h$，带入式 (24) 得到：

$$G^2 \approx h^2 + e^2 + h(G - h) \tag{25}$$

解代数方程 (25)，得到一级近似下 g 指数与 h 指数、e 指数的函数关系：

$$g = [G^{(1)}] = \frac{h + \sqrt{h^2 + 4e^2}}{2} \tag{26}$$

若只保留泰勒级数展开的线性和平方项的部分，则得到二级近似下 G^2 表达式：

$$G^2 = S(h) + S'(h)(x - h) + 1/2\, S''(h)(x - h)^2, h \leqslant x \leqslant N \tag{27}$$

为了计算 S″ (x)，必须事先知道 C (t) 的具体形式。为此，把上述 14 位教授每位教授发表论文的引频按递减方式排序，并把引频作为序号的函数画出来。图 1 为 14 位教授中 4 位教授的论文引频数随论文序号的变化规律，即近似为 C (t) 的函数形式。由图 1 可见，引频数随论文序号的变化规律类似于函数 1/t 的形式，但对于不同的作者，变化规律稍有不同。

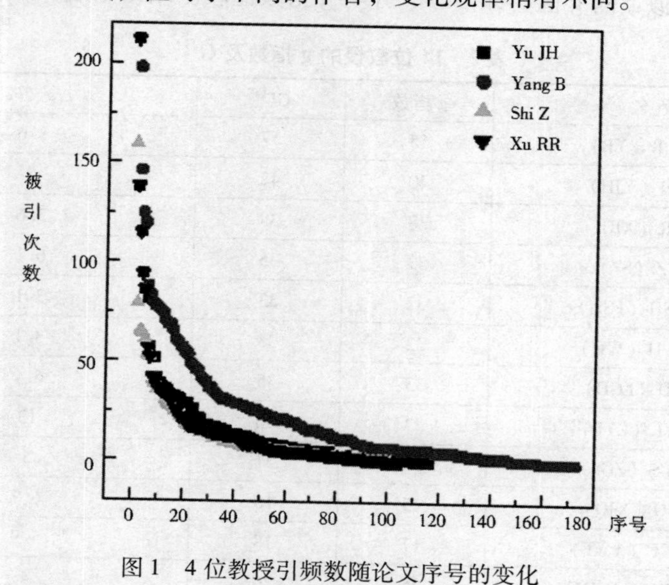

图 1　4 位教授引频数随论文序号的变化

为了使假设的 C (t) 具有普适性，假设 C (t) 具有如下的函数形式：

$$C(t) = \frac{K}{t^{\lambda}} K > 0, x \geqslant 1, > 0 \tag{28}$$

对某一作者而言，K、λ 都是常数，可利用式（28）对该作者论文引频随论文序号变化曲线进行拟合得到。对不同的作者，K 和 λ 不同。

使用式（27）和（28），可得到：

$$G^2 \approx h^2 + e^2 + h(G - h) - \frac{1}{2}\lambda (G - h)^2 \tag{29}$$

解代数方程（29），得到：

$$g = [G^{(2)}] = \left[\frac{\frac{\lambda + 1}{h} + \sqrt{h^2 + 4e^2 + 2\lambda e^2}}{\lambda + 2}\right] \tag{30}$$

$G^{(2)}$ 是二级近似下 g 指数的近似值。对于 n 级近似，可得关于 G 的方程：

$$G^2 = e^2 + hG + h^2 \sum_{n=1}^{\infty} \frac{(-1)^n}{(n+1)!} \left(\prod_{i=0}^{n-1} (\lambda + i)\right) \left(\frac{G}{h} - 1\right)^{n+1} \tag{31}$$

从原理上说，通过解方程（31）便可以获得 g 指数与 h 指数、e 指数的函数关系。

为了验证上面推导的函数关系式的可靠性，利用式（26）计算上述 14 位教授一级近似下的 g 值，即 $G^{(1)}$，并与 g 指数比较。结果如表 2 所示：

表 2　14 位教授的 g 指数及 $G^{(1)}$

姓名	g 指数	$G^{(1)}$	△g（%）
Yang B（YB）	55	57	3.6
Yu JH（YJH）	40	42	5
Xu RR（XRR）	38	39	2.6
Shi Z（SZ）	33	35	6.1
Feng SH（FSH）	32	33	3.1
Wang H（WH）	32	33	3.1
Li GD（LGD）	33	35	6.1
Liu YL（LYL）	23	26	13
Zhu GS（ZGS）	20	21	5
Xu JQ（XJQ）	15	16	6.7
Yan WF（YWF）	17	18	5.9
Yuan HM（YHM）	25	26	4
Pang GS（PGS）	12	13	8.3
Liu XY（LXY）	12	13	8.3

表2的结果表明，在一级近似下的$G^{(1)}$与g指数不仅排序规律相同，而且数值已经非常接近，误差在可以接受的范围。对于二级近似下的计算，由于确定K和λ比较复杂，而且一级近似结果已经很接近g值，本文没有计算。但一级近似的结果足以证明上面推导的关系的可靠性。所以，式（30）已经能够很好地反映g指数与h指数、e指数的函数关系，同时也从数学的角度证明了g指数、h指数、e指数并不是相互独立的，g指数包含了h指数、e指数随论文数量和引频变化的特征，更能综合反映论文数量和引频的变化。所以，g指数比h指数、e指数更能客观、准确地对学术水平和影响力进行评价。

为了便于看清利用h指数、g指数和e指数进行学术水平评价的差别，把14位教授的h指数、g指数和e指数画在同一图中。另外，为了定量阐述g指数对引频的敏感性以及这种敏感性的起源，定义一个广义影响因子I_f，$I_f = C/N$，这里N是一个作者发表论文的总数，C是所有论文引频的总和。通过利用检索的数据，计算14位教授中每位教授的I_f，并画在同一图中（见图2）。

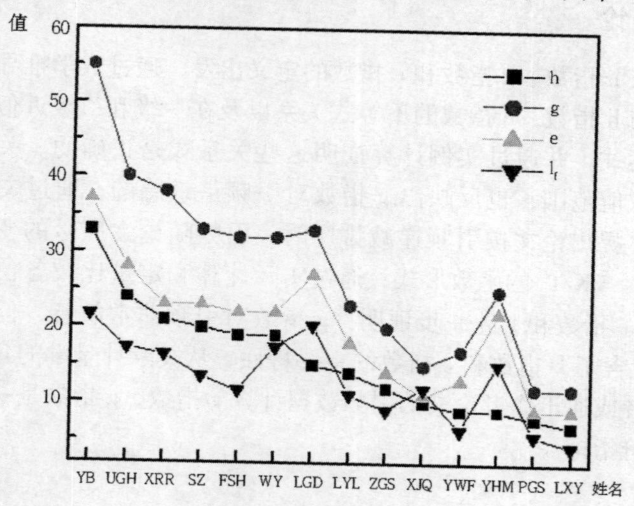

图2　14位教授的h指数、g指数和e指数及I_f值

这里h指数是按照每位教授的h值的大小单调递减排列。从图2发现：①当g指数、e指数和I_f按h指数排列的作者顺序排列时，g指数、e指数随教授排列的变化规律与I_f的非常相似，但h指数的变化规律与I_f的不同。这充分说明了g指数、e指数对引频的变化是非常敏感的，而h指数并不敏感。e指数只考虑了引频大于h的论文引频的贡献，而I_f考虑了所有引频的贡献。所以，这种相似性表明，当考虑引频对评价指数的影响时，只需考虑引频大于h

的论文的贡献就足够了，这将大大减少统计工作量。②g 指数实际上是 h 指数和 e 指数的叠加效应，正如式（26）所表现的那样，它包含了 h 指数、e 指数的主要特性。所以说，g 指数是一个较好的学术水平评价指标。

值得注意的是，作者 Li GD 和 Yuan HM 的 g 指数、e 指数和 I_f 都比他们相邻两个作者的大，在相应的变化曲线上，表现出明显的峰值。从表 2 可以看到，Li GD 和 Yuan HM 的文章总数并不比其相邻作者多很多，但引频数比相邻作者多得多。从检索的详细数据可知，Li GD 的高引频主要来自引频数在 100 以上的三篇论文，而 Yuan HM 的高引频数来自一篇引频数为 456 的论文。但笔者也注意到，Li GD 和 Yuan HM 并不是其高引频论文的第一作者或通讯作者。所以，不区分作者在论文中的身份和贡献去计算 g 指数，可能会从文献计量学角度夸大了作者的学术水平。因此，利用第一或通讯作者论文的引频去计算 g 指数可能会更好地反映作者的学术水平。

3 结 论

本研究从 h 指数、g 指数和 e 指数的定义出发，通过数学推导和实例验证给出 g 指数与 h 指数、e 指数的不等式关系以及在一级和二级近似下函数关系式的数学表达式，并通过实例计算证明这些关系式是正确的。关系式不仅给出 g 指数的取值范围，也反映出 g 指数对引频是敏感的；通过文献检索数据的统计分析，提出论文按引频递减排序时，引频随论文序号的变化规律可表示为：$C(t) = K/t^{\lambda}$ 的函数形式；通过实际计算和定量比较各位教授的 h 指数、g 指数、e 指数和 I_f 进一步证明：g 指数对引频非常敏感，但 h 指数不敏感；g 指数包含了 h 指数和 e 指数的主要特性，从文献计量学的角度看，如果利用第一作者或通讯作者论文的引频数据计算 g 指数，g 指数是一个较好的学术水平的评价指标。

参考文献：

[1] Hirsch J E. An index to quantify an individual's research output[J]. Proceedings of National Academy of Sciences, 2005, 102(46): 16569 - 16572.

[2] Bartneck C, Kokkelmans S. Detecting h-index manipulation through self-citation analysis [J]. Scientometrics, 2011, 87(1): 85 - 98.

[3] Hirsch J E. An index to quantify an individual's scientific research output that takes into account the effect of multiple coauthorship [J]. Scientometrics, 2010, 85(3): 741 - 754.

[4] 马妍，何苗，邢星，等. H 指数与类 H 指数应用于人才遴选的可行性探讨[J]. 情报科学，2013，31(6): 60 - 66.

[5] 刘合艳，房俊民，苑彬成．h 指数研究及应用概述[J]．情报理论与实践,2009,32(11):1－5.
[6] 张垒,唐恒．影响 h 指数、g 指数、影响因子因素的相关性研究[J]．图书情报工作,2009,53(20):139－143.
[7] Egghe L . An improvement of the h-index:The g-index[J]. ISSI Newsletter,2006,2(1):8－9.
[8] Zhang Chunting. The e-index, complementing the h-index for excess citations[J]. PLoS ONE, 2009, 4(5): 1－4.
[9] Egghe L. Theory and practice of the g-index [J]. Scientometrics, 2006,69: 131－135.

作者简介

隋桂玲，吉林大学图书馆馆员。

专利计量指标研究进展及层次分析

陈琼娣

（五邑大学经济管理学院　江门 529020　华中科技大学管理学院中德知识产权研究所　武汉 430074）

摘　要　有效地利用专利计量指标可以挖掘专利数据中大量有价值的技术与法律信息。遗憾的是目前专利计量指标在我国的运用并不十分理想。本文在对专利计量指标相关研究进行全面梳理的基础上，分析当前专利计量指标研究中存在的主要问题与不足；根据专利文献的内在特性，将现有的专利计量指标划分为数量、质量、科技和速度4个层次。厘清专利计量指标的层次可以引导我们正确、有效的选择和使用相关指标，使专利信息更好地为企业技术创新服务。

关键词　专利计量　指标　专利质量　指标层次

分类号　G350

1　引　言

专利作为技术信息的载体，自20世纪以来开始受到学术界的广泛关注。专利文献有着类似学术文献的特点，对专利文献各著录项进行深入分析，可以发现许多有价值的法律信息和技术信息。因而，学者们开始尝试将期刊文献领域的计量分析方法用于专利文献研究，专利计量分析应运而生。“专利计量”（patent bibliomatrics 或 patentometrics）最早由 Francis Narin 于1994年提出，是指将数学和统计学的方法运用在专利研究中，以探索和挖掘专利文献的结构、数量以及变化规律等内在价值的计量方法[1]。要对专利文献进行计量分析，计量指标的选择与构建必不可少。有鉴于专利信息在当今产业发展中扮演着越来越重要的角色，专利计量指标的构建与运用成为专利信息研究的一个重要议题。2007年在西班牙马德里举行的第11届科学计量与信息计量学国际研讨会的征文范畴之一就是“专利计量指标”研究，由此可见，专利计量指标已经成为当前研究的热点[2]。

2 专利计量指标的研究进展

早在1837年，美国就开始运用专利统计结果作为衡量经济绩效的指标。由于当时专利文献的获取比较困难，专利指标限于专利授权数、重大发明数等一些较为基本和直观的指标。Seidel首先提出以计量方式分析专利文献，他建议利用卡片记录的方式，运用引用文献分析方法处理专利文献中所列出的引用信息，以进一步了解各项技术及研究之间的关系[3]。但当时这一方法并未引起足够的注意，相关研究的发展也非常缓慢。1986年，美国知识产权研究公司（简称CHI）与美国科技信息所（Institute for Scientific Information，简称ISI）合作将期刊文献引用分析应用到专利领域，提供专利文献被引用的信息，自此，专利计量指标的研究开始活跃起来。从相关研究文献的发展历史来看，我们可以发现专利计量指标的研究经历了由简单到复杂，由数量、质量指标不断向科学技术与专利速度等内涵信息挖掘的发展过程。有关专利计量指标的研究概括起来有三类，即专利计量指标的必要性研究、专利计量指标的可行性研究以及专利计量指标体系的开发与应用研究。

2.1 专利计量指标研究的必要性

早期的专利计量研究大部分是围绕专利文献的本质探讨专利计量指标构建与研究的必要性。这类研究多是从专利文献的独特性出发，其基本观点是：对专利文献的分析能有助于我们更好地了解技术的发展历程以及技术的未来发展趋势，因而有必要建立专利计量指标体系，并对其进行深入的分析与研究。这类研究的主要分析方法是通过对期刊文献内容与专利文献内容之间的重叠进行探讨，例如，Allen and Oppenheimer分析了加拿大期刊所刊登的文献与专利文献的内容重叠程度[4]，Eisenschitz等则针对药物及食品的专利，透过作者的交叉检索了解相关专利文献与期刊文献的重叠状况[5]。对专利计量指标必要性的研究结论趋于一致，即：期刊文献与专利文献之间的重叠性是有限的，与其他技术文献资源相比，专利文献具有其独特性。因而，专利文献是了解相关产业的技术历程与进展的重要资源，深入研究专利计量指标，构建有效的专利计量指标体系非常必要。

2.2 专利计量指标建立的可行性

随着研究的进展与深入，大量文献开始对专利计量指标建立的可行性和有效性展开分析。这类研究的主要目的是验证专利计量指标分析结果的信度与效度，主要方法是就专利计量分析所建立的各类指标与基于期刊文献建立的计量指标或其他方法建立的指标进行比较，从而说明专利计量指标的理论基础与研究成果的信度和效度。Narin 透过专利数的计算及发明人分布的研究，将文献计量分析中的洛特卡定律（Lotka’s Law）运用于专利文献计量分析中，验证了专利文献的洛特卡特性[1]。Narin 和 Hamilton 利用文献计量、专利计量与连接计量三种不同文献的计量分析了各种公共研究计划的执行成效，研究表明三种不同的计量方法的结果具有一致性，因此专利计量指标分析的结果有一定的可信度与有效性[6]。除了验证文献计量研究方法对专利文献的适用性，如何从产业发展的角度解读专利计量分析所建立的各项指标，也是专利计量分析适用性的相关讨论中常被提及的议题之一。Carpenter 等人利用专利引用分析所得到的产业机构影响力与企业评比结果进行比较，发现依据专利引用数据建立的指标与企业评比表现相同，两者呈现出正向相关[7]。Meyer 通过访谈研究也验证了专利指标具有相当的信度和效度[8]。

2.3 专利计量指标体系的开发及应用

专利计量的最终目的是提取专利文献中的信息作为技术与管理研究的基础。从专利计量指标必要性、可行性及应用三类研究数量上看，国外研究中以利用专利计量指标了解和评估技术发展的应用类研究为最多。善于利用专利文献，在宏观上可以看出一国的科技竞争力、经济成长与科技发展的趋势；而在微观上，可以观察个别公司的技术能力、技术策略以及公司间的竞争信息，并作为授权、并购、合资以及股价评估的依据。尽管专利检索的准确性与全面性很难控制，容易造成分析上的误差，但是专利计量指标的重要性仍然不能小视，在信息搜寻更容易而且更精确的现在，专利计量指标已经被广泛应用于相关产业技术的分析上，在大量文献中被视为比较创新绩效的适当指标，因而被大量地应用到相关的研究和评价中。

3 现有专利计量指标研究中存在的问题与不足

构建适当、有效的专利计量指标，是进行专利文献研究的前提和基础。相关国家、国际组织都非常重视专利计量指标的研究及应用。目前全球较有影响力的指标有 CHI 专利计量指标体系、Ginarte-ParK 指数法、OECD 科技指标手册等；国内学者王九云、黄庆、杨晨等也分别构建了不同的知识产权或专利计量指标[9-11]，深圳、上海、烟台市还陆续出台了区域知识产权或专利指标体系。这些指标对于我们认识专利信息及其价值有很大的帮助，但不容忽视的是，当前专利计量指标研究中仍存在一些问题与不足。

3.1 对专利计量指标的系统性与整体性研究相对缺乏

当前大部分研究是就专利某一方面的特性进行分析。例如，有些研究比较注重专利数量指标的分析，有些则仅对专利引用情况做研究，而从专利文献的整体特性出发，构建系统全面的专利计量指标的研究还较少。导致大家在做具体分析时，对于专利文献信息的的了解往往是局部的，很难全面准确地反映专利的法律与技术信息。随着社会经济的发展以及科学技术与经济结合的日益紧密，这些单一的指标已经不能满足人们对专利进行深入分析的需求。

3.2 对各专利计量指标体系之间相互关系的研究也比较少

目前，国际上还没有一个公认的、通行的、标准化的专利计量指标体系，各研究机构都是按照自己的一套标准来构建相关指标，因而形成了多种指标体系并存的格局。错综复杂的专利计量指标体系，造成了实践选择和应用的困难。另外，这些评价指标体系对不同指标之间的多重共线性、相关性等问题没有深入的分析，使得某些指标作用可能会被重复计算，从而导致对因果关系的解释不准确。

为此，本文根据专利数据的内在特点，将现有研究中的各种指标划分为数量、质量、科技和速度 4 个层次，以避免不同层次指标之间的共线性，减少对某些因素作用的重复计算，对评价指标的因果和相关关系给出准确的解释。

4 专利计量指标的层次分析

4.1 专利数量指标

在专利各著录项中，数量是最容易获取也是最直观的指标，这是专利第一个层次的指标。利用专利数量来评估某一公司的研发能力在美国也是最早产生的，该类指标主要反映主体的专利意识和对专利的关注程度。通过对某段时间内某技术领域、国家、公司或个人所获得的专利数量的组合对比，可评估某一技术领域、国家、公司或个人的技术活动程度和水平、演变过程和发展趋势。初期的专利数量指标一般指专利申请数和专利授权数，经过长时间的研究发展，对专利数量指标体系的研究已较为成熟，在基本数量指标的基础上还延伸出一些比较指标，如专利成长率等。美国大多数公司和研究单位都在利用专利的成长数量和分布来监控一公司研发技术的发展走向，进而判断该公司的技术发展趋势。表 1 对目前主要数量指标的定义与意义进行了归纳和总结：

表1　专利数量指标的含义及意义

专利指标	定义、用途与意义	来源
专利申请数	指在某一时期间内各国家、公司或个人在特定领域所申请的专利数量。用于评估主体从事技术研发活动的程度。	CHI 专利指标
专利核准数	指在某一时期内各国家、公司或个人所拥有的专利授权数量。用于判断主体的创新能力及技术竞争力。	CHI 专利指标
有效专利件数	在某一时期内，某国家或地区，每 10 万居民所获得的专利件数。用于国家之间竞争力的对比，可以消除人口因素的影响。	IMD 科技指标①
专利生产力	指在某一时期内，某国家、地区或公司内，专利获得数除以研发人员数量。用于衡量专利的净产出，消除研发人员因素的影响。	IMD 科技指标
专利效率	指一定时间内国家、地区或公司每百万研发费用支出所创造的专利数量产出。用来评估创新主体在一定时间内专利数量产出的成本效率。	IMD 科技指标
专利成长率	将某一年所获得专利数量与前一年所获得的专利数量相比较，计算出该年较前一年增减的幅度百分比率。就某一产业而言，本指标是用来了解在特定时间内专利成长的情况。就某一公司而言，可以用于评估公司技术趋势变化与技术投资。	CHI 专利指标

4.2　专利质量指标

随着学界对专利研究的深入，许多学者对专利数量指标的意义提出了质疑。Schmookler 在尝试以专利统计数据揭示经济发展的相关性时，遇到了许多困难与瓶颈[12]，瓶颈之一是各个专利影响力不同，如果仅加总专利数量有时无法看出其对经济社会的影响力。因此，专利数量的多少并不能很好地反映专利的价值、质量和影响力。为解决此问题，学者开始关注专利质量问题。如何判断和评价专利的质量是专利质量指标构建的初衷。我们将专利质量指标归为专利第二个层次的指标，该类指标主要反映专利的技术创新程度及技术影响力。

最早被用于评价专利质量的指标是专利的引用情况。早在 1949 年，Seidel 就第一个系统地提出专利引用指标分析对于专利技术的重要性。1976 年，

① 该指标来源于瑞士洛桑国际管理学院（International Institute for Management Development，简称 IMD）发布的《国际竞争力年度报告》（World Competitiveness Yearbook，简称 WCY）中所采用的专利计量指标。IMD 自 1989 年开始每年出版一次《国际竞争力年度报告》，被公认为是研究国家和地区竞争力的最好的一手资料。

美国专利商标局在《第六次技术评估和预测报告》里强调专利被引次数用于评价专利技术质量的重要意义。此后，很多学者陆续投入到专利引用指标的研究当中，进一步探讨了专利引用和技术重要性之间的关系。目前，探讨专利质量指标的研究越来越多，在已有的研究中，人们用来衡量专利质量的指标主要有：专利引用指标、专利权利要求范围、专利维持水平、专利家族大小、专利异议情况、专利诉讼情况[13-19]等，如表2所示：

表2　专利质量指标的含义及意义

专利指标	定义、用途与意义	来源
专利授权率	指某一时期内所有专利申请中能通过专利审查程序而获得授权的专利所占比率。用以说明被研究主体的创新能力强弱。	IMD 科技指标
平均被引用次数	指某公司某一时期所获得的专利被后来专利所引用的次数除以所有专利总数的商。被引用次数越高，说明该公司的技术影响力越强。	CHI 专利指标
即时影响指数	指某公司在5年内的专利总数中，某一年在美国专利资料库中被引用的次数占同时期所有公司被引用次数的比例。判定公司的产业中哪些技术是最好最成熟的技术（会被大量引用），也可以作为和其他公司技术影响力比较的指标。	CHI 专利指标
专利家族大小	指专利申请寻求不同国家保护的数量。呈现公司专利申请的经济品质。	Zeebroeck[20]
有效专利占有率	指被授权且继续缴费的专利所占比例。因为一般只有专利产生的价值高过费用才值得维护，因此该指标也可以作为公司专利经济品质的衡量指标。	IMD 科技指标
权利要求数	专利说明书中权利要求的数量。权利要求跟专利质量成正比。	Sapsalis[21]
异议、诉讼	专利异议的程序可以剔除较弱的专利，即新颖性、创新性和实用性不明显或不强的专利。而价值高的专利遭遇诉讼的可能性较大，因此，是否遭遇并成功通过诉讼是专利价值的重要反映，遭遇诉讼的可能性与专利权要求的数量通常也呈正相关。	Lanjouw[18]，Lanjouw and Schankerman[19]

4.3　专利科技指标

专利是在特定的区域赋予新技术一定时期的独占权。专利的核心是技术，因此对专利技术特征的挖掘显得尤为重要，我们将其作为专利第三个层次的指标。通过对这些指标的分析，可以对技术的发展脉络有一个清楚的认识，便于发掘重点技术和难点技术。科技类指标包括科学指标和技术指标，科学指标表现专利与科学研究之间的联系，而技术指标表现专利的技术情况。表3归纳了与科学技术相关联的专利计量指标：

表3 专利科技指标的含义及意义

专利指标		定义、用途与意义	来源
技术类指标	技术范围	专利申请的IPC分类的多样性。呈现公司申请的技术品质。	Fabry等[22]
	技术专门化	指某一研究主体在某领域的专利申请数除以其所有领域的专利申请数的商。可以用于判断研究主体的技术偏好。	McAleer等[23]
	技术关联性	反映出该前专利被后申请专利所引证的次数。该专利的引证数越高，代表其越趋向于基础技术。	OECD专利指标
	技术独立性	专利申请时，通常会引证他人或自己所拥有的专利作为研发该专利的参考资料。引证的专利偏向自己所有的专利，表示该专利发明所申请的技术较封闭，该公司是市场的领先者或是该技术独立性较高；引证的专利大都是他人所拥有的专利，表示该专利技术的对外相依性高。	OECD专利指标
	原创性	一件授权专利所引证的所有专利中，将其引证专利分属的IPC的数量除以引证专利总数的得数。例如：一件专利被引证20篇专利，且此20篇专利分属于15种IPC，所以此专利原创性数值为0.750。值越高代表原创性越好。	PLX系统公司专利指标
	普遍性	一件核准专利在被引证的所有专利中，将其被引证专利总数分属的IPC总数除以被引证总数。例如：一件专利被后来的20篇专利所引证，且此20篇专利分属10个IPC，则此件专利之一般性数值为0.500。值越高代表普遍性越佳。	PLX系统公司专利指标
科学类指标	科学关联性	该公司所拥有的专利平均引证论文的篇数。主要反映出该公司专利的技术市场的定位，可以评估公司技术与科学研究的关系，越高越代表属于领先型企业。	CHI专利指标
	科学强度	专利件数 * 科学关联性。评估公司专利布局与科学之间的强度关联。	CHI专利指标
	科技关联性	该专利平均被论文或研究报告所引证的次数。代表该专利与科学研究之间的密切度，越高越代表该专利属于基础研究技术或技术领先型技术。	OECD专利指标

4.4 专利速度指标

专利速度指标由ipIQ公司①首先提出，该指标用于衡量主体将技术或发明转变为知识产权的速度以及技术所处的阶段。目前对这类指标的研究还不多，因而研究成熟的计量指标也很有限。表4归纳了与专利速度相关联的专利计量指标：

表4 专利速度指标的定义及含义

专利指标	定义、用途与意义	来源
创新生命周期	该指标用于表示一个研究主体将领先技术和核心研究转变为专利资产的速度。以年为单位，年数越低越好。	ipIQ专利组合指标
技术生命周期	以所引证的专利年龄中位数为分子，除以专利件数的平均值。反映某一研究主体的技术发展的速度，另外还可以看出公司未来技术发展的潜力。如果一个专利的技术循环周期短，表示该研究主体的技术更容易被竞争对手的技术所取代。不同产业的技术循环周期不同，我们可由技术循环周期来判断一个研究主体的专利在哪个阶段不容易被取代。	CHI专利指标

5 结 论

专利计量指标的构建与选择是挖掘专利信息的基础。目前，各种专利计量指标虽然很多，但是，单个指标只能表现专利某一方面的特性，只有将不同层次的计量指标综合使用，才能对某一主体或某一产业的专利进行正确的评价和研究。已有的实证研究表明，运用综合指标可以更准确有效地挖掘专利文献中的相关信息，减少误差。Lanjouw and Schankerman的研究发现用综合指标可以消减专利计量的误差，更好地评价专利质量，并通过实证研究发现利用综合指标可以降低20%～73%的专利质量误差[14]。同样，针对不同的评价目的，应该选择不同的指标以及指标组合，并构建综合指标来全面反映专利的技术和法律信息。因而，我们在对专利计量指标的近期相关研究进行梳理的基础上，从专利本身的特性出发，将其分为专利数量指标、专利质量指标、专利技术指标和专利速度指标4个层次，有助于我们根据不同的计量目的，选择合适的指标。

---

① 世界领先的专利研究所CHI Research是ipIQ的前身。

参考文献:

[1] Narin F. Patent bibliometrics[J]. Scientometrics,1994,30(1):147-155.

[2] 邱均平,马瑞敏,徐蓓,等. 专利计量的概念、指标及实证[J]. 情报学报,2008,27(4):556-565.

[3] Seidel A. Citation system for patent office[J]. Journal of the Patent Office Society,1949,31:554-567.

[4] Allen J, Oppenheim C. The overlap of US and Canadian patent literature with journal literature[J]. World Patent Information,1979,1(2):77-80.

[5] Eisenschitz T, McKie L, Warne K. Communication of information in US biotechnology patents[J]. World Patent Information,1989,11(1):28-32.

[6] Narin F, Hamilton K. Bibliometric performance measures[J]. Scientometrics,1996,36(3):293-310.

[7] Carpenter M, Narin F, Woolf P. Citation rates to technologically important patents[J]. World Patent Information,1981,3(4):160-163.

[8] Meyer M. What is special about patent citations? Differences between scientific and patent citations[J]. Scientometrics,2000,49(1):93-123.

[9] 王九云. 论知识产权保护层次的科学评价[J]. 中国软科学,2000(11):61-64.

[10] 黄庆. 专利评价指标体系(一)——专利评价指标体系的设计与构建[J]. 知识产权,2004(5):25-28.

[11] 杨晨,杜婉燕,陈永平. 区域知识产权战略绩效评价指标体系构建的探究[J]. 科技管理研究,2009(2):246-248.

[12] Schmookler J. Invention and economic growth[M]. Cambridge: Harvard University Press,1966.

[13] Jaffe A, Trajtenberg M. International knowledge flows: Evidence from patent citations[J]. Economics of Innovation and New Technology,1999,8(1):105-136.

[14] Lanjouw J, Schankerman M. Patent quality and research productivity: Measuring innovation with multiple indicators[J]. The Economic Journal,2004,114(495):441-465.

[15] Pakes A, Schankerman M. The rate of obsolescence of patents, research gestation lags, and the private rate of return to research resources[J]. R&D, Patents, and Productivity,1984:73-88.

[16] Deng Y. Private value of European patents[J]. European Economic Review,2007,51(7):1785-1812.

[17] Reitzig M. What determines patent value?: Insights from the semiconductor industry[J]. Research Policy,2003,32(1):13-26.

[18] Lanjouw J, Pakes A, Putnam J. How to count patents and value intellectual property: The uses of patent renewal and application data[J]. The Journal of Industrial Economics,1998,

46(4):405 - 432.

[19] Lanjouw J, Schankerman M. Characteristics of patent litigation: A window on competition [J]. RAND Journal of Economics, 2001, 32(1):129 - 151.

[20] Van Zeebroeck N, van Pottelsberghe de la Potterie B, Guellec D. Claiming more: The increased voluminosity of patent applications and its determinants[J]. Research Policy, 2009, 38(6):1006 - 1020.

[21] Sapsalis E, de la Potterie B P. The institutional sources of knowledge and the value of academic patents[J]. Economics of Innovation and New Technology, 2007, 16(2):139 - 157.

[22] Fabry B, Ernst H, Langholz J, et al. Patent portfolio analysis as a useful tool for identifying R&D and business opportunities——An empirical application in the nutrition and health industry[J]. World Patent Information, 2006, 28(3):215 - 225.

[23] McAleer M, Chan F, Marinova D. An econometric analysis of asymmetric volatility: Theory and application to patents[J]. Journal of Econometrics, 2007, 139(2):259 - 284.

作者简介

陈琼娣，女，1975 年生，博士研究生，发表论文 14 篇。

国外网络信息计量学领域合作网络特性分析

付鑫金　庞弘燊

（中国科学院国家科学图书馆成都分馆　成都 610041　中国科学院研究生院　北京 100190）

摘　要　将国外网络信息计量学领域的合著关系抽象为合作网络，分析该网络的整体特性，发现其拥有较小的密度、较短的平均路径长度和较高的聚类系数，显示出小世界特性；而度分布的分析中，存在较多点未与拟合直线吻合，不具有显著无尺度特性。通过对本网络中最大的连通组群进行集团特征分析，发现集团内部合作较为紧密，与外界联系稀疏，只有一个集团内有较明显的核心节点。因而需要打破现有相对封闭的集团结构，才能使资源得到更优配置，促进网络信息计量学的发展。

关键词　网络信息计量学　合作网络　网络特性　集团特性

分类号　G350

1　引　言

如果将复杂系统内部的各个元素抽象为节点，元素之间关系视为连接，则构成一个具有复杂连接关系的网络，通常称为复杂网络[1]。众多实证研究表明，各种现实网络可抽象为复杂网络，如社会关系网、Internet、交通网、科学合作网络等。复杂网络一般具有三个基本统计特征：①小世界特征，网络中节点之间的平均距离较短，该距离即连接两点的最短路径所经过边的数目[2]；②无尺度特征，网络节点的度服从幂率分布，节点的度指与该节点关联的边的数目；③集聚特征，由节点的集聚系数衡量[3]。

某领域科学合作网络即由该领域学者构成，其中节点为各学者，若两位学者共同写一篇论文，则两个节点相连接[4]。本文，将国外网络信息计量学领域论文作者的合著关系抽象成合作网络，用来表征该领域学者间的科学合作关系。

2 数据获取与处理

本文从 ISI Web of Science 数据库中，以“Webometrics”为主题词，于2010年12月14日，共检索出112篇相关文献。经过去重、整理后，形成涉及123名作者的小型科学合作网络。

首先形成123×123的合著矩阵，见表1（限于篇幅，只列出部分）。对角线数字即为作者本人的发文量。

将矩阵导入社会网络分析软件Ucinet，保存为Ucinet格式。利用画图工具Netdraw绘制合著网络图，见图1，其中有13个点为独立作者，未在图1中显示。

表1 合著矩阵（部分）

作 者	Thelwall M	Aguillo I	Ortega J L	Vaughan L	Park H W	Harries G	Payne N	Li X M
Thelwall M	32	0	0	3	3	5	5	4
Aguillo I	0	16	13	0	0	0	0	0
Ortega J L	0	13	13	0	0	0	0	0
Vaughan L	3	0	0	10	0	0	0	0
Park H W	3	0	0	0	7	0	0	0
Harries G	5	0	0	0	0	5	0	0
Payne N	5	0	0	0	0	0	5	0
Li X M	4	0	0	0	0	0	0	4

文献［5］中提到，如果两作者间存在连线，表明两人有合作，则两个不同群组间没有连线（合作关系）；在同一组群的任意两点之间至少存在一条通路。因而在该合作网络中，存在31个相互独立的连通子网络，其中，最大的连通组群拥有节点总数为37，最小的组群拥有节点数为1，如表2所示：

表2 组内成员数与组数统计

组内成员数	1	2	3	4	5	6	7	13	37
组群个数	13	6	3	2	1	2	2	1	1

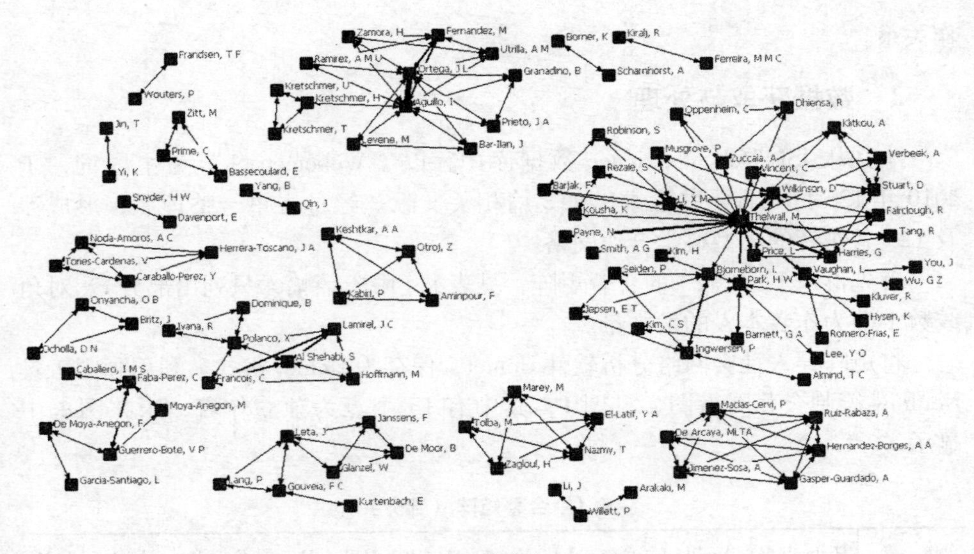

图 1　合著网络

3　整体网特性分析

从表 2 明显看出，拥有 1 人的团队最多，其次是 2 人的合作团队。同时也发现，在科研交流频繁、规模较大的合作团队中，一个由 13 人组成，一个联系多达 37 人。进一步对整体网全局特性进行分析：

• 网络密度。描述了网络中各节点间联系的紧密程度。利用 Ucinet 计算得出，该网络密度为0. 034 5，该网络密度较小，反映出在网络信息计量学领域各学者之间的交流合作程度不够紧密[6]。

• 平均路径长度。指任意两个节点之间距离的平均值。经计算，该网络的平均特征路径长度为2. 267，意味着两个人的距离为 2。虽然网络规模较大，但只要经过 1 个中间人，网络中的任意两位作者就可以建立合著关系。

• 聚类系数。描述网络中与同一节点相连的两个节点也相连的可能性[6]。经计算，得到该网络聚类系数为 1. 587，显示出较为显著的聚类效应，即网络中存在一些团队，与同一人合著过的两位作者间极有可能也存在合著关系。

• 度分布。度描述了与指定节点相连的边的数量，度越大，则该点越重要，表明该点所代表的作者具有较多的合著者，说明该作者有着较为广泛的合作关系。该网络中度的分布如表 3 所示：

表3　节点拥有连线数目

连线数目（k）	0	1	2	3	4	5	6	9	10	24
相应节点（n）	13	26	19	29	16	14	3	1	1	1

为进一步考察整个网络所有节点的度分布，绘制了网络各节点度分布的双对数图。拟合幂率分布曲线 $P(K)=K^{-\gamma}$，$\gamma=1.371$。双对数图如图2所示：

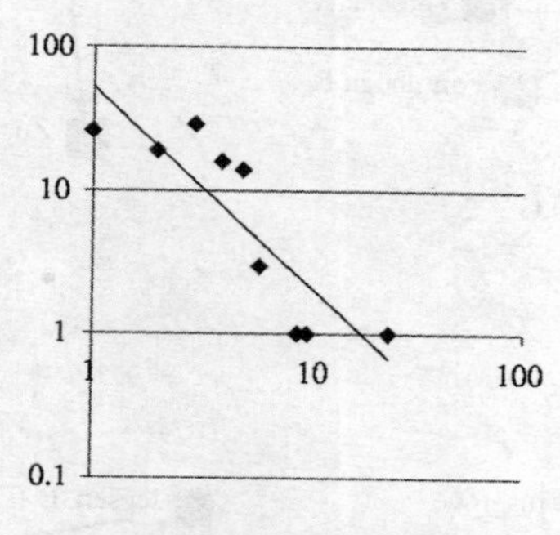

图2　合作网络度分布双对数

从上述分析的全局特性来看，该网络的密度较小，说明其具有一定的形态，却是稀疏的。同时该网络具有较短的平均路径长度和较高的聚类系数，显示出小世界特性。

满足无尺度特征，需要网络的度分布服从幂率分布即 $P(K)=K^{-\gamma}$，并且 γ 的值往往介于2到3之间[6]。服从幂率分布的合作网络，存在少数度值较高的节点，大多数节点度值较低。此时整个网络度分布的双对数趋近于一条下降的直线，也就是说，网络中的节点拥有的连线数目呈幂率衰减模式。从图2中可看出，较多点未与直线吻合，且 $\gamma=1.371$，因而不具有明显的无尺度特征。

4　集团特性分析

集团结构是指网络顶点间的连接程度各不相同所形成的结构，反映了网络结构整体性质的重要特征。在合作网中，集团代表特定的研究兴趣领域。

本研究中合作网络最大组群（见图1右侧中间部分），所含作者数为37。其中最大度值24的节点为Thelwall，本文着重对该组群进行集团特性分析。首先，进行集团划分，根据节点度值的高低，删除度值较低的节点，从而使网络的脉络更为清晰，最终只保留集团内部紧密的合作关系。其次，通过集团中度值较高节点的连接情况来分析集团的结构特性。因此，通过 Ucinet 对该组群进行 K 核分析，选出核值高的几组集团，见图 3 – 图 6。集团 A 核值最高，其次为集团 B、C、D。各集团成员单位与各度值详见表 4。

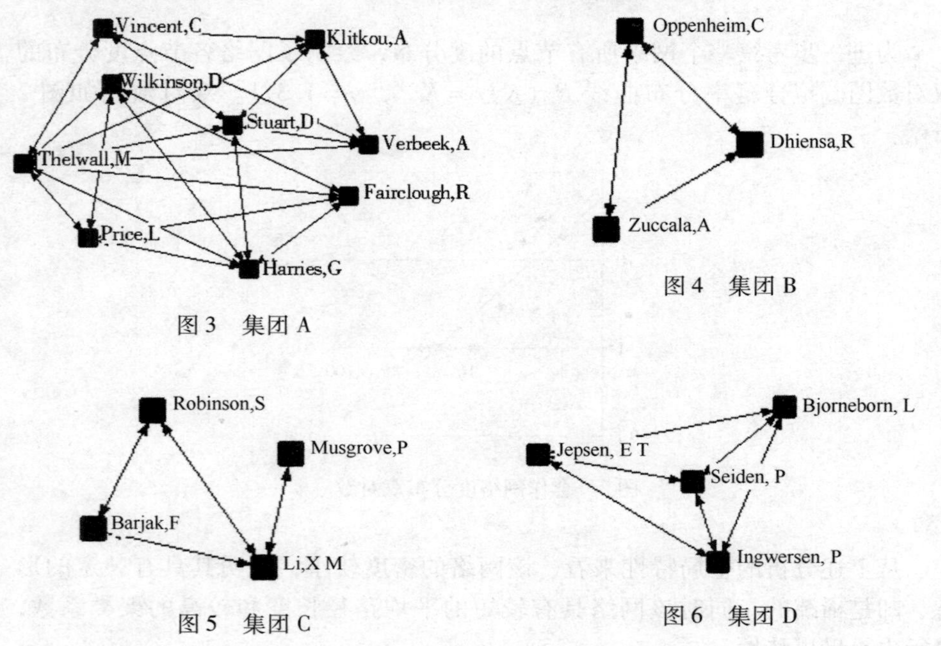

图 3　集团 A

图 4　集团 B

图 5　集团 C

图 6　集团 D

表 4　集团成员及其单位

集团成员	作者	单位	度	集团内合作次数
集团A成员	Thelwall，M	University of Wolverhampton，UK	24	8
	Harries，G		5	5
	Wilkinson，D		6	4
	Price，L		5	4
	Stuart，D	IDEA Consult，Belgium	5	5
	Fairclough，R		4	4
	Verbeek，A	NIFU STE PNorwegian Institute for Studies in Innovation，Research and Education，Norway	4	4
	Vincent，C		4	4
	Klitkou，A		4	4

续表

集团成员	作者	单位	度	集团内合作次数
集团B成员	Zuccala, A	University of Wolverhampton, UK	3	2
	Dhiensa, R	Loughborough University, UK	3	2
	Oppenheim, C		3	2
集团C成员	Li X M	Royal School of Library and Information Science, Denmark	5	3
	Musgrove, P	University of Wolverhampton, UK	3	1
	Barjak, F	University of Applied Sciences Northwestern, Switzerland	3	2
	Robinson, S	empirica Gesellschaft für Kommunikations- und Technologieforschung mbH, Bonn, Germany	3	2
集团D成员	Bjorneborn, L	Royal School of Library and Information Science	5	3
	Jepsen, E T		3	3
	Ingwersen, P		4	3
	Seiden, P		3	3

• 图3所示的集团A，共有9个节点，其中有6人来自同一个单位。Thelwall无疑是该集团的核心人物，并且是该组群的核心人物。集团内部联系紧密，有3个节点与其他集团存在合著关系，其中的2位作者只与集团外的1至2人有合作关系，而Thelwall与集团外的合作关系非常多，对集团内外部的联系与合作有很大的贡献。

• 图4所示的集团B，共3个节点，有2人来自同一个单位。集团内部两两均有合作关系，没有核心节点，并均与集团外有简单的合作关系。有趣的是，都是与集团A的Thelwall有合作关系。

• 图5所示的集团C，共4个节点，分别来自不同的单位。作者Musgrove在集团中只与Li有联系，因而Li成为集团内部的关键人物，负责Musgrove与其他两位作者产生联系。这4个节点与集团外部均有简单的合作关系，并都与Thelwall有合作关系。

• 图6所示的集团D，共4个节点，均来自同一个单位。内部合作关系非常紧密，其中有2个节点与外界无联系。作者Bjorneborn与集团A的Thelwall

有合作关系。

集团 A 与其他集团的合作关系如图 7 所示：

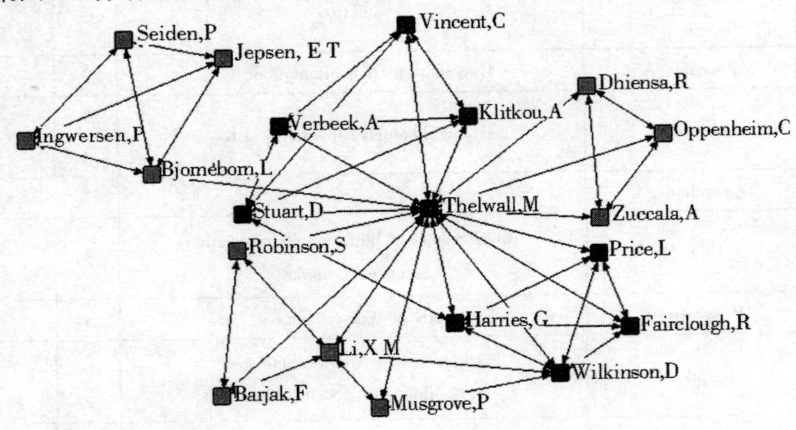

图 7　集团 A 与其他集团的合作关系

从图 7 中可以直观地看出 4 个集团间的联系，各集团内部合作都比较紧密，与集团外部联系比较稀疏。只有集团 A 中存在核心节点，该节点与外界有紧密的联系。4 个集团中，除了 Thelwall，只有 3 个点与 4 集团外的节点有合作关系。

5　结　语

综合以上分析，发现国外网络信息计量学的合著网络密度较小，拥有较短的平均路径长度和较高的聚类系数，呈现出小世界特性。其度分布的双对数曲线（见图 2）中，可以看到较多点与直线不完全吻合，较为理想的解释是：科研人员的科研生命活跃期通常有限；跨区域交流与合作受到经费限制；研究人员兴趣转移；研究课题结束等[5]。故此，没有表现出显著的无尺度特征。

通过对最大连通组群进行集团特性分析，发现：集团内部合作较为紧密，与外部的联系较为稀疏。只有集团 A 有明显的核心节点，起着与集团外部联系的重要作用。集团内部的成员之间存在跨机构、地区的合作关系，而较多作者来自英国的伍尔弗汉普顿大学（University of Wolverhampton）和丹麦的图书馆及信息科学学院（Royal School of Library and Information Science）。合著者较多为同事关系、师生关系（如 Bjorneborn，L 从师于 Thelwall，M）。这样的集团结构会带来以下弊端：内部合作频繁，会导致僵化的工作程式，创新能力降低；缺乏与其他团队的交流，往往侧重于某一方向的研究，难有突破性的进展。因而要打破现有相对封闭的集团结构，加强集团间的交流与合作。从平均路径长度和聚类分析结果可以看出，与同一人合著过的两位作者间极有可能建立合著关系，因而该合著网络有着较大的潜力实现更广泛的合作交流。从而，使得科研资源的配置更为优化，不断推进网络信息计量学的发展。

本文尝试通过整体网与集团特征分析网络信息计量学领域的合作关系，来发现该合作网络中的核心人物与合作团队，从而了解该领域的交流动向。还可通过分析发现集团的封闭现象与可能建立的合作关系，有利于集团打破僵化格局，扩大交流与创新，推动科学发展。

参考文献：

[1] 张光卫,康建初,夏传良,等．复杂网络集团特征研究综述[J]．计算机科学，2006(10)：1－4，28.

[2] Watts D J, Stogatz S H. Collective dynamics of ′small-world′ networks[J]. Nature, 1998, 393: 440－442.

[3] Stogatz S H. Exploring complex networks[J]. Nature, 2001, 410: 268－276.

[4] 张大伟,薛惠锋,寇晓东．复杂网络领域科学合作状况的网络分析研究[J]．情报杂志，2008,27(8)：143－145,148.

[5] 刘杰,陆君安．一个小型科研合作复杂网络及其分析[J]．复杂系统与复杂性科学，2004，1(3)：56－61.

[6] 孟微,庞景安．我国情报学科研合著网络研究及其特征参数分析[J]．情报理论与实践，2009(8)：12－15.

作者简介

付鑫金，女，1984 年生，博士研究生，发表论文 10 余篇。

庞弘燊，男，1983 年生，博士研究生，发表论文 20 余篇。

应　用　篇

云计算领域专利计量研究*

冯思颖　袁兴福　徐怡　王继民

摘　要　以德温特数据库的专利信息为数据源，采用专利计量、社会网络分析等方法，以云计算领域的专利为研究对象，从宏观、中观、微观三重视角，对云计算领域的专利进行分析。从宏观角度来看，云计算专利正处于迅猛发展阶段，且美国的基本专利数量最多。从中观角度来看，在专利权人合作粒度上，中外具有较大差异性，同时，产生合作关系的专利权人在主营业务领域上具有相似性。从微观层面来看，中国公司在云计算领域的合作率和合作强度低于国际知名公司，这在一定程度上阻碍了知识的流动和传播以及国家技术生产率的提高。

关键词　德温特数据库　云计算　专利计量　社会网络分析

分类号　G35

1　引　言

云计算（cloud computing）是近年来的新兴概念，主要是指一种“将计算任务分布在大量计算机构成的资源池中，使各种应用系统能够根据需要获取计算力、存储空间和软件服务”[1]的前沿技术。其主要应用模式包括 IaaS（基础设施即服务）、PaaS（平台即服务）和 SaaS（软件即服务）三种。

在我国，云计算的发展及应用首先得到了 IT 企业的广泛关注。在“十二五”规划中，新一代信息技术被确立为七大战略性新兴产业之一，将被重点推进。而新一代信息技术主要分为 6 个方面，云计算便在其中占有一席之地。至此，我国的云计算发展有了政策性的指导，云计算领域专利技术研发与应用也得到进一步发展。

本文以新一代信息技术中的云计算领域为研究对象，使用基本统计分析、社会网络分析等专利计量方法，研究云计算领域专利的发展趋势、所处生命

* 本文系北京市共建专项－情报学重点学科建设项目研究成果之一。

周期等基本情况，并绘制专利权人合作网络，计算发明人合作率与合作强度，从宏观、中观和微观三重角度，了解云计算领域的专利发展现状、主要合作模式和特征，并对未来的发展趋势作出展望。

2 数据选取与预处理

本文开展专利分析所选取的数据均来自于德温特专利数据库（Derwent Innovation Index，DII）。德温特数据库目前收录了40个国家和组织的专利及专利引文信息，是国际权威专利数据库。

云计算这一概念在2006年8月被提出，至2007年才开始在技术上有较大发展，因此为了保证数据的相关性和准确性，将检索时间跨度设定为2007—2012年。

在检索词的控制上，由于云计算所涵盖的范围相当广泛，而德温特数据库中的专利题录信息没有单独的关键词字段，因此在进行数据检索时，主要依托Web of Science文献数据库，并采用了引文珠形增长的检索策略：即首先以“cloud comput *”为检索词，在Web of Science数据库中进行检索。通过审阅检索出的文献或条目，选择与云计算相关的新的检索词，不断补充到检索提问式中去，最终确定的检索式如下：TS =“cloud architecture”OR“cloud adoption”OR“cloud applications”OR“cloud broker” OR“cloud bursting”OR“cloud computing”OR“cloud customer”OR“cloud database”OR“cloud environment”OR“cloud hypervisor”OR“cloud infrastructure”OR“cloud management” OR“cloud manager”OR“cloud manufacturing”OR“cloud network”OR“cloud platform”OR“cloud processing”OR“cloud provider”OR“cloud resource”OR“cloud security”OR“cloud service”OR“cloud storage”OR“cloud structure”OR“cloud systems”OR“cloud technology”OR“cloud vendor”OR“cloud workflows” OR“hybrid cloud”OR“private cloud”OR“public cloud”OR IaaS OR PaaS OR SaaS。该检索式较为全面地涵盖了云计算领域的主流概念，从而使获取的数据较为全面和准确。

经检索，共获得专利文献题录信息2 422条，针对这些题录信息，进行了如下的预处理工作[2]：

- 清洗因一词多义或同名机构所产生的不准确数据。主要是过滤由一词多义而检索出的气象、机械等领域的干扰性题录信息以及删除由同名机构产生的多余题录信息。清洗后得到专利题录信息2 352条。
- 去除重复数据项。在检索时，虽然从关键词及发明机构两方面进行了考虑，但因为检索结果均与云计算密切相关，因此两部分检索内容难免重复。

因此，对两部分检索结果做了去除重复数据项的处理，删除了 2 条题录信息，最终剩余题录 2 350 条，作为下文中进行专利分析的基础数据。

• 对专利权人字段（即“AE”字段）和发明人字段（即“AU”字段）的表达形式进行归一化处理。例如，IBM 公司可能同时用“INT BUSSINESS MACHINES CORP”和“IBM CORP”来表示。针对此种情况，尽量将其统一成一种表达形式。发明人字段的处理与专利权人字段相同。

• 利用 Excel 等工具，对之后在基本统计分析和社会网络分析中可能用到的字段进行提取、分列、字符替换等处理，以保证统计信息及生成网络的准确性。

在下文中，笔者将以此数据为基础，从合作视角和技术结构视角对云计算领域的专利信息展开分析。

3 宏观计量：基本统计分析

3.1 专利总量逐年分布

云计算专利在德温特数据库中首次出现于 2007 年，之后每年的申请数量一直处于增长状态（见图 1）。由该图可以看出，2007—2010 年间，云计算专利的数量增长趋势较为平缓，而在 2011 年，专利申请数量突然提高，比 2010 年增长了 263.5%。由此可见，云计算在 2011 年时已经成为全世界认可的概念，且应用云计算原理和方法进行技术开发和创新的学术机构和企业组织越来越多。2012 年，云计算领域的专利依旧以较为迅猛的态势增长，达到 1 324 件，但增长率仅为83.9%，并未突破 100%，更没有达到 2011 年的 200% 以上。由此可见，云计算领域的专利发展态势已趋于稳定。

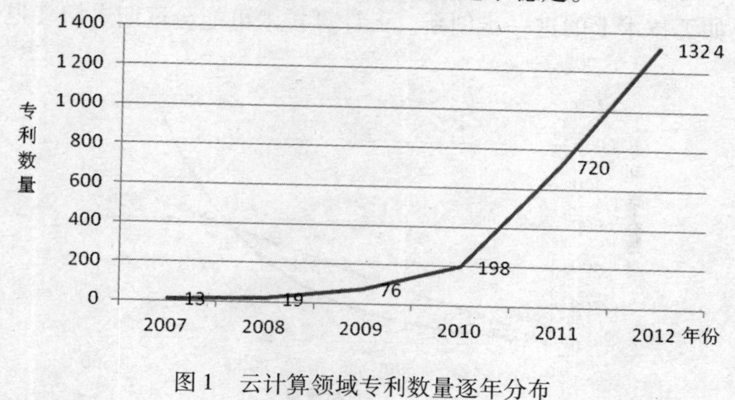

图 1 云计算领域专利数量逐年分布

3.2 专利生命周期分析

专利技术生命周期是指在专利技术发展的不同阶段中，专利申请量与专利申请人数量的一般性的周期性规律。一个专利技术生命周期理论上存在5个阶段，即：①萌芽期；②发展期；③成熟期；④衰退期；⑤复苏期（见图2）[3]。在绘制专利技术生命周期图时，通常以每年的专利申请人数和专利件数为横、纵坐标。

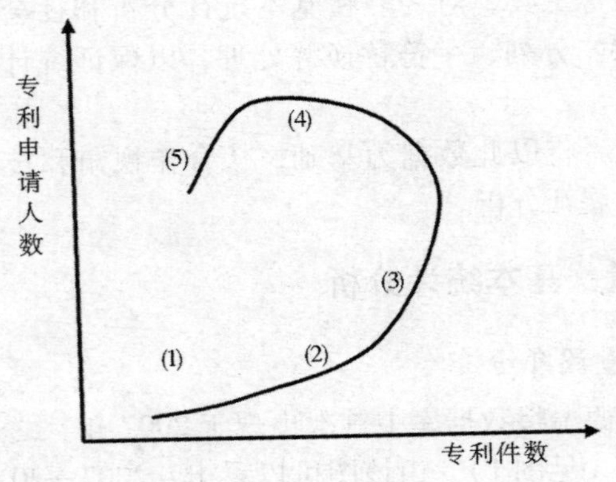

图2 专利技术生命周期示意

从图3可以看出，云计算领域的专利正处于“发展期”这一生命阶段，但云计算专利数量的增长趋势已不像前几年那样迅猛，正在进入平稳发展状态。然而，未来还会有大量的机构（包括企业或科研机构）进军云计算领域，从而使云计算进入技术生命周期的成熟期。届时，云计算技术市场可能会相对饱和，如无技术上的进一步创新，云计算技术可能会逐渐走向衰退。

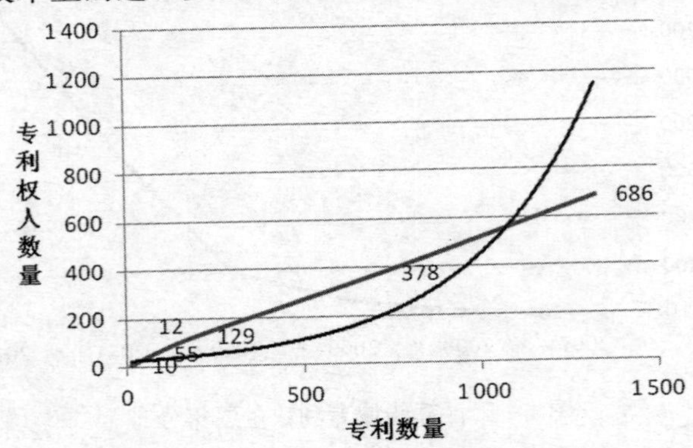

图3 云计算领域专利技术生命周期

3.3 优先权国家分析

专利申请人就其发明创造第一次在某国提出专利申请后，在法定期限内，又就相同主题的发明创造提出专利申请的，以第一次专利申请的日期作为其申请日，专利申请人所获得的这种权利即专利优先权。从目前已掌握的情况来看，一个专利族的优先权国家与该专利的发明人所属国在很大程度上是相同的，因此，为便于统计，笔者在此处以专利优先权字段（即德温特数据库中的 PI 字段）为统计对象，分析云计算领域专利在各国的申请和分布情况。

通过对 2 350 条数据的统计分析，得出基本专利所属国分布图（见图 4）。从图中可以看出，拥有基本专利数量排名前 4 位的国家分别为美国、中国、韩国及日本。其中美国拥有基本专利 1 120 件，占总数的 48%，这主要归因于美国拥有亚马逊、Google、IBM 等云计算的开创企业或领军企业。中国位居第二，拥有优先权专利 802 件，占专利总数的 34%，这主要归因于中国政府一直以来对新兴产业，特别是新一代信息技术的关注和扶持。韩国和日本由于拥有大量电子电信领域及计算机领域的公司，因此也拥有较多的优先权专利。

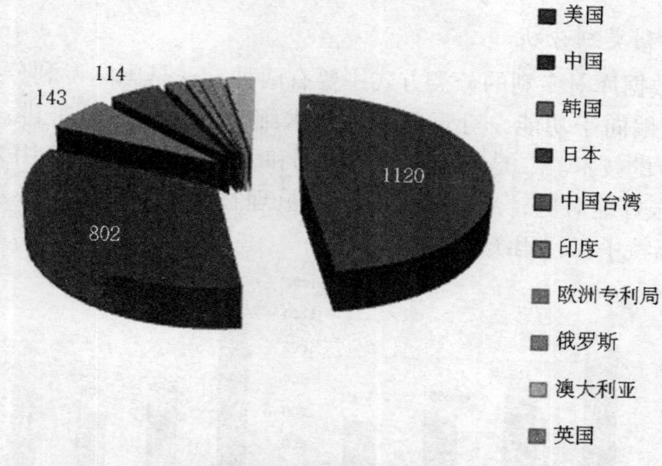

图 4　云计算领域专利优先权国家分布（单位：件）

3.4 专利权人分析

专利权人是指在法律上拥有专利全部或部分权利的个人、公司或组织。在某一领域拥有越多专利的专利权人，其越有可能是该领域的领军企业。

云计算领域的主要专利权人分布见图 5。由该图可以看出，IBM 和微软两大 IT 巨头的专利数量排名前两位，其专利数占到了专利总数的 15%。中国的本土企业在前 10 名中占有三家，分别是中兴通讯（ZTE）、浪潮电子和华为公司。

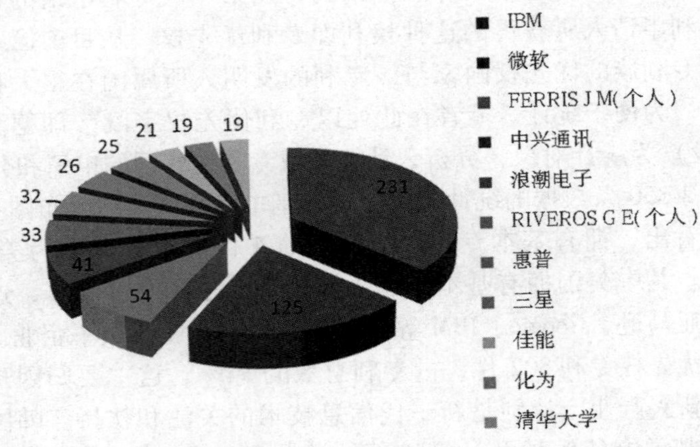

图 5　云计算领域专利权人分布（单位：件）

3.5　专利类别分析

德温特数据库对专利的分类方式主要有两种：一是国际专利分类号（IPC 号）。其更加偏向于功能，对于不熟悉技术细节的情报人员来讲，较难理解 IPC 号所对应的技术。二是德温特分类代码和手工代码。其以应用为主，与当前的技术能很好地对应，易于情报分析人员理解。图 6 是云计算领域专利的 IPC 号和德温特手工代码统计图。

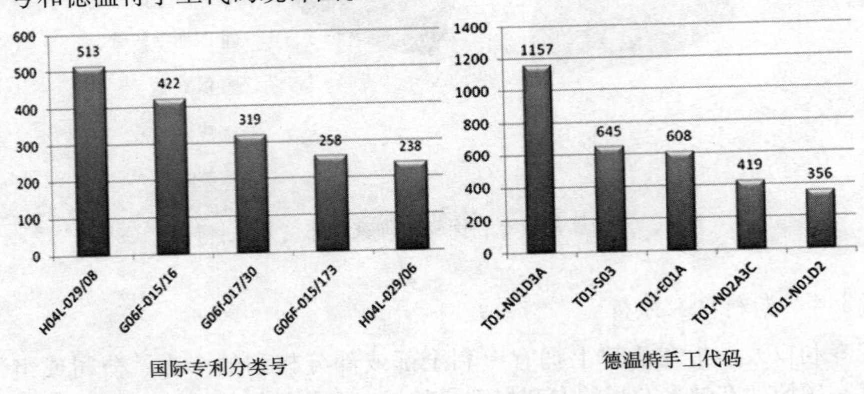

图 6　云计算领域专利 IPC 号及德温特手工代码分布（单位：件）

可以得出，从国际专利分类号的角度来看，云计算领域的专利主要集中在G部（物理）下的G06F类（电数字数据处理）和H部（电学）下的H04L类（数字信息的传输）。其中，IPC号为H04L-029/08的专利数量最多，其代表的类目是数字信息传输中的传输控制规程。从德温特手工代码的角度来看，云计算领域专利主要集中在T01部（数字计算机）。其中，德温特手工代码为T01-N01D3A的专利数量最多，其代表的类目为基于远距离服务器的数据传输。

3.6 同族专利分析

同族专利是一组具有相同发明主题、用相同或不同文种向不同国家或国际专利组织多次申请、多次公开或批准，内容相同或基本相同的一组专利。通常情况下，越是重要的发明创造，申请的国家越多，技术发展也最活跃，因此跟踪一件专利的同族专利数量和辐射国家可在一定程度上帮助判断该专利技术的重要程度[4]。

由于德温特数据库自动将同族专利汇总为一条题录信息，因此只需统计每一条专利所拥有的专利号数，即可判断该专利的同族专利数量。经过统计，同族专利最多的4项专利如表1所示：

表1 云计算领域同族专利最多的4项专利

同族专利数	中文描述	所属专利权人	专利权人简介
11	云计算环境下，使用数字计算机系统，授权主体许可客体行为的方法。	NIMBULA公司	主营云计算系统，创建者为亚马逊公有云服务（EC2）的发明者和发展者。
10	促进在备份环境中智能配置备份数据集存储位置的系统。	微软公司	世界PC先导，目前已推出名为“Windows Azure”的云计算计划。
10	一种为大量计算节点进行互联网访问时提供负载均衡和容错机制的方法。	YOTTAA公司	注重基于云计算来构建互联网产品平台，创建者为原亚德诺（ADI）半导体公司的董事长。
9	一种根据状态变化，动态共享应用程序到参与到协作会话中的每一个计算设备的共享方法。	XCERION AB公司	2001年成立，致力于构建一个全面的混合云平台，已获得大量投资，有能力与微软等公司竞争。

由表1可以发现，以上4项专利反映出了云计算领域研究的热点，主要包括数字计算机系统、数据集存储、负载均衡和容错机制以及计算设备的动态共享等。它们所属的专利权人除微软外，其余企业都具有以下特点：①是新兴企业；②企业自创建之始便致力于云计算研究；③企业管理者均曾就职于计算机或通讯领域相关企业，有一定的管理能力和资金实力。

4 中观计量：专利权人合作计量分析

4.1 企业与个人层面

专利权人合作，即指专利题录信息的专利权人字段中有两个或以上的专利权人。通过对专利权人的合作情况进行计量，笔者发现在2 350条专利题录中，有1 930条专利未产生合作关系，420条专利产生了合作关系（占总数的18%）。可见，在云计算领域，组织机构合作研发并不是主流趋势。

接下来，笔者首先提取了拥有专利数量最多的前10位企业专利权人，对其合作情况进行了分析。其合作专利数与专利权人合作率见表2。

由表2可以看出，在8家拥有专利数量较多的公司中，只有惠普公司一家与其他专利权人的合作较多，合作率达到了42.3%。由此可见，拥有专利数量较多的公司一般都是独立研发专利，这大概是由于这些公司拥有较强的资金实力和人员储备，能够在企业内部满足研发所需的资金以及人力资源。

表2 主要企业合作专利数及合作率

公司名称	专利总件数	合作专利件数	专利权人合作率
IBM	231	1	0.4%
微软公司	125	0	0
中兴通讯	41	0	0
浪潮电子	33	0	0
惠普公司	26	11	42.3%
三星公司	25	1	4%
佳能公司	21	0	0
华为公司	19	1	5.2%

接下来，笔者对420条具有合作关系的专利数据进行了专利权人的共现分析。通过共现矩阵的构建及网络的简化，最终得到的合作网络（见图7）。

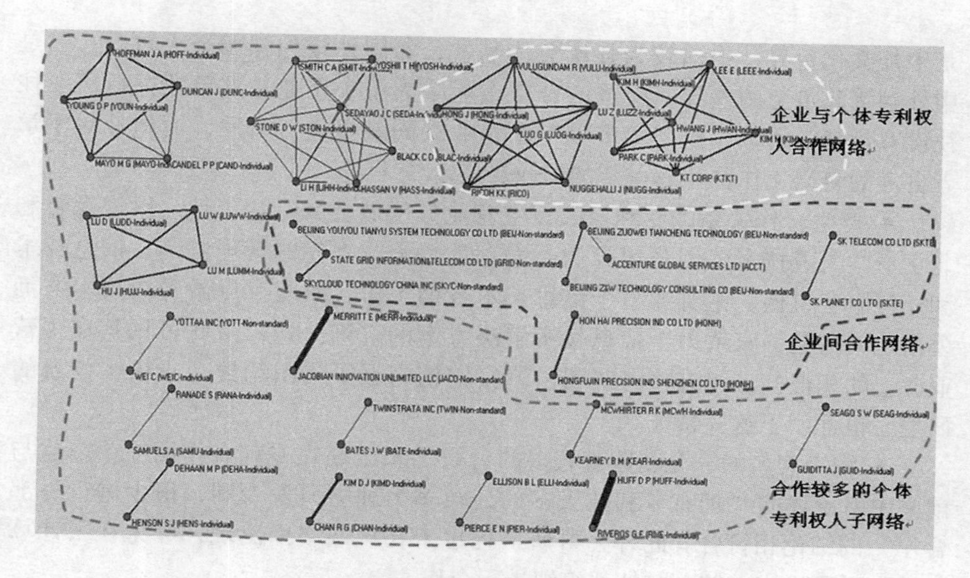

图 7　云计算领域专利权人合作网络

可以得出，云计算领域的专利权人合作大致可以分为以下三种形式：

• 企业与个体专利权人间的合作网络。在这种情况中，合作网络中的企业通常规模较大，如图 7 中的日本理光公司（RICOH KK）和韩国电信（KT CORP）。这两家公司近年来均致力于云计算领域的研究。而与其合作的个体专利权人，一般为该公司中的管理者或是主要技术研发人员，他们与公司共同拥有专利权。

• 企业间的合作网络。这种情况如图中的埃森哲公司与北京卓微天成技术咨询公司，鸿海精密集团与鸿富锦精密电子集团等。这些公司中大部分为中小型企业，且知名度一般。

• 个体专利权人间的合作网络。在图 7 中，大部分的合作子网络属于这种类型。这些个体专利权人通常来自于自发形成的某个科研团体，也可能是某一企业中从事云计算技术研发的小团体未以企业的名义申请专利。

通过仔细观察该网络中的细节特征，笔者主要得出以下结论：

• 在合作网络中的专利权人粒度方面，中外具有显著的差异性。根据图 7 中的“企业与个体专利权人合作子网络”、“个体专利权人之间的合作子网络”两类网络，可以发现，大部分个体专利权人节点均为国外研发人员，中国的个体专利权人仅占少数。而通过“企业之间的合作子网络”，则可发现大部分节点都是中国本土企业，国外企业很少。笔者将原因归结为两方面：一是中外文化差异，中国较为强调集体利益，而国外较为强调个人自由；二是中外融资政策上的差异，中国的合作企业多为中小企业，其单独进行研发往往没有足够的资金，故需要多家中小企业共同融资进行研发，而国外对于学者自发的科研工作往往有一定的财政支持。

- 产生合作关系的专利权人在主营业务领域上具有相似性。以埃森哲和北京卓微天成技术咨询公司为例，埃森哲是全球领先的管理咨询、信息技术和外包服务机构，主要致力于信息技术咨询工作，而北京卓微天成技术咨询公司也同样是一家致力于信息技术解决方案的咨询公司，由此可见其在主营业务上的相似性。鸿海精密集团与鸿富锦精密电子集团均致力于精密仪器的研发，也证明了这一特征。

- 较为著名的、专利数量较多的公司均未出现在专利合作网络中。这与前文中所论述的“拥有专利数量多的公司多为独立研发专利，很少进行外部合作”的结论相符合。此外，科研机构也未在该网络中出现，可见在云计算领域，科研机构也较少与外部组织进行合作。

4.2　学术机构层面

在学术机构层面，以关键词 univ、inst 和 college 对已有的专利权人列表进行了筛选，共得出有学术机构参与的专利题录信息 219 条，其中有 197 条专利为学术机构独立完成，有 22 条专利产生了合作关系（占总数的 10%）。通过对这些学术机构的专利数量进行统计，大致可得出专利数量排名前 6 的机构，如表 3 所示：

表 3　拥有专利数量最多的 6 家学术机构及其合作率

机构名称	专利件数	合作专利件数	合作率
清华大学	19	1	5.2%
华中科技大学	14	1	7.1%
韩国电子通信研究院	13	2	15.3%
北京邮电大学	9	0	0
北京航空航天大学	8	0	0
浙江大学	8	0	0

可以看出，拥有专利数量较多的 6 家学术机构中，只有清华大学、华中科技大学和韩国电子通信研究院三家机构进行过外部合作，但合作的专利数

量较少。韩国电子通信研究院的合作率稍高，达到15.3%，而清华大学和华中科技大学两所机构的合作率均未超过10%，北京邮电大学、北京航空航天大学和浙江大学均未有进行外部合作的专利。

接下来，笔者对所有学术机构研发的专利按专利权人的国别进行了统计，并分别计算了外部合作率。具体结果如表4所示：

表4　各国合作专利数量及合作率

学术机构所属国家	专利数量	合作专利数量	合作率（%）
韩国	33	3	9
美国	4	1	25
日本	3	3	100
澳大利亚	2	0	0
俄罗斯	1	1	100
德国	1	1	100
丹麦	1	0	0
国外总计	51	9	17.6
中国台湾	6	0	0
中国	168	10	5.9
国内总计	174	10	5.7

由表4可以看出，韩国、美国、日本、俄罗斯和德国的学术机构对外合作率均较高，平均合作率达到了17.6%。反观中国，平均合作率仅为5.7%，远低于国外的17.6%。然而，中国学术机构的科研实力又十分强大，在云计算领域共产出174项专利，而国外的学术机构仅有51项，是中国的1/3。这说明，中国学术机构虽然自身的知识和专利技术创新能力十分强大，但并没有美国、日本等国家的专利质量高，是比较典型的“大而不强”的状态。这在很大程度上是因为中国在学术界、产业界和政府的专利合作创新网络不够完善，产学研合作程度较低，阻碍了科研成果向产业界的转移。

5　微观计量：典型公司发明人合作计量分析

本部分主要研究专利内部合作，即专利发明者之间的合作问题。笔者选取了中美两国的5家典型公司，即美国的IBM和微软公司以及中国的中兴通讯、浪潮电子和华为公司，对其合作率与合作强度进行计算，分析中美公司在发明人合作方面的差异和影响。

专利合作率指合作的专利项数占全部专利项数的比率，合作强度则用来表示专利合作的程度，常用CI表示，其计算公式为 $CI = \sum_{i=1}^{k} jf_j / N$。其中 f_j 为合作者人数为j的专利数量；k为合作者人数的最大值；N为专利总数[5-6]。

就美国公司来说，IBM的专利合作率为91.3%，合作强度为3.79；微软公司的专利合作率为92.8%，合作强度为4.86。反观中国公司，中兴通讯的专利合作率为56%，合作强度为2.07；浪潮电子的专利合作率63.6%，合作强度为2.24；华为公司的专利合作率为66.7%，合作强度为2.44。

为了进一步观察这5家公司在合作率和合作强度上的特点，笔者绘制了柱形图进行深入对比和分析（见图8）。由该图可以得出，IBM和微软两家国际知名公司的云计算合作率均在90%左右，而中兴通讯、浪潮电子和华为公司作为中国的本土公司，其专利数量虽然在中国公司中排名较高，但其专利合作率均仅在60%左右徘徊，与国际公司相差30%左右，差距可见一斑。在合作强度上，IBM与微软两家公司的合作强度均在4左右，即平均每项专利由4名左右的发明者共同完成，但中国本土的三家企业合作强度仅在2左右，即平均每项专利约由两位发明者共同完成。由此可见，无论是云计算专利的合作率还是合作强度，中国本土公司都与世界知名公司存在较大的差距。

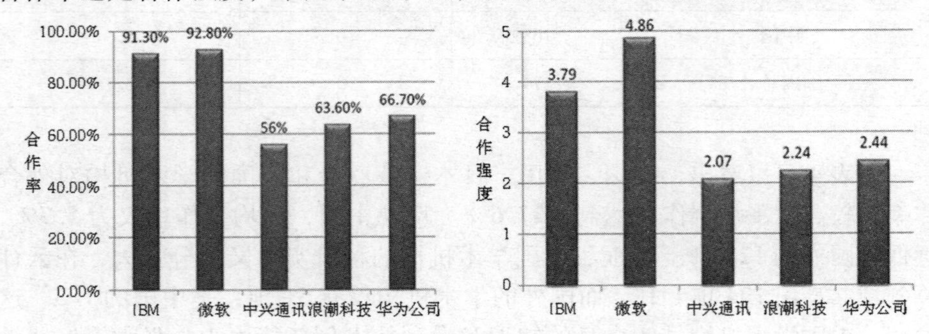

图8　主要公司的合作率与合作强度

中国企业在合作率与合作强度上都低于美国企业，阻碍了知识的传播流动和新思想的产生交流，最终导致中国的专利产量和技术发明生产率都低于国外，从而影响了中国企业在整个云计算领域的发展态势，削弱了中国在云计算领域的竞争实力。

6 结 语

通过论述，本文共得出以下几方面结论：

首先，在宏观层面上，云计算专利自2007年可被检索以来，呈逐年增长态势，且正处于专利生命周期的发展阶段，预计在未来的几年内，还会保持稳定的增长态势，直至进入生命周期的成熟期。在中观层面上，从专利权人的角度看，拥有专利数量较多的、较大型的专利权人并不具有很高的外部合作率，其专利通常由机构内部的员工来进行研发。形成合作关系的专利权人通常是中小型企业或是个体专利权人，且中国和国外在专利权人粒度上有很大的差异性。在微观层面上，中国企业内部在进行专利研发时，合作率与合作强度均低于美国企业，从而阻碍了知识的流动与传播以及技术产出和技术创新的效率。

总体来说，在未来的云计算技术创新研发过程中，应首先注重提高企业内外专利发明的合作率和合作强度，特别应注重加强产学研的合作水平，促进云计算领域的专利不断从学术成果转化为产业化应用，为我国争取更多的优先权专利和自主知识产权。

参考文献：

[1] 刘鹏．云计算[M]．北京：电子工业出版社，2010：3－4.

[2] 赵蕴华，张静，崔伟．基于文本预处理的德温特专利信息分类方法研究[J]．情报科学，2012(10)：1452－1455.

[3] 沙勇忠，牛春华．信息分析[M]．北京：科学出版社，2011：376－391.

[4] 栾春娟，王绪琨，刘则渊．基于德温特数据库的核心技术确认方法[J]．科学政策与管理，2008(6)：32－34.

[5] Subramanyam K. Biblimetrics studies of research collaboration: A review[J]. Journal of Information Science, 1983, 6(1): 33－38.

[6] 栾春娟．专利计量与专利战略[M]．大连：大连理工大学出版社，2012：27－36.

作者简介

冯思颖，北京大学信息管理系硕士研究生；

袁兴福，北京大学信息管理系硕士研究生；

徐怡，北京大学信息管理系硕士研究生；

王继民，北京大学信息管理系副教授，博士。

基于网络文献计量的科技论文学术影响力综合评价研究*

沈小玲　徐勇　严卫中

摘　要　基于引文评价与同行评审方法相结合进行论文评价的思路，利用 F1000 数据库随机获取同行评审指标论文 131 篇，利用 WoS、JCR、ESI 及 ImpactStory 检索工具获取每篇论文的常用网络计量指标，探讨与同行评价相关联的网络计量指标，并将其替代同行评价纳入学术影响力综合评价模型。研究结果显示，综合评价能弥补单一类型指标评价的缺陷，实际的计量评价中采用相对指标和标准化处理，可以消除不同学科领域的影响因素和期刊数量的差异性，使评价具有跨学科、跨时间的可比性，通过对指标间相关性和相似性分析，可简化、替代或扩展指标。通过调整指标权重，突出同行评审在评价模型中作用，并具有一定的可操作性。

关键词　综合评价　网络科技论文　学术影响力　同行评价指标　相对指标

分类号　G350

1　引　言

学术影响力是指研究者的科技研究成果在公开发表后，对该领域学术界或同行影响的深度和广度。网络科技论文是通过网络出版和传播使用的科技论文的集合，无论是数量还是其学术影响都已经越来越受到科研人员的广泛关注，然而由于网络的免费性、无序性、海量性特征，其学术影响力的评价是整个学术评价体系的重要组成部分，一直为科学界，尤其是科技管理界所关注。由于论文评审方法、政策和制度等方面的差异，网络论文难以取得与传统出版论文同样的学术影响地位。如何科学地评价网络科技论文学术影响，

---

* 本文系国家社会科学基金一般项目“基于链接分析的网络科技论文学术影响评价研究”（项目编号：09BTQ019）研究成果之一。

对提高科技论文的内在质量和学术影响力，为科研人员选择优质论文提供指引，促进信息机构建设数字资源提供参考，为科研管理机构进行学术绩效评价提供参考，促进网络科技论文的科学发展具有重要意义。

1.1 相关研究现状

学术界一般认为，学术论文评价通常采用同行专家评价和文献计量指标统计分析评价。有学者[1]用同行评审（peer review）和引文分析（citations）方法对各级别获奖学术论文进行评价，研究认为，最优秀的论文很少有最高的引用数，基于引文的评价与基于同行的评价结果很不相同，75%~80%获奖论文的引文高于参评论文的平均引文数，两种评价方法各有利弊，没有高下之分。有学者[2]用大量数据和适用的统计方法研究发现用文献计量指标评价和同行评价有显著相关性。有学者[3]从12个与论文学术影响力密切相关或一般相关的计量指标中最终筛选出7项指标组成综合评价体系，利用主成分分析法计算每篇论文的综合评价值。结果表明，综合评价指标体系及其所获评价值在总体上相对引文量可以更好地表征高学术影响力论文的品质，并且在一定程度上“纠正”仅以引文量对不同科学门类论文评价时出现的系统偏倚，具有在跨科学门类论文评价、比较上的可应用性。有学者[4]认为一篇论文质量的影响因素有两点：一是它所在的期刊；二是其自身表现，并基于论文内容和载体“表现”提出“论文质量指数”这一概念，还从消除学科差异的视角提出具体计算方法。有学者[5]比较了同行评议与文献计量方法在科学评价中的有效性及相关性，认为F1000（Faculty of 1000）、WoS都有局限性，因此现今文献计量指标仍不足以单独作为评价标准，如果仅仅依赖于文献计量指标，会遗漏某些刊载重要成果的论文，而这些或许恰恰是专家确认的优秀论文。同样就分析结果来看，同行评议单独作为科学评价的方法，仍然有其不完善之处，因此将同行评议作为判断标准沿用的同时，应辅以文献计量指标，以引文分析为代表的定量指标与同行评议方法的结合将是未来科学评价的主流。有学者[6]从专家评价、作者权威性、读者认同度3个方面对网络论文影响力综合进行评价，其中专家评价与作者权威性主要采用定性评价的方法，读者认同度采用定量评价的方法，并利用层次分析法对各个评价指标的重要性程度进行了分析与判断，构建了多层次、多目标的综合评价指标体系。有学者[7]针对125篇2008年发表在细胞生物学和免疫学类目的文章，基于每篇论文的7个引文计量指标和同行评价指标（F1000因子），分析研究了原始引文数据、标准化计量指标和论文期刊计量指标与F1000因子的相关关系，研究结果表明：论文在同一主题类目中的引文排名的百分位置与F1000数据库中专家评价相关性最大。综上所述，学术论文评价是一项复杂的系统工程，无论是文献计量还是同行评审方法，都不可避免地存在种种不足，尤其是在对学术论文的微观评价中，更掺杂了种种偶然性和复杂因素。笔者认为，随着网络论文组织体系的规范与完善，有条件将网络计量评价与同行评审有机结合，将传统单一的引文评价与现代网络计量评价综合运用。

1.2　研究思路

众所周知，真正有“学术影响力”的论文应该是论文发表后获得同行评价和引文评价都较高的论文，学术影响评价应同时吸收同行评价和引文评价的优点，二者同等重要。但现实情况是大部分网络论文出版前由少数专业编辑预评价，出版后学术影响是没有同行直接评价的，以往对论文学术影响评价基本采用的是论文被引用指标，而引文分析用于学术评价近年来在学术界饱受争议。引文分析法用于学术评价具有合理性，在微观层面上，引文分析法的合理性与学术评价功能的可靠性之间不存在直接的联系，笼统的引用次数的多少、引用频率的高低对于个体学术评价仅具有参考的价值，不可作为判定学术贡献大小可靠性的足够证据[8]。为获得有价值的评价效果，力求全面客观地反映网络科技论文实际“学术影响”情况，本文遵循整体性、科学性、实用性、可比性的原则进行设计。

互联网技术的发展让人们实现了对相互关联的知识资源的无缝链接，这些资源包括异质的、异构的以及异地的知识资源，人们能够在不同的知识平台上获取到广泛关联（链接）的学术资源，论文的各种链接将知识概念、引用与被引用关系、科学实体对象（机构、基金、作者）等信息关联起来。基于文献链接的计量指标，涵盖了引文链接、主题链接、关键词链接、论文载体属性链接、作者链接、机构链接、同行评审等行为关系链接、学科结构关系链接以及论文在OA平台应用计量链接等指标，这些基于知识与学术链接的计量数据真实反映了论文的学术影响，其利用价值有待挖掘。笔者曾全面分析了与单篇网络论文的引文排名分区有关联的评价指标[9]，应用主观和客观评价相结合的层次分析法建立网络科技论文综合评价指标体系，该体系由4个一级指标及每个一级指标下若干个二级指标构成。4个一级指标反映了网络论文的4个层面，分别是论文内容、论文载体、论文作者和论文网络影响的学术计量指标，本文在此基础上引入可计量的同行评价指标，探讨基于引文评价与同行评价指标相结合的多指标综合评价方法。研究主要基于单篇论文节点各种学术链接分析来评价论文的学术影响力。

1.2.1 建立评价指标数据集

针对经过同行评价的论文和由 m 个维度的评价指标构成的综合评价指标集，评价指标集 U 可分为 m 个指标子集：

$U=\{U_1, U_2, U_3, U_4\}$ 对于每个指标子集 U_i（$i=1, 2, \cdots, m$）有 n 个元素，

即 $U_i=\{u_{i1}, u_{i2}, \cdots, u_{in}\}$

其中元素 u_{ij}（$i=1, 2, \cdots, m$；$j=1, 2, \cdots, n$）为第 i 类指标子集的第 j 个因子客观数值。

1.2.2 建立指标权重集

根据统计法原理，确定各指标因子的权重来衡量其重要程度。设第 i 类指标的权数为 w_i（$i=1, 2, \cdots, m$），则 i 指标类权重向量为：$W=(w_1, w_2, \cdots, w_m)$。对每类评价指标均建立权重可构成权重集。设第 i 类评价指标中的第 j 个因子 u_{ij} 的权重为 w_{ij}（$i=1, 2, \cdots, m$；$j=1, 2, \cdots, n$），则因子权重向量为：$W_i=(w_{i1}, w_{i2}, \cdots, w_{in})$

1.2.3 建立线性求和的评价模型体系

用加权求和法计算总评价分。最终的评价结果 S 为各个指标无量纲化结果的加权和，评价模型通用表达公式为：

$$S=\sum_{i=1}^{n} W_i U_{ij} \tag{1}$$

该评价数学模型中 S 为网络论文影响力评价分值，n 为评价指标的个数，W_i 为各个指标的归一化权重值，U_{ij} 为各个评价指标的标准化客观值，$0.1 \leq U_{ij} \leq 1$。

2 评价指标数据获取与处理

2.1 同行评价指标的引入

以往网络论文评价过程中，同行直接评价数据难以获取，主要以定性评价为主，难以客观计量同行对单篇论文的评价。Faculty of 1000 是由 BioMed Central 出版的新型在线研究辅助工具，它是由同行评议专家根据自己所专长的研究主题领域前沿，快速鉴别学术研究出版物中最重要的文献，推荐和评论高影响力的学术研究成果。专家对优秀论文的推荐和评论组成了高影响力学术研究的开放存取资源，旨在指引人们检索、发现该专业领域内有重要价值和前沿性的文献，提供目前世界上最重要的生物和医学论文信息及研究趋势。作为客观反映论文学术水平的指标，专家在进行论文评分时有 3 个等级，

分别是 Good（★），Very Good（★★）和 Exceptional（★★★），这3个等级的论文对应的附加分值分别为1、2、3，用星号表示，如共有7位专家对论文"Cyclic GMP－AMP synthase is a cytosolic DNA sensor that activates the type I interferon pathway"进行评价推荐，其中6位专家给出"Exceptional"等级（★★★），1位专家给"Very Good（★★）"，其总分（F1000因子值）是6*3+2=20分。依据F1000因子值，生成论文的F1000总体排名及主题排名，F1000因子值越高表明同行评价越高，研究人员发表的论文被 Faculty of 1000收录并获得推荐是对该论文和研究人员很高的认可。本文在已建立的指标体系[8]基础上引入F1000分值，弥补以往只用基于引文的计量来评价论文的不足。

本文从 Faculty of 1000 取131篇评估值分别为1到55分的论文，从 WoS 获取每篇论文被引频次、作者人数、关键词数、参考文献数、出版年、论文第一作者论文篇均被引数、作者H指数；从 WoS 链接到 ESI（基本科学指标）获取131篇论文的引文排名分区，同学科同年发表论文平均被引数，相关研究表明利用 ESI 中的22学科代替 JCR 主题类，所获得结果与 JCR 主题类的指标计算结果显著相关。相对而言，ESI 各学科的平均被引频次可以很容易地通过 ESI 数据库获得，因此，可以利用 ESI 数据库和 WoS 来近似地计算各种相对引用指标和基于百分位分布的指标。从 WoS 链接到 JCR（期刊引证报告）获取论文所在期刊各种计量指标（论文发表当年期刊总被引次数、期刊影响因子、立即影响指数、期刊载文量、该刊在同类期刊中排名、同类期刊的平均影响因子、总的即年影响指数等）；从 ImpactStory 获取每篇论文在各种开放网络平台被利用的数据（Scopus、Pubmed 等数据库被引用次数、Mendeley 中该论文的读者人数），确定16个候选评价指标。

131篇同行评价论文中，引文排名分区达到0.01%的论文有18篇、达到0.1%～0.01%的有11篇，达到1%～0.1%的有31篇，以上65篇为高被引论文（highly cited papers），占F1000样本论文的1/2。在对高影响力论文评价方面，专家评价与引文评价结果有较大分歧，样本论文的F1000因子值与被引频次和引文排名分区相关系数分别只有0.352和0.288，被引频次和同行评审二者都是用于学术影响力评价的最具代表性的指标，笔者将每篇论文的被引频次和专家评价的F1000值分别标准化后求和，得到每篇论文的"二元评价值"，该值与引文评价和同行评价同时相关，同时包含了引文评价和同行评价两个基本要素，二者结合互相补充，图1是二元评价与引文评价和同行评价（F1000因子值）的各自关系。

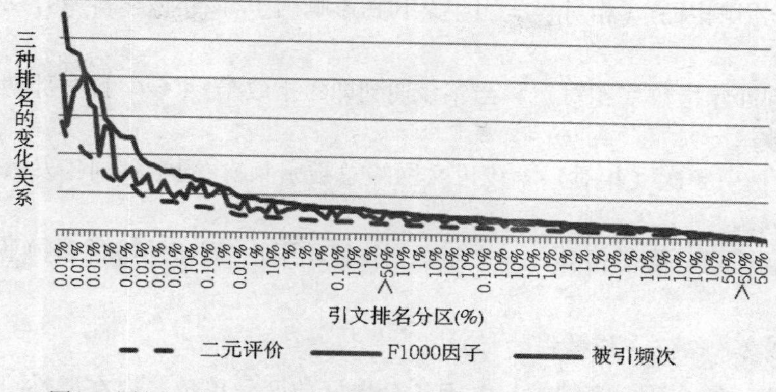

图1　同行评价、引文评价及二者综合评价与引文排名分区关系

2.2　指标转化及数据标准化

2.2.1　绝对指标转化为相对指标

众所周知，某些学科或领域中论文的平均被引频次明显高于其他一些学科或领域，如分子生物学论文平均被引频次远高于数学学科的论文。这种显著差异不仅可能来自论文学术影响力自身的差异，也有可能源于科学门类、学科或研究领域范围大小、学科知识更新速度及引文行为特征的固有差异，即学术生态差异性。为了消除评价指标中受学科、文献类型、出版时间等因素的影响，使不同学科研究领域及不同时间发表论文的学术影响评价结果具有可比性，本文将受学科类别、时间因素影响的绝对指标全部转化为相对指标，F. Radicchia 等的研究发现，不同学科的论文被引频次除以其学科平均被引频次后获得的分布曲线是一致的[10]，相对指标的含义很容易理解，即论文某指标绝对值/该学科同年全部论文该指标平均值，一般来说，如果相对影响指标的值大于1，则说明被评价论文该指标高于该学科领域该指标的平均值，反之则低于该学科领域的平均值。相对被引频次消除了学科差异和时间差异对评价的影响，能更科学地反映不同学科领域和不同发表时间论文学术影响力，并具有一定的可操作性。本文将单篇论文各种绝对数指标转化为相对指标，具体方法如下：

论文被引频次（相对）=该论文总被引频次/同学科同年发表文章平均被引频次

作者论文篇均引用（相对）=作者论文篇均被引频次/同一时期同类论文平均被引频次。

期刊影响因子（相对）=当年某刊物影响因子/该年该学科所有期刊平均影响因子

期刊即年指数（相对）=当年该期刊即年指数/当年该学科全部期刊平均即年指数

OA被引频次（相对）=该论文网络总被引频次/同学科同年发表文章平均被引频次

期刊篇均引用（相对）=当年某刊物篇均引用/同年同学科刊物平均篇均引用

2.2.2 评价指标数据的标准化

多指标综合评价模型中，由于各个指标的度量单位、内在属性、数量级存在差异，不能直接进行综合和比较，因此，为统一标准，必须对所有评价指标进行标准化处理，指标的标准化是指通过一定的数学变换消除指标类型与量纲影响的方法，把性质、量纲各异的指标，转化为无量纲化、可以综合的标准化值，本模型采用已有的极差化法对各指标进行标准化[11]，对指标方向不一致的逆指标（期刊排名）采用倒数一致化方法，如表1所示：

表1 评价指标无量纲化和一致化的计算方法

无量纲化方法	公式形式	备注
极差化法	$y=\frac{x-x_{mis}}{x_{mis}-x_{min}}$	x_{min}为指标x的最小值；x_{mis}为指标x的最大值
逆指标一致化处理方法	公式形式	
倒数一致化	$y=\frac{1}{x}$（$x>0$）	

2.3 评价指标相关性与相似性分析

由于网络论文的网络环境不同，其附载环境的动态变化和指标体系结构存在差异，不同网站数据库论文网络计量指标种类不完全相同，因此在评价过程中，除了一些共同指标，如影响因子、引文次数、H指数等定量评价指标外，同时对相应的新指标做出全面的分析，所有影响因素都应该考虑到对网络论文学术影响力评价的范围之内，经过初选的各项指标通常存在着一定的相关性，这种相关性会导致被评价对象信息的重复使用，从而降低评价的科学性和合理性。相关分析是通过对各个评价指标间相关性和相似性分析，利用指标间相关性和相似性可以作为替代、扩展和减少评价指标的依据，如当无法获取同行评价指标时，加入一些重要的替代性指标（同行评价替代），如同类指标过多时，剔除一些相关系数较大、鉴别力低和可获得性差的相似性评价指标，消除信息重复指标对评价结果的影响，降低评价成本。

2.3.1 数据的正态分布检验

为了选择适宜的相关性检验方法，首先对16个论文指标进行正态性检验。使用SPSS 19.0统计软件，得到的K-S单样本正态性检验结果见表2，分析结果表明各指标原假设显著性水平小于0.05，因此各指标均不符合正态分布，应选取非参数的Spearman相关性检验。

2.3.2 评价指标相关性分析

通过Spearman相关分析方法得到非参数相关系数矩阵（见表3）。指标相关性分析表明，与二元评价值中度相关的指标从高到低排序是WoS被引频次 > OA被引频次 > 引文排名分区 > 期刊篇均引用 > 期刊影响因子 > 期刊即年指数 > 作者篇均引用；与F1000因子中度相关的指标从高到低排序是期刊篇均引用 > 期刊影响因子 > WoS被引频次 > 同类期刊排名 > 期刊即年指数 > OA被引频次，与F1000因子值相关的指标主要是论文载体属性，一定程度上间接反映同行评议的影响。与WoS被引频次中度相关指标从高到低是：OA被引频次（0.863） > 期刊影响因子 > 期刊篇均引用 > 作者篇均引用 > 作者H指数 > 同类期刊排名 > 作者人数。

2.3.3 指标相似性分析

基于变量间相关距离将其分类，判断指标变量相似程度，从表4可以看出，期刊论文篇均引用与期刊影响因子、期刊即年指数与同类期刊排名相似性较大，属相似指标；论文被引频次（WoS）相似性指标大小依次是：OA论文库中被引频次 > 引文排名分区 > OA读者人数 > 作者论文篇均被引。表明网络科技论文在OA数据库中被引频次与WoS被引频次的评价结果有很大的一致性，说明两者的作用一定程度上是可以替代的。期刊影响因子与期刊篇均引用相关性及相似性最大，期刊即年指数与同类期刊排名相关性及相似性最大，可以相互替代。考虑到评价目标和指标数据可获得性和相似性程度及应用广度，最终要根据网络论文附载环境状况和指标体系结构差异以及论文使用的公开程度确定其影响力评价指标。

3 评价指标的综合赋权

确定权重系数的方法大致分为两类：①主观赋权法，主要是根据评价者的主观看法来确定的，由评价人员根据各项评价指标的重要性（主观重视程

表 2 各指标正态分布检验

假设检验汇总

	原假设	测试	Sig.	决策者
1	二元评价 的分布为正态分布，平均值为 0.17，标准差为 0.19。	单样本 Kolmogorov-Smirnov 检验	.000	拒绝原假设。
2	F1000因子 的分布为正态分布，平均值为 0.12，标准差为 0.16。	单样本 Kolmogorov-Smirnov 检验	.000	拒绝原假设。
3	wos被引频次 的分布为正态分布，平均值为 0.11，标准差为 0.17。	单样本 Kolmogorov-Smirnov 检验	.000	拒绝原假设。
4	作者篇均被引 的分布为正态分布，平均值为 0.06，标准差为 0.10。	单样本 Kolmogorov-Smirnov 检验	.000	拒绝原假设。
5	H指数 的分布为正态分布，平均值为 0.14，标准差为 0.18。	单样本 Kolmogorov-Smirnov 检验	.000	拒绝原假设。
6	关键词 的分布为正态分布，平均值为 0.56，标准差为 0.16。	单样本 Kolmogorov-Smirnov 检验	.000	拒绝原假设。
7	期刊篇均引用 的分布为正态分布，平均值为 0.47，标准差为 0.31。	单样本 Kolmogorov-Smirnov 检验	.009	拒绝原假设。
8	期刊即年指标 的分布为正态分布，平均值为 0.27，标准差为 0.21。	单样本 Kolmogorov-Smirnov 检验	.000	拒绝原假设。
9	同类期刊排名 的分布为正态分布，平均值为 0.18，标准差为 0.22。	单样本 Kolmogorov-Smirnov 检验	.000	拒绝原假设。
10	期刊影响因子 的分布为正态分布，平均值为 0.38，标准差为 0.34。	单样本 Kolmogorov-Smirnov 检验	.000	拒绝原假设。
11	OA读者人数 的分布为正态分布，平均值为 0.10，标准差为 0.14。	单样本 Kolmogorov-Smirnov 检验	.000	拒绝原假设。
12	OA被引频数 的分布为正态分布，平均值为 0.09，标准差为 0.16。	单样本 Kolmogorov-Smirnov 检验	.000	拒绝原假设。
13	引文排名分区 的分布为正态分布，平均值为 0.19，标准差为 0.38。	单样本 Kolmogorov-Smirnov 检验	.000	拒绝原假设。
14	作者人数 的分布为正态分布，平均值为 0.04，标准差为 0.13。	单样本 Kolmogorov-Smirnov 检验	.000	拒绝原假设。
15	Score 的分布为正态分布，平均值为 0.38，标准差为 0.38。	单样本 Kolmogorov-Smirnov 检验	.000	拒绝原假设。
16	Influence 的分布为正态分布，平均值为 0.46，标准差为 0.37。	单样本 Kolmogorov-Smirnov 检验	.000	拒绝原假设。

显示渐进显著性。显著性水平是 .05。

表 3　各评价指标间相关系数

Spearman 的 rho	二元评价	F1000 因子	WoS 被引频次	引文排名分区	期刊篇均被引	期刊即年指数	同类期刊排名	期刊影响因子	Influence	Score	OA 被引频次	作者 H 指数	作者篇均被引	作者人数
二元评价	1.000	.806 **	.780 **	.681	.573 **	.329 **	.374 **	.549 **	.242 **	.143	.686 **	.188 *	.326 **	.235 **
F1000 因子	.806 **	1.000	.352 **	−.288 *	.547 **	.329 **	.336 **	.480 **	.269 **	.201 **	.310 **	−.047	.145	.106
WoS 被引频次	.780 **	.352 **	1.000	−.881 *	.445 **	.263 **	.328 **	.456 **	.182 *	.062	.863 **	.338 **	.376 **	.301 **
引文排名分区	.681	−.288 *	−.881 *	1.000	−.290 *	−.178 *	−.246 *	−.280 *	.128	.018	−.745 *	−.356 *	−.342 *	.276 **
期刊篇均被引	.573 **	.547 **	.445 **	−.290 *	1.000	.627 **	.638 **	.791 **	.720 **	.551 **	.384 **	−.112	.263 **	.040
期刊即年指数	.329 **	.329 **	.263 **	−.178 *	.627 **	1.000	.874 **	.310 **	.619 **	.189 *	.240 **	−.157	.089	.131
同类期刊排名	.374 **	.336 **	.328 **	−.246 *	.638 **	.874 **	1.000	.393 **	.589 **	.198 *	.307 **	−.110	.117	.058
期刊影响因子	.549 **	.480 **	.456 **	−.280 *	.791 **	.310 **	.393 **	1.000	.281 **	.322 **	.430 **	.027	.473 **	.015
Influe	.242	.269	.182	.128	.720	.619	.589	.281	1.000	.739 **	.138	−.280	−.133	.125
Score	.143	.201	.062	.018	.551	.189	.198	.322	.739 **	1.000	.047	−.190 *	.082	.030
OA 被引频次	.686 **	.310 **	.863 **	−.745 *	.384 **	.240 **	.307 **	.430 **	.138	.047	1.000	.249 **	.399 **	.259 **
作者 H 指数	.188 *	−.047	.338 **	−.356 *	−.112	−.157	−.110	.027	−.280 *	−.190 *	.249 **	1.000	.214 *	.025
作者篇均被引	.326 **	.145	.376 **	−.342 *	.263 **	.089	.117	.473 **	−.133	.082	.399 **	.214 *	1.000	−.012
作者人数	.235 **	.106	.301 **	.276 **	.040	.131	.058	.015	.125	.030	.259 **	.025	−.012	1.000

注：** 表示在置信度（双测）为 0.01 时，相关性显著；* 表示在置信度（双测）为 0.05 时，相关性显著

表 4　各评价指标近似矩阵

值向量间的相关性	值向量间的相关性												
	F1000 因子	WoS 被引频次	作者篇均被引	作者 H 指数	期刊篇均被引	期刊即年指数	同类期刊排名	期刊影响因子	OA 被引频次	引文排名分区	作者人数	Score	Influence
F1000 因子	1.000	.313	.029	.022	.357	.210	.082	.357	.098	.327	.046	.058	.132
WoS 被引频次	.313	1.000	.588	.315	.346	.217	.066	.389	.752	.728	.438	.053	.133
作者篇均被引	.029	.588	1.000	.010	.174	-.013	-.082	.339	.675	.341	.303	.072	-.061
作者 H 指数	.022	.315	.010	1.000	-.024	-.096	-.097	.100	.328	.255	.254	-.098	-.148
期刊篇均引用	.357	.346	.174	-.024	1.000	.545	.345	.797	.226	.299	.204	.586	.753
期刊即年指数	.210	.217	-.013	-.096	.545	1.000	.637	.128	.026	.109	.113	.053	.566
同类期刊排名	.082	.066	-.082	-.097	.345	.637	1.000	-.083	-.031	.005	-.011	-.013	.469
期刊影响因子	.357	.389	.339	.100	.797	.128	-.083	1.000	.363	.388	.244	.482	.332
OA 被引频次	.098	.752	.675	.328	.226	.026	-.031	.363	1.000	.586	.593	.056	.039
引文排名分区	.327	.728	.341	.255	.299	.109	.005	.388	.586	1.000	.330	.063	.098
作者人数	.046	.438	.303	.254	.204	.113	-.011	.244	.593	.330	1.000	.208	.192
Score	.058	.053	.072	-.098	.586	.053	-.013	.482	.056	.063	.208	1.000	.680
Influence	.132	.133	-.061	-.148	.753	.566	.469	.332	.039	.098	.192	.680	1.000

注：这是一个相似性矩阵

度）进行比较或基于经验或偏好而赋权的一类方法，常用的有专家调查法、循环打分法、特尔斐法、层次分析法等，主观赋权法会由于评价者的经验或偏好，带有一定的主观随意性；②客观赋权法，是从实际数据出发，利用评价指标值所反映的客观信息确定权重的一种方法，主要有变异值法（如标准差、方差或平均值等）、熵值法等，客观赋权法利用了数据的客观信息，但是忽视了专家的经验信息。由于主客观赋权法各有优缺点，本文综合运用主观赋权方法与客观赋权方法确定各网络科技论文评价指标的权重[12]，对4个一级指标采用主观赋权法，对二级指标采用客观赋权法，最终根据主客观权重数值得到综合权重。

3.1 一级指标主观赋权

主观赋权法中，层次分析法是实际应用中使用得最多的方法，是美国运筹学家萨蒂于20世纪70年代提出的，是能将复杂问题层次化，将定性问题定量化的一种定性与定量相结合的决策分析方法，进行决策分析的最终目的是定量地确定其决策方案中各个指标对于总目标的重要程度。利用层次分析法进行主观赋权将会合理控制评价结果，更加符合实际情况。其步骤为：

3.1.1 构造判断矩阵

在层次分析法中，为能够定量显示矩阵中各要素的重要性，利用矩阵判断标度（1－9标度法，见表5），构造两两比较判断矩阵。

表5 矩阵判断标度

<table>
<tr><th>标度</th><th>含义</th><th>说明</th></tr>
<tr><td>1</td><td>两个因素相比，具有同等重要性</td><td rowspan="2">倒数：若元素 i 和元素 j 的重要性之比为 i/j，那么元素 j 与元素 i 的重要性之比为 j/i</td></tr>
<tr><td>3</td><td>两个因素相比，一个比另一个稍重要</td></tr>
<tr><td>5</td><td>两个因素相比，一个比另一个明显重要</td><td rowspan="3">对于要比较的因子而言，你认为一样重要就是1：1，强烈重要就是9：1，也可以取中间数值6：1等，两两比较，把数值填入，并排列成判断矩阵（判断矩阵是对角线积）是1的正反矩阵即可</td></tr>
<tr><td>7</td><td>两个因素相比，一个比另一个强烈重要</td></tr>
<tr><td>9</td><td>两个因素相比，一个比另一个极端重要</td></tr>
<tr><td>2、4、6、8</td><td>上述两相邻判断的中值</td><td></td></tr>
</table>

由专家按照主观评判进行标度，通过两两相互比较确定各一级指标对于目标的权重，即构造判断矩阵。由于每个评价者的知识背景、实践经验不同，他们所提供的主观赋权判断信息不同，其真实性、可靠性不尽相同，为此本文参照10余位专家对4个一级指标主观赋权的判断，同时尝试不同标度判断矩阵，运用判断矩阵计算指标权重，通过一致性检验判断权重的合理性，保证主观方法的客观性和科学性。4个一级指标中，内容评价和网络影响同等重要，它们是对论文的直接评价，权重应最大，论文的载体次之，“论文作者学术成就”指标是对作者整体学术影响的评价，并不是对某篇论文的直接评价，用于对某篇文献的评价，其权重应相对较小，如表6所示：

表6　网络科技论文学术影响评价一级指标主观赋权判断矩阵①

一级指标	A1	A2	A3	A4	单层次权重值 Wi
A1（内容评价指标）	1（A1/A1）	3（A1/A2）	5（A1/A3）	1（A1/A4）	0.394 9
A2（载体权威指标）	1/3（A2/A1）	(1（A2/A2）	5/3（A2/A3）	1/3（A2/A4）	0.131 3
A3（作者成就指标）	1/5（A3/A1）	3/5（A3/A2）	1（A3/A3）	1/5（A3/A4）	0.078 9
A4（网络影响指标）	1（A4/A1）	3（A4/A2）	5（A4/A3）	1（A4/A4）	0.394 9

注：网络论文评价判断矩阵一致性比例：0.000 0；对总目标的权重：1.000 0

3.1.2　层次单排序计算

所谓层次单排序，是指对于上一层某因素而言，本层次各因素的重要性的排序。层次单排序是通过求判断矩阵①AW = λmaxW 的最大特征根及其对应的特征向量，把特征向量归一化后得到权重向量 $W = (W_1, W_2, \cdots, Wn)$，其中，λmax 为判断矩阵 A 的最大特征根，W 为对应于 λmax 的特征向量，W 的分量 W_i 就是对应元素单排序的权重值。求最大特征值 λmax 和特征向量 W，然后进行一致性检验和指标权重确定。

3.1.3　由判断矩阵计算被比较元素相对权重

利用判断矩阵计算4因素 A_i 对目标层 A 的权重（权系数）。

3.1.4　判断矩阵的一致性检验

判断矩阵通常是不一致的，但是为了能用它对应于特征根的特征向量作为被比较因素的权向量，其不一致程度应在容许的范围内。一致性指标 CI =

$\frac{\lambda_{max}-1}{n-1}$，CI＝0 时，判断矩阵 A 一致；CI 越大，A 的不一致性程度越严重。定义 CR＝CI/RI 为随机一致性比率，当 CR≤0.10 时，认为判断矩阵具有满意的一致性，否则需要对判断矩阵进行调整和修正，直至达到满意程度，才能进一步进行综合评价。

3.2 二级指标客观赋权

采用变异系数法确定二级指标客观权重。变异系数赋权法就是根据各个指标在所有被评价对象上观测值的变异程度大小，来对其赋权。指标的变异程度大，说明其能够较好地区分论文在某方面的差距，应赋予较大的权重；反之，则赋予较小的权重。直接利用各项标准化指标所包含的信息，通过计算得到指标的变异系数值，经归一化后确定对上一层次的权重，指标的变异系数计算公式如下：

$$V_i = \frac{\sigma_i}{\bar{x}_i}(i = 1,2,\cdots,n) \tag{2}$$

其中：V_i是第 i 项指标的变异系数、也称为标准差系数；σ_i是第 i 项指标的标准差；$\bar{x}_i$ 是第 i 项指标的平均数。各项二级指标对一级指标的权重为：

$$W_i = \frac{V_i}{\sum_{i=1}^{n} V_i}$$

3.3 指标数量与权重调整

3.3.1 缺少同行评价指标的权重调整

由于每年所发表的生物医学论文中只有很少（不足千分之二）被赋予 F1000 论文称号，大多数论文没有专家直接评价指标。当无法获得专家评价指标时，可以采用与“同行评价（F1000 因子）”或“二元评价值”相关性大的相似指标替代（见表 3 和表 4）。在 4 个一级指标中，与专家评价指标相似性大的指标是论文载体属性指标，实际上期刊编辑和审稿人决定是否发表的过程即是对该稿件学术水平最初的同行评议，因此，载体属性指标在一定程度上可以表征论文的同行评价。

具体做法为：通过调整一级指标权重突出与同行评价相关较大的指标，达到近似的评价效果，笔者认为在论文影响力评价上，论文的文献计量评价与专家评审同等重要，在 4 个一级指标中，论文内容（A1）与网络影响（A4）指标直接反映论文“自身”的影响力，论文载体（A2）指标间接反映“专家评价”，应加大论文载体指标权重，以体现文献计量评价与同行评审同等重要；一级指标调整后（见表7），载体指标总权重为0.476 2，表8中主观赋权②、客观权重②是权重的调整结果。

表7　调整后的网络科技论文学术影响评价一级指标主观赋权判断矩阵②

一级指标	A1	A2	A3	A4	单层次权重值 Wi
A1（内容评价指标）	1（A1/A1）	1/2（A1/A2）	5（A1/A3）	1（A1/A4）	0.238 1
A2（载体权威指标）	2（A2/A1）	(1（A2/A2）	10（A2/A3）	2（A2/A4）	0.476 2
A3（作者成就指标）	1/5（A3/A1）	1/10（A3/A2）	1（A3/A3）	1/5（A3/A4）	0.046 7
A4（网络影响指标）	1（A4/A1）	1/2（A4/A2）	5（A4/A3）	1（A4/A4）	0.238 1

注：网络论文评价判断矩阵一致性比例：0.0000；对总目标的权重：1.0000

3.3.2　减少相似指标的权重调整

对于未被知名引文库收录的OA网络论文的学术影响评价，要充分利用指标间的相关性和相似性，通过精减指标可达到近似的评价效果，如期刊篇均引用和期刊影响因子，论文在OA平台相对被引次数和在WoS被引频次相关性较大，相互可替代。调整后的指标为6个，权重相应调整为表8中主观赋权④、客观权重④。

3.4　归一化综合权重

将131篇论文各项一级指标的主观判断矩阵和二级指标的客观权重值输入层次分析软件（YAAHP），获得对总目标归一化综合权重。综合权重①=主观权重①*客观权重①，以此类推。

4　建立系列评价模型与应用效果分析

4.1　多指标综合评价与其他评价的相关分析

将表8中各指标综合权重和样本论文各指标值代入式（1）求取综合评价值。图2与表9显示了网络论文多指标综合评价与其他评价的相关性。表9显示，多指标综合评价①与二元评价、同行评价、引文评价、引文排名分区评价相关系数分别为0.875、0.626、0.795、0.671，都达到显著正相关，基本达到将论文引文评价与同行评价相结合的评价效果。而单一维度指标评价相互间的相关性很低，如WoS被引频次和引文排名分区与F1000因子值相关性分别为0.352和0.288，表明单独使用引文评价和同行评价是不全面的。表9

表 8　网络科技论文归一化评价指标及其权重

一级指标	主观赋权①	主观赋权②④	二级指标（基本）	客观权重①	客观权重②	客观权重④	综合权重①	综合权重②	综合权重④
A1（内容评价指标）	0. 394 7	0. 238 1	（1）WoS 被引频次	0. 536	1. 0	1. 0	0. 211 6	0. 238 1	0. 238 1
			（2）同行评审 F1000 值，	0. 464			0. 183 2		
A2（载体权威指标）	0. 131 6	0. 476 2	（3）期刊篇均引用	0. 191	0. 191		0. 025 1	0. 106 4	
			（4）期刊即年指数	0. 220 4	0. 220 4		0. 029 0	0. 095 3	
			（5）同类期刊排名	0. 339 4	0. 339 4	0. 576 6	0. 044 7	0. 152 5	0. 258 2
			（6）期刊影响因子	0. 249 2	0. 249 2	0. 479 6	0. 032 8	0. 122 0	0. 228 4
A3（作者成就指标）	0. 079 0	0. 046 7	（7）作者论文篇均被引	0. 554 0	0. 554 0	0. 554 0	0. 043 8	0. 026 4	0. 026 4
			（8）作者 H 指数	0. 446 0	0. 446 0	0. 446 0	0. 035 2	0. 021 2	0. 021 2
A4（网络影响指标）	0. 394 7	0. 238 1	（9）OA 平台相对被引次数、	0. 527 7	0. 522 0		0. 208 3	0. 124 3	
			（10）OA 平台读者人数	0. 472 3	0. 478 0	1. 0	0. 186 4	0. 113 8	0. 238 1

注：综合权重 = 主观权重 × 客观权重。①完整指标的权重，②缺少同行评价指标的权重，④替代相似指标权重

表 9　各种论文评价方法的相关系数

Spearman 的 rho	二元评价	F1000 因子	WoS 被引频次	引文排名分区	综合评价①	综合评价②	综合评价③	综合评价④
二元评价	1. 000	. 806 **.	. 780 **.	. 681 **.	. 875 **.	. 811 **.	. 717 **.	. 700 **.
F1000 因子	. 806 **.	1. 000	. 352 **.	. 288 **.	. 626 **.	. 597 **	. 511 **	. 508 **
WoS 被引频次	. 780 **	. 352 **	1. 000	. 881 **	. 795 **	. 720 **	. 692 **	. 666 **
引文排名分区	. 681 **	. 288 **	. 881 **	1. 000	. 671 **	. 618 **	. 551 **	. 532 **
综合评价①	. 875 **	. 626 **	. 795 **	. 671 **	1. 000	. 913 **	. 906 **	. 871 **
综合评价②	. 811 **	. 597 **	. 720 **	. 618 **	. 913 **	1. 000	. 871 **	. 894 **
综合评价③	. 717 **	. 511 **	. 692 **	. 551 **	. 906 **	. 871 **	1. 000	. 973 **
综合评价④	. 700 **	. 508 **	. 666 **	. 532 **	. 871 **	. 894 **	. 973 **	1. 000

注：** 表示在置信度（双测）为 0. 01 时，相关性显著

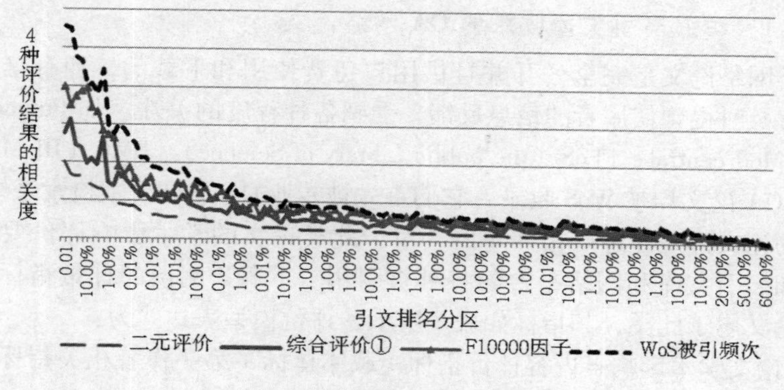

图2　各种评价效果的相关图

中综合评价①是包含 F1000 因子值的综合评价结果，综合评价②和综合评价③是不包含 F1000 因子值，通过调整指标权重的评价结果，综合评价④是减少相似指标的评价结果，它们之间都具有高度相关性。

4.2　模型应用实证效果

表 10 中，论文 1 按综评①排名第 1，按被引频次排名第 1，按同行评价（F1000 因子）排名第 18，属于最高引文排名分区；论文 2 按二元评价排名第 1，综评①排名第 3，按被引频次排名第 3，按同行评价排名第 8，属于最高引文排名分区，论文 3 按同行评价排在第 1，其引文评价排在第 79，二者差距较大，用综评①评价排名为第 12，属于次高引文排名分区。就本研究论文样本而言，评价效果综评① > 综评② > 综评③ > 综评④。

表 10　131 篇论文多指标评价与单一指标评价的比较

论文题名	综评①	综评②	综评③	综评④	二元评价	F1000 因子	被引频次	引文排名分区
1. Genome	第 1	第 1	第 2	第 2	第 2	第 18	第 1	0.1 – 1%
2. Dabigatran	第 3	第 3	第 4	第 3	第 1	第 8	第 3	0.1 – 1%
3. Genome-wide	第 12	第 17	第 67	第 80	第 5	第 1	第 79	1 – 10%

4.3　不同开放程度的网络论文评价

网络科技论文在网络上并非完全公开使用，而是存在不同的开放级别，根据其公开程度和可检索性，其学术影响评价分为 3 种情况：

4.3.1 被知名引文库收录的OA网络论文

这类网络论文是完全公开并且供用户免费使用和下载的，拥有众多的读者，能够及时得到使用者的信息反馈，受到各种程度的关注。如Pubmed Central、BioMed central、PLoS（the public Library of Science）、BMC（BioMed Central）等OA论文均被WoS收录，它们首先被专业OA期刊文献检索系统收录，其收录的论文都是经过严格评审的，对于此类论文的学术影响评价要充分利用其在知名引文库和网络平台的各种被引用、下载、阅读的计量指标。本文所抽取论文属于此类，其指标如表8所示，评价模型表达式为：

OA论文学术影响=内容评价指标+载体指标+第一作者相关指标+网络影响指标

4.3.2 未被知名引文库收录的OA网络论文

这类网络论文是完全公开的，如DOAJ（Directory of Open Access Journal）中的部分论文，对于此类论文的学术影响评价要充分利用论文所在网络平台的各种被下载、阅读、引用的计量指标，其评价模型表达式为：

OA论文学术影响=载体指标+ 网络影响指标+第一作者相关指标

4.3.3 授权使用的非OA网络论文

有很多论文同时存在印刷和网络出版两种形式，但为了保护印刷型文献的权益和经济收益，采用了授权使用的方式。例如Springer、Elsevier、Kluwer Academic等国外出版商出版的论文，用户必须购买使用权后才能阅读这些网络论文。使用权的规定在一定程度上限制了这部分网络论文的流通，但同时又保证了授权用户能够得到高质量的网络论文。其评价模型表达式为：

非OA网络论文学术影响=引文库指标+载体指标+第一作者相关指标

不同开放程度的网络论文应根据实际情况来选择和扩展论文内容、载体、作者及网络影响4个维度的二级评价指标，而不是一成不变。

5 结　语

网络科技论文的学术影响表现形式是多维的，其评价也应是多维综合的，应综合运用多维度网络计量指标数据，并考虑其重要性差异，设定不同的权重系数，以体现评价指标的影响力度的重要性，然后建立数学评价系列模型。本文选择常用网络计量指标，将同行评价与引文评价指标结合，实现网络科技论文的多元综合评价；通过指标相对化（去学科差异）和标准化处理，实现跨学科、跨时间段的学术影响评价，具有现实可操作性。线性加权模型多用于计算综合分值，直观性强，物理意义清晰，模型运算简单，且速度快，易程序化。利用每个被评对象在各个指标上的得分，按照线性加权评分法得到一个综合得分，据此对所有被评对象排出优先次序。综合评价集成了各种评价方法的优势，较好地平衡了各主要评价指标的作用，比单一指标评价效果更全面、更科学。

网络科技论文量化评价是一项复杂困难的工作，到目前为止，还没有一套完善有效、可操作性强的方法来进行全面评价。在有限的时间和实践中所得出的评价结果具有相对性，不能将其绝对化，也不能因其具有相对性而否认其合理性和必要性。在对网络科技论文进行学术影响力评价时，各个指标都具有某种内在的关联性，不同指标从不同的角度反映了论文的学术价值和影响力大小，而合理地综合运用各项评价指标构成论文评价指标体系，利用主客观相结合的综合赋权法对每个指标分别赋予不同的权重，将各种单一指标评价方法的可取之处综合在对论文的多元评价模型中，还需更多的研究与实验。

参考文献：

[1] Coupe T. Peer review versus citations-An analysis of best paper prizes[J]. Research Policy, 2013, 42(1): 295 - 301.

[2] Waltman L, van Eck N J, van Leeuwen T N, et al. On the correlation between bibliometric indicators and peer review: Reply to Opthof and Leydesdorff[J]. Scientometrics, 2011, 88(3): 1017 - 1022.

[3] 郭红梅,何苗,邢星,等. 不同自然科学门类间论文学术影响力多指标综合评价的合理性研究[J]. 图书情报工作,2012,56(22):62 - 68.

[4] 邱均平,马瑞敏,程妮. 利用 SCI 进行科研工作者成果评价的新探索[J]. 中国图书馆学报,2007,29(4):11 - 16.

[5] 宋丽萍,王建芳. 基于 F1000 与 WoS 的同行评议与文献计量相关性研究[J]. 中国图书馆学报,2012,34(2):62 - 69.

[6] 曹兴,周密,刘芳. 网络科技论文学术影响力评价指标体系研究[J]. 科学决策,2010(7):30 - 37,52.

[7] Bornmann L, Leydesdorff L. The validation of (advanced) bibliometric indicators through peer assessments: A comparative study using data from InCites and F1000[J]. Journal of Informetrics, 2013, 7(2): 286 - 291.

[8] 李冲. 引文分析的本质与学术评价功能的条件性[J]. 科学学研究,2013(8):1121 - 1127.

[9] 沈小玲,严卫中. 网络科技论文学术影响力评价指标的选择[J]. 图书情报工作,2013,57(3):69 - 77.

[10] Radicchi F, Fortunato S, Castellano C. Universality of citation distributions: Toward an objective measure of scientific impact[J]. Proceedings of the National Academy of Sciences, 2008, 105(45): 17268 - 17272.

[11] 张立军,袁能文. 线性综合评价模型中指标标准化方法的比较与选择[J]. 统计与信息论坛,2010(8):10 - 15.

[12] 郭晓晶, 何倩, 张冬梅,等. 综合运用主客观方法确定科技评价指标权重[J]. 科技管理研究,2012(20): 64 - 67,71.

作者简介

沈小玲，安徽财经大学图书馆副研究馆员，硕士；

徐勇，安徽财经大学管理科学与工程学院副教授，博士；

严卫中，美国通用电气公司全球研发中心教授，博士。

研究脉络梳理方法的计量分析*

钟 芸 韩明杰** 李晨英 芦 姗

（中国农业大学图书馆 北京 100193）

摘 要 通过研读与“研究脉络”密切相关的中文核心期刊学术论文，从研究对象、梳理思路、定量指标以及分析方法等方面进行考察，设计具有三个层次的41项特征指标，并逐篇进行特征提取及汇总统计分析。在此基础上，归纳总结出研究脉络梳理的主要内容及其定量分析方法与指标，并提出主要工作步骤，以期研究出一套全面、客观的研究脉络梳理方法。

关键词 研究脉络 梳理方法 定量分析 文献计量

分类号 G353.1

1 引 言

对前人研究成果进行充分调研、全面梳理和分析是开展科学研究的必要环节。通常学术论文在开篇部分都须对所研究专题的前人研究成果进行综述，还有相当数量的学术论文主题内容就是针对某个专题的研究成果进行综述或述评。在中国知网的学术期刊网络出版总库中，仅题名中包含“综述”、“述评”的学术论文就有17.1万篇以上，几乎覆盖了社会科学和自然科学的各个领域。研究脉络梳理也是总结前人研究成果的重要形式之一。与文献综述相比，它更强调对某一专题的研究历程进行纵向的剖析，以反映该专题领域的发展动态和趋势，能更好地体现专题领域的研究发展历史，为后续研究提供更全面系统的参考依据。然而检索发现，迄今未见关于研究脉络的梳理或分析方法的研究报道。

本文以现有的与“研究脉络梳理”密切相关的文献作为数据基础，逐篇对其分析方法进行调查和统计，以期得出研究脉络梳理方法的现状，并归纳

* 本文系中国农业大学研究生科研创新专项“基于论文的个人研究脉络定量分析与图形化表达研究”（项目编号：KYCX2011110）研究成果之一。

总结出一套基于定量分析的研究脉络梳理方法，旨在为进行研究脉络梳理的科研人员提供方法上的参考。

2 分析方法

2.1 数据来源

为了获取比较全面和高质量的分析数据来源，本研究以中国知网学术期刊网络出版总库收录的核心期刊为基础数据源，以“研究脉络”、“研究历程”、“学术脉络”为检索词在题名中进行精确匹配检索，命中115条记录，数据采集时间为2011年12月6日，去除学术论坛简介、书评等非学术论文的记录，共获得111篇与研究脉络密切相关的高质量学术论文。

通过汇总分析论文题录信息发现，中文核心期刊中最早关于研究历程的学术论文出现于1993年[1-2]。从发文量的年代分布可以看出近年来文献数量大幅增加，2010年的发文量达到峰值18篇。论文研究主题涉及人文社会与理工农医等自然科学的方方面面，研究层次主要集中在基础研究和应用研究层面，还有少量的关于行业指导、高级科普以及政策研究的论文。其中有41篇（占36.94%）受到各种基金项目的支持，又有近一半是得到国家自然科学基金（13篇）和国家社会科学基金（7篇）支持的项目。因此，将获取的111篇核心期刊学术论文作为研究脉络梳理方法的调研样本，具有较高的数据质量和代表性。如图1所示：

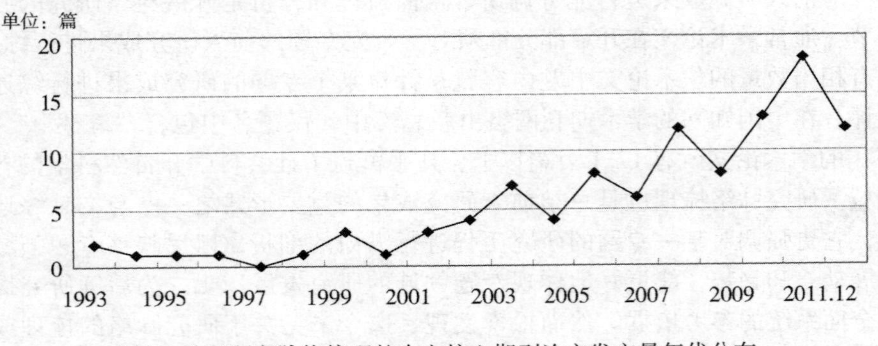

图1 关于研究脉络梳理的中文核心期刊论文发文量年代分布

2.2 调研方法与指标设计

为客观、全面地了解迄今为止研究脉络梳理的思路及方法，本研究在采集论文题录信息基础上，首先进行了研究脉络梳理方法的预调研，即对研究对象、文章结构、分析思路、定量分析方法等特征进行了提取和记录。调研工作流程如图 2 所示：

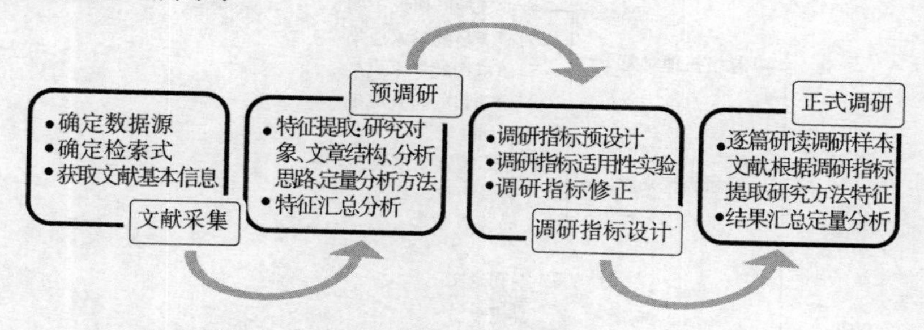

图 2　研究脉络梳理文献调研工作流程

通过分析预调研结果设计了调研指标，在进行适用性实验之后，进一步修正调研指标，最终制定了具有三个层次、包含 41 项特征（一级指标 8 项、二级指标 26 项、三级指标 7 项）的调研指标体系（见图 3）。正式调研中逐篇研读文献，按调研指标详细记录研究脉络梳理方法特征，汇总后进行定量分析。

3　调研结果分析

通过对调研结果的初步汇总统计，得到表 1 所示的研究脉络梳理方法概况。以下将进一步对调研结果进行深入分析。

表 1　研究脉络梳理方法的特征概况

调研指标	研究对象	明确提及分析数据来源	脉络梳理主线		提及典型事件	析出重要文献	析出重要学者	定量分析方法
			以内容为主线	以时间为主线				
样本量（篇）	111	8	72	39	49	29	37	13
百分比	100%	7.21%	64.86%	35.14%	44.14%	26.13%	33.33%	17.71%

3.1　研究对象分析

在所得 111 篇调研样本中，每篇均有具体的研究对象，其中 104 篇分析某一专业领域的学科主题；5 篇分析科研人员学术成果；1 篇分析科研机构的学术成果；1 篇梳理科研项目的研究成果。可见，研究脉络梳理主要应用于剖析某一专题领域的学术研究成果，还应用于著名专家学者、研究机构、重大科研项目的研究历程或学术脉络分析。

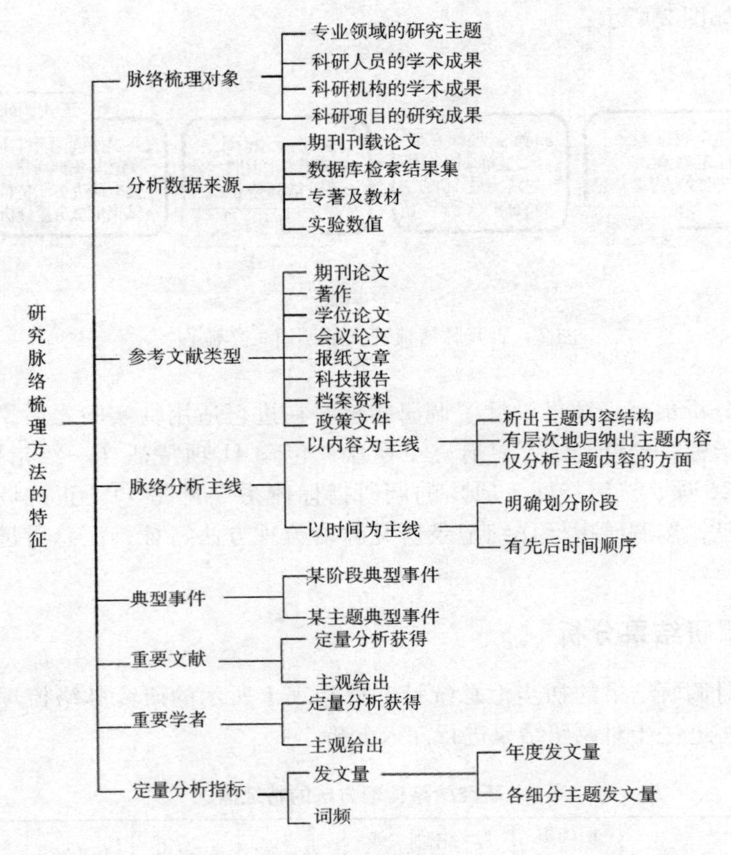

图3　关于研究脉络梳理方法的调研指标体系

对文献题录中的分类号进行统计发现，它们涉及22个《中国图书馆分类法》一级类目中的15个类目。其中最多的是F经济类论文，占34.23%，G类（文化、科学、教育、体育）和K类（历史地理）位于其后（见图4）。说明研究脉络梳理是各个学科领域进行学术成果总结的重要形式。由于调研样本量的局限性，学科分布仅供参考。

3.2　数据来源与参考资料类型分析

在111篇调研样本中，仅有8篇论文在开篇就明确说明研究脉络梳理所依据的数据来源，其余92.79%的论文均没有明确提及。进一步分析这8篇文献的数据源（见表2），有3篇来源于期刊，即某学科领域重要期刊在一定时间段内刊载的论文；2篇为数据库检索结果集，即对数据库进行特定检索后得

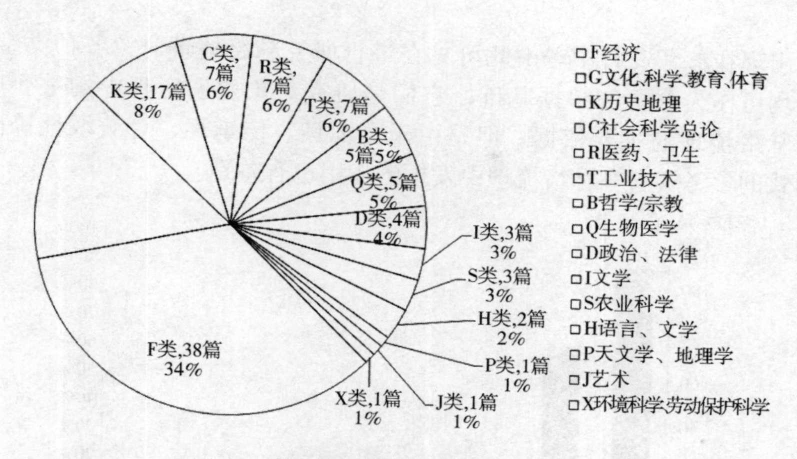

图4　研究脉络梳理涉及学科专题分布

到的结果；2 篇为作者收集的研究对象专题领域的专著和教材；另有 1 篇论文以实验数据为基础进行研究脉络的梳理[3]，该论文通过对研究对象专题领域在不同阶段学术论文中出现的实验数据进行分析，梳理了研究历程。结果表明，目前进行研究脉络梳理时所依据的基础数据源模糊和缺失，尚未充分利用当前学术成果信息的获取环境和条件，有可能造成研究脉络梳理分析的不全面和主观性。

表 2　研究脉络梳理所依据的数据来源构成

明确交代分析数据来源的文献	期刊刊载论文		数据库检索结果集		专著及教材		实验数值	
	数量（篇）	比例	数量（篇）	比例	数量（篇）	比例	数量（篇）	比例
8	3	37.5%	2	25.0%	2	25.0 %	1	12.5%

虽然明确说明研究脉络分析所依据数据来源的论文仅占 7.21%，但是逐篇研读调研样本时发现，每篇论文都引用了大量的参考资料，并且参考资料的类型多样（见图 5）。其中，有 108 篇（97.30%）论文引用了期刊论文，可见期刊论文是研究脉络梳理的主要参考依据，它在研究成果覆盖的全面性、及时性及可获取性方面都有突出的优势。有 74 篇（66.67%）论文引用著作中的观点和结论，说明著作也是脉络梳理时重要的参考资料，它在内容的全面性及理论的系统性方面具有绝对的优势，但是在及时性和可获取性方面逊于期刊论文。此外，学位论文、科技报告、报纸文章、政策文件、档案资料

等都均出现在参考资料中。由此可见在进行研究脉络梳理时，各种类型的参考资料均可作为分析的数据基础，它们是研究对象发展历程中的重要成果，是研究脉络梳理的主要依据。但是由于全面性、传承性、可获取性等因素，不同形式的参考资料在脉络梳理中发挥的作用也有差别。

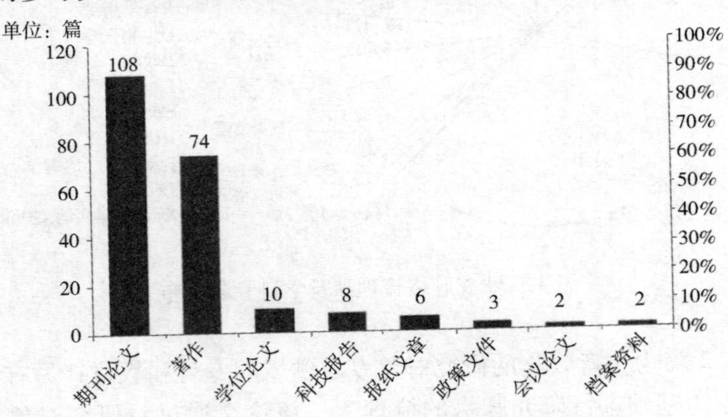

图 5　研究脉络梳理相关学术论文引用的参考文献类型分布

3.3　研究脉络梳理主线分析

调研中发现，研究脉络梳理或以内容为主线，或以时间为主线。统计结果表明，有 72 篇（64.86%）论文首先以主题内容为主线进行梳理；有 39 篇（35.14%）论文首先以时间为主线进行梳理。在首先以内容为主线进行梳理的论文中，有 81.94% 又按时间演进顺序对内容进行分析；在以时间为主线进行梳理的论文中，有 97.44% 又按主题内容进行了分析，如表 3 所示：

表 3　研究脉络梳理主线结构分析

样本量	以内容为主线（72 篇）		以时间为主线（39 篇）	
	按时间演进进行主题内容分析	单纯以主题内容为分析点	对主题内容进行分析	对典型事件进行分析
111 篇	59 篇	13 篇	38 篇	1 篇
百分比	81.94%	18.06%	97.44%	2.56%

3.3.1　以主题内容为主线

在以内容为主线的 72 篇论文中，有 50 篇（69.44%）将主题内容有层次地析出并详加分析；有 21 篇（29.17%）仅零散地归纳出主题内容的部分方面；另有 1 篇探讨组织文化研究脉络的论文，在分析其研究领域时系统地归纳出了内容结构图，并从方法论、基础理论、应用与衍生三个研究方面详细解说了组织文化的各个研究点，清晰地梳理出了研究主题的内容框架[4]。

考察脉络梳理的分析依据发现，72 篇论文中有 61 篇未作明确说明，比例为 84.72%；9 篇交代了内容层次划分的依据，如按照研究方法、研究视角、理论分支、发展阶段等；2 篇利用文献计量法，进行内容层次的划分。其中 1 篇通过搜集相关学科论文，统计不同时期各研究方向的论文数量，从而论述该学科的研究历程和研究范畴[5]。另有 1 篇采用词频分析法，以词频分布表为基础，将高频词对应的研究内容作为热点问题进行深度分析，并通过高频词变动情况进行变化趋势的分析[6]。这两篇论文中的结论也多由定量分析得出，有较强的客观性，是少有的在研究脉络梳理中应用文献计量学方法的案例。如表 4 所示：

表 4　以内容为主线进行研究脉络梳理的层次以及内容划分依据

样本量	内容划分深度			内容划分依据		
	析出主题内容结构	有层次的析出主题内容	仅分析主题内容的方面	由定量分析获得	说明划分依据	未作交代
72 篇	1 篇	50 篇	21 篇	2 篇	9 篇	61 篇
百分比	1.39%	69.44%	29.17%	2.78%	12.50%	84.72%

在以主题内容为主线进行研究脉络梳理的 72 篇文献中，有 59 篇在内容陈述时进行了主题随时间演进而发展的分析，比例高达 81.94%；而剩余 13 篇文献，脉络梳理时更侧重于重点研究内容的阐释及其深度分析，未体现随时间演进的研究内容变化趋势。

3.3.2　以时间为主线

在 39 篇以时间为主线进行分析的论文中，有 31 篇明确划分了阶段，如按照起缘、发展、复兴与升华[7]；或者按照起步阶段、成长阶段、发展阶段[8]；或者按照研究的萌芽发展阶段、兴起发展阶段、丰富深化阶段[9]等，根据各阶段研究内容的侧重点，或者主题的发展路径进行分析探讨。另外 8 篇，有明确的先后时间，未作阶段性的划分。

对 39 篇论文进一步研读发现，其中 38 篇均对主题内容进行了分析，唯独 1 篇讨论个人研究历程的文章，以该学者研究生涯中各时期的典型事件为研究点，讲述了其研究不断发展、深化至形成自己成熟理论的过程[10]，该文侧重于学者的研究历程，缺乏该学者的学术成果对其研究领域的贡献和影响分析。

3.4 研究脉络梳理项目与量化指标分析

对调研样本中研究脉络梳理的各类项目进行汇总，得到表5：

表5 研究脉络梳理项目汇总

梳理项目	主题内容	时间演进	典型事件	重要文献	重要学者
样本数量（篇）	110	98	49	29	37
百分比	99.10%	88.29%	44.14%	26.13%	33.33%

可以看出：主题内容始终是脉络梳理的核心关注点，理清主题下各研究内容的特征和关系及不同视角的差异，是研究脉络梳理的必备工作。时间是研究脉络梳理中非常重要的切入点，以时间作为主题内容发展的线索，是普遍采用的方法。此外，典型事件、重要文献及主要学者也是脉络梳理中的关注点。

3.4.1 典型事件

调研发现，典型事件是研究脉络梳理中的关注点，它们往往是重大理论产生的背景条件，或是主题发展中的重要转折点，在主题研究发展过程中产生过作用。在111篇调研样本中，有49篇(44.14%)在分析时提及在某阶段或某主题领域的典型事件，如重要实验结果的得出[11-12]、重要论坛或会议的召开[7]、重要政策法规的出台[13]、重大事件或运动的发生[14-15]等，均在不同程度上对主题的发展产生影响。进一步考察这些事件，它们多为某一阶段的典型事件，有一定的偶发性。

3.4.2 重要文献

文献是学术活动和科研成果的主要表达方式与重要载体，记录了主题的发展历程。通过分析该主题领域的重要文献（或称核心文献、典型文献、代表性文献)，列述其中的重要观点，提取主题发展中的重要研究成果，从而梳理主题发展脉络。

调研结果表明，有29篇论文明确提出了主题领域的重要文献。其中10篇是阶段性的重要文献，19篇是某主题方面的重要文献。而其他83篇文献，或有提及重要文献中的观点或结论，但并未对这些文献的学术价值给予明确的定位，也未对文献有进一步的解析。

分析这些重要文献得出的依据，29 篇均为作者根据对学科领域的了解和把握主观提出，未见有根据文献计量等量化指标分析得出的结论。

3.4.3 重要学者

学者是学科发展的研究者与推动者，学科或主题的发展，很大程度上依赖于该领域学者的学术研究活动。尤其是专家学者或领军人物的科研活动，对于主题的发展具有积极的导向作用和重要的推动作用。

调研结果表明，有 37 篇论文在分析中析出了重要学者，即在进行某一阶段或某一研究点分析时，都列出了该阶段或该研究主题下的重要学者或核心研究团队，并借助他们的研究历程和研究成果进行该主题的研究脉络梳理。其中有 7 篇析出的重要学者为阶段性代表人物，另 30 篇析出的重要学者为某主题方面的代表性人物。

进一步分析重要学者析出的依据，37 篇均由作者直接给出，未见有根据发文量、被引频次等文献计量指标得出的分析结果。仅有 1 篇在研究脉络梳理时，分析了历年研究的主题、代表作者、代表文献及其重点内容，据此给出了领域的高产学术团队[16]。该论文在析出重要学术团队时有一定的依据，但没有明确的指标，缺乏量化分析。

3.4.4 量化指标

研究脉络梳理中是否采用了定量分析方法，是本研究关注的重点。然而调研结果表明，仅有 13 篇论文在进行分析时使用了量化指标，剩余 98 篇均未出现定量分析的指标，研究脉络梳理基本上是基于主观定性给出的，这是目前研究脉络梳理方法存在的重要问题。

在进行定量分析的 13 篇论文中仅采用了发文量和词频两种量化指标。有 12 篇论文均对年度发文量进行了量化统计，其中 7 篇同时又对专题领域的主题进行了细分，进一步统计了细分研究方向的发文量和比例，据此判断其在主题研究中的作用和地位。进行词频统计分析的仅有 1 篇，该文以主题领域的一种较有代表性的期刊所载论文为数据基础，统计了论文标题中出现的高频词，通过高频词及其变化趋势，分析了研究内容和研究热点的学术发展脉络[6]。

4 研究脉络梳理方法总结

调研结果表明，目前研究脉络的梳理已应用在众多学科领域中，但是不同论文分析方法迥异，分析的方面也不尽相同。总的来说，主观性较强，定量分析力度还较弱，缺乏一套系统的、客观的脉络梳理方法。

为更客观全面地进行主题脉络分析，本研究综合迄今为止研究脉络梳理论文中所提及的所有分析点及分析方法，并进行总结和拓展，提出了研究脉络梳理内容及其定量分析方法和指标，如表6所示：

表6　研究脉络梳理内容及其定量分析方法与指标

梳理内容	内容说明	定量分析方法	分析指标
研究概况	研究关注度及变化趋势	发文量分析	发文时间
主题分析	研究热点及其变化趋势	词频分析[17]	关键词、主题词、分类号、发文时间
	内容主题的聚类及其迁移	共词聚类分析、发文量分析	
核心作者	高产作者、高被引作者	发文量分析、引文分析[18]	作者、机构、发文时间
核心文献	高被引文献	引文分析	被引频次
核心刊物	文献主要来源刊物	载文量分析	来源刊物

需要指出的是，典型事件虽然在调研结果中是研究脉络梳理中的关注点，但是由于它的偶发性和不确定性无法基于文献定量分析得出，因此本研究所提的方法未涉及典型事件的考量。

本研究又结合文献计量分析方法[19]，总结归纳出研究脉络梳理主要工作步骤及其内容（见图6）。即在确定研究对象之后，首先获取全面准确的数据源，对文献的元数据进行处理，提取所需的指标作为数据基础。利用文献计量方法，进行发文量、词频、共词、引文等统计分析，计算出高产作者、高频词、共现词、高被引作者、高被引文献等核心要素。在此基础上，进一步对这些核心要素进行深层次的内容分析，包括各要素的聚类分析，如主题聚类、作者聚类、机构聚类等分析，以此观察其静态聚类分布以及动态聚类迁移分布。同时可根据需要进行要素间的映射分析，如主题内容作为脉络梳理

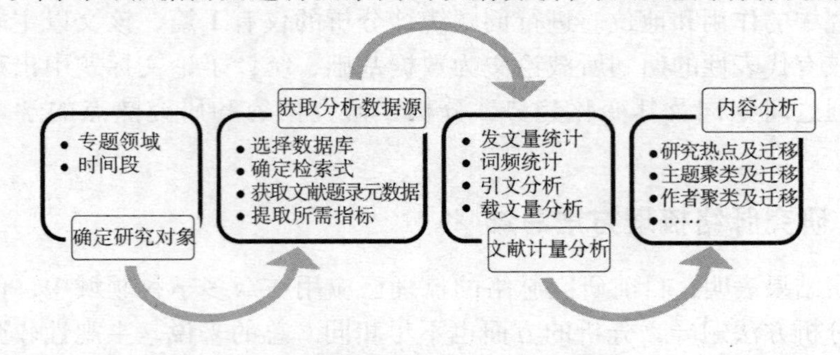

图6　研究脉络梳理主要步骤及其内容

中的重点关注内容，可进行主题－作者映射（包括关键词－作者映射和主题词－作者映射），主题－机构映射、主题范畴排序分布等分析[20]，进一步深层次考察主题的脉络发展。最终整合各要素的聚类及映射分析结论，全面、客观地梳理出主题的研究脉络。

5 结 语

研究脉络的梳理是主题研究及学科发展研究的基础工作，也是必备工作。数据库检索结果也显示，进行脉络梳理的对象涵盖了人文社科、理工农医等众多领域，而一套系统、科学的研究脉络梳理方法相对欠缺。本研究以期汇总现有脉络梳理类文献中所涉及的分析项目及分析方法，并进行相应的补充和扩展。但由于研究时间有限，未进行外文论文的调研分析，未针对国内"综述"类的论文进行更广义更大范围的调研，使得样本数量受限，这是本研究的不足和缺憾，有待今后进一步研究。

学术论文作为脉络梳理的基础数据及定量分析的对象，其规范性、完整性和可用性也在很大程度上决定了分析结果的准确性。而对于早期发表的文献，由于缺少关键词和参考文献，在对其进行文献计量分析时就存在一定的局限性。而对于给出关键词的学术论文，作者赋予关键词的规范性和内容表达的准确性也有待提高。因此，研究主题的脉络梳理中，如果能够进行文献元数据的主题标引规范化处理，应该能较大幅度地提高主题分析结果的应用性和参考价值。

在总结研究脉络梳理内容及其定量分析方法与指标时，本研究综合考虑了文献计量指标及常见文献元数据元素，将文献题录信息中的各种元数据元素均作为指标要素进行了分析，旨在充分发挥学术论文的题录信息作用，更加全面系统地进行研究脉络梳理。但对于不同的研究对象，脉络梳理时需要分析的内容及其关注点不尽相同（如对于学科主题、科研人员、科研机构、科研项目等，四者在进行研究脉络梳理时分析的项目内容是有区别的；不同学科、不同主题因其知识结构的差异，分析的侧重点也会相异），从而对文献题录信息中各元素的分析利用深度也不相同。因此，参考本研究结果进行研究脉络梳理时，需要根据研究目标和研究对象的特征，有针对性地选择所需深度分析的元素，进行局部重点分析或简略分析，以更好地梳理所分析对象的研究脉络。

参考文献：

[1] Davies A J,戚闻节. 有趣的 T 细胞研究[J]. 国外医学(免疫学分册),1993(6):337

-339.

[2] 胡智锋．十年来中国电视美学的研究历程(下)[J]．现代传播,1993(6):28-38.

[3] 祁小松,张华,武俊梅．纵向涡发生器强化传热的研究历程及进展[J]．低温与超导,2010,38(12):44-48.

[4] 曾昊,陈春花,乐国林．组织文化研究脉络梳理与未来展望[J]．外国经济与管理,2009,31(7):33-42.

[5] 李悦,瞿超,续九如．中国大陆林木遗传育种学科1949-2003年的研究历程[J]．北京林业大学学报,2005,27(1):79-87.

[6] 袁良平,汤建民．一份翻译研究期刊的学术脉络管窥——《上海翻译》(1986-2007)所刊论文标题词频统计个案研究[J]．外语研究,2009(1):76-80.

[7] 杜辉．见证中国经济周期波动研究历程——纪念《经济研究》创刊50周年[J]．经济研究,2005(7):109-115.

[8] 刘云,阚元华．中国职业教育教师学的研究历程及反思:1978-2009[J]．中国成人教育,2010(22):112-113.

[9] 许学强,林先扬,周春山．国外大都市区研究历程回顾及启示[J]．城市规划学刊,2007(2):9-14.

[10] 钱磊．中国现代设计的传播人和实践者——尹定邦设计教育与研究历程[J]．美术观察,2005(4):102-103.

[11] 裴娟慧,浦介麟．浦肯野氏纤维的研究历程及现代意义[J]．中国心脏起搏与心电生理杂志,2011,25(4):287-290.

[12] 任衍钢,樊广岳．ATP研究历程[J]．生物学通报,2010,45(12):56-58.

[13] 陈光辉．就业能力解释维度、概念、内涵、研究历程及评述[J]．教育与职业,2011(12):80-82.

[14] 陈春林,梅林,刘继生．国外城市化研究脉络评析[J]．世界地理研究,2011,20(1):70-78.

[15] 解红晖．美国女性学研究历程探略[J]．浙江学刊,2010(5):204-207.

[16] 原长弘,刘凌,王晓云．国内技术联盟学术研究脉络1995-2004[J]．科学学研究,2006,24(4):559-562.

[17] 邱均平．文献信息词频分布规律——齐普夫定律[J]．情报理论与实践,2000,23(5):396-400.

[18] 邱均平．文献信息引证规律和引文分析法[J]．情报理论与实践,2001,24(3):236-240.

[19] 苏宜．计量学与文献计量学[J]．津图学刊.1996(11):19-23.

[20] 邱均平,王曰芬．文献计量内容分析法[M]．北京:国家图书馆出版社,2008:197-210.

作者简介

钟　芸，女，1986 年生，硕士研究生；

韩明杰，男，1960 年生，研究馆员，副馆长兼党总支书记，发表论文 30 余篇；

李晨英，女，1963 年生，研究馆员，情报研究中心主任，发表论文 20 余篇；

芦　姗，女，1987 年生，硕士研究生。

计量学视角下社群信息学研究的特征、轨迹及走向

郑洪兰

摘　要　利用信息可视化软件 Citespace II，以 Web of Science（SCI，ISTP）中收录的1998—2011年间的521篇社群信息学相关文献及其所包含的17 968篇参考文献为研究对象，对发文时间、作者、机构、学科、参考文献等进行分析；同时通过对高频关键词和高中心度、高被引文献进行分析，明确社群信息学研究热点。结果显示，社群信息学研究还未迎来大发展时期，但知识储备速度在不断加快；社群信息学研究由社会网络和社会资本两个分支组成，其中，社会网络是主要分支；网络学习、社会网络、复杂网络、卫生保健将成为未来重点研究主题。

关键词　社群信息学　知识图谱　社会网络　社会资本

分类号　G203

1　引　言

社群信息学（community informatics）的核心是利用信息通讯技术解决社群内部和社群之间个人、社会、经济、文化发展的问题，其主要目的是缩小数字鸿沟，实现社群成员赋权，促进社群经济、社会、文化的可持续发展。它兴起于新技术变革和公共计算机服务中心[1]，伴随着20个世纪80年代末各种信息技术在社群的实践与研究而逐渐发展起来。虽然90年代中期英国提兹塞德大学（University of Teesside）的 B. Loader 和他的研究团队便使用了“community informatics”一词[2]，但直到90年代末，随着计算机技术、通讯技术的发展，社群信息学才成为一个独立的具有特色的研究领域被学者所广泛关注。2010年南开大学的闫慧首先将社群信息学引入国内[3]，但截至目前，该领域现状总结和综述研究较少。因此，本文试图从研究特征、发展轨迹和未来走向等角度对国外社群信息学研究做一总结，以期对相关研究有所裨益。

2 研究设计

2.1 数据获取

本研究数据源来自于 Web of Science（WOS）平台的科学引文索引（SCI）和国际会议录索引（ISTP）数据库，通过试用不同检索策略，最终确定的检索策略为“主题 = “Community Informatics” OR “Community Networking” OR “Community Technology”。时间设定为 1998 - 2011 年（检索时间：2012 - 04 - 20），执行检索，选择带参考文献的全记录格式下载，共获得 521 条记录。选择信息可视化软件 Citespace II，将论文的题录数据导入软件，主要包括标题、关键词、摘要和参考文献，然后设定好选项进行相关统计和知识图谱绘制。

2.2 研究方法

本文综合使用文献计量学法、知识图谱法（主要包括关键词共现和文献共被引分析）和内容分析法。武汉大学邱均平教授和中国科学技术信息研究所庞景安研究员在文献计量学方法的应用上为本研究提供了重要的启示。在参考已有研究成果的基础上，笔者将文献计量学方法应用于发文量、作者、机构、学科、引文以及词频分布研究中；为明确研究热点主题，首先使用关键词共现和文献共被引分析方法，识别高频关键词和关键文献，在此基础上，采用内容分析法对相关文献内容进行分析，最终得到社群信息学研究热点的阶段性分布特征。

3 从论文发表数量角度看社群信息学研究

某一学科领域研究论文数量的变化情况可在一定程度上反映该学科的研究水平和发展速度。为此，笔者从各年发表的绝对论文数和累积论文数两个角度考察社群信息学研究的增长趋势。

3.1 从绝对论文数看

1998—2011 年，社群信息学研究呈现出较为平稳的增长态势（见图 1），但年增长率不高，平均年增长率为 109.29%。最低的年增长率发生于 2003 年，为负 69.44%；年增长率最高的是 2005 年，达到 161.54%，该年可以被认为是社群信息学研究具有转折性质的一年，此后发文数均维持在 40 篇以上。论文发表绝对数的高峰和低谷不明显。这 14 年间年均发文 37 篇，其中 1998—2004 年低于年均水平，而 2005—2011 年高于该水平。文献计量学的奠基人之一普赖斯（D. S. Price）对各种科学指标进行了大量的统计分析，依据科技文献增长规律，提出了学科诞生期、学科大发展期、学科理论成熟期和学科理论完备期4个阶段的理论[4]。根据发文量的特点，可以认为起步较晚的社群信息学研究目前正处于学科发展的第一阶段与第二阶段之间的过渡期，还未完全进入到大发展时期。

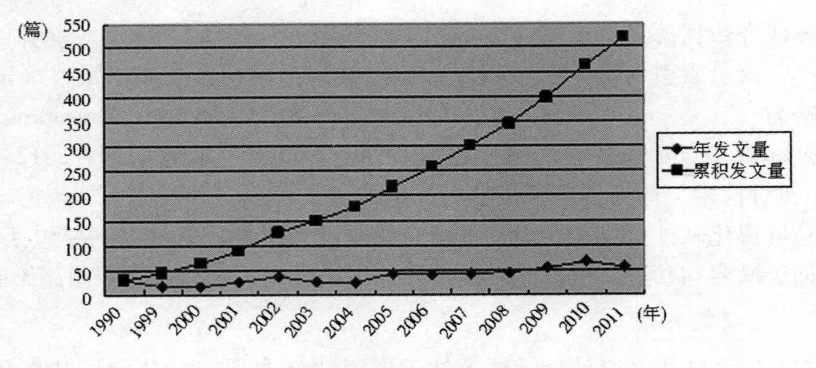

图1　论文增长趋势曲线

3.2　从论文累积量看

社群信息学研究论文累积量随年份增长趋势明显（见表1），基本呈指数型方式增长。1998—2006年这9年时间与2007—2011年这5年时间各完成了全部论文数量的一半。因此，随着时间的积累，社群学研究知识储备速度将不断加快，不久的将来便会迎来该学科的快速发展时期。

表1　各年发文增长情况

发表时间（年）	发文量（篇）	年增长率（%）	累积发文量（篇）	累积发文百分比（%）
1998	29	-	29	5.57
1999	16	55.17	45	8.64
2000	18	112.50	63	12.09
2001	26	144.44	89	17.08
2002	36	138.46	125	23.99
2003	25	69.44	150	28.79
2004	26	104.00	176	33.78
2005	42	161.54	218	41.84
2006	40	95.24	258	49.52

续表

发表时间（年）	发文量（篇）	年增长率（%）	累积发文量（篇）	累积发文百分比（%）
2007	42	105.00	300	57.58
2008	45	107.14	345	66.22
2009	53	117.78	398	76.39
2010	67	126.42	465	89.25
2011	56	83.58	521	100.00

4 从作者和机构角度看社群信息学研究

4.1 作者分析

4.1.1 作者分布规律

521 篇论文共由 1 529 位作者完成，作者合作度为 3（作者合作度等于一定时期相关文献作者总人次与一定时期相关文献总数之比），即每篇论文平均由 3 位作者完成，这种较高的合作度是由该领域的交叉性、综合性所决定的。这 14 年中，发文 6 篇的作者为 1 位，发文 4 篇的作者为 8 位，发文 3 篇的作者为 19 位，发文 2 篇的作者为 82 位，发文 1 篇的作者为 1 419 位。根据普赖斯的研究，在文献分布领域内，有 75% 的科学家一生只发表一篇论文，而在本研究中，发表一篇论文的作者数占总作者数的 92.81%。虽然由于数据主题、数据源和统计时间的限制，这个结果会存在一定误差，但也从一定程度上说明了社群信息学领域作者分散现象较为严重。

根据普赖斯定律：撰写全部论文一半的高产作者的数量等于全部科学作者总数的平方根[5]。根据该定律可以计算得出 1 529 位作者中，前 39 位（$\sqrt{1529} \approx 39$）作者为社群信息学研究的高产作者，其中分别包括发表 6 篇、4 篇、3 篇和 2 篇的作者。因此，可以看出，社群信息学研究高产作者的发文量优势还很不明显。按普赖斯的理论，发表论文数为 m 篇以上的作者为杰出科学家，即核心作者，其中 $m = 0.749 \times \sqrt{n_{max}}$[2]，$n_{max}$ 为发文量最多作者的发文篇数，在本研究中该值为 6。由此可以算出 $m = 0.749 \times \sqrt{6} \approx 1.83$，即在社群信息学领域核心作者群体的发文量篇均都在 2 篇以上。发文 2 篇以上的 110 位作者发文总篇数占论文总数的49.71%，接近论文总数的一半，因此可以认为该领域已基本形成较为稳定的核心作者群。但由于交叉性和综合性的学科性质，该领域一直处于多学科交叉领域的共同研究中，新研究者会持续加入其中，整个研究群体还在不断变化中，因此，核心作者群也将会处于不断变化之中。

4.1.2 领军人物和中坚力量分析

研究某一作者群的活跃值排名，有助于分析作者队伍的新老更替趋势和学术关系结构。按武汉大学邱均平教授的定义：领域年龄等于当下年份与作者在该领域内发表第一篇论文的年份之差；作者活跃值等于作者发表的该领域论文总数与领域年龄之比[6]。基于这两个定义，可以计算出社群信息学领域作者活跃程度的排名。领域年龄越长而且活跃值越高的作者是该领域的领军人物，如 J. M. Carroll 等，这些作者的领域年龄达到了 8 – 13 年，是长期活跃于该领域的学者。领域年龄小而活跃值比较高的作者群，则是构成该领域发展新生的中坚力量，他们很可能成长为该领域的领军人物，如 W. Lam 等，这些作者的领域年龄多数为 2 年，个别作者也仅限于 3 – 5 年内，而活跃值却均较高。表 2、表 3 列出了社群信息学研究的领军人物和中坚力量：

表 2　社群信息学研究的领军人物

作者	发文量（篇）	领域年龄	活跃值
J. M. Carroll	6	13	0.5
R. Hasnain-Wynia	4	8	0.5
M. B. Rosson	4	8	0.5
G. J. Bazzoli	4	8	0.5
J. A. Alexander	4	8	0.5
M. S. Jackson	4	9	0.4
E. Borgida	4	9	0.4
J. L. Sullivan	4	9	0.4

表 3　社群信息学研究的中坚力量

作者	发文量（篇）	领域年龄	活跃值
W. Lam	2	2	1.0
K. Fujimoto	2	2	1.0
G. van Bortel	2	2	1.0
D. M. Varda	2	2	1.0

续表

作者	发文量（篇）	领域年龄	活跃值
L. Stillman	2	2	1.0
D. Stone	2	3	0.7
S. Dawson	2	3	0.7
P. Monge	2	3	0.7
M. Dignan	2	3	0.7
A. L. Traud	2	3	0.7
D. White	2	3	0.7
M. A. Porter	2	3	0.7

4.2 机构分析

521 篇文献来自于 489 个机构，这些机构分布于 63 个国家，可见研究机构分布很分散。高产机构（发文数≥10 篇）中的 4 所有 3 所来自于美国，另外一所来自于加拿大。发文 5 篇以上的 22 所机构均来自于大学，可见大学是社群信息学研究的主要阵地。这些机构涵盖北美洲、欧洲和亚洲，北美洲包括美国 15 所、加拿大 2 所；欧洲包括英国 4 所；亚洲包括新加坡 1 所。除此之外，从国家发文量来看，美国以 259 篇接近总发文量一半的优势排在首位，由此可见，美国在社群信息学研究中具有绝对的优势。发文 4 篇以上的机构占所有机构的 23.52%，而这些机构发文总数却仅占总文献量的31.48%，因此，在社群信息学领域研究机构的分布不符合“二八定律”，这与该领域多学科交叉强度大存在密切关系。489 个机构间共有 213 次合作，篇均合作次数为 0.41 次，合作强度很弱，在一定程度上说明社群信息学研究相对封闭，这无疑不利于资源共享与优势互补。表 4 列出了社群信息学研究的机构分布：

表 4　社群信息学研究的机构分布

发文量（篇）	机构数（所）	机构名称
发文数≥10	4	宾夕法尼亚州立大学、北卡罗来纳州大学、密歇根大学、多伦多大学等
5≤发文数≤9	18	科罗拉多大学、伯明翰大学、斯坦福大学等

续表

发文量（篇）	机构数（所）	机构名称
2≤发文数≤4	93	哥伦比亚大学、弗吉尼亚理工大学、哈佛大学等
发文数=1	374	哈里伯顿公司、乔治敦大学、塞浦路斯大学等

5 从学科角度看社群信息学研究

社群信息学研究论文学科分布十分广泛，全部论文分布于80个学科中，体现了该领域的交叉性、综合性。篇幅所限，本文列出了发文20篇以上的16个学科，如表5所示：

表5 社群信息学研究的学科分布

学科	发文量（篇）	学科	发文量（篇）
图书情报学（Library & Information Science）	83	卫生政策与服务（Health Policy & Services）	28
计算机科学（Computer Science）	69	老年学（Gerontology）	28
公共科学（Public Science）	59	通讯学（Communication）	26
心理学（Psychology）	54	管理学（Management）	26
社会科学（Social Sciences）	38	工商管理（Business）	22
教育学（Education & Educational Research）	36	保健科学与服务（Health Care Sciences & Services）	21
社会学（Sociology）	34	地理学（Geography）	20
精神病学（Psychiatry）	34	社会工作（Social Work）	20

由表5可以看出，图情学以绝对的发文量优势排在首位，是社群信息学研究的主要学科。计算机科学的发文量也很大，这与国外的学科分类习惯及社群信息学大量依靠信息通讯技术密切相关。除此之外，中心度和突变性也是考察研究论文分布规律的两个重要指标。中心度和突变性排在前6名的学科，如表6所示：

表 6　社群信息学研究学科中心度和突变性较高的学科分布

学科	中心度	学科	突变性
社会科学（Social Sciences）	0.32	图书情报学（Library & Information Science）	4.21
心理学（Psychology）	0.26	肿瘤学（Oncology）	3.54
计算机科学（Computer Science）	0.22	卫生政策与服务（Health Policy & Services）	3.24
公共科学（Public Science）	0.14	教育学（Education & Educational Research）	3.02
社会学（Sociology）	0.13	保健科学与服务（Health Care Sciences & Services）	2.94
精神病学（Psychiatry）	0.12	物理学（Physics）	2.75

中心度大小一定程度上说明了相关研究中各学科之间的联系程度，中心度排在前列的依次为社会学、心理学、计算机科学等，这些领域在社群信息学研究中处于非常重要的位置，社群信息学的研究主要集中在这些领域，同时也常常涉及其他学科的研究内容。

通过对发文量突变性的考察可以发现发文的转折性，由表 6 可以看出，图情学以 4.21 的突变值排在首位。通过考察发文历史发现，该学科发文量从 1998 年发文的 10 篇直线下降到 2000 年的 3 篇，这说明图情学在这个时间段对该领域的研究热度降温程度十分明显。突变性排在第 2 和第 3 位的分别是肿瘤学和卫生政策与服务，肿瘤学在社群信息学研究中发文量呈现出了几次大的波动：从 1999 年的 1 篇上升到 2001 年的 5 篇，接着又降回到 2004 年的 1 篇，然后又从 2005 年的 1 篇急剧上升到 2007 年的 7 篇，此后的发文量在 7 篇左右呈小幅波动。而卫生政策与服务的发文量从 2003 年的 7 篇下降到 2004 年的 1 篇。与上述两个学科同属医学学科的保健科学与服务也以 2.94 的突变性排在第 5，它的发文变化趋势和卫生政策与服务如出一辙：从 2003 年的 6 篇下降到 2004 年的 1 篇。这说明医学领域对社群信息学研究关注度较高，并且研究的热度的波动性较大，尤其是 2003—2004 年发文量下降幅度极为明显。

6　从引文角度看社群信息学研究

6.1　文献利用广度分析

平均引文数即平均参考文献数是测度文献利用广泛程度的有效方法之一。虽然作者引用参考文献的原因有很多，但某一学科领域研究论文的平均引文数仍然能够在一定程度上反映文献被利用的广泛度。本文共获得有效引文 17 968 篇，篇均引文 34.49 篇，具体分布数据如表 7 所示：

表 7　社群信息学研究文献的参考文献分布

时间（年）	发文量（篇）	引文量（篇）	平均引文量（篇/篇）
1998	29	792	27.31
1999	16	469	29.31
2000	18	619	34.39
2001	26	775	29.81
2002	36	926	25.72
2003	25	990	39.6
2004	26	904	34.77
2005	42	1248	29.71
2006	40	1427	35.68
2007	42	1586	37.76
2008	45	1812	40.27
2009	53	1737	32.77
2010	67	2531	37.78
2011	56	2152	38.43

由表 7 可见，平均引文量从 1998 年的 27.31 篇上升到 2011 年的 38.43 篇，篇均增长近 10 篇。这说明随着文献资源的日益丰富、文献传播技术的进步，文献传播范围在不断扩大，领域内高水平的研究论文可被世界各国该领域的学者所引用，文献利用广度得到很大提高。

6.2 文献利用速度分析

文献引用的速度或时差是评价一个学科领域跟踪最新研究动态的一个重要指标，加菲尔德（E. Garfield）曾提出采用即年指标对期刊利用速度进行测度。本研究中应用经武汉大学邱均平教授改造后的即年指标对文献利用速度进行测度[7]：即年指标 = 当年发表的论文引用当年论文的篇数/当年引文总数。根据此公式可计算出 1998—2011 年社群信息学领域的即年指标，指标变化趋势如图 2 所示：

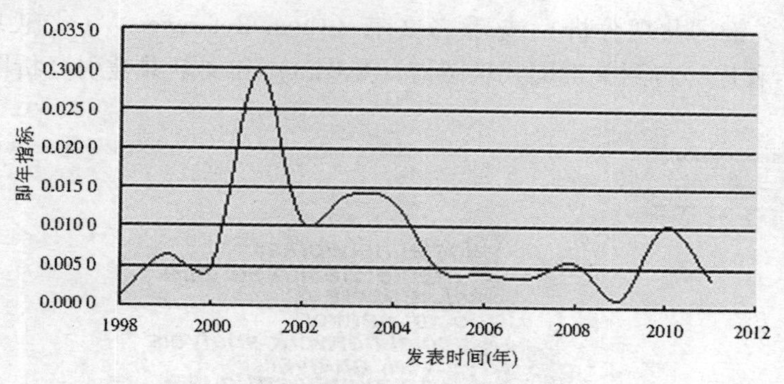

图 2　社群信息学研究的即年指标分布

由图 2 可见，2001—2004 年即年指标较高，尤其是 2001 年达到一个峰值，这说明这几年社群信息学利用科技文献的速度相对较快；但随后即年指标值显著下降，虽然 2010 年略有回升，但没有改变这种下降的趋势，反映了 2005 年以后该领域学者利用最新文献的速度在降低。

7　从核心主题角度看社群信息学研究

通常一篇论文的关键词可以反映出其学科主题和关注点，高频关键词可以很好地反映某一领域的研究热点。而关键词之间的共词特性能更好地归纳某一学科专业的研究重点。实践证明，词频分析法和共词分析法用于探究某领域的研究热点是十分有效的。通过 Citespace II 可以依据文献被引频次和中心度识别某一领域的关键节点文献，中心度是指网络中通过该点的任意最短路径的条数，是网络中节点在整体网络中所起连接作用大小的度量。而引用频次的高低可以反映文献的影响力和价值。关键节点文献一般是提出重要的新理论或是具有重大理论创新的经典文献。因此，本研究试图结合使用词频分析法、共词分析法和文献共被引分析法探测社群信息学研究的热点及阶段性变化。

7.1　关键词共现和文献共被引分析图谱绘制

将全部数据导入 Citespace II 中绘制关键词共现知识图谱和文献共被引分析图谱。设置相关参数为：时区分割（Time Slicing）设置为 1998 – 2011，单个时间分区的长度（#Years Per Slice）设置为 1 年，主题词来源选择为标题（Title）、摘要（Abstract）和关键词（Descriptors 与 Identifiers），阈值为前 30 个高频词，词类型（Term Type）选择名词短语（Noun Phrases）（关键词共现分析）或 None（文献共被引分析），节点类型（Node Types）选为专业术语（Term）（关键词共现分析）或 参考文献（Cited Reference）（文献共被引分析）。运行程序，得到关键词共现图谱（见图 3）和文献共被引分析图谱（见图 4）：

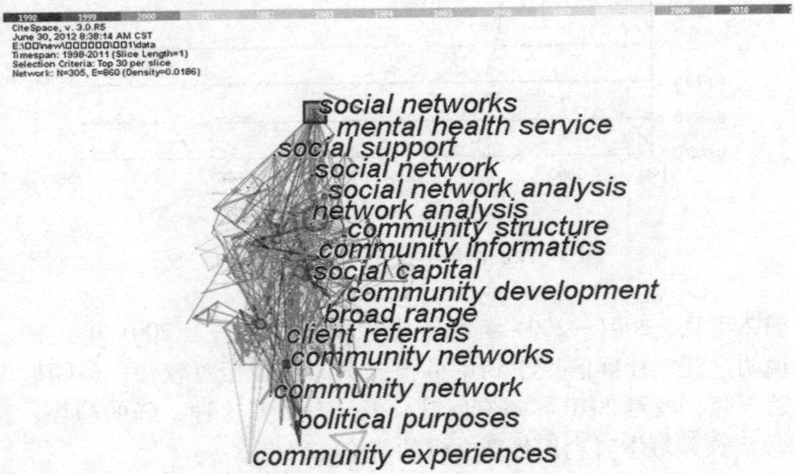

图 3　社群信息学研究的关键词共现知识图谱

图 3 中，每一个结点代表一个关键词，结点大小表示关键词出现频次的高低，结点之间的连线表示关键词之间的共现关系。图 4 中，结点大小反映被引频次的高低，结点间的连线说明文献间具有共被引关系，以较深外圈颜色标注的结点表明该文献中心性≥0.1。

根据图 3，将词频≥5 且专指性较高的词进行主题分类；为明确研究热点的阶段性变化，对关键词首次出现时间进行确认。根据图 4，识别出被引频次或中心度较高的关键节点文献，并依据研究内容归为某一个主题聚类，这些文献均在某个主题中形成了较大影响力，有些文献甚至具有里程碑的作用。具体情况如表 8 所示：

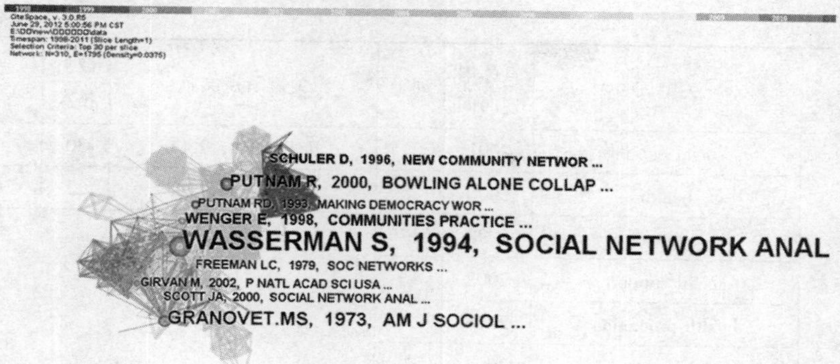

图4　社群信息学研究的文献共被引知识图谱

表8　社群信息学研究的主题分布

主题	关键词	首次出现时间	词频	关键节点文献	被引频次	中心度
社会网络	social networks	1998	102	M. S. Granoved，1973	33	0. 18
	community networks	1998	35	M. S. Granovetter，1985	15	0. 06
	social network analysis	2001	33	S. Wasserman，1994	49	0. 1
	social network	2001	20	D. Schuler，1996	24	0. 14
	community network	1998	17	J. A. Scott，2000	22	0. 07
	network analysis	2001	16	D. J. Watts，1998	14	0
	weak ties	2009	10	J. Scott，1991	13	0
	centrality	2006	10	A. L. Barabasi，1999	11	0. 02
	ties	2009	9	A. Cohill，1997	10	0. 05
	community networking	1998	7			
复杂网络	complex networks	2005	20	L. C. Freeman，1979	23	0. 05
社群结构	community structure	2007	15	M. Girvan，2002	22	0. 02
	network structure	2008	8	G. Palla，2005	10	0
	community detection	2010	6	R. S. Burt，1992	16	0. 02
虚拟社群	virtual communities	2004	14	H. Rheingold，1993	15	0. 06
	online communities	2007	14			
	virtual community	2001	8			

续表

主题	关键词	首次出现时间	词频	关键节点文献	被引频次	中心度
社会资本	social capital	2001	31	R. Putnam，2000	30	0.3
	health	2000	25	R. Putnam，1993	22	0.22
	support	1998	17			
	social support	2002	16			
	health promotion	2006	9			
	social integration	2004	7			
	social support networks	2009	5			

7.2 社群信息学研究热点的阶段性分布分析

社群信息学研究较早并持续成为重点关注的主题主要包括两个分支：一个与社会网络相关，包括社会网络分析、社群网络、复杂网络、社群结构和虚拟社群。这一分支是社群信息学研究的主要分支。其中，复杂网络研究自21世纪初开始占据了社会网络研究中的主导地位。另一分支是社会资本，包括社会资本、社会支持、社会整合等。相对而言，社会资本研究稍显滞后，社群信息学研究者对社会资本的关注始于2001年，并一直持续至今。

7.2.1 社会网络研究（1998—2011年）

由表8可见，与社会网络相关的关键词在所有高频词中占有的比例最大，其中包括social network（s）、community network（s）、community networking、social network analysis和weak ties等高频关键词。大部分论文几乎都围绕着"社会网络"这个主题展开研究，说明社群信息学的迅猛发展与社会网络紧密相关。社群信息学研究从出现那天起，便与社会网络交织在一起，它是社群信息学研究最热、持续时间最久的主题。通过考察关键词随年代变化的历史，可以发现，社群信息学中社会网络研究于2002年出现了一个高潮，继一段时间的沉寂后，从2006年开始至今，该主题持续得到高度关注。

社会网络是联结行动者的一系列社会关系的纽带，其相对稳定的模式构成了社会结构，进而构成社群的基础，因此，社会网络的研究理所当然地成为社群信息学研究的重要主题。伴随着社群信息学的一步步成长，社会网络理论在物理社区和虚拟社群得到了重要的应用，学者主要从各种社会结构间的网络、社会网络属性和社会网络分析三方面进行了探讨。各种社会结构间的网络包括社群网络、友情网络、组织间网络、联盟网络等。社会网络属性中最为有影响力的是小世界网络[8]和无标度网络[9]；另外，2001年M. McPherson等对社会网络属性中的同质性进行的研究[10]同样具有较大的影响力。社会网络分析中开始于2009年的网络成员中的“关系”是该领域研究的重点主题。

一些经典文献对社群信息学中网络成员“关系”的研究起到了重要的指导作用。如1973年M. S. Granovetter发表在*American Journal of Sociology*上的论文*The Strength of Weak Ties*[11]是该主题研究的关键文献（图3网络中中心度最高的节点），该文首次提出了“关系力量”的概念和“弱联接优势”理论。10余年后，该作者又首次提出了经济行为镶嵌于在社会关系网络中的“镶嵌理论”[12]。这些研究成果对后续相关研究的影响十分深远。除此之外，1994年英国剑桥大学出版社出版的S. Wasserman等撰写的专著*Social Network Analysis: Methods and Application*（图3网络中被引频次最高的节点）同样具有深远的影响：作者从中心原理角度研究社会网络，认为中心度是测度声望和权利的指标之一，节点的“重要性等价为显著性”，也就是说网络结构中成员的重要性等价于该成员与其他成员之间的连接而使其具有的显著性[13]。

7.2.2 复杂网络研究（2005—2011年）

复杂网络相关高频词“complex networks”在社群信息学研究中于2005年首次出现，并持续成为学者们重点研究的主题，尤其是2008年以后增长趋势更为明显，2010年达到了高峰。影响力最为深远的当属美国加州大学艾尔温分校社会学系和数理行为科学研究所教授L. C. Freeman 1979年发表于*American Journal of Sociology*上的论文*Centrality in Social Networks Conceptual Clarification*[14]（图3网络中被引频次排名第6）。该文最重要的贡献便是引入了综合中心化程度通式，从不同角度定量描述复杂网络中节点的中心化差异，首次提出了节点的重要程度可使用节点中心度指标进行度量，并在该文中提出了节点度、中介度、紧密度等度量中心度的指标与方法，这些指标从不同水平上反映了复杂网络的结构特征。正因如此卓越贡献，社会网络分析研究领域的最高奖——弗里曼奖就是以他的名字命名。另外，复杂网络的动态性研究也被部分学者所关注，其动态性是指随着时间的推移，网络将逐渐由少数具有明显优势地位的企业统治[15]，对动态性的探讨是从企业利益双赢的视角来分析企业网络组织所带来的资源共享、知识交流与绩效改进等。

7.2.3 社群结构研究（2007—2011年）

社会学和管理学领域的相关研究表明，网络的社群结构对组织内外部以及社会的生存与发展都会产生显著影响。同时，社群结构丰富了社会网络研究的含义，因此，相关研究受到了社群信息学学者的广泛关注。自 2007 年社群结构研究在社群信息学中出现以后，研究热度一直不减，尤其是 2010 年达到了一个峰值。由表 8 可见，该主题涉及的关键词有 community structure、network structure 和 community detection。

社群结构研究中主要包括属性和探测两个重点内容：①关于社群结构的属性研究。M. Girvan 等认为真实网络不仅具有小世界和无标度等特性，还呈现明显的社群结构特性[16]（图 3 网络中相关节点被引频次排在第 7 位）。也就是说，整个网络由多个社群构成，这些社群的内部节点连接紧密，外部节点连接稀疏。研究表明这些社群常常与系统的功能性质有着很强的对应关系，如在人际交互网中，社群的内部成员具有相似的职业、政治倾向等社会属性[17]。G. Palla 等认为重叠性是社群结构的一个重要特征，它是指网络中存在一些“骑墙节点”，它们同时被多个社群包含，属于这些社群的交叉部分[18]。②社群结构探测是社群结构研究的前提和核心，如何有效地探测社群已经成为复杂网络领域持续的研究热点之一。2009 年 A. Lancichinetti 等提出了一种既可以找到重叠性社团又可以发现层次性结构的 LFM 算法[17]；除此之外，模块度优化方法、拉普拉斯（Laplacian）特征值方法、模拟退火法、贪婪算法等探测社群结构的方法不断被创新性地提出[19-23]。这其中模块性指标[24]使得社群结构探测方法开始由传统的计算机科学方法和社会科学方法向以模块性指标为评价基础的现代方法转变，虽然不乏学者认为模块化检测社群结构只能在一定范围的网络中有效，探测方法具有一定的局限性[25]，但是，模块性指标无疑被多数学者所认可，在社群结构的探测中产生了广泛的影响。

7.2.4　虚拟社群研究（2001—2011 年）

信息化的到来催生了一种新型的社群形式，即虚拟社群（virtual community），它是围绕着共享利益或目的而组织起来、在网络虚拟世界进行共同活动的集体。自 2001 年开始虚拟社群研究便引起社群信息学研究者的重视，直到 2008 年，虚拟社群研究已然成为社群信息学研究的一个重要领域。涉及的高频关键词包括 virtual communities 和 online communities。

7.2.5　社会资本研究（2001—2011 年）

这一领域涉及的关键词包括 social capital、support、social support、social integration 和 social support networks。社群信息学研究中对社会资本的研究始于 2001 年，随即在 2002 年词频达到顶峰，接下来的几年，词频虽略有波动，但呈明显增长态势，一直持续至今。

作为社群信息学研究基本对象的社群本质上就重视共同体的作用，尤其是信任、合作的公共精神，而社会资本正好满足这种需要。社会资本来自于信任、互惠和合作、共同的价值观和规范、活动和领导能力以及强烈的社区感等社群现有资产的叠加，极大地促进了社群网络中的互动和参与。社会资本作为一种非正式的社会关系网络，在提供包括社会保障、社会救济、就业和健康等方面的社会支持（social support）上发挥着重要的作用。尤其是健康领域的社会支持更是社群信息学研究者重点关注的对象，表7中的高频关键词"health"和"health promotion"足以说明这一点。在社群信息学领域中，最有影响力的社会资本研究当属R. D. Putnam分别于1993年和2000年出版的专著*Making Democracy Work*：*Civic Traditions in Modern Italy*和*Bowling Alone*：*The Collapse and Revival of American Community*[26-27]（图3网络中这两篇文献被引频次分别排在第3、第9位，中心度分别排在第1、第2位）。R. D. Putnam在第1部著作中对意大利南部和北部的政府绩效进行了长达20年的跟踪研究，在第2部著作中对美国社会资本的下降进行了研究。通过这两部著作，R. D. Putnam表达了自己三个具有广泛影响力的理论思想：①社会网络和社会规范对社会合作至关重要；②社会资本对民主有重要影响；③战后美国社会的社会资本已经下降。他对社会资本属性的认识由其较早著作中认为的是一种公共物品，转变为后期著作中认为的是既具有公共物品的特性也具有私人物品的特性。在布迪厄、科尔曼等前人研究的基础上，R. D. Putnam将社会资本理论扩展到更为宏观的民主治理研究中，提供了应用社会资本理论框架来研究经济发展和民主政治等宏观问题的新途径，如从政治社会学的角度，运用社会资本的范式，解释意大利的社会政治发展。

8　社群信息学研究趋势分析

Citespace Ⅱ软件提供了突现词探测（burst detection）技术和算法，通过考察词频的时间分布将其中频次变化率高的词（burst term）从大量的主题词中探测出来。根据词频的变动趋势，而不仅仅是频次的高低（这是由于有些低频词的突然出现有可能是某个主题的闪现），可以确定社群信息学研究的趋势。突变值较高的4个关键词如表9所示：

表9　社群信息学研究的关键词突变性

关键词	突变值	关键词	突变值
networked-learning	3.74	complex networks	3.40
social networks	3.63	care	2.75

由此不难看出：①网络学习（networked-learning）虽然词频较低（词频为6），但其突变值最高，将成为未来社群信息学研究中的重点。这是由互联网的高速发展所决定的。随着网络技术的发展，基于网络的多种传输工具日益完善，网络学习环境作为一种新的学习空间越来越受到人们的关注。这其中，产生于20世纪90年代初期的“网络学习社群”（networked-learning community）受到的关注热度最高，这是由于这种学习方式使处在社群中的学习者之间能够更有效地进行资源共享并互助式地解决问题。经过10余年的发展，网络学习社群研究已取得了一定成绩，但基于共同学习的社群意识以及相关技术还有待于进一步加强，只有这样才能促进网络学习社群的不断发展。笔者认为，这也是后续研究的重点方向。②如前所述，社会网络（social networks）和复杂网络（complex networks）是社群信息学研究中最重要的两个主题，从它们较高的突变值可以预计，两者仍然是今后社群信息学研究中的重要方向，而这其中，网络结构、社会网络的发现、不同群体的社会网络以及基于虚拟学习的社会网络构建无疑是社群信息学领域持续的研究热点。③反映医疗、健康研究内容的关键词“care”同样表现出了较高的突变值，预示着相关研究主题也必将成为未来社群信息学研究的重要内容。笔者认为，这其中，成员中健康知识分享的积极性和健康教育的专业性问题应引起学者的足够重视。

9 结 论

本研究以1998—2011年WOS收录的、以“社群信息学”为主题的文献为样本，借助CitespaceⅡ可视化分析的独特功能，从文献计量学的视角以知识图谱的方式对社群信息学研究的特征、轨迹和未来走向进行分析，得出以下结论：①社群信息学研究发文呈逐年增长趋势，但增长速度不快，还未进入学科大发展时期。②社群信息学研究作者和机构分布较为分散，作者合作度较高，已形成领军人物和稳定的核心作者群，中坚力量也较雄厚。但从核心作者发文量来看，作者的核心地位优势还不明显；另外，高产作者的“高产性”也未显现出来。机构间合作度较低；美国以在机构数量和发文数量上拥有绝对优势成为信息学研究的主要国家。③相关研究主要涉及图书情报学、计算机科学、社会学、心理等，学科分布也较为分散，这是由社群信息学的交叉、综合性所决定的。④社群信息学研究文献利用广度较高，但利用速度较慢，尤其是2005年后这种趋势更为明显，这显然会在一定程度上影响该领域的发展速度。⑤社群信息学研究主要涉及两大分支：社会网络和社会资本。社会网络分析、复杂网络、社群结构、虚拟社群以及社会支持，尤其是健康支持等是社群信息学研究的热点。这些研究热点中有的从社群信息学产生伊始便受到关注，如社会网络分析；有的在10年前引起社群信息学研究者的关注，如虚拟社群、社会资本；而有的是却只有5年左右被关注的历史，如复杂网络、社群结构。它们均在较早时间便得到较高的关注度，并一直持续至今。而通过实现词探测发现，网络学习、社会网络、复杂网络、卫生保健将成为未来研究的重要内容。

需要说明的是：①在进行词频统计时，与信息通讯技术相关的关键词，如 computer-mediated communication 和 communication ｛JP 等也以较高的词频出现。信息通讯技术是解决社群信息学核心内容的重要手段，因此，与它相关的关键词具有较高词频理所应当。但进行主题分析时，本文没有将它作为一个核心主题进行分析，这是由于正像图情学中研制引文索引数据库一样，虽然需要信息技术，但核心内容却是对文献的标引、分类、序化、检索、利用与评价，而信息技术却不是核心内容。②在进行研究热点阶段性分析时，某一研究热点的终止时间为2011年，这并非代表该研究热点到此为止，而是本研究中数据源截取至2011年。③可视化研究方法只能起到提供重要关键词和文献线索的作用，真正发现学科具体研究内容，还需要深入文献内部具体分析或咨询领域专家。

参考文献：

[1] Alkalimat A,Willianms K. eBlack Studies：A project of community informatics[OL].[2011-03-15].http://www.bnu.edu.cn/xzhd/30939.htm.

[2] Eagle D, Hague B, Keeble L, et al. Community informatics：Shaping computer-mediated social relations[M]. London：Routledge,2001:3-9.

[3] 闫慧.社群信息学:一个值得关注的新兴领域[J].图书情报工作,2010,54(4):53-55,99.

[4] 庞景安.科学计量研究方法论[M].北京:科学技术文献出版社,1999:299-300.

[5] 邱均平.信息计量学[M].武汉:武汉大学出版社,2007:255.

[6] 邱均平,刘华华.网络信息计量学的文献计量规律及发展现状研究[J].图书馆论坛,2009,29(6):58-62.

[7] 邱均平,苏金燕,熊尊妍.基于文献计量的国内外信息资源管理研究比较分析[J].中国图书馆学报,2008(5):37-45.

[8] Watts D J, Strogatz S H. Collective dynamics of ‘small-world’ networks[J]. Nature,1998,393(6684):440-442.

[9] Barabási A L, Albert R. Emergence of scaling in random networks[J].Science,1999,286(5439):509-512.

[10] McPherson M, Smith-Lovin L, Cook J M. Birds of a feather：Homophily in social networks

[J]. Annual Review of Sociology,2001,27(1):415 - 444.

[11] Granovetter M S. The strength of weak ties[J]. American Journal of Sociology, 1973, 78(6): 1360 - 1380.

[12] Granovetter M S. Economic action and social structure: The problem of embededness[J]. American Journal of Sociology,1985,91(3):481 - 510.

[13] Wasserman S, Faust K. Social network analysis: Methods and applications[M]. Cambridge: Cambridge University Press,1994: 249.

[14] Freeman L C. Centrality in social networks: Conceptual clarification[J]. Social Networks, 1979, 1(3): 215 - 239.

[15] Powell W W, White D R, Koput K W, et al. Network dynamics and field evolution: The growth of interorganizational collaboration in the life science[J]. American Journal of Sociology,2005,110(4):1132 - 1205.

[16] Girvan M, Newman M E J. Community structure in social and biological networks[J]. Proceedings of the National Academy of Sciences of the United States of America,2002,99(12):7821 - 7826.

[17] Lancichinetti A, Fortunato S, Kertész J. Detecting the overlapping and hierarchical community structure in complex networks[J]. New Journal of Physics, 2009,11(3): 033015.

[18] Palla G, Derenyi I, Farkas I, et al. Uncovering the overlapping community structure of complex networks in nature and society[J]. Nature, 2005, 435(7043): 814 - 818.

[19] Newman M E J, Girvan M. Finding and evaluating community structure in networks[J]. Physical Review E,2004,69(2):026113.

[20] Newman M E J. Finding community structure in networks using the eigenvectors of matrices[J]. Physical Review E,2006,74(3):036104.

[21] Radicchi F, Castellano C, Cecconi F, et al. Defining and identifying communities in networks[J]. Proceedings of the National Academy of Sciences of the United States of America, 2004,101(9):2658 - 2663.

[22] Blondel V D, Guillaume J L, Lambiotte R,et al. Fast unfolding of communities in large networks[J]. Journal of Statistical Mechanics: Theory and Experiment, 2008(10):10008.

[23] Guimera R, Amaral L A N. Functional cartography of complex metabolic networks[J]. Nature,2005,433(7028):895 - 900.

[24] Newman M E J. Modularity and community structure in networks[J]. Proceedings of the National Academy of Sciences of the United States of America, 2006, 103(23): 8577 - 8582.

[25] Fortunato S, Barthélemy M. Resolution limit in community detection[J]. Proceedings of the National Academy of Sciences of the United States of America,2007, 104(1):36 - 41.

[26] Putnam R D. Bowling alone: The collapse and revival of American community[M]. New

York: Simon and Schuster, 2000.
[27] Putnam R D. Making democracy work: Civic traditions in modern Italy[M]. Princeton: Princeton University Press, 1993.

作者简介

郑洪兰，燕山大学图书馆馆员，硕士。

生物医药领域文献计量评价的创新和改进

苏燕　孙继林　于建荣　徐萍

摘　要　指出文献计量作为一种有效的评价手段，在生物医药领域，主要应用于学术期刊评价和科研绩效评价；传统的文献计量评价方法存在一些固有局限性，为此人们已作出许多创新和改进。分析讨论评价学术期刊的新模型和指标——渐进曲线模型和特征因子以及评价科研绩效的两种方法创新——多指标综合分析和基于社会网络的分析，并论述文献计量与经济社会因素的结合使用。从这些新型方法和指标的出现和应用可以看出，文献计量评价的发展呈现出借助数学模型和计算机手段，由单指标向多指标转换，结合复杂的社会网络特征和经济社会因素进行分析的大趋势。

关键词　文献计量　生物医药　指标　评价

分类号　G353　G358

文献计量学是借助文献的各种特征数量，采用数学与统计学方法来描述、评价和预测科学技术的现状与发展趋势的图书情报学分支学科。文献是贯穿于整个科研过程且反映科研能力的重要因素。文献计量则是一种具有成本和效率优势以及准确性和客观性的定量评价方法。利用文献计量学的方法可以对科研主体的研究工作以及学术出版物，包括著作、期刊、论文、专利等作出较为科学的评价。近年来，文献计量学在生物医药领域的应用越来越多，其中学术期刊的评价和个人、机构、国家或地区层面的科研绩效评价是一类主要的应用。由于传统的文献计量方法或多或少存在一些缺陷，人们在文献计量方法的创新和改进上做了许多尝试，使得文献计量的评价功能更加科学和完善。本文从学术期刊评价和科研绩效评价两方面简要介绍常用的文献计量方法和指标，综述近年来生物医药领域中文献计量分析文献中出现的创新方法，并讨论利用经济社会因素对文献计量指标进行修正和补充的改进模式，最终得出应用于生物医药领域的文献计量方法演进的趋势。

1 学术期刊评价的新型模型与指标

学术期刊是生物医药科研成果交流的重要平台，既能反映生物医药的发展动态，又是对科研机构、科研人员进行评价的重要参考工具。作为学术评价的一部分，衡量学术期刊的学术水平是一件比较专深而且复杂的事情。传统的同行评议制度需要有大量的专家学者和良好的学术环境，要求组织者和同行专家投入大量的时间和精力。即使在一些发达国家，也没有出版管理部门制定衡量该国学术期刊学术水平的客观标准[1]。而文献计量的定量指标为同行评议提供了参考依据，提高了期刊评价结果的客观性和准确性。

学术期刊的评价有许多方法、指标和指标体系。通用的指标主要有：影响因子、载文量、总被引频次、即年指标、他引总引比、被引半衰期等。目前，影响因子是最为常用的反映生命科学期刊学术质量和影响力的指标[2-4]。影响因子的计算较为简单，但存在一些固有缺点，如未考虑引文源自何处，未能对被高质量期刊引用和被普通期刊引用赋予不同的权值，在跨学科比较上存在缺陷等。为使期刊的评价更加科学合理，人们提出了一些新的期刊评价模型或指标。

1.1 渐进曲线模型

M. J. Stringer 等[5]对大量期刊的文献被引情况进行了逐年统计，发现对于给定期刊特定年发表的文献，其被引频次的对数 q 的概率呈正态分布。在该期刊发表的 t 年后，被引频次的概率分布是相对稳定的，且 t 具有期刊特异性，据此他们构建了 t 年后被引频次的渐进曲线模型。因此，可以利用这个模型预测在特定期刊发表的文献在 t 年后的被引频次。t 年内期刊文献被引频次对数 q 的均值，则可以作为评价期刊的依据。

M. J. Stringer 等对生态学和心理学期刊进行了排序，通过与一种称为“概率排序原理”（probability ranking principle）的排序方法对比，证明了这种期刊评价方式在确定高影响论文方面比影响因子更加有效。影响因子表征的是期刊文献的平均被引次数，只有当被研究对象是正态分布时，平均数才有充分的意义，而期刊文献的实际被引情况往往并不符合正态分布规律。概率排序原理法是指当期刊 A 的排名在期刊 B 之前，对于 A、B 中选定的文章（a, b），计算 q（a）>q（b）时的最大概率，从而计算期刊排名。由此计算出的期刊排名较能反映期刊的实际影响力，但计算复杂度很大，因而不适合很大的网络。统计结果表明，渐进曲线模型法和概率排序原理法的排名结果非常接近，影响因子法则有较大的差距。尤其在确定高影响力期刊上，渐进曲线模型法表现突出。

1.2 特征因子

2007 年 J. D. West 等人[6]发布了一个新的期刊引文评价指标——特征因子（Eigenfactor），其原理如下：首先随机选择一份期刊，然后随机通过该期刊中的一篇参考文献链接到另外一份期刊，继而在这份期刊中又随机选取一篇参考文献再链接到下一份期刊，以此类推，计算机将计算阅读每份期刊的频率。实际上也可以直接通过记录每一期刊引用另一期刊的次数的矩阵来模拟获得这一频率。引文网络是具有一定结构的，一些大型的重要的期刊将被频繁查阅，而一些知名度较低且规模较小的期刊将很少被浏览。特征因子就是应用计算机，实现引文分析。特征因子自提出以来，备受关注[7]，2009 年 1 月 22 日汤森路透推出的《期刊引用报告》增强版将特征因子也列入其中。和影响因子相比，特征因子的优势主要体现在：①影响因子的计算仅在 SCIE 和 SSCI 收录范围内进行，而特征因子统计范围还包括其他未被 SCI 和 SSCI 收录的期刊、图书、报纸、博士学位论文等，统计范围的扩大将使其更加公平；②特征因子只关注引文对来源文献的比例，而不考虑引文对来源文献的绝对值，学科之间的特征因子差异比影响因子的差异小，利于跨学科比较；③影响因子的计算未考虑引文源自何处，未能对被高质量期刊引用和被普通期刊引用赋予不同的权值，而特征因子同时测度了引文的数量和质量，是一种赋权计算的方法，计算时先假定所有期刊的重要性是相同的，并且根据这个初始值算出各个期刊的第一次迭代排名，然后再根据第一次迭代排名算出第二次的排名，实现了引文数量与质量的综合评价；④影响因子的计算包括期刊自引，而特征因子扣除了自引；⑤与影响因子的 2 年引文时间段相比，特征因子采用更长时间跨度的统计数据，5 年的引用时间段更能客观地反映期刊论文的引用高峰年份（如一篇生态学论文开始得到引用比信息技术领域论文需要更长时间），从而能更全面地反映在引文产生时间上各具特点的不同学科论文的被引情况。

A. Sillet 等[8]应用特征因子分值和影响因子指标对 46 种口腔医学期刊进行排序，并比较了两种方法产生的差异，结果表明特征因子在文献类型、自引、被引时间上比影响因子更具敏感性，更能反映期刊的影响力。当然，特征因子也有其缺点，例如对于影响力较低的期刊群来说，其特征因子分值很低，离散程度很小，因此在评价排名靠后的期刊时，区分度较差。J. Rizkallah 等[7]对医学期刊排名的研究表明，将影响因子和特征因子共同使用，取长补短，能够使期刊评价更加科学合理。

特征因子虽然较影响因子有诸多优点，但其计算比较复杂，准确性也难以检验[9]，短期内将无法取代影响因子在期刊评价中的主导地位，但随着实证的增多和研究的深入，未来有望得到更为广泛的应用。

2 科研绩效评价的方法创新

文献是生物医药领域科研成果信息的主要载体，某一学科群体在一定时期内发表文献的数量和质量是其科研产出的一个重要标志。通过对科学产出进行定量评价，可以反映个人、机构、国家或地区的科研绩效，使科研人员客观地了解自身和同行的学术水平和影响，准确评估自身科研成就，同时也为科研项目申报、科研考核和奖励以及人力、物力、财力的优化配置提供依据。

生物医药领域文献的计量研究，一般是针对国家、地区乃至全球某个具体学科主题的总体发展情况展开的，往往仅对发文量和被引频次等基本指标进行考察，得出排名靠前的国家、地区、机构和个人[10-12]。在国家或地区层面上，指标的具体使用可能根据分析需求而有所变化，往往还要分析计量指标随时间、地域、研究方向的变化，获得其科研增长、科研结构和科研交流等动态信息，较为系统地反映其在特定学科主题上的研究水平。传统的用于分析科研绩效的文献计量指标主要有发文量、总被引频次、篇均被引频次、h指数等，近年来也有一些新型计量指标被应用于生物医药领域的科研绩效评价：

2.1 多指标组合分析

A. Wagstaff 等[13]在健康经济学的文献计量研究中，将三种基于被引频次的指标，即 h 指数、A. Wagstaff 等 2011 年提出的影响力二次函数以及 J. Foster 等 1984 年提出的“贫困指数”应用于期刊、个人、机构和国家的科研影响力分析和排名。

对于 h 指数的研究已经相对成熟，并且颇为流行。h 指数是一个非常简单并且易于理解的复合指标，它可以用于任何层面的评价，尤其适合对科学家个人的科研成就的评估。但 h 指数是一个相对稳定型、累积型指标，不论是排在引文高端（即被引频次大于 h 指数）的论文获得新的被引，还是被引频次小于 h 指数的论文的数量的增加都不会使 h 指数增加，可能出现文献的 h 指数相同而总被引频次相差较大的现象，因此难以反映这两种代表作者科研影响力或产出变化的情况。另外，h 指数不会超过论文总数的界线，可能出现发表少数高被引论文的作者 h 指数偏低的情况。

影响力二次函数通过作者单篇文献被引频次与研究范围内的所有作者中单篇文献最多被引频次的比值来计算作者影响力的大小。统计数据表明，二次影响力指标能够捕捉总被引频次的排序规律，它们的相关性系数非常接近1。其缺陷在于未被引用的文献没有被计算在内，因此它对文献数量不敏感。

“贫困指数”在经济学上不仅反映贫困线以下人口的收入距贫困线的差距的总和，也反映贫困人口数量。A. Wagstaff 等用“贫困指数”来表征文献集合中的文献数量与总被引次数，将“贫困指数”定义为文献集合中各文献的被引频次的 α 次方的和（α 为参数）。当 $\alpha = 0$ 时，指数值就为文献数量；当 $\alpha = 1$ 时，指数值就为文献总被引次数。A. Wagstaff 等取 $\alpha = 0.5$，使贫困指数能够同时反映文献数量与总被引次数。

二次影响力函数能够弥补 h 指数相同而总被引相差较大的情况的不足，贫困指数则能够从文献数量的角度对这两个指标加以补充。A. Wagstaff 等通过统计这三个各具特色的指标，使得期刊、科研个人、机构和国家的科研影响力分析更加综合全面。

2.2　文献计量与社会网络指标的相关性研究

传统的科研团队评价一般是基于固定的科研机构或课题组的总发文量、个人平均发文量、总被引次数、平均被引次数、高被引论文量、专利等指标。相比传统的文献计量研究，基于网络的科研团队研究具有以下优势：数据获取渠道多样、能挖掘出单纯文献计量方法所不能发现的各种合作关系。

刘璇[14]对维普数据库2000—2009年的基因工程文献进行了合著网络的实证研究。以论文作者为顶点，用一条边表示两个作者的合著关系，网络距离为1，生成合著网络。利用2－派系与滚雪球相结合的方法确定合著网络中存在的科研团队，进行社会网络分析，结果表明：①团队的顶点数与团队产出之间没有必然联系；②团队的密度与团队的总产出之间存在一般的负相关关系，与团队的平均产出能力无关；③团队的平均度（作者的平均合作关系次数）与团队产出之间存在着一般的正相关关系，且与团队总发文量、团队总合作发文量、个人平均合作发文量的正相关关系明显；④团队的平均路径长度与团队绩效没有关系；⑤团队的聚类系数与团队总合作发文量、个人平均合作发文量之间存在着一般的正相关关系；⑥团队核心作者的点度中心度与中间中心度两个指标与团队总发文量、团队总合作发文量之间的正关系明显，即与团队总产出能力之间存在正相关关系，其中核心作者的中间中心度指标更为重要。

现代科学研究的复杂性和专业性越来越高，科学合作的重要性日益凸显，在生命科学等自然科学领域，跨机构、跨区域的科研团队合作已成为主要的科学生产模式，确定科研团队并对其绩效进行量化和评价具有重要的理论和实践意义。虽然目前有关社会网络分析指标与文献计量指标间的相关关系研究还很零散，尚未达成一致的结果[15]，但它为探究团队的科研绩效提供了一种新的思路，相关研究将成为未来科研团队绩效分析评价的主要方向和研究重点之一。

3 文献计量评价与经济社会因素的融合

涉及期刊或个人、机构、国家和地区的科研绩效评价的因素众多，文献计量只能反映其中的一个方面，实际的评价工作结合经济社会因素进行，得到的评价结果往往更能反映差距和需求，为决策者提供实用多样的参考信息。

3.1 微观经济社会因素

D. F. Sittig 等[16]构建了一个期刊的定量排名系统。该系统利用影响因子、即年指标、总被引频次和被生物医学信息学核心出版物引用的情况等文献计量指标，结合订阅费用、发行总量、创刊时间、专家团队、主要生物医学图书馆的馆藏量、美国国立医学图书馆馆际互借请求数量等其他指标，加入对医学信息学工作人员的问卷调查信息，综合打分建模，再对美国生物医学信息学的期刊进行排名，得出了排名前五的生物医学信息学期刊。

订阅费用等微观经济社会因素，正是图书管理人员所最关注的。该评价体系加入这些经济社会指标，对于图书馆馆藏建设具有相当实际的参考价值。

3.2 宏观经济社会因素

D. Ugolimi 等[17]在对欧盟国家肿瘤研究文献进行计量时，统计了各国的文献量、影响因子，并考虑了国民生产总值（GDP）和人口等社会经济因素，计算了单位 GDP 的文献量和每百万人口的文献量，作为评价各国肿瘤研究科研绩效的指标。B. Oelrich 等[3]在分析欧盟国家泌尿外科的研究时，也类似地融入了 GDP 和人口因素，除了考察各国每百万人口的文献量和单位 GDP 文献量外，还考察了每百万人口的影响因子和单位 GDP 的影响因子等指标，在此基础上综合分析各国的文献数量和质量。

利用宏观经济社会因素对文献计量数据进行标准化，可以了解国家或地区对某些科研主题或者科研领域的资源分配比例或者资源利用率的大小，利于国家和地区的横向比较。

4 结 语

文献计量用于科学评价由来已久，对生物医药领域的科学评价主要集中在学术期刊的评价以及个人、机构、国家或地区层面的科研绩效评价。学术期刊的评价中，影响因子仍然占据着主导地位。但由于影响因子存在一些局限性，如跨学科、跨语种、跨地域比较困难等，人们提出了一些新的计量指标或模型来对生物医药领域的期刊进行评价。尤其是特征因子这一新型计量指标的出现，解决了影响因子未对不同来源的引文赋予权值的问题，备受人们关注，在其客观性、准确性经过验证后有望得到更多的应用。这些新的期刊评价方法相对影响因子具有一定的优势，但其客观程度、准确程度、与期刊总被引频次和影响因子的关系、与期刊 h 指数的关系等仍有待深入研究和探讨。科研绩效评价使用较多的是发文量、总被引频次、篇均被引频次、h 指数等指标。一些创新指标——影响力二次函数、贫困指数，从不同角度给科研绩效的评价提供了依据，是传统指标的有力补充。学者们早已对生物学、医学等多个领域的科研合作现象进行了实证研究，证实了科研合作的普遍性[18]。随着科学研究复杂程度的不断加深，科学工作者间的合作也日益增加，社会网络分析在此趋势下应运而生，其与文献计量指标间的相关关系成为一个主要的研究方向，为科研绩效的评价研究开辟了新的思路。文献计量与社会经济指标的结合使用，使得评价更加全面客观和更具实际应用价值。

总体上看，使用单一文献计量指标进行评价的缺陷性越来越凸显，综合使用多指标、多角度地进行评价是一种必然需求。目前，改进和创新的文献计量评价方法多借助数学模型和计算机得以实现。现代信息技术的发展，使得一些以往难以被发现和实施的文献计量评价方法得到发展，文献计量评价效果日趋准确。随着文献计量方法和指标研究的深入，文献计量的科学评价功能将会愈加完善。而对于主要以文献为成果载体的生物医药领域，文献计量评价的应用也将越来越广泛和有效。

参考文献：

[1] 李爱群，黄玉舫，邱均平．我国学术期刊文献计量评价体系的客观性与评价结果的准确性探讨[J]．中国科技期刊研究，2009，20(4)：609－613.

[2] Jones A W. Impact factors of forensic science and toxicology journals：What do the numbers really mean[J]. Forensic Science International，2003，133(1－2)：1－7.

[3] Oelrich B，Peters R，Jung K. A bibliometric evaluation of publications in urological journals among European Union Countries Between 2000－2005[J]. European Urology，2007，52

(4): 1238 - 1248.

[4] Xu Yanli, Li Miaojing, Liu Zhijun, et al. Scientific literature addressing detection of monosialoganglioside: A 10-year bibliometric analysis[J]. Neural Regeneration Research, 2012, 10(7): 795.

[5] Stringer M J, Sales-Pardo M, Amaral LAN. Effectiveness of journal ranking schemes as a tool for locating information[J]. PLoS One, 2008, 3(2): 1 - 7.

[6] West J D, Bergstrom T C, Bergstrom C T, et al. 特征因子网站[EB/OL]. [2012 - 08 - 20]. http://www.eigenfactor.org/about.htm.

[7] Rizkallah J, Sin D D. Integrative approach to quality assessment of medical journals using impact factor, eigenfactor, and article influence scores[J]. PLoS One, 2010, 5(4): e10204.

[8] Sillet A, Katsahian S, Rang H, et al. The eigenfactor (TM) score in highly specific medical fields: The dental model[J]. Journal of Dental Research, 2012, 91(4): 329 - 333.

[9] Davis P M. Eigenfactor: Does the principle of repeated improvement result in better estimates than raw citation counts[J]. Journal of the American Society for Information Science and Technology, 2008, 59(13): 2186 - 2188.

[10] Waltman L, Van Eck N J. The relation between eigenfactor, audience factor, and influence weight[J]. Journal of the American Society for Information Science and Technology, 2010, 61(7): 1476 - 1486.

[11] Hung Kuangchen, Lan Shoujen, Liu Jungtung. Global trend in articles related to stereotactic published in science citation index-expanded[J]. British Journal of Neurosurgery, 2012, 26(2): 258 - 264.

[12] Estabrooks C A, Winther C, Katz S. A bibliometric analysis of the research utilization literature in nursing[J]. Nursing Research, 2004, 53(5): 293 - 303.

[13] Wagstaff A, Culyer A J. Four decades of health economics through a bibliometric lens[J]. Journal of Health Economics, 2011, 31(2): 406 - 439.

[14] 刘璇. 社会网络分析法运用于科研团队发现和评价的实证研究[D]. 上海:华东师范大学, 2011.

[15] Katerndahl D. Co-evolution of departmental research collaboration and scholarly outcomes[J]. Journal of Evaluation in Clinical Practice, 2012, 18(6): 1241 - 1247.

[16] Sittig D F, Kaalaas-Sittig J. A quantitative ranking of the biomedical informatics serials[J]. Methods of Information in Medicine, 1995, 34(4): 397 - 400.

[17] Ugolini D, Mela G S. Oncological research overview in the European Union: A 5-year survey[J]. European Journal of Cancer, 2003, 39(13): 1888 - 1894.

[18] Meadows A J. Scientific collaboration and status in communication in science[M]. London: Butterworths Press, 1974.

作者简介

苏燕，中国科学院上海生命科学信息中心硕士研究生；

孙继林，中国科学院上海生命科学信息中心研究馆员；

于建荣，中国科学院上海生命科学信息中心研究馆员；

徐萍，中国科学院上海生命科学信息中心副研究馆员。

中外信息生态学术论文比较研究

——基于文献计量方法*

王晰巍　靖继鹏　王韦玮

摘　要　采用文献计量学和对比分析的研究方法，对社会科学引文索引和中国学术期刊网络出版总库中的信息生态学术论文进行统计分析，从时间序列上的文献特点、核心作者、文献分布、研究热点 4 个方面对该领域国内外论文的总体情况进行定量比较分析，以促进我国信息生态理论向纵深化、多样化和国际化发展。

关键词　信息生态　研究热点　文献计量法　学术论文

分类号　G353

1　引　言

信息生态（information ecology）是研究人、信息技术和社会环境协调发展的理论，对利用信息技术推动人类进步和生态可持续发展具有重要价值和社会意义。信息生态概念产生于 20 世纪 60 年代的美国[1]，此后，K. Harris[2] 发表了一篇与信息生态主题相关的文章，该文中所提到的方法后被 B. W. Hasenyager[3] 和 T. H. Davenports[4] 采纳，并被应用于分析信息技术在开展协同管理业务与信息、知识环境引发的信息生态问题。近几年，国外信息生态研究逐渐扩展到信息生态系统、网络环境、电子商务和数字图书馆等不同领域。A. Manuel[5] 构建了一个基于 Web 环境，能满足不同设备需求的个人信息生态系统。M. McKeon[6] 构建了一个基于 Wiki 的网络信息生态系统，以对在线多种来源下的社会数据进行知识管理和实时的数据分析。Zhu Ling 等[7] 采用全球 "E-readiness Ranking of the Economist Intelligence Unit"（经济智慧体电子化就绪度排名）的二手数据，利用实证研究的方法，分析了全球 60

* 本文系国家自然科学基金青年项目"信息生态视角下中国低碳产业技术链的形成机理及发展路径研究"（项目编号：71203074）、国家社会科学基金重大项目"网络信息生态链形成机理与演进规律研究"（项目编号：11&ZD180）和吉林大学"985 工程"项目研究成果之一。

个国家层面的信息生态环境对电子商务的采纳和影响程度。F. J. García-Marco[8]阐述了信息生态的概念对数字图书馆和信息服务演进的影响，并分析了数字图书馆的演进及发展受到图书馆在发展中的社会和经济功能的影响。我国学者对信息生态学的研究始于20世纪90年代中期[9]。近年来，信息生态研究逐渐成为我国情报学学科领域的前沿及热点问题，信息生态领域的研究论文也不断增多。曾有学者针对我国信息生态理论研究的进展，采用文献计量学的方法进行过文献综述分析[10-12]，但现有成果中，对国外文献进行数理和统计分析并与国内研究状况进行比较研究者相对较少。

为了帮助我国学者更好地了解信息生态研究领域国内外学术论文在研究趋势上的发展变化，本文拟运用文献计量学和对比分析相结合的研究方法，对国内外信息生态学术论文进行定量统计和比较分析，并试图回答以下4个问题：①国内外信息生态领域的学术论文在年代分布和引文方面的特点是什么？②国内外核心作者的国家/地区、核心作者群及所在机构的分布情况如何？③国内外文献的期刊分布、学科领域分布及研究成果受到的基金资助情况如何？④近三年国内外在信息生态领域研究热点和前沿领域上呈现什么特点？

2 数据来源

2.1 国外数据来源

在国外文献样本的定量统计上，选择Web of Science（简称WOS）中的子库《社会科学引文索引》（Social Sciences Citation Index，简称SSCI）作为数据来源，检索条件设定为：主题=（“Information Ecology” OR “Ecology of Information” OR “information ecosystem”），时间跨度限定为1992—2012年，文档类型（document type）限定为文章（article），检索日期为2013年6月7日，结果检索到1 614篇文献，以这些文献为国际学术论文的研究样本。

2.2 国内数据来源

本文以《中国学术期刊全文数据库》（简称CNKI）作为国内数据源。设定的检索条件为：主题=（“信息生态”并且“信息+生态”），时间跨度限定为1992-2012年，数据库来源类别选择为“全部期刊”（包括SCI来源期刊、EI来源期刊、核心期刊、CSSCI期刊），共检索到460篇期刊文献，以这些期刊文献为中文学术论文的研究样本。

3 国外论文统计分析

3.1 时间序列上的文献特点

3.1.1 文献的年代分布

依据检索条件，得到国际上信息生态研究论文共计 1 614 篇。从这 1 614 篇文献的年代分布来看，总体来说发文量呈稳步增长态势（见图 1）。可见，信息生态在国际上仍然为成长中的新型学科。

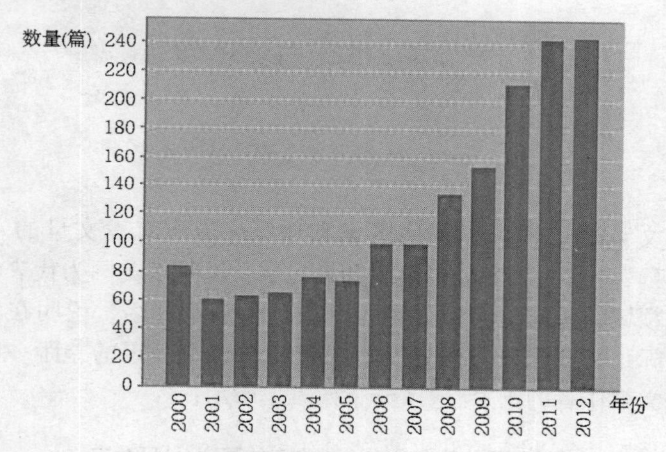

图 1　SSCI 中信息生态文献的年代分布情况

3.1.2 被引量

从国外信息生态论文的被引情况来看，篇均被引 14.08 次，处于较高水平，且被引量年年递增（见图 2），说明信息生态领域的论文质量相对较高，被学术界广泛认可，学术影响力不断扩大（见图 2）。这也从一定程度上反映出信息生态正成为国际社会科学研究领域的热点。

3.1.3 H 指数

从国外信息生态论文的 H 指数来看，此领域最高有 60 篇论文的施引文献大于 60 篇，H 指数较高，表明国际上对信息生态的研究不仅在数量上，而且在质量上都处于相对较高的水平，研究处于上升期，未来此领域的研究将有较大的发展。

3.2 核心作者分析

3.2.1 文献作者的国家/地区分布

通过对检出文献的作者（第一作者）所属的国家/地区进行分析，发现美

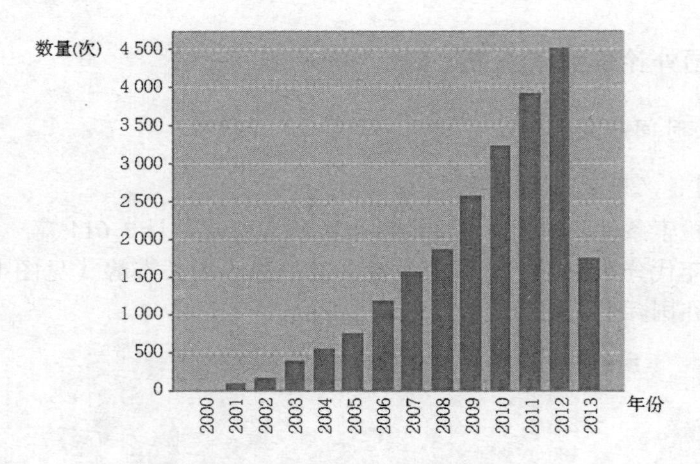

图 2　SSCI 中信息生态文献的被引情况

国作者的发文量遥遥领先于其他国家和地区，占所有发文量的 46%，英国（英格兰地区）和澳大利亚分列第二和第三名。说明以美国为代表的西方国家在信息生态领域的研究处于领先地位。中国位列第 8 名，说明在信息生态领域我国的国际化研究成果与西方发达国家相比还有一定的差距。国际信息生态研究领域文献作者的国家/地区分布如表 1 所示：

表 1　国外信息生态文献作者的国家/地区分布

国家/地区	篇数	所占百分比	国家/地区	篇数	所占百分比
USA	745	46. 159%	SWEDEN	48	2. 974%
ENGLAND	168	10. 409%	SWITZERLAND	41	2. 540%
AUSTRALIA	128	7. 931%	SCOTLAND	39	2. 416%
CANADA	123	7. 621%	SOUTH AFERICA	36	2. 230%
GERMANY	92	5. 700%	BRAZIL	29	1. 797%
NETHERLANDS	73	4. 523%	AUSTRIA	28	1. 735%
SPAIN	73	4. 523%	JAPAN	28	1. 735%
CHINA	55	3. 408%	NORWAY	25	1. 549%
FRANCE	49	3. 036%	DENMARK	23	1. 425%
ITALY	48	2. 974%			

3.2.2 核心作者分析

根据普赖斯定律，撰写论文数量全部论文一半的高产作者的数量等于作者总数的平方根，即核心作者的最低发文量，为发文量最高作者的发文数。在国际信息生态研究领域，发文量排名第一的是 D. Genelettied，共计发表论文 7 篇；通过公式计算得出信息生态领域国际上核心作者的最低发文量为 2，发文数在 2 篇以上的作者有 78 人，他们共发表论文 276 篇，占所有论文总数的 17%，远未达到论文总数的一半。由此可看出信息生态领域核心作者的带头作用不强，尚未形成稳定的核心作者群，学科成熟度不高，仍处于发展时期。表 2 列出了国际信息生态领域中的高产学者（前 10 名）：

表 2　国际信息生态领域高产作者（排名前 10 位）

作者	篇数	所占百分比	作者	篇数	所占百分比
GRNELETTID	7	0.434%	HUBACEK	5	0.310%
BRYANBA	6	0.372%	IIX	5	0.310%
FOLKEC	6	0.372%	LYYTINENK	5	0.310%
CROSSMAN ND	5	0.310%	TURNER	5	0.310%
CULLEN R	5	0.310%	BALMFORD A	4	0.248%

3.2.3 作者的机构分布

对信息生态领域论文作者所在机构的排名结果见表 3。其中美国密歇根州立大学、美国亚利桑那州立大学位列前两名。说明美国等西方发达国家在信息生态领域研究水平位居前列，发文所占比例较高。在排名前 10 的机构中，美国有 5 所，英国有 2 所，澳大利亚、加拿大、德国各 1 所。可见，美国的大学在信息生态研究领域处于领先地位。

表 3　国际信息生态领域发表论文排名前 10 位的机构

机构	篇数	所占百分比	机构	篇数	所占百分比
MICHIGAN STATE UNIV	27	1.673%	US FOREST SERV	22	1.363%
ARIZONA STATE UNIV	22	1.363%	UNIV CALIF SANTA BARBARA	21	1.301%
UNIV WASHINGTON	22	1.363%	UNIV MARYLAND	20	1.239%

续表

机构	篇数	所占百分比	机构	篇数	所占百分比
TEXAS A M UNIV	22	1.363%	CHINEDE ACAD SCI	19	1.177%
UNIV WISCONSIN	22	1.363%	UNIV CAMBRIDGE	19	1.177%

3.3 文献分布特点

3.3.1 文献的期刊分布

根据布拉德福定律[13]，发表某一学科论文数占该学科论文总数33%的期刊是该学科的核心期刊。对1 614篇文献的来源期刊按其发文量进行降序排列，其中排名前10的期刊如表4所示。这些期刊涉及城市规划、生态经济、环境管理、信息科学、产业生态等不同领域，整体来看，涉及学科相对较多，在一定程度上反映了信息生态研究呈现出多学科交叉融合的发展态势。通过计算，排名前10的国际期刊发文量共计391篇，占样本总量的24%，说明信息生态学科领域尚未形成稳定的核心期刊，文献较为分散，学科成熟度不足，对信息生态的研究还需进一步深入。

3.3.2 文献的学科分布

通过对SSCI数据库中信息生态论文的学科分布情况进行统计分析（见表5），发现环境与生态科学方面的信息生态研究成果所占比例相对较大，这主要是由于信息生态的理论基础来源于生态学，是生态科学在信息管理领域的移植和衍生。地理学、经济学、信息图书馆学、人类学、计算机科学在此领域的研究成果也较多，表明信息生态学具有更多的人文属性和社会科学属性，同时，它在多个学科领域受到关注，存在学科交融特征。

表4 SSCI中信息生态载文量排名前10位的国际期刊

期刊名称	载文（篇）	所占百分比
LANDSCAPE AND URBAN PLANNING	106	6.568 %
ECOLOGICAL ECONOMICS	79	4.895 %
MARINE POLICY	41	2.540 %
ECOLOGY AND SOCIETY	39	2.416 %
ENVIRONMENTAL MANAGEMENT	26	1.611 %

续表

期刊名称	载文（篇）	所占百分比
INTERNATIONAL JOURNAL OF GEOGRAPHICAL INFORMATION SCIENCE	26	1.611 %
JOURNAL OF ENVIRONMENTAL MANAGEMENT	23	1.425 %
JOURNAL OF INDUSTRIAL ECOLOGY	18	1.115 %
JOURNAL OF ARCHAEOLOGICAL SCIENCE	17	1.053 %
REGIONAL ENVIRONMENTAL CHANGE	16	0.991 %

表 5　SSCI 中信息生态文献的学科分布（排名前 10 位）

学科领域	篇数	所占百分比	学科领域	篇数	所占百分比
环境研究	477	29.554%	经济学	143	8.860%
生态学	355	21.995%	城市研究	130	8.055%
环境科学	332	20.570%	信息科学图书馆科学	113	7.001%
地理学	243	15.056%	人类学	94	5.824%
地理物流	169	10.471%	计算机科学信息系统	73	4.532%

3.3.3　文献的资助机构分布

对信息生态研究提供基金资助的机构较多，表 6 列出了其中资助论文数量最多的前 5 个机构。美国、欧洲等发达国家和地区对此研究领域的资助较多，其中，尤以美国国家科学基金会的资助量为最高，也只占所有的 1.6% 左右，说明各基金对此领域均比较重视。中国国家自然科学基金会资助的论文数量排在第 4 位，说明中国对此领域的关注程度也相对较高，是排名前 5 位的机构中唯一的发展中国家。高水平科研成果的产出离不开科研基金的支持，美国等发达国家在信息生态领域的研究成果数量与资金资助量基本成正比，中国在此领域的资助力度虽排名靠前，但高水平的国际化研究成果却相对较少，研究水平还有待进一步提升。

表6 信息生态领域基金资助机构排名（排名前5位）

基金资助机构（所属国家/地区）	篇数	所占百分比
NATIONAL SCIENCE FOUNDATION（美国）	27	1.673 %
AUSTRALIAN RESEARCH COUNCIL（澳大利亚）	12	0.743 %
EUROPEAN COMMISSION（欧盟）	10	0.619 %
NATIONAL NATURAL SCIENCE FOUNDATION OF CHINA（中国）	9	0.558 %
NATIONAL GEOGRAPHIC SOCIETY（美国）	5	0.310 %

3.4 研究热点分析

为对国外近三年的研究热点进行分析，笔者在检索主题中以“Information Ecology”OR“Ecology of Information”OR“information ecosystem”为检索词，时间跨度限定为2010—2012年，数据库选择为SSCI，检索的文档类型（document type）限定为文章（article），共检索到651篇文献；为排除其他不相关文献，再次将检索条件中“研究方向”限定在“INFORMATION SCIENCE LIBRARY SCIENCE（信息科学和图书馆科学）”，检索结果为50篇文献。笔者对这些文献进行了研究热点统计分析（见图3），发现近三年在信息和图书馆科学领域，国外的研究热点主要集中在信息生态系统（占33%）、国家或社会信息生态环境分析（占30%）、网络信息生态（14%）、信息生态技术(9%)、电子政务信息生态（7%）和教育领域信息生态（7%）六大领域。尤其是从技术角度针对信息生态系统的研究，目前已成为美国、澳大利亚和

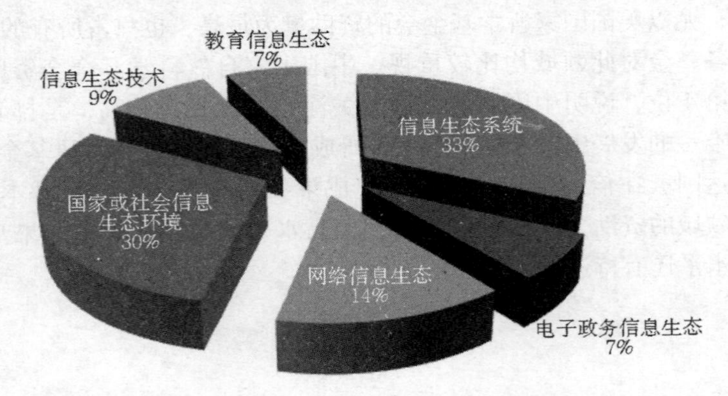

图3 SSCI中近三年研究热点的统计分析

日本等国际学术机构在研究中关注的热点。

4 国内论文统计分析

4.1 时间序列上的文献特点

4.1.1 文献的年代分布

依据检索条件，从CNKI中得到国内信息生态领域共计460篇学术论文，同时补充了《情报学报》中含有的5篇信息生态领域的论文（《情报学报》期刊未被CNKI数据库收录，但其在图书情报领域的学术影响因子较高），文献各年代的分布情况如图4所示。从图中可以看出，1992—2012年20年的时间，我国信息生态领域的学术论文数量呈现上升趋势。在2007—2011年期间呈现稳步上升阶段，并在2011年达到顶峰（78篇）。这反映信息生态在国内的研究处于一个稳定的成长阶段，其关注度在最近几年逐步提升。

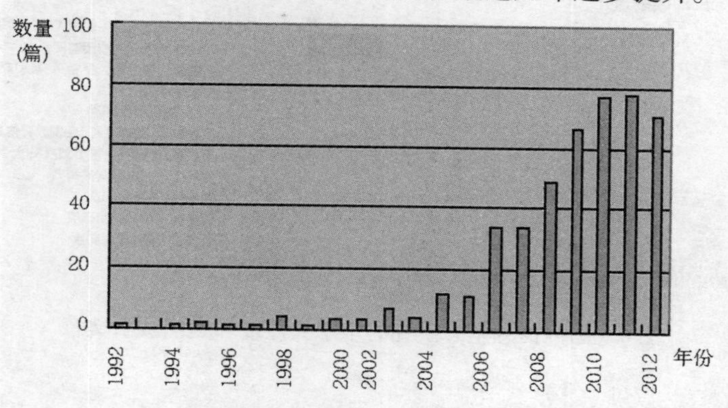

图4 国内信息生态学术论文的年代分布

4.1.2 被引量

从CNKI中信息生态论文的被引情况来看（见图5），篇均被引7.865次，较国外被引率偏低。2000—2006年被引量呈现增长趋势，且在2006年到达最高峰（525次），2006—2012年又呈逐渐下降趋势。这在一定程度上也反映出国内信息生态领域的研究成果的质量以及在后期的学术影响力逐渐下降。

4.1.3 学术关注度和热门被引文章

利用CNKI中的学术趋势工具搜索“信息生态”的学术关注度，得到国内信息生态领域学术关注度趋势图和热门被引文章（见图6）。从图6可见，近5年信息生态的学术关注度在逐步增加。在该领域中陈署的两篇论文[9,14]

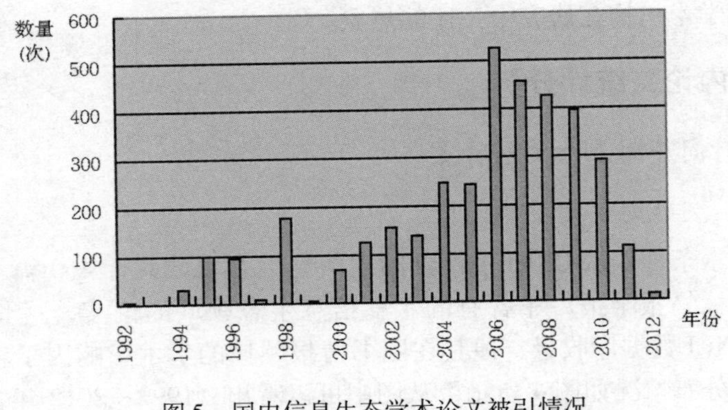

图 5　国内信息生态学术论文被引情况

被引用频次相对较高，使他本人也成为该领域中被引次数最高的学者。

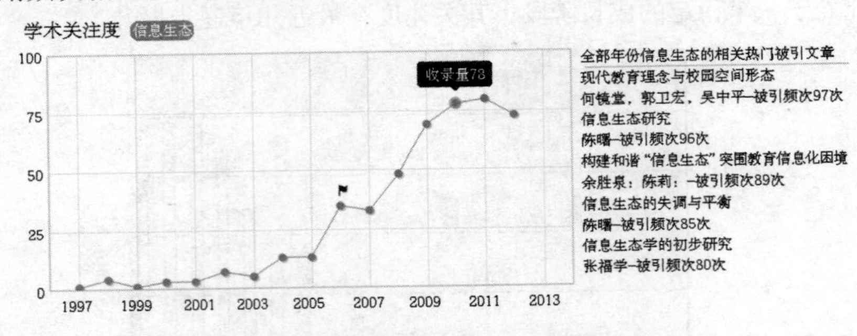

图 6　国内信息生态研究的学术关注度和热门被引文章

4.2　核心作者分析

4.2.1　核心作者分析

根据普赖斯定律，对所有国内信息生态领域所发表的学术论文的核心作者及作者所在机构进行了统计分析。发文量居前 10 位的作者及其所在单位名称如表 7 所示。其中，排名第一的是娄策群，共计发表论文 20 篇。在国内信息生态领域，核心作者最低发文量 m 通过公式计算后得出为 3，发表论文 3 篇及以上的作者共计 30 人，他们共发表学术论文 171 篇，占所有论文数的 38%。这些数据说明，信息生态等的研究在国内已经形成一定的规模，以娄策群等为代表的核心作者群正逐步形成。

表 7　国内信息生态领域高产作者（排名前 10 位）

作者	作者单位	篇数	所占百分比	作者	作者单位	篇数	所占百分比
娄策群	华中师范大学	20	4.396%	张海涛	吉林大学	6	1.319%
靖继鹏	吉林大学	13	2.857%	王晰巍	吉林大学	6	1.319%
马捷	吉林大学	10	2.198%	李北伟	吉林大学	5	1.099%
周承聪	华中师范大学	7	1.538%	张连峰	吉林大学	5	1.099%
张向先	吉林大学	7	1.538%	张丽	吉林大学	5	1.099%

4.2.2　发文单位分析

发文量在 5 篇及以上的单位如表 8 所示。由表 8 可以看出，我国从事信息生态研究的多为一些高校，以吉林大学和华中师范大学为代表的高校研究成果相对较多，这两所高校总计发表 91 篇文献，占全部 460 篇文献的 20%，说明这两所高校在国内信息生态学领域方面已形成了一定的科学共同体。

表 8　国内信息生态学术论文的发文单位统计分析（发文量≥5 篇）

篇数	单位名称	所占比例	篇数	单位名称	所占比例
56	吉林大学	12.308%	6	黑龙江大学	1.538%
35	华中师范大学	7.692%	5	福州大学	1.099%
11	山西大学	2.418%	5	长春工业大学	1.099%
10	武汉大学	2.198%	5	南昌大学	1.099%
8	北京师范大学	1.758%	5	淮南师范大学	1.099%
8	安徽财经大学	1.758%	5	南京大学	1.099%
7	安徽师范大学	1.538%	5	秦皇岛职业技术学院	1.099%

4.3　文献分布特点

4.3.1　文献的期刊分布

通过对 CNKI 数据库中信息生态论文的期刊分布进行统计，得到排名前 10 位的期刊及其发文量，如表 9 所示。从表 9 中可以看出，《图书情报工作》、《情报科学》和《情报理论与实践》是信息生态学领域发文量相对较为集中的国内学术期刊，发文量占总文献量的 25%。同时，从期刊发文的整体情况来看，除《中国电化教育》外，其余基本都属于图书情报与档案管理领域。从这些统计数据可以看出，目前我国对信息生态的研究已基本形成稳定的核心期刊，以图书情报及档案管理为支撑的信息生态学科研究的成熟度正在逐步形成。

表 9　国内信息生态载文量排名前 10 位的期刊

期刊	载文量	所占比例	期刊	载文量	所占比例
图书情报工作	41	9.011%	现代情报	13	2.857%
情报科学	40	8.791%	中国电化教育	11	2.418%
情报理论与实践	39	8.571%	图书馆学刊	10	2.198%
情报杂志	23	5.055%	图书与情报	8	1.758%
图书馆学研究	16	3.516%	情报资料工作	7	1.538%

4.3.2　文献的学科分布

通过对 CNKI 中信息生态论文的学科分布情况进行统计分析（见表 10），发现新闻与传媒、图书情报与档案管理这两个学科领域对信息生态的研究占大多数。这主要是由于我国信息生态的理论主要是在图书情报档案学科中首先获得了国家级基金的资助，这在一定程度推动了该学科在信息生态方向上的发展。经济学、教育学、管理学、计算机科学在此领域的研究成果也相对较多，使国内信息生态领域的研究逐渐呈现多学科交融的发展态势。

表 10　国内信息生态文献的学科分布（排名前 10 位）

学科领域	篇数	所占比例	学科领域	篇数	所占比例
新闻与传媒	192	42.198%	档案	11	2.417%
图书情报与数字图书馆	76	16.703%	宏观经济管理与可持续发展	11	2.417%
计算机应用	57	12.527%	贸易经济	11	2.417%
企业经济	35	7.692%	环境科学与资源利用	10	2.198%
教育理论与管理	30	6.593%	高等教育	9	1.978%

4.3.3　文献的基金资助机构分布

国内对信息生态研究提供基金资助的机构相对较为集中，资助论文数量排名前5位的基金资助机构如表11所示。其中国家社会科学基金和国家自然科学基金资助的研究成果相对较多，占文献总数的17%，地方性的资助基金如安徽省、湖北省、福建省、江苏省的基金资助论文也占4%。虽然比例不大，但可看出我国地方政府对信息生态领域给予了较高的关注。

表11　国内信息生态文献的资助基金分布（排名前5位）

基金资助类别	篇数	所占百分比
国家社会科学基金	70	15.385%
国家自然科学基金	9	1.978%
安徽省、湖北省、福建省、江苏省教育厅科研基金	4	0.879%
中国博士后科学基金	3	0.659%

4.4　研究热点分析

为对国内近三年的研究热点进行分析，笔者将主题设定为“信息生态”，来源类别选择为“CSSCI”，时间跨度限定为2010—2012年，共检索到93篇文献；为排除其他不相关学科的文献，再将“学科”检索条件选定为图书情报与数字图书馆、计算机软件及计算机应用、信息经济、互联网技术、企业经济这几个学科，得到50篇文献。对这些文献进行研究热点统计分析，结果见图7。

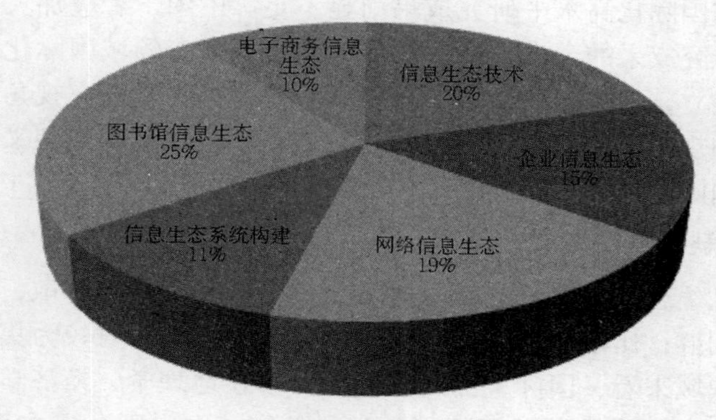

图7　CNKI中近三年研究热点的统计分析

由图7可见，近三年国内信息生态的研究主要集中在图书馆信息生态（25%）、信息生态技术（20%）、网络信息生态（19%）、企业信息生态

（15%）和电子商务信息生态（10%）方面。从整体来看，国内近几年信息生态研究从非技术角度进行的成果相对较多。

5 比较分析与结论

5.1 时间序列上文献特点的比较分析

从时间脉络上来看，特别是近5年，SSCI数据库和CNKI数据库中发表的学术论文数量和被引量呈逐年增长趋势，信息生态研究已成为学术界的研究热点，所发表的学术论文质量较高。这在一定程度上反映出信息生态研究是一个成长中的新兴学科，正处于蓬勃发展的时期。但比较而言，国际期刊中论文的篇均被引量为14.08，而国内只有7.865，两者之间相差较大；同时，从中国作者在SSCI期刊上发表的论文总量来看，虽较以往有所增加，但其总数仅为美国的7%，在一定程度上说明我国信息生态领域的国际化成果产出和高水平研究论文数量还有待提高。

5.2 核心作者比较分析

从SSCI期刊上的核心作者分布和国内CNKI的核心作者所发表的学术论文情况来看，美国等发达国家是信息生态领域的主要研究力量，拥有绝大多数的国际化研究成果和核心作者，而我国在国际化领域的核心作者相对较少。比较而言，国际上在信息生态领域尚没有形成稳定的核心作者群和核心期刊群；而在国内信息生态领域，核心作者群和学术共同体正在逐步形成，但国内在该领域的国际化高水平研究成果尚显不足。中国学者应加大在国际化期刊上高水平研究成果的产出，进一步推动在信息生态领域国际化合作中战略合作关系的建立，带动国内信息生态科学共同体国际化研究视角的提升，使研究方法更加规范，研究内容向纵深化拓展，学科领域实现交叉和融合，为该领域赶超国际先进水平创造更多的机会。

5.3 文献分布特点比较分析

国外信息生态相关论文在SSCI期刊上的分布相对较为分散，尚未形成稳定的核心期刊群；比较而言，国内期刊所发表的论文相对较为集中。从论文所属的学科领域来看，国际上的研究成果分布在地理学、经济学、信息图书馆学、人类学、计算机科学等不同的学科领域；国内则分布在新闻与传媒、图书情报与数学图书馆、计算机应用、企业经济、教育理论与管理、档案等不同领域，均体现出明显的学科交融特征。从所获得的资助情况来看，发达国家和我国的信息生态领域研究成果与资金资助的分布成正比。中国的国家自然科学基金资助的论文量排在国际前列，说明我国对信息生态领域的资助也较重视，这在一定程度上推动了该领域国际化成果的产出和研究水平的提升。

5.4 研究热点比较分析

国外对信息生态的研究近三年侧重于如何利用信息生态的理论更好地指导信息生态系统中人、信息环境和信息技术的协调发展；其中从社会角度的研究主要聚焦在电子商务和网络信息生态中人、信息环境和信息技术的和谐发展对促进电子商务及网络发展的影响上。比较而言，国内近三年的研究热点更加侧重于从非技术角度利用信息生态链、信息生态位、信息生态系统和信息生态失衡的相关理论研究数字图书馆、网络和电子商务发展中的信息生态问题，而从技术角度开展的研究成果相对较少，但随着 Web 2.0 、云计算和大数据等新兴 IT 技术的发展，近三年信息生态技术的研究正呈现逐步上升的趋势。

展望未来，信息生态作为一门新兴的交叉学科，其发展的过程涉及生态学、计算机科学、经济学、人类学、图书情报学、环境科学等不同的学科领域，是各个学科未来研究的热点。各相关学科应抓住这一学科交叉和发展中所面临的机遇，利用国际化合作的契机，推动我国信息生态领域的国际化高水平研究成果的产出，同时，借鉴国外信息生态领域的研究方法和研究视角，推动我国信息生态科学共同体的进一步建立和学科体系的不断完善。

参考文献：

[1] Horton F W. Information ecology[J]. Journal of Systems Management, 1978, 29 (9): 32 – 36.

[2] Harris K. Information ecology[J]. International Journal of Information Management, 1989, 9 (4): 289 – 290.

[3] Hasenyager B W. Managing the information ecology: A collaborative approach to information technology management [M]. Westport: Quorum Books, 1996.

[4] Davenport T H, Prusak L. Information ecology: Mastering the information and knowledge environment [M]. New York: Oxford University Press, 1997.

[5] P′ erez-Quinones M A, Tungare M, Pyla P, et al. Personal information ecosystems: Design concerns for net-enabled devices [C]//Latin American Web Conference, 2008: 1 – 11.

[6] McKeon M. Harnessing the Web information ecosystem with Wiki-based visualization dashboards [J]. Transactions on Visualization and Computer Graphics, 2009, 15 (6): 1081 – 1088.

[7] Zhu Ling, Thatcher S M. National information ecology: A new institutional economics perspective on global e-commerce adoption [J]. Journal of Electronic Commerce Research,

2010,11(1):53 -72.
[8] García-Marco F J. Libraries in the digital ecology:Reflections and trends[J]. Electronic Library,2011,29(1):105 -120.
[9] 陈署. 信息生态研究[J]. 图书与情报,1996(2):12 -19.
[10] 李菲,张超,王鹤静. 2001 -2011 年信息生态领域发展研究[J]. 情报科学,2012,30(4):637 -639.
[11] 周秀会,夏志锋,董永梅. 信息生态学研究热点分析与展望[J]. 情报杂志,2009,28(12):179 -181.
[12] 宋天华,文永卓. 信息生态研究的现状和发展[J]. 图书情报工作网刊,2009(2):1 -4.
[13] 张秋. SSCI 收录的图书馆学情报期刊——基于 JCR 网络版(2003)的分析[J]. 图书情报工作,2006,50(3):127 -130.
[14] 陈署. 信息生态的失调与平衡[J]. 情报资料工作,1995(4):11 -14.

作者简介

王晰巍，吉林大学管理学院信息管理系教授，博士生导师；
靖继鹏，吉林大学管理学院教授，博士生导师；
王韦玮，吉林大学管理学院硕士研究生。

国际人工智能领域计量与可视化研究*

——基于 AAAI 年会论文的分析

张春博　丁　堃　贾龙飞

（大连理工大学 21 世纪发展研究中心暨 WISE 实验室　大连 116024）

摘　要　人工智能是当代工程科技前沿研究中的学科领域之一，也是国家科技发展规划的重点领域和优先主题。以 EI Compendex 数据库收录的国际人工智能领域权威学术会议 AAAI2002 - 2011 年的会议论文为研究对象，运用科学计量学方法和可视化技术，绘制当代国际人工智能领域的知识图谱，对包括国别、机构和作者在内的研究力量分布以及热点、前沿和所涉学科在内的主题内容进行分析和总结。此外，通过对知识图谱的深度解读，发现科学计量及可视化方法在探析学科领域研究主题时，既需改进自身的方法工具，也应与内容分析及作者行文模式等研究相结合。

关键词　科学计量　知识图谱　人工智能　EI Compendex　研究前沿

分类号　G301　TP3

人工智能（artificial intelligence，简称 AI）是在计算机科学、控制论、信息论、神经心理学、哲学和语言学等多学科研究的基础上发展起来的一门综合性很强的交叉学科。从计算机应用系统的角度出发，人工智能是研究如何制造智能机器或智能系统来模拟人类智能活动的能力，以延伸人们智能的科学。自 1956 年在 Dartmouth 专题研讨会上正式提出"人工智能"这个术语并把它作为一门新兴学科的名称以来，人工智能获得了迅速的发展，在知识处理、模式识别、自然语言处理、博弈、自动定理证明、自动程序设计、专家系统和智能机器人等多个领域取得举世瞩目的成果，引起了人们的高度重视，

* 本文系高等学校博士学科点专项科研基金项目"基于 SIPO 的专利知识测度体系及其应用研究"（项目编号：20110041110034）和国家自然科学基金项目"基于专利计量的共性技术测度体系及其应用研究"（项目编号：71073015）研究成果之一。

也受到了很高的评价。它与空间技术、原子能技术一起被誉为20世纪三大科学技术成就。

作为一门新思想、新观念、新理论和新技术不断出现的新兴学科和应用价值巨大的前沿学科，对其近些年的发展进行梳理也显得非常必要。经过检索和调查，目前有关国际人工智能领域的信息计量研究和可视化分析的学术论文并不是很多，除赵玉鹏等人以期刊文献为载体对AI整体领域的研究前沿进行可视化探析[1]外，其他文章主要以人工智能下某一子领域为研究对象。其中，S. B. Eom教授运用共被引分析、聚类分析和多维尺度分析等科学计量方法和可视化技术，对决策支持系统领域的知识结构、研究趋势以及研究力量进行了全面细致的分析，并发表了一系列重要成果[2-11]。C. Bartneck对2006—2010年五届国际人机交互会议的论文进行了历史回顾，对论文的数量、国际化、作者特征及引文进行统计分析，对研究力量进行排序，并关注了论文的基金资助情况[12]。对于国内研究，杨莹以期刊文献和专利文献作为知识载体，对1999—2008年国内外机器人研究领域科学-技术知识系统中的规律和发展状况进行了全面的计量和可视化分析[13]；蒋蓓基于科学计量学的方法和指标，探讨了人机交互学的发展态势，并运用可视化软件分析了该领域的科研合作网络和学科交叉网络[14]；赵玉鹏以两种顶级期刊为样本，揭示了国际机器学习研究的前沿领域及其演化路径[15]；祝清松和程慧平等人则分别对国内的自然语言处理研究[16]和知识检索研究[17]进行了文献计量分析。I. Alfonso等人以计算机科学和人工智能期刊数据为案例，借助贝叶斯网络挖掘了文献计量指标间的关系[18]；贾积有则通过典型案例法和文献计量法，对2007—2009年间国外人工智能教育应用的热点问题进行了探讨[19]。有鉴于此，本文以EI数据库中收录的国际人工智能领域权威学术会议AAAI会议文献的题录及文摘信息为基础，采用科学计量学、社会网络分析等方法及信息可视化技术，对国际人工智能领域的研究力量分布和主题内容进行分析和总结，希冀能为人工智能领域的学者提供一定意义的学术参考，同时也在分析过程中对科学计量学的一些理论方法提出些许思考。

1 数据来源与研究方法

1.1 数据来源及预处理

在各种学术会议中，学术年会是一种最具制度性的会议形式，尤其是某一学科领域的权威学会组织主办的学术年会，更具有主题鲜明、学术性强、层次高、规模大的特点。而在该学术年会上录用的学术论文汇集了学科领域最新的研究成果，所讨论的内容具有新颖性、专业性和前瞻性，较之学术期刊更能即时、综合地反映学科的新理论、新技术等方面的研究。因而，对权威的学术年会会议文章信息的计量和可视化分析，是揭示学科领域发展状况的较好途径。

尽管人工智能涉及多个领域，各领域也几乎都有自己的顶级会议，但国际人工智能联合会议（International Joint Conference on Artificial Intelligence，简称 IJCAI）和国际人工智能协会（The Association for Advancement of Artificial Intelligence，简称 AAAI）的学术年会（AAAI Conference on Artificial Intelligence，通常也简称为 AAAI）是人工智能领域公认的权威的综合性学术会议。由于 IJCAI 的会议论文只有少部分收录在 EI Compendex、CPCI-S 等数据库，而 EI Compendex 较为完整地收录了 AAAI 会议论文的文摘信息，因而笔者选择了近 10 年（2002 – 2011 年）AAAI 会议收录的学术论文作为分析样本。AAAI 会议在十年来的八届会议上共收录 2 506 篇文献，也基本上能够反映出人工智能研究的发展状况。如表 1 所示：

表 1　AAAI 学术年会收录文章篇数（2002 – 2011 年）

届次	年份	会议地点	收录文章篇数
18	2002	Edmonton，Alberta	179
19	2004	San Jose，California	195
20	2005	Pittsburgh，Pennsylvania	331
21	2006	Boston，Massachusetts	366
22	2007	Vancouver，British Columbia	372
23	2008	Chicago，Illinois	360
24	2010	Atlanta，Georgia	354
25	2011	San Francisco，California	349

注：2003 年和 2009 年没有召开会议，故 10 年共召开 8 届年会

由于本文用于文献计量和信息可视化的软件主要识别 ISI 数据格式，因而需要对下载的 EI 数据进行预处理，而核心工作就是进行数据格式的转换。数据格式转换主要分为字段标识转换和内容格式转换两部分。前者是把 EI 的字段转换为 ISI 的字段，如对作者字段的转换，是将 EI 数据中的“Authors”转化为 ISI 数据中的“AU”字段；后者是对字段具体内容的格式转换，涉及内

容撰写形式和字符空格表征形式等的转换。数据格式转换后，还需要对数据进行更为细致的清洗和测试。

1.2 研究方法与工具

本文主要采用科学计量学和知识图谱的理论方法进行研究。在科学计量方法的应用上，一方面通过词频统计来展现人工智能领域的主要研究力量（包括高产的国家地区、机构和作者）和主要研究主题（包括文献的主要主题词和涉及较多的学科），另一方面通过共现的理论和方法来探讨作者的合作、主题间的关联以及学科间关系等话题。对于词频的统计和共现关系的构建，笔者主要采用了普赖斯奖得主、瑞典科学计量学家 Persson 开发的文献计量学研究软件 Bibexcel 来实现。

知识图谱是新近兴起的、以科学学为基础，将应用数学、信息科学、计算机科学和图论等学科知识综合在一起的学科领域和研究方法。其基本原理是单位（科学文献、科学家、关键词等）的相似性分析及测度，然后根据不同的方法和技术绘制不同类型的图谱[20]。由于知识图谱以科学知识为计量研究对象，且以科学计量方法为理论基础，因而应属于科学计量学的范畴。知识图谱把科学知识的发展进程与结构关系以可视化的图形直接反映出来，对于窥探和解释学科领域隐藏和潜在的规律具有重要作用。

本文主要采用美国 Drexel 大学的陈超美教授开发的信息可视化软件 CitespaceⅡ进行知识图谱的绘制。CitespaceⅡ是一种基于 Java 语言平台开发的多元、分时、动态的应用程序和可视化软件。CitespaceⅡ应用广泛，它使用户可以将某个领域顺时进行“抓拍”，然后将这些抓拍的图片连接起来，从而探索一个知识领域的发展机制和热点趋势。此外，笔者也运用社会网络分析软件 Pajek 进行人工智能领域学科的共现和分析。

2 人工智能领域研究力量分布

2.1 国别与机构分析

经统计可知，2 506 篇论文共涉及 46 个国家和地区，其中美国以 833 篇遥遥领先（见表 2）。美国发文量之高，与其雄厚的经济、科技实力以及较高的科研投入是分不开的，同时也不能忽视 AAAI 会议主要在美国举办（见表 1）以及主办机构 AAAI 前身为美国人工智能协会这些因素。加拿大以 196 篇文章高居次席，反映了其在人工智能领域的较强科研实力，近 10 年来，加拿大也举办了两届会议。中国以 190 篇文章紧随其后，与加拿大共同构成第二集团。值得注意的是，这 190 篇文章中，香港地区高校的发文属多数，尤其是香港科技大学已成为国际人工智能领域的重要研究阵地。而南京大学计算机软件新技术国家重点实验室和浙江大学计算机学院这些年也异军突起。其他主要发文国家及地区还包括德国、英国、澳大利亚和以色列等。

表 2 AAAI 学术年会发文 20 篇以上的高产国家及地区（2002—2011 年）

序号	发文篇数	国别	序号	发文篇数	国别	序号	发文篇数	国别
1	833	美国	6	102	澳大利亚	11	45	新加坡
2	196	加拿大	7	88	以色列	12	39	爱尔兰
3	190	中国	8	66	法国	13	38	西班牙
4	119	德国	9	60	意大利	14	29	奥地利
5	111	英国	10	53	日本	15	21	荷兰

通过对这 2 506 篇文献机构的统计分析发现，国际人工智能研究的力量分布呈现较高的集中度。图 1 是发文量不少于 15 篇的 15 所高产机构。

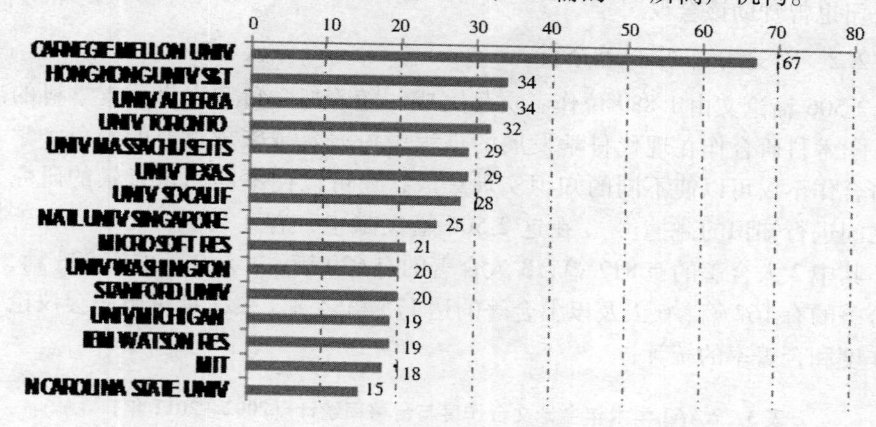

图 1 AAAI 学术年会发文≥15 篇以上的高产机构（2002—2011 年）

从图 1 可以看出，卡内基－梅隆大学以 67 篇文章在各机构中独领风骚。事实上，卡内基－梅隆大学的计算机学科在美国的 US NEWS 所进行的全球前 200 所大学评价中中常年排名第一，人工智能研究也处于世界顶尖水平。有关研究主要集中在该校的计算机科学学院（School of Computer Science），学院下设有计算机科学系（Computer Science Department）、机器人研究所（Robotics Institute）、人机交互研究所（Human-Computer Interaction Institute）和机器学习系（Machine Learning Department）等多个研究机构从事人工智能的专门研究，呈现“集团优势”。香港科技大学的人工智能研究在全球也处于领先地位，其学术带头人杨强教授现任 ACM 人工智能专委会（ACM Special Interest Group on Artificial Intelligence）的副主席，是国际人工智能领域的重要学者。林方真教授则是著名人工智能刊物 *Journal of Artificial Intelligence Research* 的副主编，并因其在人工智能领域的卓越研究成就，而获颁“裘槎优秀科研者奖”。阿尔伯塔大学是全加拿大 5 所最大的以科研为主的综合性大学之一，人工智能以及机器人和控制系统是该校的优势研究领域。多伦多大学的人工智能研究组主要研究计算语言学、知识表示和推理、机器学习、规划、计算机视觉和神经网络等领域，其中杰出学者 Geoffrey Hinton 教授获得 2012 年度的加拿大国家最高科学奖基廉奖（Killam Prize）。从图 1 中还可以看到，微软研究院和 IBM 沃森研究院这样的公司研究机构也位列其中，这再次表明人工智能领域的研究成果具有巨大的应用潜力和商业价值。事实上，谷歌、微软、IBM 和雅虎公司都是 AAAI 会议较固定的赞助机构，英特尔、通用电气甚至波音公司也曾赞助该会议。

2.2 作者分布及合著分析

2 506 篇论文由 1 889 位作者贡献完成。随着新学科和大量分支学科的出现，学术科研合作在现代科学发展的进程中扮演着越来越重要的角色。学术科研合作不仅可以使不同的知识实现集成，还可以使不同知识背景的研究人员之间进行知识的碰撞[21]。在这 2 506 篇文献中，有 2 166 篇文章为合著论文，其中 2 人合著的有 817 篇，3 人合著的有 629 篇，4 人合著的有 378 篇，5 人合著的有 167 篇，6 人及以上合著的达 175 篇之多。表 3 是对历届会议论文合作度和合著率的统计：

表 3　AAAI 学术年会论文合作度与合著率统计（2002－2011 年）

年份	文献篇数	作者人数	合著篇数	合作度	合著率
2002	179	471	134	2.63	0.75
2004	195	572	160	2.93	0.82
2005	331	1 010	281	3.05	0.85
2006	366	1 062	320	2.90	0.87
2007	372	1 125	324	3.02	0.87
2008	360	1 085	315	3.01	0.88
2010	354	1 077	312	3.04	0.88
2011	349	1 134	320	3.25	0.92

论文合作度是指论文的作者总数与全部论文篇数之比，合著率是合著的论文篇数与全部论文篇数之比，两个指标在科学计量学中通常用来表征某一学科领域的合作状况。从表中可以看到，论文合作度较10年前有明显的提高，不过近些年基本维持在3人/篇左右；而合著率则是呈现逐渐上升的趋势，到了2011年的第25届会议已有92%的论文为合著而成。这体现了人工智能领域学者有着良好的合作精神，更表征着该领域学科交叉的程度、涉及领域的广度和学术研究的深度。

在可视化分析中，首先运用 CitespaceⅡ软件绘制作者合作网络图谱。基于发文篇数、合作篇数和余弦相似系数指标，笔者选定阈值（2，2，30；2，2，30；2，2，30），结果见图2。图2中有三个最大的作者合著连通网络，根据作者机构信息的统计和对照，可以将三个连通网络划分为9个合作群或团队。

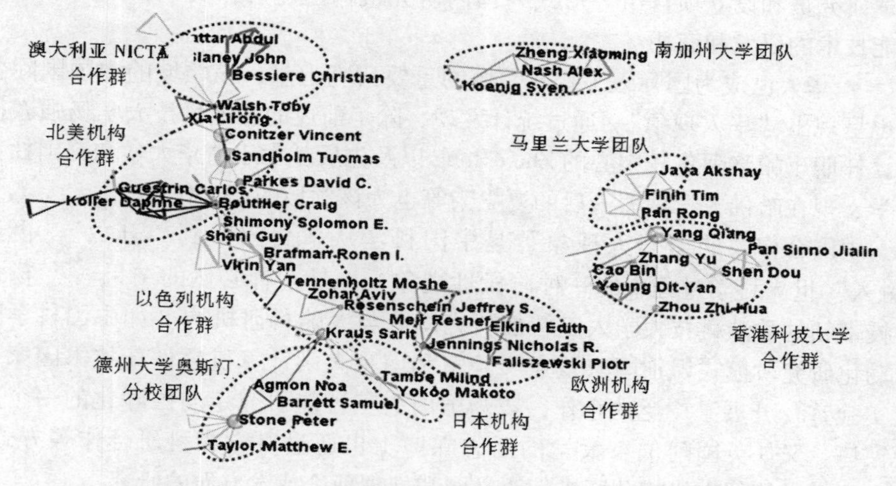

图2　AAAI学术年会作者合著网络图谱（2002—2011年）

经过进一步的统计和更详细的调研，可以发掘出国际人工智能领域学术合作主要存在这样几个特征：

• 合作类型可以分为机构内的团队合作和跨机构合作两种模式，而著名学者和年青学者是合作的主要连接点。著名学者一方面是团队的核心，指导团队研究方向，另一方面或是曾经在多个机构工作过，或是有着重要而熟悉的科研合作关系（如学术兼职或科研邀请），因而成为学术合作的重要发起者。从图2可以看到，除了北美机构合作群外，还有德州大学奥斯汀分校、马里兰大学、南加州大学的团队，因此，可以看出美国在该领域的强大的科研实力。美国凭借其强大的科研实力，成为这种合作模式的典型。优秀的年青学者常常就读于人工智能领域顶尖的研究机构，甚至师从著名学者，然后毕业后回到本国从事科研，因而成为不同区域机构间合作的重要桥梁。以色列的科研建设和人才培养具有高度的开放性，鼓励学生出国深造，既发挥了重要的国际合作连通作用，又增强了本国机构的科研实力。

• 区域内机构合作是人工智能领域的重要合作形式。尽管人工智能领域的国际合作越来越多，但从图中可以发现，区域内的机构合作仍很普遍。如以色列机构合作群就涉及巴依兰大学、本古里安大学、耶路撒冷希伯来大学、以色列理工学院和IBM海法研究所间的合作。在澳大利亚，国家信息与通讯技术中心（National Information & Communication Technology Australia，简称NICTA）汇聚了该国人工智能领域的顶尖研究力量。该中心通过共建实验室、聘请研究员和设立项目组等形式与国内研究机构建立合作关系，致力于人工智能技术的研发和商用。

• 华人已成为国际人工智能领域的重要研究力量，该领域的中国国际合作也呈现出“华人现象”。通过统计发现，除了前述的香港科技大学杨强教授外，任职于帕洛阿尔托中心的Zhou Rong以及先后就学于清华大学和美国杜克大学、现在哈佛大学做博士后的夏立荣等也为该领域的高产作者。

中国合作中的“华人现象”是中国科学从“封闭”到“开放”，再到“融入”世界科学过程中的一种阶段性现象，也是一种必然的结果[22]。杨强教授带领的香港科技大学人工智能研究团队与大陆科研机构（如中国科学院自动化研究所模式识别国家重点实验室和南京大学计算机软件新技术国家重点实验室）开展了广泛的合作，成为国内人工智能研究走向国际化的一个重要窗口。又如英国阿伯丁大学的潘志霖博士也通过讲学和科研合作等方式，与东南大学等国内机构共同进行语义网和推理理论技术方面的研究。

3 人工智能领域的研究主题分布

3.1 研究热点分析

文献题录中的关键词是对主题的高度概括和集中描述，可以用于确定某一学科领域的研究热点。而学科领域在每一时期都有研究热点，进而构成该学科的主要知识领域。EI数据格式的主题词表征主要包括受控词（controlled terms）和非受控词（uncontrolled terms）。受控词来自EI Compendex专业工作人员编纂的受控词表（controlled vocabulary），类似于Web of Science专业工作人员对文章提取的keywords plus。受控词表现已是第四版，其中包括9 000个优先词（preferred terms）和 9 000 个款目词（entry terms）共 18 000 个词汇。非受控词则是自由语言词汇（free language terms），来自文章作者、编者或索引器给出，类似于 Web of Science 数据中的 keywords。应用 CiteSpace Ⅱ 可视化软件，选择阈值为 TOP50，采用最小生成树的修剪算法，对 2 506 篇论文的受控词和非受控词进行共词分析，绘制出 2002—2011 年的国际人工智能共词网络知识图谱（图 3）。

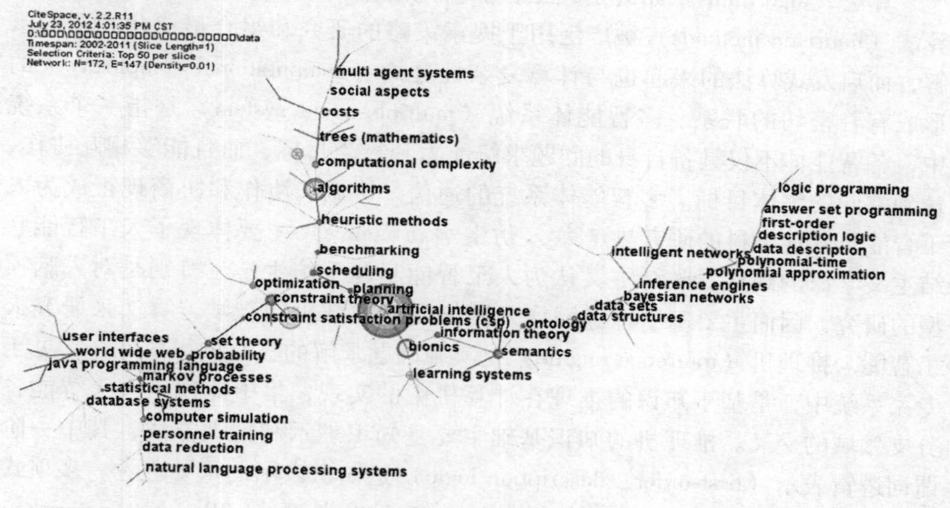

图 3　AAAI 学术年会论文的共词网络图谱（2002—2011 年）

从图中可以看到，人工智能研究以“artificial intelligence”为核心，分散开来，涉及众多领域，是一个典型的学科群。近年来，智能规划（planning）在问题的描述和问题求解两方面得到了新的突破，成为人工智能领域近年来发展起来的一个热门分支。而在智能规划问题上，约束理论（constraint theory）又是一个重要的方面，尤其是约束满足问题（constraint satisfaction problem，CSP）。现实中大量组合优化问题（optimization）都可以通过约束满足问题来建模求解。马尔可夫过程（Markov process）是一类随机过程，该过程的特性是在给定当前知识或信息的情况下，只有当前的状态可用来预测将来，过去（即当前以前的历史状态）对于预测将来（即当前以后的未来状态）是无关的。一方面概率论（probability）和集合论（set theory）是马尔可夫过程的理论基础，另一方面马尔可夫过程在人工智能领域被广泛用于自然语言理解及人机交互方面的研究。自然语言理解就是研究如何让计算机理解人类自然语言，是实现人机交互的重要前提，因而也是人工智能中十分重要的领域。

自然语言理解需要自然语言的处理（natural language processing）、数据的精简处理（data reduction）和计算机的仿真模拟（computer simulation）等方法技术来实现。而人机交互的外在表现主要是通过用户界面（user interface）和基于Web页面（world wide Web）的处理来实现的，Java语言的编程（Java programming language）是重要的实现手段。

算法（algorithms）始终是人工智能研究的重要知识基础，尤其是启发式算法（heuristic methods）被广泛用于搜索策略的研究和组合最优化问题的求解，而启发式算法的兴起也与计算复杂性理论（computational complexity）的形成有着密切的联系。多智能体系统（multiple-agent system）是指一个系统中，各智能体不仅具备自身的问题求解能力和行为目标，而且能够相互协作，达到共同的整体目标。多智能体系统的通信、协调、协作和协商现正成为人工智能及其他学科的研究热点[23]。仿生学（bionics）主要体现了人工智能联结主义学派的观点。联结主义认为人工智能起源于仿生学，特别是对人脑模型的研究，因而主要基于神经网络及网络间的联结机制与学习算法来研究人工智能。推理机（inference engine）是实施问题求解的核心执行部件，常见于专家系统中，是基于知识的推理在计算机中的实现，集中体现了人工智能各分支领域的交叉。推理机的知识基础主要是知识表示和推理方法，其中一阶谓词逻辑表示（first-order，description logic）是知识表示的重要理论，多项式时间近似（polynomial time approximation）和贝叶斯网络（Bayesian networks）则是不确定性推理中的重要方法。

3.2 研究前沿分析

陈超美教授认为研究前沿是正在兴起的理论趋势和新主题的涌现，因而将其定义为一组突发的概念及其基本概念问题[24]。笔者对此较为认同，此观点涵盖了时间和内容两个维度，比较准确地指出研究前沿的特征。由于受控词为事先编纂好的受控词表中的词，并不能有效地反映出研究前沿的新颖性特点，所以笔者选择了更为“自由”的非受控词作为分析对象。基于此，综合运用CitespaceⅡ和Bibexcel软件，统计和计算了2008－2011近三届AIII年会论文的非受控词的词频和突变度（见表4），来阐释当前国际人工智能领域的研究前沿。

表4　2008－2011年AAAI学术年会高频关键词（≥15）和突现关键词

序号	关键词	词频	突现度	序号	关键词	词频	突现度
1	data sets	66		14	heuristic functions	17	

续表

序号	关键词	词频	突现度	序号	关键词	词频	突现度
2	do-mains	44	14. 01	15	search spaces	16	
3	social networks	24		16	SAT solvers	16	
4	search algorithms	24		17	probabilistic models	16	
5	optimal solutions	23		18	data points	16	
6	optimization problem	22		19	real-world application	15	2. 87
7	markov decision process	21		20	NP-hard	15	
8	constraint programming	21		21	new approaches	15	
9	machine-learning	20	4. 92	22	multi-agent	15	3. 19
10	training data	19		23	description logic	15	
11	voting rules	18		24	wikipedia	15	
12	empirical results	18		25	heuristic search	12	2. 23
13	polynomial-time	17	1. 93	26	first-order	12	3. 19

从表中可以看到，当前的人工智能还是主要集中在基于搜索、算法、推理和优化理论的机器思维研究，以专家系统和数据发掘为代表的机器学习也是重要的研究领域，以多智能体系统为核心的机器行为则是人工智能研究的热门分支。然而笔者就处理结果向人工智能专业学者咨询，专业学者却给出不同的解释。他指出，词表中只有社会网络（social networks）和维基（Wikipedia）是最近几年人工智能研究的前沿，而其他词汇事实上都属于人工智能及相关领域的基础词汇。笔者对人工智能领域顶级综合性学术期刊 *Artificial Intelligence* 2008—2011 年所收录的 302 篇学术文献的作者关键词进行了同样的统计和计算，得到了相似的结果。这说明这些领域近些年确实受到了人工智能研究人员较多的关注，但就各主题词本身而言，其并非代表研究的最新前沿。通过对源文献的细致查检和分析以及对专业学者的访谈，发现运用共词分析来识别研究前沿固然应与多种引文分析方法结合起来使用[25]，而共词分析方法本身也需要有诸多改进。因为新的技术主题往往会是新术语，甚至是学术同行尚未达成一致的新词汇；而作者在论文撰写过程中，又常会使用一些基础词汇来阐释新词汇或者将其归为某一主题，进而起到“推介”新词汇的作用。而这样的结果，反而是基础词汇数量较多，代表研究前沿的新术语

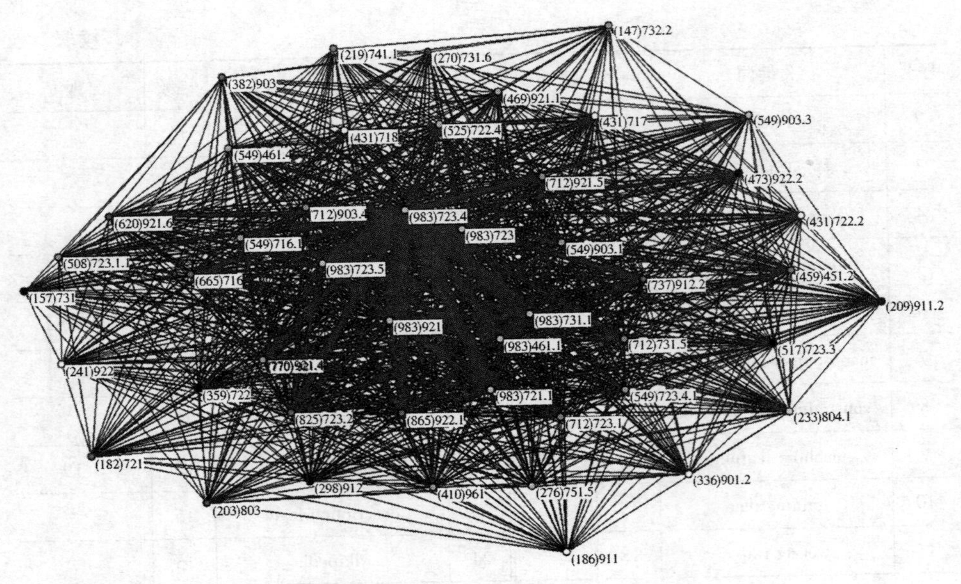

图 4　AAAI 学术年会论文的学科代码共现网络图谱（2002—2011 年）

词频较低。因而在运用共词分析进行研究前沿识别的过程中，应当结合所分析领域的专业调研，进而通过构建“基础词汇—新词汇”间的映射关系等方式来实现。此外，对 7 个突现词进行分析时，竟发现所有词汇在 2011 年均为最低频次，大部分词汇甚至呈现突减趋势。因而，在使用突现词（burst term）来识别前沿和发展趋势时，还需考察词频的实际变化情况。

3.3　学科共现分析

如前所述，人工智能领域是以计算机应用为核心，建立在多学科基础上的交叉学科。EI 数据库有自身的学科分类体系，通过多个维度学科代码（classification code）的指定，可以对一篇文献的研究主题进行明确和标识。2 506 篇论文共涉及 312 个学科，图 4 是运用 Pajek 软件对词频在 30 次以上的 47 个学科进行处理，得到人工智能领域的学科代码共现网络图谱。表 5 为发文在 200 篇以上的学科代码信息。

K-核常被用来识别和分析某一网络中的核心子群，然而 K-核是一个建立在点度数基础上的凝聚子群概念，是通过对网络子群中的每一个成员的邻点个数进行限制而得到的[26]，并不涉及点之间连线的数值。考虑到学科代码及其共现关系的高频次，笔者选用“Lines with Value”模块及“lower than”功能，通过对比指定连线属性值低的线进行移除的方法，来计算和识别学科代码网络中的核心子群。经过计算，网络最大的核心子群包括 7 个学科代码（图4 中前缀为“983”的代码，代码信息在表5 中字体加粗）。其中，计算是人工智能领域的理论核心，相关的数学计算、计算机理论及编程均构成人工智能研究的理论基础。控制系统的研究是人工智能从理论转为应用的重要桥梁。人工智能的快速发展，得益于其巨大的应用价值。人工智能在计算机应用、图像识别、机器人、信息通讯、管理技术等多方面都得到广泛的应用，而其在生物医学工程领域的应用则是近几年兴起的研究热点。

表5　AAAI 学术年会高频学科代码（2002—2011 年）

序号	频次	学科代码	代码释义
1	1 714	**723. 4**	artificial intelligence
2	672	**921**	mathematics
3	575	**723**	computer software, data handling and applications
4	569	**723. 5**	computer applications
5	545	**721. 1**	computer theory, includes formal logic, automata, switching, programming theory
6	542	**731. 1**	control systems
7	373	922. 1	probability theory
8	370	723. 2	data processing and image processing
9	346	**461. 1**	biomedical engineering
10	321	921. 4	combinatorial mathematics, includes graph theory, set theory
11	273	912. 2	management
12	251	903. 2	information dissemination
13	251	921. 5	optimization techniques
14	250	723. 1	computer programming
15	207	731. 5	robotics
16	204	921. 6	numerical methods
17	201	716	telecommunication, radar, radio and television

4 结论与展望

人工智能作为一门引领未来的新兴学科，目前已渗透到人类社会的各个方面，并深刻地改变着人们的学习、工作和生活方式，《国家中长期科学和技术发展规划纲要（2006—2020）》也将与人工智能技术有关的许多研究列为重点领域及其优先主题[27]。本文应用科学计量学和知识图谱方法，以EI数据库收录的人工智能顶尖会议AAAI年会会议论文为研究对象，对近10年来国际人工智能领域的研究力量分布和研究主题分布进行了较为粗略的宏观性研究，希冀能为我国人工智能研究的方向选择和学科布局提供决策参考。

科学计量学和知识图谱是展示学科力量分布、挖掘学科知识脉络的良好的方法和工具。然而在研究过程中，应当认清其局限和不足，在改进方法工具本身的同时，也注意与内容分析的结合[28]。例如对研究前沿的探测和识别中，在将共词分析法在与其他引文分析方法综合使用的同时，也应当进行专业领域的内容调研。这要求研究人员及其团队一方面要掌握一定的背景知识，以更好地绘制和解读学科领域的知识图谱；另一方面在文献计量分析时，应考虑到文献作者的论文撰写习惯，去挖掘新的词汇，而非只从词频上去判断前沿趋势。基于此，考虑到基础词汇和新词汇的关系，笔者将在接下来的研究中，通过建构基础词汇和新词汇的映射关系等方法，来尝试前沿识别技术的优化。此外，就数据来源而言，尽管权威学术年会的文献较具代表性，但仍有必要与期刊论文以及专利相结合，共同论证，全面地反映人工智能领域的研究热点；同时3－4年的时间框较长，尤其是在反映自然科学技术领域的研究前沿方面会存在滞后和失真情况，接下来会将最新一年的年会论文与期刊论文对应起来，在尽可能近的时间框内，发掘人工智能领域的最新前沿。

致谢：大连理工大学网络与信息化中心卢涛教授和电子信息与电气工程学部的葛宏伟副教授在人工智能领域专业知识的解读方面，给予了笔者极大的帮助，在此深表谢意。

参考文献：

[1] Zhao Yupeng, Hlu Jian, Lai Junfeng. The Investigation about the Research Front of Artificial Intelligence that based on the Mapping Knowledge Domain [C]//Proceedings of the 38th International Conference on Computers and Industrial Engineering. 北京：电子工业出版社，2008:2688－2697.

[2] Eom S B, Lee S M. Leading United-States universities and most influential contributors in decision support systems research (1971－1989)——A citation analysis [J]. Decision

Support Systems,1993,9(3):237 – 244.

[3] Eom S B, Lee S M, Kim J K. The intellectual structure of decision-support systems(1971 – 1989) [J]. Decision Support,1993,10(1):19 – 35.

[4] Eom S B. Ranking institutional contributions to decision-support systems research – A citation analysis [J]. Decision Support,1994,25(1):35 – 42.

[5] Eom S B. Decision-support systems research-Reference disciplines and a cumulative tradition [J]. OMEGA-International Journal of Management,1995,23(5):511 – 523.

[6] Eom S B. Mapping the intellectual structure of research in decision support systems through author cocitation analysis (1971 – 1993) [J]. Decision Support,1996,16(4):315 – 338.

[7] Eom S B, Farris R S. The contributions of organizational science to the development of decision support systems research subspecialties [J]. Journal of the American Society for Information Science,1996,47(12):941 – 952.

[8] Eom S B. Relationships between the decision support system subspecialties and reference disciplines: An empirical investigation [J]. European Journal of Operation,1998,104(1):31 – 45.

[9] Eom S B. The intellectual development and structure of decision support system(1991 – 1995) [J]. OMEGA-International Journal of Management,1998,26(5):639 – 657.

[10] Eom S B. Decision support systems research: Current state and trends [J]. Industrial Management & Data Systems,1999,99(5 – 6):213 – 220.

[11] Eom S B. The contributions of systems science to the development of the decision support system subspecialties: An empirical investigation [J]. Systems Research and Behavioral, 2000,17(2):117 – 134.

[12] Bartneck C. The end of the beginning: A reflection on the first five years of the HRI conferences [J]. Scientometrics,2011,86(2):487 – 504.

[13] 杨莹. 国内外机器人研究领域的知识计量[D]. 大连:大连理工大学,2009.

[14] 蒋蓓. 人机交互学发展的科学计量研究[D]. 上海:复旦大学,2011.

[15] 赵玉鹏. 基于知识图谱的机器学习研究前沿探析[J]. 情报杂志,2012,31(4):28 – 31.

[16] 祝清松. 我国自然语言处理研究的文献计量分析[J]. 情报杂志,2009,28(4):32 – 34.

[17] 程慧平,陈永超. 国内知识检索研究进展[J]. 图书情报工作,2011,55(10):126 – 129.

[18] Alfonso I, Perdo L, Bielza C. Using Bayesian networks to discover relationships between bibliometric indices: A case study of computer science and artificial intelligence journals [J]. Scientometrics,2011,89(2):523 – 551.

[19] 贾积有. 国外人工智能教育应用最新热点问题探讨[J]. 中国电化教育,2010,31(7):113 – 118.

[20] 刘则渊,陈悦,侯海燕,等. 科学知识图谱方法与应用[M]. 北京:人民出版社,2008:11.
[21] 魏瑞斌. 我国图书馆学情报学的科研合作现状研究:以CSSCI 1998 - 2004 年数据为例[J]. 图书情报工作,2006,50(1):41 - 43.
[22] 金碧辉,张望,周秋菊,等. 中国国际科学合作中的"华人现象"[J]. 科学观察,2007,2(6):20 - 27.
[23] 王万良. 人工智能导论(第3版)[M]. 北京:高等教育出版社,2011:206 - 207.
[24] Chen Chaomei. Citespce Ⅱ: Detecting and visualizing emerging trends and transient patterns in science literature [J]. Journal of the American Society for Information Science and Technology,2006,57(3):359 - 377.
[25] 王立学,冷伏海. 简论研究前沿及其文献计量识别方法[J]. 情报理论与实践,2010,33(10):54 - 58.
[26] 岳洪江,刘思峰. 管理科学期刊同被引网络结构分析[J]. 情报学报,2008,27(3):400 - 406.
[27] 中华人民共和国国务院. 国家中长期科学和技术发展规划纲要(2006 - 2020)[EB/OL]. (2006 - 02 - 09). [2012 - 08 - 09]. http://www.gov.cn/jrzg/2006 - 02/09/content_183787.htm.
[28] 王曰芬. 文献计量法与内容分析法的综合研究(Ⅰ)——综合方法研究的可行性、思路与原则[J]. 情报学报,2009,28(5):745 - 752.

作者简介

张春博,男,1985年生,博士研究生,发表论文7篇。

丁　堃,女,1962年生,教授,博士生导师,发表论文50余篇。

贾龙飞,男,1989年生,硕士研究生,发表论文1篇。

基于微软学术搜索的信息检索研究的文献计量分析*

魏瑞斌

（安徽财经大学管理科学与工程学院　蚌埠 233030）

摘　要　以微软学术搜索为数据获取工具，对微软、谷歌和雅虎三个机构在信息检索领域的研究成果的数量、研究主题和研究人员的等状况进行比较研究。研究发现，微软在各个方面都是表现最好的；谷歌在被引方面的表现是最好的；雅虎在研究成果数量和研究人员数量方面多于谷歌，少于微软，其被引在三个机构中相对较弱。可以说，研究主题和研究人员的兴趣方面，三个机构各有特色。

关键词　信息检索　文献计量　微软学术搜索

分类号　G353.1

1　引　言

在图书情报学领域，有些学者[1-3]利用文献计量方法研究了国内外信息检索研究的发展状况；有些学者[4-12]对信息检索领域的跨语言检索、信息检索模型、信息检索技术等子领域进行了定量分析。在计算机科学领域，研究者[13-21]以综述的方式，对Web信息检索、跨语言检索、Web信息检索模型等主题进行了归纳和分析。这些研究多以国内外常用的文献数据库（如SCI、CNKI等）为数据来源，以文献计量、归纳法为研究方法。

在文献计量研究领域，除文献数据库之外，有些学者开始利用搜索引擎获取的数据进行文献计量研究。如文献[22-24]对Google Scholar的检索功能及其与CCD和Web of Science等引文数据库进行了比较研究，也有对特定主题的文献计量研究。作为谷歌的竞争对手，微软也在学术搜索服务领域展

* 本文系教育部人文社会科学研究青年项目“学术机构知识图谱构建及其应用研究”（项目编号：11YJC870024）研究成果之一。

开了一系列尝试[25]。微软学术搜索引擎（Microsoft academic search）推出时间较短，目前国内外研究成果还较少。B. Declan[26]认为，微软学术搜索虽然还存在一些缺陷，但是它的设计和数据质量方面都有了较大的进步。J. Peter[27]通过对一系列检索结果的分析，较为全面地梳理了微软学术搜索的优点和存在的一些不足。他还认为，随着内容和检索平台的进一步完善，微软学术搜索完全可以成为一个综合的可以进行文献计量、科学计量和信息计量的研究平台。

本文的研究目的有两个方面：一是基于微软学术搜索的搜索结果，对微软、谷歌和雅虎三个机构在信息检索领域的研究成果进行文献计量研究。因为这三个机构都是搜索引擎领域的巨头，在信息检索领域的理论和实践方面都非常突出，其研究内容有较强的代表性；二是通过本研究，对微软学术搜索在文献计量领域的适用性、可操作性等方面进行探讨。

2　数据采集与整理

2.1　数据源基本情况

据 J. Peter 的分析，微软学术搜索收录的文献包括图书、会议论文和期刊论文。微软学术搜索将文献分为 15 个学科（包括 1 个跨学科），在搜索引擎的首页可以查看每个学科的文献数量。每个学科又划分为不同数量的子领域。其中，计算机科学有 24 个子领域。根据文献数量可以将其分为三个层次（见图 1）：数量较多的是人工智能、算法和理论、网络与通信、自然语言四个子领域，其文献数量在 20 万篇以上；数量居中的是科学计算、软件工程等，其数量在 10 – 20 万篇之间；第三层次是人机交互、多媒体等领域，文献数量在 10 万篇以下。本文研究的信息检索从文献数量的角度看，在计算机科学领域处于第三个层次。

2.2　研究对象的选择

本研究选择计算机科学领域的信息检索文献为研究对象，用文献计量的方法对三个机构在信息检索领域的研究成果进行文献计量分析。

微软学术搜索专门提供机构文献两两比较的功能（见图 2）。从图中可以获取两个机构在特定领域的发文量、被引频次和 h 指数等文献计量指标的数据；从图中的标签云还可以发现两个机构研究主题的差异和共同的研究主题。检索结果还提供每个机构研究人员的相关信息。

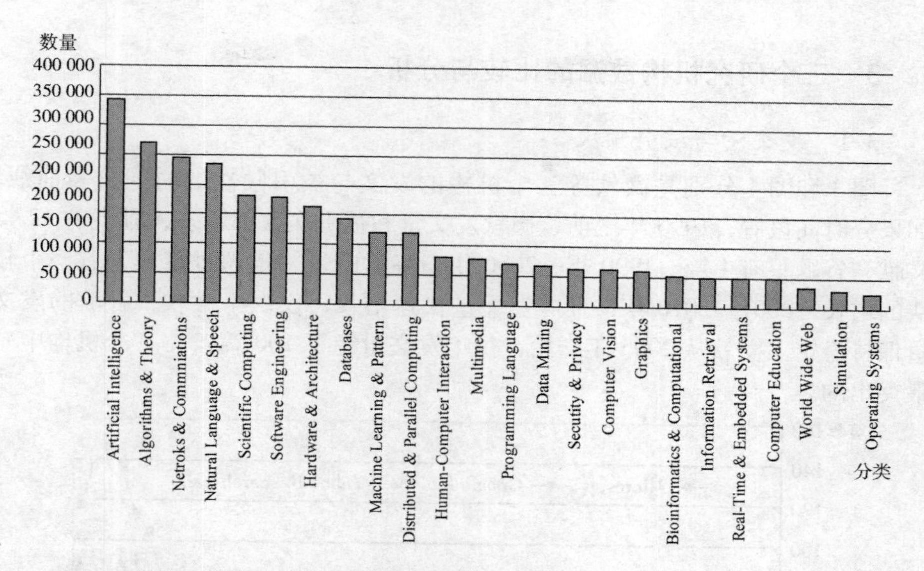

图 1　微软学术搜索计算机学科各子领域的文献数量（检索时间：2012－07－17）

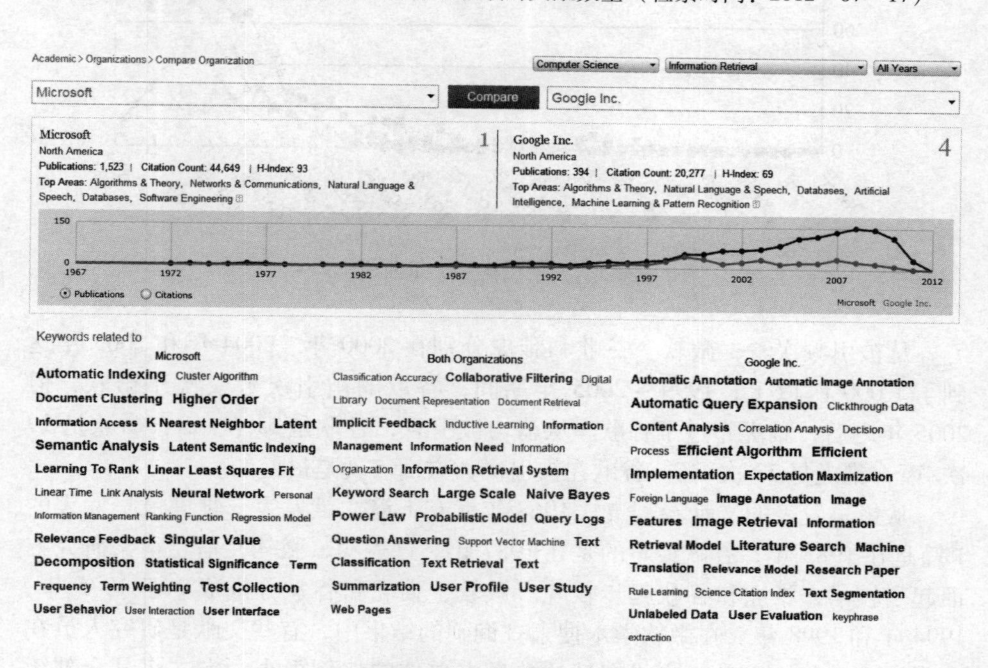

图 2　微软和谷歌信息检索领域研究主题比较

3　三个研究机构数据的比较与分析

3.1　发文量与被引频次

图3和图4分别是微软等三个机构的发文与被引频次的时间分布曲线。如果分时间段看，1990年之前，微软发文量和被引次数都较多，雅虎有12篇文献，谷歌只有1篇。1990年—2000年，谷歌的发文量超过雅虎，有一个较快的增长。2001—2010年，雅虎发文量快速增长，仅次于微软，谷歌的发文量保持稳定。微软从2005年开始，每年发文量超了100篇，在三个机构中是最突出的。

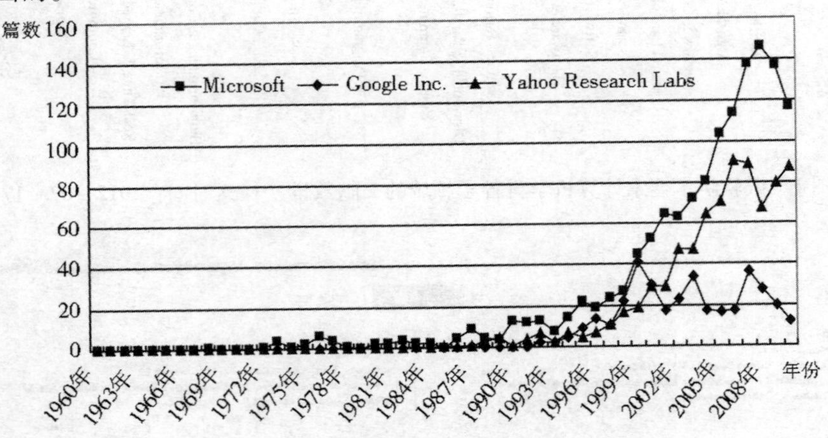

图3　三个机构发文量曲线

从被引频次看，微软、谷歌和雅虎分别在2000年、2004年和2005年达到了1 000次以上；1999 - 2005年期间，谷歌的被引次数仅次于微软，但2005年之后，雅虎超过了谷歌。从篇均被引看，谷歌是51次/篇，微软是29次/篇，雅虎是22次/篇。谷歌在被引次数方面表现是最好的。

从最早发表的文献看，微软1968年就有1篇文献发表，雅虎最早发表的1篇是在1983年，谷歌最早的是在1987年。这表明，微软在信息检索研究方面起步较早，雅虎和谷歌起步较晚。微软、雅虎和谷歌分别成立于1975年、1994年和1998年。在微软学术搜索查询到的结果中，有些文献是研究人员在公司成立之前的成果。这些文献的数量占总体的比例很小，本文将其全部统计在内。

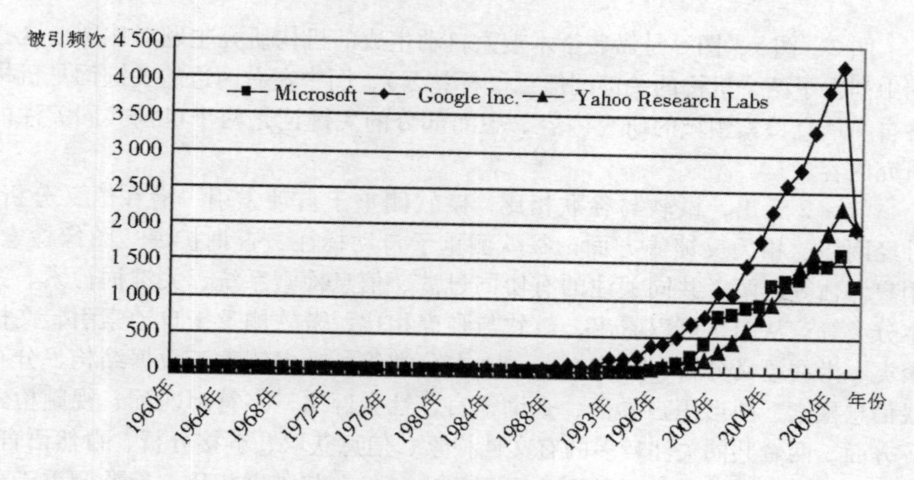

图4　三个机构被引频次曲线

3.2　研究主题

机构的研究主题可以通过其文献的关键词来反映。表1列出了被引频次排在前10位的关键词。这些高频词可以分为两类：一类是信息检索的应用研究，如搜索引擎、数字图书馆、万维网、机器学习等；另一类是信息检索更加深入的研究主题，如标引、文本检索、文献检索、信息检索系统和网络检索。

表1　信息检索领域的高频关键词（TOP 10）

关键词	发文量	总被引次数
信息检索	4 719	90 835
标引	2 835	46 090
搜索引擎	1 696	22 641
数字图书馆	2 573	20 021
文本检索	728	19 224
文献检索	739	17 448
万维网	517	15 944
信息检索系统	960	16 049
网络检索	849	14 857
机器学习	693	11 414

图 2、图 5、图 6 是微软学术搜索自动生成的机构研究主题对比图。这些图中列出了两个机构的关键词信息（标签云），图中左右两边的关键词是机构各自在信息检索领域的研究内容，中间部分的关键词是两个机构共同关注的研究内容。

从图 2 看出，微软与谷歌相比，微软侧重于自动索引、潜在语义分析、神经网络、相关反馈等方面；谷歌侧重于自动标注、查询扩展、图像检索、用户评估等；两者共同关注的有协同过滤、信息检索系统、关键词检索、文本分类等。从图 5 可以看出，微软与雅虎相比，微软侧重于自动索引、文档聚类、潜在语义分析、排序学习、文本分类等；雅虎侧重于数据结构、分布式信息检索、图形用户界面、查询语言、社会网络、字符串匹配、视频检索等方面。两者共同关注较多的有文档检索、信息获取、链接分析、自然语言、问答系统、文本分类等。从图 6 可以看出，谷歌与雅虎相比，谷歌侧重于分类准确性、文档描述、信息组织、检索模型等，而雅虎侧重于数据结构、图形用户界面、查询语言、视频检索、XML 检索等；它们共同关注的研究主题有协同过滤、文档检索、机器翻译、自然语言等。

笔者检索时还发现，虽然图 2、图 5 和图 6 的关键词都建立了链接，但是点击之后，微软学术搜索反馈回来的是某关键词（如 automatic indexing）有关的作者、发文期刊、会议名称、发文量等信息，无法得到特定机构特定关键词频次的数据。图中关键词对应的频次数据无法获取，这是利用微软学术搜索进行数据处理时要注意的一个问题。

Keywords related to

Microsoft	Both Organizations	Yahoo Research Labs
Automatic Indexing Classification Accuracy Cluster Algorithm Document Clustering Document Representation Higher Order Implicit Feedback Inductive Learning Information Organization K Nearest Neighbor Latent Semantic Analysis Latent Semantic Indexing Learning Algorithm Learning To Rank Linear Least Squares Fit Linear Time Naive Bayes Neural Network Regression Model Singular Value Decomposition Statistical Significance Term Weighting Text Categorization User Interface User Study	Anchor Text Collaborative Filtering Digital Library Document Retrieval Information Access Information Retrieval System Keyword Search Link Analysis Logistic Regression Natural Language Power Law Probabilistic Model Query Expansion Query Logs Question Answering Ranking Algorithm Ranking Function Real Time Satisfiability Support Vector Machine Term Frequency Text Classification Text Retrieval User Behavior cumulant	Automatic Generation Bayes Classifier Data Structure Distributed Information Retrieval Document Structure Efficient Implementation Evaluation Methodology Evaluation Metric Fast Algorithm Graphic User Interface Opinion Mining Query Classification Query Language Query Processing Research Paper Search Algorithm Sentiment Analysis Social Network Statistical Model String Matching Structured Documents Video Retrieval Web Graph Xml Document recommender system

图 5　微软与雅虎关键词比较

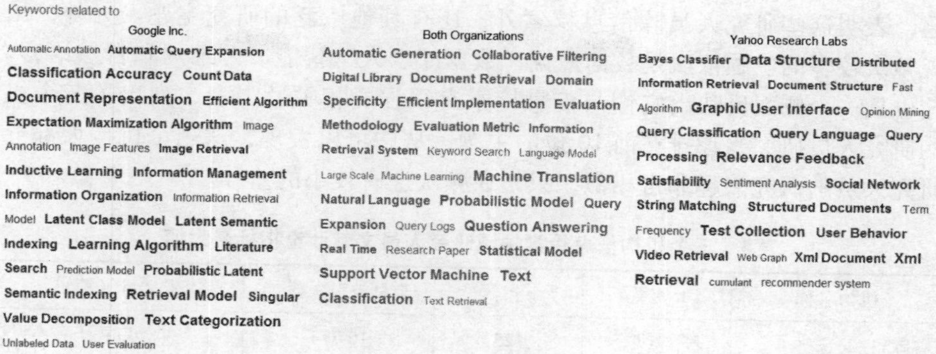

Keywords related to

Google Inc.

Automatic Annotation Automatic Query Expansion Classification Accuracy Count Data Document Representation Efficient Algorithm Expectation Maximization Algorithm Image Annotation Image Features Image Retrieval Inductive Learning Information Management Information Organization Information Retrieval Model Latent Class Model Latent Semantic Indexing Learning Algorithm Literature Search Prediction Model Probabilistic Latent Semantic Indexing Retrieval Model Singular Value Decomposition Text Categorization Unlabeled Data User Evaluation

Both Organizations

Automatic Generation Collaborative Filtering Digital Library Document Retrieval Domain Specificity Efficient Implementation Evaluation Methodology Evaluation Metric Information Retrieval System Keyword Search Language Model Large Scale Machine Learning Machine Translation Natural Language Probabilistic Model Query Expansion Query Logs Question Answering Real Time Research Paper Statistical Model Support Vector Machine Text Classification Text Retrieval

Yahoo Research Labs

Bayes Classifier Data Structure Distributed Information Retrieval Document Structure Fast Algorithm Graphic User Interface Opinion Mining Query Classification Query Language Query Processing Relevance Feedback Satisfiability Sentiment Analysis Social Network String Matching Structured Documents Term Frequency Test Collection User Behavior Video Retrieval Web Graph Xml Document Xml Retrieval cumulant recommender system

图6　谷歌与雅虎关键词比较

3.3　研究人员

3.3.1　研究人员文献计量指标比较

笔者将检索到的每个机构的人员及其相关信息做了汇总。三个机构共有作者638人，其中微软349人，雅虎168人，谷歌121人。从作者人数、h指数、g指数、总被引次数和发文量5个指标的均值（见表2）、最大值（见表3）数据看，微软大部分都处于第一位，只是其h指数最大值小于谷歌；谷歌除作者人数比雅虎少之外，其他各个指标数据都大于雅虎。从表5可以看出，在按h指数排序的TOP 20研究人员当中，微软有14人，谷歌和雅虎各有3人。这表明微软研究人员在信息检索领域的影响力是较突出的。张宏江、沈向洋和马维英三位中国研究人员出现在前20位，这也反映了我国研究人员在信息检索领域的影响力。

表2　三个机构信息检索领域研究人员数量及文献计量指标均值

机构名称	作者人数	h指数	g指数	总被引次数	发文量（篇）
微软	349	14	27	1 736	90
谷歌	121	13	24	1 578	45
雅虎	168	11	21	1 140	49

3.3.2　研究人员的研究兴趣

从微软学术搜索检索结果中还可以发现每个研究人员的研究兴趣。笔者采用词频统计方法将研究人员的研究兴趣进行了统计汇总可概括为78个主题，表明这些研究人员除信息检索外，还有其他广泛的研究主题。另外，出现频次较多的主题依次是数据挖掘、数据库、人工智能、万维网和自然语言。这也从一个侧面反映出它们与信息检索有很强的相关性。表5列出了三个机构研究人员研究兴趣排在前10位的主题，从中可以发现，这三个机构大部分研究人员的研究兴趣非常相似，只是在频次上有较小的差异。

表3　三个机构信息检索领域研究人员文献计量指标最大值

机构名称	h指数	g指数	总被引次数	发文量（篇）
谷歌	71	125	16 774	436
微软	67	181	33 182	992
雅虎	60	121	15 486	629

表4　三个机构信息检索领域研究人员（TOP 20）

作者	发文量（篇）	总被引（次数）	g指数	h指数	所在机构
A. Halevy	327	16774	125	71	谷歌
R. Agrawal	300	33 182	181	67	微软
A. Gupta	526	18 344	130	63	微软
M. Abadi	272	16 381	125	62	微软
Zhang Hongjiang	524	15 428	108	61	微软
P. Raghavan	287	15 486	121	60	雅虎
L. Lamport	257	24 729	156	59	微软
J. Gray	470	16 746	124	55	微软
R. Ramakrishnan	332	11 048	99	52	雅虎
A. J. Smola	238	14 949	120	51	雅虎
D. Heckerman	262	12 766	109	51	微软
Shen Xiangyang	397	10 833	94	51	微软
S. T. Dumais	217	17 608	132	48	微软
E. Horvitz	264	8 486	86	48	微软
M. Yung	436	8 957	82	47	谷歌

续表

作者	发文量（篇）	总被引（次数）	g 指数	h 指数	所在机构
H. J. Wang	992	12 730	93	47	微软
S. Lawrence	169	8 380	90	46	谷歌
Ma Weiying	328	8 858	86	46	微软
C. A. R. Hoare	268	20 466	142	46	微软
Y. Singer	168	10 789	103	45	谷歌

表 5　三个机构信息检索领域研究人员的研究兴趣（TOP 10）

微软		谷歌		雅虎	
研究兴趣	频次	研究兴趣	频次	研究兴趣	频次
信息检索	166	信息检索	64	数据挖掘	108
数据挖掘	117	数据挖掘	33	信息检索	100
数据库	65	自然语言	33	万维网	57
自然语言	65	数据库	28	数据库	52
人工智能	61	人工智能	25	自然语言	25
万维网	60	机器学习与模式识别	25	人工智能	24
机器学习与模式识别	47	万维网	21	机器学习与模式识别	21
多媒体	43	算法与理论	19	算法与理论	19
算法与理论	39	人机交互	15	多媒体	10
网络与通讯	35	网络与通讯	12	人机交互	9

4 结　论

通过检索结果的比较可以发现，在信息检索领域，微软研究人员在发文量、被引频次、h 指数等方面表现最好，其研究队伍人员数量也最多；谷歌的研究人员在被引频次方面表现最好，其研究成果及研究人员的数量相对较少；雅虎研究人员的数量、发文量都高于谷歌，但是其被引频次及 h 指数等指标在三个机构当中是较弱的。从研究主题看，三个机构既有共同关注的内容，同时也有各自专注的方面。

笔者认为，微软学术搜索比较适合对某研究主题或研究机构的成果等进行文献计量研究，进行微观领域的研究（如研究人员个体、单篇学术论文）时要对数据做较多的清洗工作。此外，微软学术搜索目前只能对英文文献进行研究，其他语种的文献不提供检索服务。本文只是利用微软学术搜索进行了一般的文献计量分析，对其其他功能将在今后的研究中进一步挖掘。

参考文献:

[1] 马海群,赵建平,傅荣贤,等. 中国大陆信息检索领域研究热点及内容分析——基于全国信息检索学术会议论文的计量统计[J]. 新世纪图书馆,2012(6): 18 - 22.

[2] 赵永芬. 2001 - 2010 年我国信息检索领域的文献计量分析[J]. 高校图书馆工作,2012(2): 40 - 43.

[3] 孙坦. 2006 - 2007 年国外信息检索研究进展[J]. 图书馆建设,2008(3):75.

[4] 刘伟成,孙吉红. 基于内容的图像信息检索综述[J]. 情报科学,2002(4):431 - 433,437.

[5] 杨丽. 国外跨语言信息检索的技术研究综述[J]. 情报杂志,2008(7):37 - 40.

[6] 刘伟成,孙吉红. 跨语言信息检索进展研究[J]. 中国图书馆学报,2008(1):88 - 92.

[7] 孙坦,周静怡. 近几年来国外信息检索模型研究进展[J]. 图书馆建设,2008(3):82 - 85.

[8] 李纲,郑重. 应用于信息检索的统计语言模型研究进展[J]. 情报理论与实践,2008(3):471 - 476.

[9] 张露,成颖. 信息检索中的语境研究综述[J]. 现代图书情报技术,2009(10):14 - 21.

[10] 李树青. 个性化信息检索技术综述[J]. 情报理论与实践,2009(5):107 - 113.

[11] 庞弘燊,徐文贤. 近年来国外信息检索的相关性研究进展[J]. 中国图书馆学报,2009(4):88 - 94.

[12] 高波,李龙. 近五年来国内基于本体的信息检索研究综述[J]. 图书馆,2012(2):57 - 59,2.

[13] 赵一唯,王和珍,李振东. WWW 信息检索综述[J]. 南京大学学报(自然科学版),2001(2):192 - 198.

[14] 王继成,萧嵘,孙正兴,等. Web 信息检索研究进展[J]. 计算机研究与发展,2001(2): 187 - 193.

[15] 张永奎,王树锋. 交叉语言信息检索研究进展[J]. 计算机工程与应用,2002(19):85 - 87,96.

[16] 蒋凯,武港山. 基于 Web 的信息检索技术综述[J]. 计算机工程,2005(24):7 - 9.

[17] 王灿辉,张敏,马少平. 自然语言处理在信息检索中的应用综述[J]. 中文信息学报,2007(2):35 - 45.

[18] 刘海峰,张学仁,刘守生. Web 信息检索模型特点与问题综述[J]. 软件导刊,2009

(3):3 - 6.
[19] 严华云,刘其平,肖良军. 信息检索中的相关反馈技术综述[J]. 计算机应用研究,2009(1):192 - 198.
[20] 张俊三,瞿有利. 信息检索中相关实体发现综述[J]. 计算机工程与设计,2011(12):4035 - 4038.
[21] 张俊林,曲为民,杜林,等. 跨语言信息检索研究进展[J]. 计算机科学,2004(7):16 - 19.
[22] 朱佳鸣. Google Scholar Beta 检索性能的初步分析[J]. 图书情报工作,2005,49(12):115 - 119.
[23] 邱均平,温芳芳. Google Scholar 和 CCD 的引文统计分析功能比较——从期刊被引频次角度分析[J]. 重庆大学学报(社会科学版),2011(6):84 - 89.
[24] 任静,孙建军. Web of Science 与 Google Scholar 的引文分析比较研究[J]. 情报科学,2011(11):1688 - 1692.
[25] Carlson S. Challenging Google, Microsoft unveils a search Tool for scholarly articles[J]. Chronicle of Higher Education,2006,52(33):43.
[26] Declan B. Computing giants launch free science metrics: New Google and Microsoft services promise to democratize citation data[EB/OL]. [2012 - 09 - 02]. http://www.nature.com/news/2011/110802/full/476018a.html.
[27] Peter J. The pros and cons of Microsoft academic search from a bibliometric perspective[J]. Online Information Review, 2011,35(6):983 - 997.

作者简介

魏瑞斌，男，1973 年生，副教授，博士，发表论文 20 余篇，著作 1 部。

公共图书馆发展指标与经济增长关系的计量经济学分析

赵迎红

（武汉理工大学图书馆　武汉 430070）

摘　要　公共图书馆发展指标与经济增长统计数据相关性分析的基础上，运用平稳性单位根检验及格兰杰因果关系检验等现代计量经济学方法，研究公共图书馆若干主要发展指标与经济增长之间的因果关系。研究结果表明，主要的图书馆发展指标与经济增长存在显著的格兰杰因果关系。据此，提出相应的政策建议。

关键词　公共图书馆　经济增长　计量经济学　格兰杰因果检验

分类号　G250

1　引　言

改革开放 30 多年来，我国经济高速增长，取得了举世瞩目的成就。我国公共图书馆数量由改革开放之初 1979 年的 1 651[1] 个发展到 2008 年的 2 820[2] 个，增长了 70.8%，而图书总藏量和购书支出则分别增长了 30 倍和 41 倍，低于同期总经济增长率和三次产业增加值增长率。支出合计则高于一些产业的增长率。

根据维基百科的定义，图书馆是一个收藏资讯、原始资料、资料库并提供相关服务的地方，由公共团体、政府机构或者个人组织开办。图书馆的作用是让人们使用那些他们不愿意购买（或者无力购买）的馆藏。人们普遍认为，经济的发展促进了图书馆事业的发展壮大，图书馆事业的发展壮大又反过来推动经济的增长，成为一个良性循环。关于这一因果关系假设的研究引起了学者们的兴趣与关注。国外的相关研究文献较为丰富，如 Thomas（2008 年）运用经济模型（REMI）对佛罗里达州（Fcorida）公共图书馆进行预测，其结论表明 2004—2035 年该州图书馆会使当地经济增长 40.2 亿美元，居民收入增加 56.1 亿美元，增加就业 6.87 万个[3]。Daniel（2005 年）对美国南卡罗来纳州（South Carolina）公共图书馆对经济的影响进行了研究，其结果表明，对图书馆投入1美元，地方政府将获得2.86美元的回报[4]。

国内大多文献为定性研究，如王向楠（2001年）对1979—1998年经济增长指标与国家对图书馆投入指标及图书馆发展指标进行了定性分析，并将这一期间的发展划分为4个阶段[5]。有关图书馆发展指标与经济增长指标间关系的定量实证研究文献较少。王林（2006年）通过对1995—2006年我国图书馆财政投入与公共图书馆总支出的缺口、图书馆投入占GDP比重及地区图书馆投入差异的分析，提出优先发展公共图书馆事业的构想[6]。该文没有进行公共图书馆发展指标与经济增长指标间的相关关系的定量分析，使用的指标相对较少，对两者的协调发展关系的论述亦不充分。郑京华（2007年）利用我国GDP与公共图书馆1979—2002年的统计指标进行了回归分析，以证明公共图书馆是推动经济发展的倍速器[7]。该论文结论并不可靠，其一是所选择的变量回归涉及时间序列数据，存在时间序列的不平稳性，由此产生虚假回归（spurious regression）[8]；其二是总体模型设定是错误的[9]。陈力行（2011年）运用协整检验建立了1979—2008年我国公共图书馆财政投入与GDP统计数据的计量经济学模型[10]。该研究也存在模型设定问题，即仅考虑GDP与公共图书馆财政收入一个变量，过于简单。另外，该两个变量存在明显的因果关系，公共图书馆财政收入并不能反映公共图书馆实际发展状况。

总之，当前国内有关公共图书馆统计指标与三次产业GDP间的计量经济学研究还处于初级阶段，许多研究尚停留在定性研究，而定量研究方法存在一些问题。本研究试图运用计量经济学方法，通过相关性分析、时间序列平稳检验以及格兰杰因果关系检验，探讨我国公共图书馆主要统计指标与三次产业增加值的相关性，以期正确认识两者协调发展的关系，推动我国公共图书馆的可持续发展。

2 相关性分析

2.1 数据说明

本研究采用的数据主要来源于各年《中国统计年鉴》，鉴于数据的全面性，样本区间选定为1990—2008年。考虑到GDP数据的价格因素，需要对5个经济指标——GDP（x8）、人均GDP（x9）、第一产业增加值（x10）、第二产业增加值（x11）、第三产业增加值（x12）进行平减指数（它反映国民经济价格总水平的变化，是一种最为综合和全面的国民经济价格指数）处理（见表1）。本研究是按1990年不变价计算，用GDP价格缩减指数除以现价

GDP，便得到按不变价格计算的 GDP。GDP 价格缩减指数的计算方法是：用当年现行价格计算的 GDP 除以可比价格（或不变价格）计算的 GDP（GDP 物量值），计算公式为：

$$GDP\text{价格缩减指数}\ P_{GDP} = \frac{\text{现价计算的}\ GDP}{\text{不变价格计算的}\ GDP} = \frac{\sum p_t q_t}{\sum p_0 q_t} \qquad (1)$$

表 1　GDP 平减指数

年份（年）	1990	1991	1992	1993	1994	1995	1996	1997	1998	1999
GDP 平减指数	100	106.87	115.63	133.15	160.62	182.65	194.39	197.34	195.58	193.09
年份（年）	2000	2001	2002	2003	2004	2005	2006	2007	2008	2009
GDP 平减指数	197.02	201.06	202.27	207.50	221.88	230.57	239.35	257.63	277.64	275.89

注：数据来自历年《中国统计年鉴》

图书馆发展指标则选择了公共图书馆数量（x1）、总藏书量（x2）、总流通人数（x3）、外借册数（x4）、财政补助（x5）、支出合计（x6）、购书费支出（x7）7 个能反映图书馆发展的统计数据作为衡量我国图书馆发展的指标（具体详见表 2），对于其中涉及价格因素的指标同样进行了平减指数处理。

2.2　公共图书馆发展指标相关分析

运用 SPSS17 对公共图书馆的 7 项发展指标进行相关分析，其结果见表 3。可以看出 7 个指标就两两相关性而言，大部分表现出了高度相关，如公共图书馆数量与财政补助、购书支出呈高度相关，有的在 0.01 水平上显著，但也有相关性低的情况，有的甚至呈负相关，如总流通人数与支出合计，这表明随着图书支出合计的增长，到图书馆浏览的人数却呈下降的趋势。而购书费支出与总流通人数呈现较低的相关性，说明一部分购书人并没有常到公共图书馆借阅书籍，而随着电子书技术的快速发展，人们到公共图书馆的次数，例如大学教师大多利用电子数据库进行文献收集分析，而这部分统计数据是缺失的，因而难以进行相关分析。

2.3　公共图书馆发展指标与三次产业增加值间相关分析

分析图书馆发展指标与经济增长最直观的方法就是进行统计相关分析。由表 4 可知，除总流通人数与 GDP、人均 GDP、第一产业和第二产业增加值在 0.05 水平上为统计显著外，其他图书馆发展指标均与 5 个经济增长指标在 0.01 水平上为统计显著。从统计的 Pearson 系数看，支出合计与购书费支出均达到 0.9 以上，表明对图书的支出通过知识转换，间接推动了经济增长；其

表 2　公共图书馆统计数据与三次产业统计数据

年份(年)	x1(个)	x2(千册)	x3(千人)	x4(册)	x5(万元)	x6(万元)	x7(元)	x8(亿)	x9(元)	x10(亿)	x11(亿)	x12(亿)
1979	1 651	18 353	7 787	9 625	–	5 040	5 206	4 062. 6	419	1 270. 2	1 913. 5	878. 9
1985	2 344	25 573	11 614	18 942	–	13 393	4 164	9 016. 0	858	2 564. 4	3 866. 6	2 585. 0
1990	2 527	29 064	12 435	20 242	–	30 271	8 474	18 667. 8	1 644	5 062. 0	7717. 4	5 888. 4
1995	2 615	32 850	18 298	7 160	65 829	7 4080	16 788	60 793. 7	5 046	12 135. 8	28 679. 5	19 978. 5
2000	2 667	40 953	18 854	16 913	139 321	157 173	40 575	99 214. 6	7 858	14 944. 7	45 555. 9	38 714. 0
2005	2 762	48 055	2 3331	20 268	–	312 571	67 290	184 937. 4	14 185	22 420. 0	87 598. 1	74 919. 3
2008	2 820	550 635	28 1405	122 508	–	–	–	314 045. 4	23 708	33 702. 0	149 003. 4	131 340
增长	70. 8%	30 倍	36 倍	12%	–	83%	41%	83. 8%	61%	27%	82%	168%

注:数据来源于《中国统计年鉴》(1990－2008)

次为公共图书馆数量，其 Pearson 系数在 0.8 以上，表明公共图书馆的数量与 5 个经济增长指标密不可分，可能存在相互促进的关系（后面将用格兰杰检验予以验证）。总藏量、总流通人数以及外借册次的相关系数相对要低一些，从一定程度上表明这三个图书馆发展指标对经济增长的影响要相对弱一些，但也呈统计显著。从产业分布上看，第三产业增加值与所有 5 个经济增长指标均在 0.01 水平上呈统计显著，表明公共图书馆发展指标对第三产业的促进作用比第一、二产业要高。

表 3　图书馆发展指标间的相关性分析（Pearson 系数）

指标	公共图书馆数量	总藏量	总流通人数	外借册次	财政补助	支出合计	购书费支出
公共图书馆数量	1	.437	.352	.411	.717*	.871**	.865**
总藏量	.437	1	.968**	.985**	.973**	.979**	.984**
总流通人数	.352	.968**	1	.957**	.903**	−.013	.039
外借册次	.411	.985**	.957**	1	.333	.426	.446
财政补助	.717*	.973**	.903**	.333	1	.998**	.995**
支出合计	.871**	.979**	−.013	.426	.998**	1	.994**
购书费支出	.865**	.984**	.039	.446	.995**	.994**	1

注：* 在 0.05 水平（双侧）上显著相关，**. 在 0.01 水平（双侧）上显著相关

表 4　图书馆发展指标与三次产业 GDP 相关分析（Pearson 系数）

变量	公共图书馆数量	总藏量	总流通人数	外借册次	财政补助	支出合计	购书费支出
GDP	.897**	.632**	.574*	.632*	.995**	.987**	
人均 GDP	.901**	.629**	.569*	.627**	.994**	.986**	
第一产业	.930**	.607**	.537*	.592**	.969**	.962**	
第二产业	.896**	.633**	.575*	.632**	.992**	.982**	
第三产业	.888**	.633**	.577**	.638**	.996**	.990**	

注：*. 在 0.05 水平（双侧）上显著相关，**. 在 0.01 水平（双侧）上显著相关；因财政补助数据不全，未进行相关性分析

3 计量经济学分析

3.1 单位根检验

分析时间序列数据，需要进行平稳性检验，这也是检验变量之间因果关系的重要前提，因为多数的经济序列数据是非平稳的。通常用 ADF（Augmented Dickey-Fuller test）进行单位根检验，然后决定是否进行格兰杰因果关系分析。为消除时间序列存在的异方差，本文对图书馆发展指标和三次产业的 GDP 变量进行了取对数处理，并分别使用 Ln（x1）、Ln（x2）、…Ln（x12）来表达变量（见表 5）。根据表 3 的分析结果，本文选择了与经济增长指标 Pearson 相关系数高的图书馆发展指标，即公共图书馆数量（x1）、总藏量（x2）、支出合计（x6）和购书费支出（x7）；经济增长则选择了 GDP（x8）和三次产业的增加值（x（10）、x（11）、x（12））。

表 5 相关指标间时间序列 ADF 单位根检验

变量	Ln（x1）	Ln（x2）	Ln（x6）	Ln（x7）	Ln（x8）	Ln（x10）	Ln（x11）	Ln（x12）
水平值	-1.029	1.83	-1.459	-4.088	-1.034	-1.191	-0.723	-0.840
P 值	0.719	0.999	0.529	0.0086**	0.7138	0.625	0.813	0.781
一阶差分	-6.406*	-0.292	-11.85*	–	-2.458	-2.106	-4.025*	-3.968*
P 值	0.0001	0.9062	0.000	–	0.142	0.244	0.0096	0.0091
二阶差分	–	-1.079	–	–	-6.15*	-3.98*	–	–
P 值	–	-1.079	–	–	0.0003	0.0089	–	–

注：* 在 1% 的置信度上显著，** 滞后 3 期

除购书费支出（x7）的水平值的 P 值为 0.008 6 <0.05，即该指标为平稳的时间序列，可直接进行格兰杰因果关系分析，指标的水平值 P 值均大于 0.05，即为非平稳时间序列，经过一阶差分或二阶差分处理，仅总藏量（x2）指标外，其他指标均符合平稳时间序列的要求，即没有单位根存在，可以进行下一步协整和格兰杰因果关系处理。

3.2 格兰杰因果关系检验

一般理论认为，经济的发展必然推动公共图书馆的发展，这是因为 GDP 增长带来了财政收入的增长，从而会增加公共图书馆的开支；反过来说，公共图书馆的发展也因提升了人力资源投入而推动了经济的进一步增长。因此，

从经济意义上说，图书馆发展指标与一国之经济增长可能是相互影响的。

为了证实两者是否存在严格统计意义上的因果关系，需要进行格兰杰因果检验。格兰杰因果检验可用于检验时间序列间是否存在因果关系，可以用于考察公共图书馆发展指标与经济增长是否构成因果关系，其检验回归方程为：

$$Y_t = \sum_{i=1}^{m} \alpha_i X_{t-i} + \sum_{i=1}^{m} \beta_j Y_{t-j} + \mu_t \qquad i = 1,2,\cdots m \tag{2}$$

$$X_t = \sum_{i=1}^{m} \lambda_i X_{t-i} + \sum_{i=1}^{m} \delta_j Y_{t-j} + \nu_t \qquad j = 1,2,\cdots m \tag{3}$$

其中，假定随机误差项 μ_t 和 ν_t 项是不相关的。格兰杰因果关系检验的原假设是："X 不是引起 Y 变化的格兰杰原因" 或 "Y 不是引起 X 变化的格兰杰原因"。根据表 5（ADF 单位根检验）的结果，本研究选择了图书馆发展指标中的公共图书馆数量、支出合计的对数的一阶差分变量和购书费支出的水平值作为 X 变量，GDP、第一产业对数的二阶分差和第二、三次产业增加值对数的一阶分差作为 Y 变量，分别将上述变量代入式（2）和（3）中，即可得到如表 6 所示的结果：

表 6　图书馆发展指标与经济增长指标的格兰杰检验结果

原假设	F 值（滞后期 2）	P 值	结论
H1：GDP 不是公共图书馆数量变动的原因	0.088 02	0.916 4	拒绝 H1
H2：公共图书馆数量不是 GDP 变动的原因	0.094 40	0.910 7	拒绝 H2
H1：支出合计不是 GDP 变动的原因	0.054 48	0.947 3	拒绝 H1
H2：GDP 不是支出合计变动的原因	10.432 6	0.004 5	接受 H2
H1：购书费支出不是 GDP 变动的原因	2.468 38	0.139 8	拒绝 H1
H2：GDP 不是购书费支出变动的原因	1.871 27	0.209 1	拒绝 H2
H1：第三产业增加值不是公共图书馆数量变动的原因	0.194 01	0.826 4	拒绝 H1
H2：公共图书馆数量不是第三产业增加值变动的原因	0.299 56	0.747 0	拒绝 H2
H1：第二产业增加值不是购书费支出变动的原因	0.398 50	0.681 5	拒绝 H1
H2：购书费支出不是第二产业增加值变动的原因	5.750 73	0.021 8	接受 H2

注：其他指标间的格兰杰因果关系均为拒绝，为节省篇幅不再一一列出具体数据

由表6可知，图书馆主要发展指标均与经济增长指标间存在显著的格兰杰因果关系。公共图书馆数量、购书费支出均与4个经济增长指标表现为格兰杰因果关系，说明了经济增长有利于公共图书馆数量的增加，而经济增长带来居民收入的提升，恩格尔系数下降，人们的精神生活需求增加，对图书的需求上升；而公共图书馆数量的增加方便了更多的民众获得知识，购书费支出的增长提升了我国的国民素质，促进了技术进步对经济增长的贡献。在三次产业中，第三产业与图书馆发展指标呈更为显著的关系，均通过了格兰杰因果检验，而“购书费支出不是第二产业增加值变动的原因”表明，图书馆发展指标对第二产业的直接贡献要小于第三产业，这与前面的相关分析结论一致。“GDP不是支出合计变动的原因”则表明，GDP的增长对图书支出合计的影响较小，这可能是由于影响支出合计的因素很多，而GDP仅是其中的影响因素之一；而公共图书馆数量、购书费支出等与第一产业为格兰杰因果关系，则意味着发展农村图书馆事业对于促进农业生产有着积极的作用。

4 结语

随着我国经济进入结构调整时期，中央出台了一系列重大国家中长期规划纲要，如《国家中长期人才发展规划纲要（2010—2020年）》、《国家中长期教育改革和发展规划纲要（2010—2020年）》、《国家中长期科技发展规划纲要（2006—2020）》等。这些纲要的实现均与图书馆的发展或多或少存在关系。百年大计，教育为本，国家强大，要靠先进的科技与一流的人才。要实现国家的中长期教育、人才和科技规划纲要的目标，图书馆应在其中扮演重要的角色。

本研究将图书馆发展指标与经济增长指标进行了相关分析与格兰杰因果关系分析，从定量的视角验证了人们有关图书馆与经济增长的互相促进的关系，并得出以下结论：

4.1 公共图书馆数量与GDP呈格兰杰因果关系

这一关系更充分表明了图书馆保障了社会文献的完整性与系统性，使科学技术信息得到了广泛的交流，是人们获得终身教育的场所。因此，进一步建设新的图书馆，将惠及更多民众，不断满足人民群众日益增长的对精神生活的需求，提升民众的幸福感，进而全面提升我国民众的科学文化知识水平，提高人力资源质量，有利于实现我国由人力资源大国向人力资源强国发展的目标，最终实现国家经济的可持续增长。因此，在当前国家经济形势大好之时，国家应将公共图书馆事业作为重要的优先发展的公共基础设施来建设，同时要加大对公共图书馆的财政投入力度。

4.2 购书费支出与经济 GDP 呈格兰杰因果关系

这一结果说明，经济的增长带来了人们收入的增加，进而提升了人们的图书购买能力。个人购买图书是一个个体的自发行为，这一行为同样有利于提升个人的知识水平，带来人力资源质量的提升。问题在于国家如何更好地鼓励这一行为的健康与可持续发展。

4.3 图书馆发展指标对第三产业的促进作用要大于第一、二产业

在国家实行经济结构调整和转型的时期，即大力发展服务业的今天，发展公共图书馆事业将有利于提高服务业比重，实现国家“十二五“规划纲要提出的服务业增加值占 GDP 比重提高 4 个百分点的目标。

IT 技术与网络正在改变世界，改变着人们的购物习惯、支付方式，也在改变着知识传播的途径与方式，这种改变将是革命性的，它使得知识的获取更快捷、更广泛、更便宜，由此将改变我们的阅读习惯，人们可能更多地用手机、计算机、平板电脑、电子阅读器等来获得所需的信息或进行阅读，这无疑将导致电子书的快速增长。各省、市在所出台的图书馆发展规划中均提出了发展电子图书馆的构想，有的正在实施。高校在学术研究中，则更多地使用电子数据库（如 CNKI、EBSCO 等）来获得文献，但目前这类图书馆发展指标的统计十分缺乏，这将会影响图书馆在经济发展中作用的体现，故急需完善当前图书馆发展指标的统计方法，以更全面地衡量我国图书馆事业的发展状况和对我国经济社会发展所做出的贡献。

参考文献：

[1] 中华人民共和国国家统计局．中国统计年鉴－1980. 北京:中国统计出版社,1980.

[2] 中华人民共和国国家统计局．中国统计年鉴－2009. 北京:中国统计出版社,2009.

[3] Lynch T. A study of taxpayer return on investment in Florida Public Libraries[EB/OL]. [2008－04－10]. http://dlis. dos. state. fl. us/bld/roi/pulbication. cfm.

[4] Barron D D, Williams R V. The economic impact of public libraries on South Carolina[EB/OL]. [2008－04－10]. http://courseweb. lis. illinois. edu/～katewill/spring2011－502/502%20and%20other%20readings/barron_2005_EconmicImpactLibrariesSC. pdf.

[5] 王向楠．经济与图书馆发展[J]. 图书资料工作,2001(年刊):85－86.

[6] 王林．公共图书馆事业与国民经济协调发展量化分析[J]. 中国图书馆学报,2006(4):38－42.

[7] 郑京华．我国公共图书馆发展与经济增长的实证分析[J]. 图书馆,2007(3):26－28.

[8] 李子奈．计量经济学(第三版)[M]. 北京:高等教育出版社,2010:261.

[9] 李子奈．计量经济学应用研究的总体回归模型设定[J]．经济研究，2008(8)：136－144.
[10] 陈力行，宋华雷，徐建华．我国公共图书馆发展与经济增长关系初探——公共图书馆财政投入与GDP的实证分析[J]．图书馆论坛，2011(4)：10－13.

作者简介

赵迎红，女，1965年生，副研究馆员，博士研究生，发表论文42篇。

我国高校电子政务学位论文计量分析*

纪雪梅

（南开大学商学院信息资源管理系　天津 300071）

摘　要　为了了解我国高等院校进行电子政务研究的现状，以便发现问题，制定相应策略，收集电子政务相关学位论文，并对论文关键词、学科专业、研究机构进行分析。以掌握电子政务的研究热点和研究主题、电子政务研究的学科分布以及各学科的研究热点、电子政务研究的机构分布以及各学科的核心研究机构进行分析。通过分析发现，高等院校进行电子政务研究的数量和范围都在不断扩展，但也存在着研究热点相对集中、学科专业优势不突出等问题。

关键词　电子政务　学位论文　研究热点　学科分布

分类号　G350

自20世纪90年代末开始，电子政务逐渐成为我国信息化建设的重要领域之一，政务信息化建设从小到大，不断发展。与此同时，来自不同单位和不同学科专业的研究人员从电子政务的理论、技术、应用等方面展开研究。高等院校是培养电子政务人才，同时进行电子政务研究的主要机构。马少美等通过CNKI数据检索，考察我国电子政务研究相关文献的著者单位，发文单位基本上集中分布在高等院校，表明电子政务研究的主要力量来自高校[1]。赵国洪基于核心期刊进行了数据分析，结果与之前的研究大致相同：高校是电子政务最主要的研究和发文单位[2]。分析高等院校电子政务研究现状，对高校电子政务人才培养与电子政务研究的学科分布具有重要意义。

硕博学位论文具有专业性强、信息量大、学术价值高的特点，不但可以反映电子政务高等教育现状，同时也可以反映电子政务研究热点、学科专业分布和研究机构分布等。本文通过对我国电子政务研究的学位论文进行统计，分析电子政务研究热点与主题、电子政务研究学科分布、研究机构分布等，

---

* 本文系教育部人文社会科学研究项目“基于多利益相关者价值焦点分析的电子政务整体性评价研究”（项目编号：10YJA870021）阶段性研究成果之一。

进而反映我国高等院校电子政务的研究现状。

1 数据来源

本文以中国学位论文全文库（万方）为检索工具。万方数据来自各高等院校、研究生院及研究所向中国科技信息研究所送交的我国自然科学领域的硕士、博士和博士后的论文。中国科技信息研究所是国家法定的学位论文收藏机构，共收录了1980年以来我国自然科学博士、博士后及硕士研究生论文50余万篇。以“题名或关键词”为检索途径，以“电子政务”或“电子政府”为检索条件，收集1990年以来中国学位论文全文库的学位论文相关数据，检索时间为2012年2月20日。共收集相关学位论文2 590篇，检索发现2000年之前没有与电子政务相关的学位论文。各年论文数如表1所示。

表1 2000—2011年电子政务研究学位论文数量

年份	2000	2001	2002	2003	2004	2005	2006	2007	2008	2009	2010	2011	总计
数量（篇）	3	10	43	119	232	329	408	438	374	410	165	59	2 590

2 590篇学位论文中硕士学位论文2 488篇、博士学位论文83篇、博士后学位论文19篇。从表1可以看出，电子政务学位论文数量基本上呈逐年增长趋势，反映了研究人员对电子政务研究热度的增长。2000—2003年，电子政务的研究处于起步阶段；从2004年开始，电子政务的研究进入稳步发展阶段。

下载2 590篇学位论文的关键词、获得学位的专业、学位授予单位等数据。通过关键词分析电子政务的研究热点和研究主题；通过学科专业数据分析电子政务研究的学科分布；通过学位授予单位数据分析电子政务研究机构分布。

2 电子政务研究热点与研究主题分析

对关键词的频次进行统计，可分析电子政务的研究热点；对关键词进行共词分析，绘制共词网络图可反映电子政务研究主题。

2.1 词频分析

对下载的关键词进行格式统一，将表示同一含义的中文关键词与它的英文缩写进行统一。将关键词中所有英文字母统一为大写，以确保统计的正确性。统计2 590篇学位论文关键词的频次，不包括“电子政务”以外的高频词，见表2。

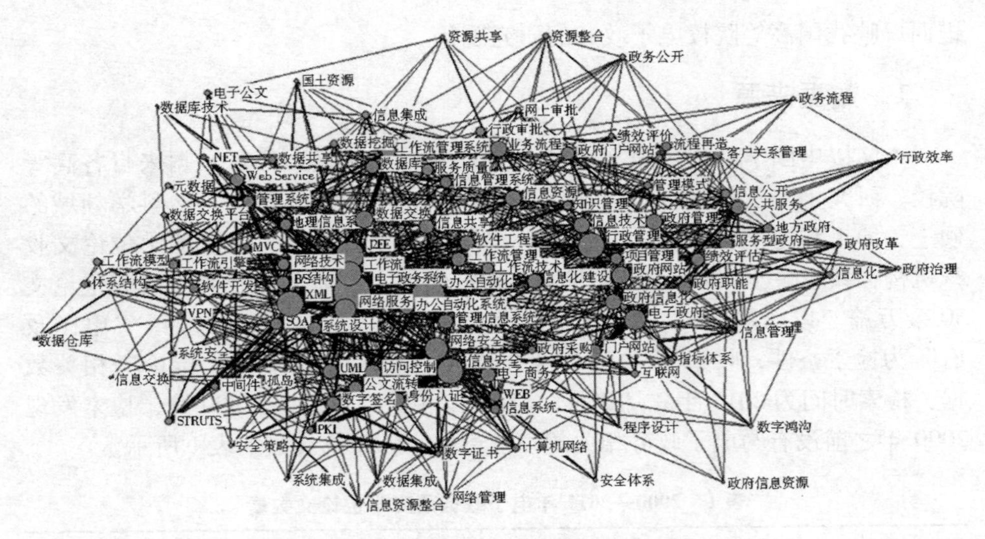

图1　频次大于10的高频关键词共词网络示意

对表2及相关高频关键词进行分析，可以看出与电子政务相关联的研究热点主要有：①政府网站及电子政务相关的信息技术研究，如信息安全和网络安全相关技术、工作流技术、政府门户网站、XML、J2EE、数字签名、数据交换、访问控制、PKI、身份认证、B/S、SOA、数字证书、Web Service、UML、MVC等。②电子政务环境下政府管理与政府职能研究，如行政管理、政府管理、公共管理、办公自动化、项目管理、行政审批、工作流管理、知识管理、政府改革、政务流程、政府职能、管理创新、流程再造、信息管理等。③电子政务服务研究，如网络服务、公共服务、服务型政府、政府信息化和信息公开、服务质量、信息孤岛、数字鸿沟等。④电子政务信息资源和信息系统相关研究，如电子政务系统、管理信息系统、系统设计、信息资源、政府信息资源、数据库、地理信息系统、办公自动化系统、信息共享、电子公文、资源整合、资源共享等。⑤其他的研究还有绩效评估、指标体系、电子商务、客户关系管理等。

表2　频次大于20的高频关键词及频次

关键词	频次	关键词	频次	关键词	频次	关键词	频次
办公自动化	115	政府网站	50	身份认证	32	软件工程	25
信息安全	105	访问控制	50	信息化建设	31	办公自动化系统	24

续表

关键词	频次	关键词	频次	关键词	频次	关键词	频次
电子政务系统	101	PKI	47	B/S 结构	31	工作流引擎	23
J2EE	93	信息技术	47	项目管理	31	中间件	22
网络安全	91	绩效评估	44	信息共享	31	知识管理	22
XML	85	管理信息系统	42	地理信息系统	30	数据挖掘	21
工作流	82	政府职能	36	SOA	30	信息公开	21
电子政府	74	电子商务	34	信息系统	29	行政审批	21
行政管理	69	系统设计	34	门户网站	28	公文流转	21
政府管理	60	政府门户网站	33	数字证书	26	信息化	21
网络服务	56	信息资源	33	数据库	25	UML	21
数字签名	54	公共服务	33	Web Service	25	业务流程	21
政府信息化	52	服务型政府	32	工作流管理系统	25	地方政府	21
数据交换	52	公共管理	32	工作流管理	25		

2.2 共词分析

将出现频次在 10 次以上的高频关键词两两配对，统计两两关键词共同出现的论文篇数，构造共词矩阵，共现次数多的关键词之间可反映某一研究主题。通过 Netdraw 软件绘制共词网络图，如图 1 所示：

图 1 中点的大小反映网络中与其他点的共现次数的多少，两个点之间连线的粗细反映两点之间的共词次数。图 1 是通过 Netdraw 软件生成的多维尺度网络图，图中距离越近的关键词之间越容易反映某一主题。

从图 1 可以看出，左侧主要为技术层次的研究，右侧主要为管理层次的研究，整个网络集中于技术研究。通过对共词网络图、后台的共词矩阵以及原始数据进行分析，总结电子政务相关的研究主题主要有以下几个方面：

2.2.1 电子政务系统的设计与实现

研究内容包括：电子政务数据交换平台、办公自动化系统、公文流转系统、地理信息系统、行政审批系统、税务系统、决策支持系统等的设计与实现。电子政务系统实现的方式与技术包括工作流技术与模型、J2EE、XML、Web Service、.NET 平台、B/S 结构、SOA 架构、UML 建模技术、MVC 模式、

Struts 架构、Soap 技术、ASP、AJAX、角色网络理论等。

2.2.2 政府信息资源管理相关研究

研究内容包括：政府信息管理系统的设计与实现，政府信息资源整合方案，电子政务信息资源共享的策略和机制，信息资源共享交换平台的设计与实现，电子政务信息资源元数据库的建设，政府信息资源目录体系的建立，电子政务信息资源领域本体的构建，政府信息资源的公共获取，政府信息资源的增值服务及政府信息资源集成研究等。

2.2.3 电子政务信息安全和网络安全解决方案研究

该研究所涉及的方法和技术主要有：公钥基础设施 PKI 技术、数字签名技术、基于角色的访问控制 RBAC 模型、访问控制、数字证书、身份认证、CA 技术、防火墙等。内容主要有电子政务安全平台设计、信息资源保护中的法律问题、电子文件和文档信息安全研究信息安全管理体系研究等。

2.2.4 政府信息化建设研究

主要研究主题有：电子政务发展问题及对策研究，政府信息化过程中面临的问题及对策研究，我国电子政务建设过程中的数字鸿沟和信息孤岛问题及对策研究，政府信息化绩效评估、价值及效益分析等。

2.2.5 电子政务环境下政府行政管理职能的相关研究

研究内容主要包括：电子政务环境下政府职能的转变及业务流程的再造，电子政务环境下政府管理创新，电子政务管理的组织机构和运行机制，政府网上审批流程再造。

2.2.6 电子政务环境下政府服务研究

研究内容主要包括：电子政务个性化服务的实现框架，电子政府服务的公众满意度评估，公共服务型电子政务的建设，客户关系管理在电子政务中的应用，政府门户网站评价指标及实证研究，政府网站的顾客满意度评估等。

2.2.7 政府信息公开相关研究

主要有政府信息公开研究及公开成效的评估，政府信息公开的问题与策略研究，政府信息公开法律制度研究，公民行政知情权研究，公民网络政治参与，公共危机管理中政府信息公开问题研究，中美信息公开比较研究等。

从上述分析中可以看出我国高校电子政务的研究多偏重技术研究，而政府管理研究相对薄弱。电子政务的研究主要有三个角度：一是从电子政务网络和信息技术的角度进行研究；二是从政府管理角度进行研究；三是从公众或顾客的角度进行研究。从上述分析可以看出，电子政务的网络和信息技术研究是高等院校进行电子政务研究的主要方面。其次是政府管理创新的研究。而对电子政务的公众接受程度和公众普及研究相对较少。电子政务三个主要研究角度对电子政务的发展均很重要，电子政务网络和信息技术的研究为电子政务的发展提供基础条件和硬件支持；而没有对政府创新管理的研究，作为电子政务主体的政府就不能很好地提供信息服务；若忽视对电子政务服务对象——公众的研究，则先进的电子政务技术和优越的信息服务不会很好地被公众所接受和利用。所以，电子政务三个角度的研究应该并行发展，缺一不可。

3 学科专业分布及不同学科研究热点分析

电子政务研究涉及多个学科领域，不同学科侧重从不同角度对电子政务展开研究。本文通过对 2 590 篇电子政务学位论文进行统计，反映高等院校进行电子政务研究的学科专业分布。通过对不同学科专业的论文关键词进行分析，反映不同学科进行电子政务研究的热点。

3.1 电子政务学位论文的学科专业分布

统计 2 590 篇学位论文各学科专业所包含的篇数，然后根据国家规定的学科专业目录进行分类。表 3 为各学科专业包含电子政务学位论文篇数的情况，其中只列出它们所属的一级学科所包含论文篇次大于 5 的学科专业。

从表 3 可以看出，工学门类和管理学门类是进行电子政务研究的主要学科门类，两个门类的论文数占电子政务学位论文总数的 88. 2%。无论是在工学门类中，还是在所有一级学科专业中，计算机科学与技术相关专业的电子政务学位论文最多，为 1 209 篇，占所检测到的学位论文总数的 46. 7%，是进行电子政务研究的主要领域。其中软件工程专业电子政务硕士学位论文最多，为 625 篇。管理学门类中公共管理一级学科的电子政务学位论文最多，为 474 篇；其次是管理科学与工程，为 206 篇；图书馆、情报与档案管理，为 121 篇，与工商管理（119 篇）论文数相当。

表3　电子政务学位论文的学科专业分布

学科门类	一级学科	二级学科专业
工学 1 364 篇	计算机科学与技术 1 209 篇	软件工程 625 篇、计算机应用技术 279 篇、计算机技术 157 篇；计算机软件与理论 112 篇、计算机科学与技术 25 篇、计算机系统结构 11 篇
	信息与通信工程 104 篇	通信与信息系统 26 篇、信号与信息处理 10 篇；电子与通信工程 65 篇；信息与通信工程 3 篇
	控制科学与工程 37 篇	系统工程 15 篇、控制理论与控制工程 12 篇、控制工程 6 篇、模式识别与智能系统 3 篇、检测技术与自动化装置 1 篇
	测绘科学与技术 14 篇	地图制图学与地理信息工程 10 篇、大地测量学与测量工程 4 篇
管理学 920 篇	公共管理 474 篇	行政管理 277 篇、公共管理 194 篇、社会保障 2 篇、土地资源管理 1 篇
	管理科学与工程 206 篇	* 管理科学与工程一级学科 159 篇、项目管理 34 篇、工业工程 13 篇
	图书馆、情报与档案管理 121 篇	情报学 79 篇、档案学 27 篇、图书馆学 15 篇
	工商管理 119 篇	工商管理 87 篇；企业管理 25 篇；技术经济及管理 7 篇
理学 30 篇	地理学 21 篇	地图学与地理信息系统 13 篇、人文地理学 8 篇
	数学 9 篇	应用数学 7 篇、计算数学 2 篇
经济学 19 篇	应用经济学 19 篇	产业经济学 14 篇、区域经济学 3 篇、国际贸易学 2 篇
哲学 5 篇	科学技术哲学 5 篇	科学技术哲学 5 篇

从整个一级学科来看，电子政务研究的主要学科有：计算机科学与技术，公共管理，管理科学与工程，图书馆、情报与档案管理，工商管理，信息与通信工程。这 6 个学科专业的电子政务学位论文总数均在 100 篇以上，其他一级学科专业的论文数均在 40 篇以下。可见，这 6 个学科专业是高校进行电子政务研究的主要学科专业。

从上述分析可以看出，我国高校电子政务研究主要集中于计算机学科，其学位论文数比管理学的 4 个学科专业的论文总数都要多，可见从 2000 年以来，我国高校对电子政务的研究以技术研究为主，管理研究相对要少得多。

3.2 不同学科专业的研究热点分析

不同的学科专业进行电子政务研究的侧重点不同，分别对高校电子政务研究的6个主要学科的学位论文进行分析，找出不同学科专业进行电子政务研究的侧重点。统计各学科专业出现的高频关键词，见表4。

表4 电子政务研究学位论文的主要学科专业高频关键词

一级学科	高频关键词及频次
计算机科学与技术	办公自动化105；J2EE 86；网络安全76；XML 76；Web service70；电子政务系统67；工作流67；信息安全65；数据交换53；访问控制40；数字签名40；系统设计36；身份认证29；PKI 28；办公自动化系统28；管理信息系统26；B/S 24；工作流管理24；MVC 24；软件工程24；工作流引擎23；UML 21；中间件20；公文流转20；工作流管理系统20
信息与通信工程	PKI 13；网络安全10；数字签名8；数字证书8；信息安全7；J2EE 7；办公自动化6；VPN 4；Web service 4；身份认证4；电子政务系统4；电子商务4；访问控制3；电子政府3；信息系统3；ASP 3；软件开发3；数据交换3；数据交换平台3
公共管理	政府管理33；电子政府32；行政管理29；绩效评估27；政府职能24；公共管理24；信息技术20；信息安全20；服务型政府20；公共服务19；政府网站16；地方政府15；政府信息化15；政府门户网站12；信息公开11；信息化建设9；管理模式9；信息资源8；门户网站8；政府改革8；行政审批6；知识管理6；新公共管理6；政府治理6；信息化6；行政效率6；政府信息公开6
管理科学与工程	项目管理19；电子政务系统13；行政管理8；访问控制8；绩效评估8；电子政府8；办公自动化7；政府网站7；公共服务6；信息共享6；政府门户网站6；信息安全6；信息资源5；政府信息化5；工作流5；信息集成5；绩效评价5；网络安全4；知识管理4；管理信息系统4；门户网站4；信息技术4；政务流程4；信息资源整合4
图书馆、情报与档案管理	信息资源12；政府网站11；政府门户网站5；政府信息5；门户网站5；电子政府5；网站建设4；政府信息资源4；电子政务系统4；信息公开4；信息资源整合4；行政管理4；政务公开3；网站评价3；资源共享3；信息资源管理3；电子文件3；政府信息化3；主题词表3；元数据3；知识管理3；客户关系管理3；信息安全3；隐私权3
工商管理	信息技术8；电子政务系统7；信息化建设7；行政审批7；政府网站7；电子政府6；电子商务6；项目管理5；政府信息化5；管理信息系统5；行政管理6；信息系统4；系统集成4；绩效评估3；电子政务工程3；Web service 3

从表4可以看出，计算机科学与技术、信息与通信工程两个学科主要对电子政务中的计算机技术、信息技术和通信技术进行研究。公共管理侧重于对政府管理、行政管理、政府职能、公共管理和服务的研究，同时也包括信

息技术、信息安全、政府网站和政府信息化等偏重于技术的研究。管理科学与工程对项目管理的研究最多，其次是电子政务系统的研究。这一学科将管理与技术进行了融合，涉及面比较广。图书馆、情报与档案管理学科主要侧重于对信息资源和政府网站等客体的研究，集中于研究政府信息资源的管理和政府网站的建设。工商管理对电子政务的研究几乎没有体现出学科的特点，其研究的内容非常广泛，对信息技术、电子政务系统、信息化建设、行政管理、项目管理、政府网站、电子商务、系统管理和集成等均有所涉及。

4 电子政务学位论文的研究机构分布

按照学位论文作者的学位授予单位进行统计，分析电子政务学位论文的研究机构分布，各研究机构名称及电子政务学位论文数量见表5。

从统计结果可以看出，大连理工大学、山东大学、华中科技大学的电子政务学位论文数量均为100篇以上，位于较突出的位置，是电子政务研究的核心机构。其次是复旦大学和上海交通大学，论文数分别为82篇和80篇。

表5 电子政务研究学位授予单位及电子政务研究学位论文数量

学位授予单位	论文数量（篇）	学位授予单位	论文数量（篇）
大连理工大学	168	北京工业大学	55
山东大学	135	东北大学	54
华中科技大学	102	天津大学	52
复旦大学	82	电子科技大学	48
上海交通大学	80	华中师范大学	48
云南大学	69	武汉理工大学	44
北京邮电大学	68	四川大学	44
同济大学	68	北京大学	42
中山大学	62	浙江大学	41
重庆大学	57	华东师范大学	40

每所研究机构进行电子政务研究的侧重学科均不同，对电子政务6个主要学科专业的论文的学位授予单位的统计结果如表6所示：

表6　6个主要学科专业的研究机构及论文篇数

计算机		公共管理		工商管理	
研究机构	篇数	研究机构	篇数	研究机构	篇数
山东大学	114	华中科技大学	24	大连理工大学	8
大连理工大学	109	电子科技大学	21	北京邮电大学	7
云南大学	51	浙江大学	21	复旦大学	7
北京工业大学	47	上海交通大学	20	东北财经大学	6
复旦大学	39	天津大学	18	北京交通大学	6
华中科技大学	38	西南交通大学	18	上海交通大学	5
北京大学	38	中山大学	17	沈阳理工大学	5
重庆大学	37	湘潭大学	17	西安交通大学	4
中山大学	33	华中师范大学	16	华中科技大学	4
北京邮电大学	31	东北大学	15	厦门大学	4
东北大学	30	郑州大学	12	东北大学	4
管理科学与工程		**图书馆、情报与档案管理**		**信息与通信工程**	
研究机构	篇数	研究机构	篇数	研究机构	篇数
上海交通大学	15	华中师范大学	15	华中科技大学	16
大连理工大学	14	苏州大学	11	四川大学	11
同济大学	14	武汉大学	8	武汉理工大学	9
天津大学	13	湘潭大学	8	上海交通大学	8
北京邮电大学	12	北京师范大学	8	大连理工大学	7
合肥工业大学	10	东北师范大学	6	北京工业大学	6
上海财经大学	9	中国科学技术信息研究所	5	北京邮电大学	6
东南大学	8	西安电子科技	5	山东大学	5
浙江大学	8	郑州大学	5	太原理工大学	5
哈尔滨工业大学	6	南京大学	5	南京邮电大学	4
华中科技大学	6	中国人民大学	5	华南理工大学	3

从表6中可以看出，计算机学科进行电子政务研究最多的机构是山东大学和大连理工大学，学位论文数均在100篇以上，位于较突出的位置；公共管理学科中进行电子政务研究的院校主要有华中科技大学、电子科技大学、浙江大学、上海交通大学等；工商管理学科中进行电子政务研究的主要院校有大连理工大学、北京邮电大学、复旦大学、东北财经大学、北京交通大学等；管理科学与工程学科中进行电子政务研究的主要院校有上海交通大学、大连理工大学、同济大学、天津大学、北京邮电大学等；图书馆、情报与档案管理学科进行电子政务研究的主要院校有华中师范大学、苏州大学、武汉大学、湘潭大学、北京师范大学等；信息与通信工程学科进行电子政务研究的主要院校有华中科技大学、四川大学、武汉理工大学等。

5 结 论

通过对电子政务学位论文进行统计分析，可以看出，电子政务学位论文在近10年基本呈现逐年增加趋势，研究的学科范围逐渐扩展。计算机相关学科专业是电子政务研究的主要专业领域，其次是公共管理、管理科学与工程、图书馆、情报与档案管理、工商管理、信息与通信工程，这6个学科是高校进行电子政务研究的主要学科。电子政务的研究热点与主题集中于电子政务网络技术和信息安全技术方面，其次是对政府管理职能的研究，而对电子政务实施的公众接受问题的研究较少。除此之外，各学科的研究热点也有所区别，例如，计算机和信息与通信工程专业集中研究电子政务技术方面的问题，其他管理学专业研究重点各有侧重，但学科优势并不明显。电子政务研究的核心研究机构已基本形成，不同学科专业的研究机构分布有所差异。

从分析中也可以看出一些问题：首先，研究热点相对集中，研究主题分布不合理，偏重于技术研究，缺乏社会层次、法律层次、经济层次的研究。其次，有些学科的研究重点没有突出本学科的研究特色，而一味地追求技术研究或其他学科研究热点。总体来说，虽然高校电子政务研究的各方面都在不断发展，但其研究还不成熟，热点分布、学科分布等还没有形成合理布局。因此在以后的研究中：①一方面需要各学科知识进行融合，一方面也要突出各学科的专业优势，进行理论、技术、应用等方面的深层次研究。②各研究机构应根据自身的优势形成自己的研究特色，同时加强关键问题的合作研究。③各研究机构应从解决电子政务的实际问题出发进行研究，形成对国家电子政务建设起支持与指导作用的研究成果，同时加强对应用型人才的培养，服务于电子政务的建设。

参考文献：

[1] 马少美,汪徽志,孔琛. 中国电子政务研究文献计量分析[J]. 情报科学,2009, 27(8):1214－1218.

[2] 赵国洪. 我国电子政务的研究范式与学科发展——基于核心期刊数据的分析[J]. 情报杂志, 2009,28(8):45－47.

作者简介

纪雪梅，女，1985年生，博士研究生，发表论文10余篇。

国内信息安全研究发展脉络初探
——基于1980—2010年CNKI核心期刊的文献计量与内容分析

惠志斌

（南京大学信息管理系　南京 210093　上海社会科学院信息研究所　上海 200235）

摘　要　采用文献计量与内容分析等方法，对我国国内信息安全研究进行系统梳理和全面回顾。首先，通过年度文献分布对信息安全研究发展进行阶段划分；其次，根据发展阶段对学科类别、发表期刊、关键词、基金资助等分布情况进行详细分析；最后，在上述研究基础上，系统总结我国信息安全研究的发展脉络和总体格局，指出我国信息安全研究存在的短板，为我国信息安全的后续研究提供有益借鉴。

关键词　信息安全　文献计量　国家安全

分类号　G201

1　引　言

信息安全并非信息化时代的新课题，人类自有信息生产和交流之初就始终面临信息安全的问题。例如古人为了书信传递的保密性使用腊封将书信封装在信封内，或使用暗语口令等确认信息接收双方的身份等，均是信息安全的典型实践。长期以来，人们对信息安全的认识主要围绕信息自身的保密性、完整性和可用性等狭义安全需求而展开，其实践也主要局限于军事和保密领域。但是，当现代信息技术革命推动人类快速迈入信息社会之际，当信息（知识）正取代物质和能源成为社会发展的核心资源之时，信息安全内涵逐渐丰富，外延不断拓展，重要性日益凸显，正从深层次影响和重塑全球政治、经济、文化的发展格局。

在现实需求的推动下，信息安全研究开始在全球兴起，并从军事和保密领域拓展开来，发展成为汇聚诸多学科成果的交叉性信息学科门类。相较美国等信息化先发国家，我国信息安全的系统性研究起步较晚，虽然上世纪70—80年代陆续有信息安全的研究文献，但直至2000年前后我国信息安全学科建设才正式起步，2001年武汉大学创建了我国首个“信息安全”本科专业，截至2009年，教育部共批准了70所高校设置了80个信息安全类本科专业，20多所高校陆续建立了信息安全硕士点、博士点和博士后产业基地。2007年初，教育部正式批准成立了“教育部高等学校信息安全类专业教学指导委员会”[1]，在此期间，包括国家发改委、科技部、国家自然科学基金、国家社会科学基金等均设立了信息安全重大专项基金，我国信息安全研究得到长足发展，学科体系日臻完善。

当前，我国信息化建设已经历了30年的快速发展，信息安全学科建设也经过了10年的积极探索，因此，对我国信息安全研究进行一次系统梳理和全面回顾具有重要的现实意义与理论价值，从中可以总结我国信息安全研究的发展脉络，展现我国信息安全研究的理论成果，发现我国信息安全研究存在的短板，为我国信息安全的研究和实践提供有益参考。

2 研究方法概述

现代信息安全研究是在现代信息技术飞速发展和广泛应用的背景下，围绕信息安全的理论、方法、技术和实践等展开的一系列科学研究活动与成果。对某一学科领域研究状况进行考察的常用方法有科学文献分析、专家访谈、课程和学位点设置考察以及课题立项情况分析等。其中针对学术期刊（尤其是核心学术期刊）的论文统计分析是常用、可靠的途径[2]，有利于较为全面、客观、系统地掌握某个学科的研究状况。本文以中国学术期刊网络出版总库（CNKI）中的核心期刊库为样本库，检索1980—2010年期间与“信息安全”相关的所有论文①，检索式为“（篇名=信息 AND 篇名=安全）OR 主题=信息安全”[3]，并进行人工去重、剔除不相关文献后获得与信息安全研究关联度较高的基础目标样本约5 156篇，其年度分布如表1所示：

① 我国核心期刊认定始于1992年，本研究将1992年之前全库检索所得到的文献（共55篇）统一纳入研究范畴。鉴于检索目标样本从1980年开始有连续性研究成果，之前仅有两篇文献（1974年、1978年），为便于分析，文献计量范围确定为1980—2010年。

表 1　信息安全学术论文年度分布（1980 年前—2010 年）

时间（年）	1980 年前	1980	1981	1982	1983	1984	1985	1986
篇数	2	1	2	2	2	1	2	7
时间（年）	1987	1988	1989	1990	1991	1992	1993	1994
篇数	4	6	3	13	10	8	3	17
时间（年）	1995	1996	1997	1998	1999	2000	2001	2002
篇数	17	24	50	54	112	184	262	419
时间（年）	2003	2004	2005	2006	2007	2008	2009	2010
篇数	468	504	468	509	558	486	487	471

3　我国信息安全研究的阶段划分

根据文献计量学奠基人普赖斯（D. S. Price）的“科学文献增长四阶段”理论[2]，本文针对上述 5 156 篇论文，利用普赖斯文献统计指数（以累积数据为依据）模型计算 1980—2010 年间的逐年文献累积量，运用专业统计软件 SPSS16. 0 进行回归拟合分析（见图 1），结果信息安全基础目标样本文献的实际增长曲线与理论增长曲线拟合度（R2）达到 0. 989，表明该文献增长分析具有科学参考意义①。因此，通过时段划分和分析验证，可以对我国信息安全研究发展阶段做出初步判断。

• 1980—1993 年间，每年以信息安全为研究主旨的论文数量少（基本在 10 篇以下，仅 1990 年为 13 篇），且增长极不稳定，很难通过统计方法求得相应的数学表达式，该特征与普赖斯关于学科文献增长第一阶段描述吻合，故将此阶段确定为我国信息安全研究的萌芽期。

• 1994—2002 年间，每年以信息安全为研究主旨的论文数量快速增加，通过文献累积数据进行指数模型回归分析发现，符合普赖斯关于文献增长“四阶段理论”中第二阶段文献增长指数增长特征（见图 2）。故将此阶段确定为我国信息安全研究的成长期。

• 2003—2010 年间，每年以信息安全为研究主旨的论文数量增长减缓，演变为线性增长，维持固定的文献增长量，通过文献累积数据进行线性模型回归分析发现，较严格地符合普赖斯关于文献增长“四阶段理论”中第三阶

① R2 表示拟合度，理论值为 1，该值越接近 1，表示拟合度越高。

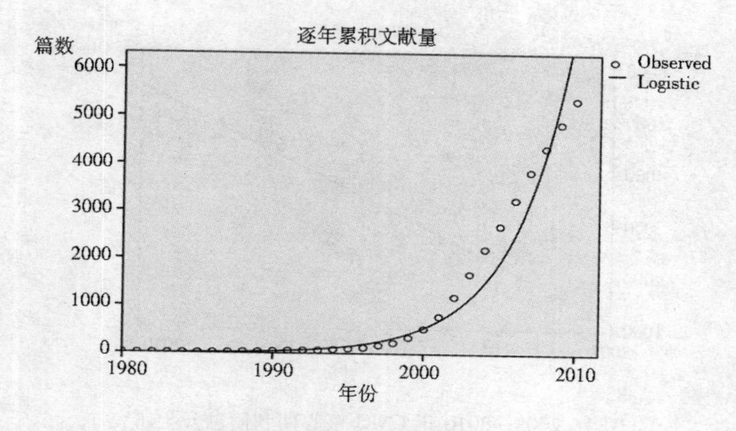

图 1　1980—2010 年 CNKI 核心期刊信息安全研究论文增长拟合情况（拟合度 R2 = 0.989）

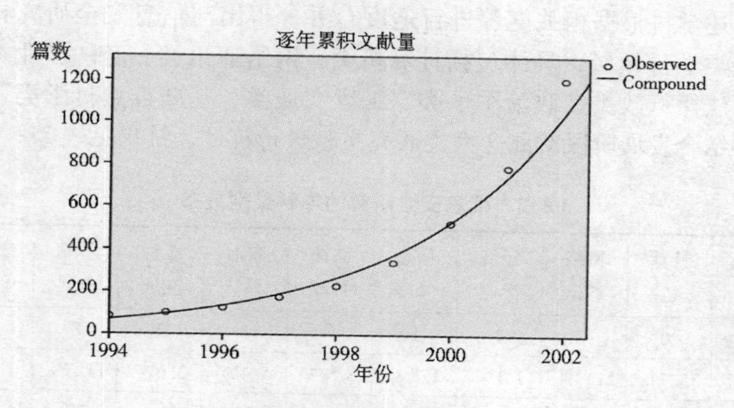

图 2　1994—2002 年 CNKI 核心期刊信息安全研究文献增长拟合情况（拟合度 R2 = 0.984）

段文献增长的线性增长特征（见图 3）。故将此阶段（包括 2010 年以后一段时期）视为我国信息安全研究的成熟期。

4　我国信息安全研究的成果分布

4.1　学科类别分布

根据 CNKI 核心期刊研究样本的学科分类统计分析结果，信息安全研究大约分布在计算机软件及计算机应用、互联网技术、信息经济与邮政经济、安全科学与灾害防治，中国政治与国际政治等大约 41 个学科类别中。为便于分

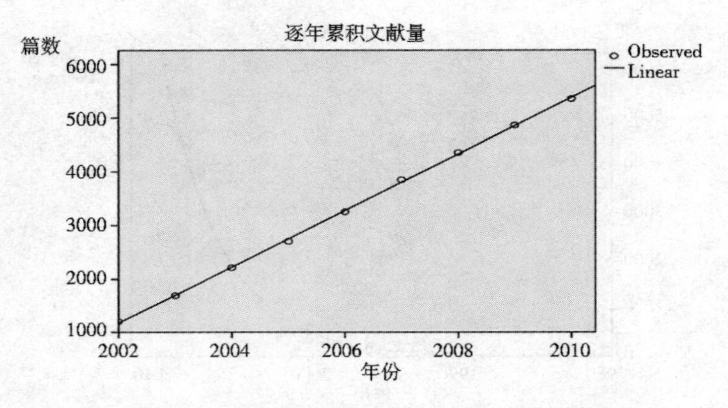

图 3　2003—2010 年 CNKI 核心期刊信息安全研究文献增长拟合图（拟合度 R2 = 0.999）

析，将上述学科根据相关度等进行适度合并，得出与信息安全研究相关度较高的 9 大类学科领域，具体包括计算机类、网络通讯类、经济产业类、图情传播类、法律行政类、政治军事类、工程交通类、基础自然科学类、教育科研类。再结合发展阶段对此 9 大类研究文献进行统计，结果见表 2。

表 2　信息安全研究的学科类别分布

学科大类		计算机	网络通讯	经济产业	信息管理	法律行政	政治军事	工程交通	基础自科	教育科研	合计
萌芽期	篇数	20	12	4	1	5	3	2	8	1	56
	占比	35.7%	21.4%	7.1%	1.8%	8.9%	5.4%	3.6%	14.3%	1.8%	
成长期	篇数	368	417	84	116	73	75	32	37	19	1 221
	占比	32.3%	36.6%	7.4%	10.2%	6.4%	6.6%	2.8%	3.2%	1.7%	
成熟期	篇数	1119	1029	414	336	351	346	172	58	54	3 879
	占比	26.6%	24.5%	9.9%	8.0%	8.4%	8.2%	4.1%	1.4%	1.3%	
全阶段	篇数	1507	1458	502	453	429	424	206	103	74	5 156
	占比	29.2%	28.3%	9.7%	8.8%	8.3%	8.2%	4.0%	2.0%	1.4%	

具体而言，计算机和网络通讯专业是现代信息安全研究的主体，尤其在萌芽期和成长期中成果数量占近 6 成份额；数学、物理等专业专注于信息安全中的密码学、安全模型和算法等基础理论研究，是信息安全研究的传统基础学科；工程交通专业围绕各类信息化工程建设中信息安全问题而展开，成

果伴随信息化建设发展而持续增长；经济、法律、公共管理、政治、军事等社会科学门类从自身学科角度切入信息安全研究，成果占近 1/3 份额，且有持续提升的趋势，极大地丰富了信息安全研究的维度，提升了信息安全研究的层级，推动了信息安全学科的全新发展；同样是信息科学门类的信息管理专业（图情）较早地将信息安全纳入本学科范畴重点研究，研究成果除了涉及图书馆、信息资源等本学科对象的信息安全研究，还较早地进行了信息安全的引介性研究，其成果通常具有前沿性和综合性，为其他学科研究提供了较好的研究平台；教育学科的信息安全研究伴随信息安全学科建设而发展起来，占有较小比例。

4.2 发表期刊分布

根据 CNKI 核心期刊研究样本的发表期刊的统计分析发现，信息安全研究论文发表的学术期刊分布极为广泛，包括《计算机工程与应用》、《电子学报》、《情报科学》等数百种核心期刊均有信息安全研究成果发表。本文根据各期刊发表数量的历年累计结果，列出与信息安全研究相关度较高的 30 种学术期刊，如表 3 所示：

表 3 信息安全研究的主要期刊分布

期刊名称（论文篇数）	计算机工程与应用（261）	计算机工程（251）	计算机工程与设计（176）	计算机应用研究（157）	情报杂志（115）	计算机科学（113）
期刊名称（论文篇数）	计算机应用（105）	微计算机信息（98）	商场现代化（97）	通信学报（97）	电子学报（90）	情报科学（77）
期刊名称（论文篇数）	软件学报（76）	电信科学（76）	兰台世界（68）	计算机研究与发展（64）	小型微型计算机系统（61）	现代情报（60）
期刊名称（论文篇数）	计算机学报（55）	微电子学与计算机（49）	计算机应用与软件（46）	图书情报工作（42）	瞭望（36）	情报理论与实践（33）
期刊名称（论文篇数）	中国安全科学学报（32）	档案学通讯（28）	现代图书情报技术（28）	电子科技大学学报（27）	微型机与应用（26）	北京邮电大学学报（25）

从学术期刊分布可以看出，信息安全论文成果主要集中在计算机、网络通讯和信息管理（图情）三个学科的期刊中，可见这三个学科的学术期刊已

经将信息安全作为本学科的重要研究方向（领域）。相较计算机和网络通讯期刊侧重于自身专业学术成果发表，信息管理（图情）类的期刊除了吸纳本学科研究成果，还成为其他各相关学科所进行的信息安全引介性、综合性、交叉性研究成果的主要载体。除此之外，工程科学中安全科学领域的《中国安全科学学报》和宏观战略领域的《瞭望》等也引入了信息安全研究相关成果。需要指出的是，尽管国内信息安全学科建立已近10年，但我国目前仍没有以“信息安全”或相似概念为刊名的核心学术期刊，而非核心期刊中信息安全代表性期刊包括以下几种：《信息安全与通信保密》、《信息网络安全》、《计算机安全》、《网络安全技术与应用》、《信息安全与技术》等。

4.3 中文关键词分布

通过关键词分布分析可以发现学科的研究重点和热点。某个关键词或词组在一定时期内高频出现，表明该关键词相关研究可能是该学科当时的“热点”研究领域[4]，而当某个关键词或词组在整个研究阶段频繁出现，则表明该关键词相关研究可能是该学科的一个“基本”或“核心”研究领域。根据CNKI核心期刊研究样本关键词出现频率的统计结果，对同义词（词组）进行适当合并，并将关键词进行语义分类，得出中文关键词分布情况（见表4）。

表4 信息安全研究的主要中文关键词分布

关键词语义分类	信息安全需求/威胁	信息安全对象/环境	信息安全策略/方法	信息安全理论/技术
萌芽期	保密、事故	信息/数据 计算机系统，计算机软件，操作系统，信息传递/通信，财务管理	加密（解密）	密码学与密码技术
成长期	保密、计算机病毒、黑客、计算机犯罪	信息资源 信息系统 网络（局域网、互联网）、电子商务、电子政务、数据库	（病毒）防范、防火墙、访问控制、入侵检测、信息隐藏、（身份）认证	密码学与密码技术（算法、离散对数、分组密码、密钥、公钥基础设施PKI）、数字水印

续表

关键词语义分类	信息安全需求/威胁	信息安全对象/环境	信息安全策略/方法	信息安全理论/技术
成熟期（进行中）	保密、计算机病毒、黑客、国家安全，计算机或网络犯罪、版权或隐私保护、危机和突发事件	信息资源、信息系统、管理信息系统、网络（局域网、互联网）电子商务 电子政务、数字图书馆	加密、（病毒）防范、防火墙、访问控制、入侵检测、信息隐藏、（身份）认证、风险评估、危机预警、信息（安全）保障、法律保障（信息立法）	密码学与密码技术（分组密码、密钥、公钥基础设施 PKI，量子加密，生物加密）安全协议，数字水印、数字签名、数字证书 安全模型 可信系统 混沌技术

随着信息安全研究文献的增多，信息安全文献的关键词也不断丰富，反映出信息安全研究内容和方向的持续拓展。具体来看，在萌芽期，信息安全的需求以保密为主，信息安全的对象和环境较为单一，以信息数据和计算机系统为主，对应的策略和技术以加密技术为主；进入成长期阶段，病毒、黑客、计算机犯罪等信息安全威胁/需求开始涌现，信息安全的对象/环境也扩展到信息系统和网络环境，信息安全策略逐渐丰富，包括病毒防范、防火墙、访问控制等，以密码技术为代表的信息安全基础技术研究更加深化，公钥基础设施等信息安全技术规范研究逐渐成形；进入成熟期阶段，信息安全需求/威胁更加复杂，计算机网络犯罪、版权和隐私保护、危机信息传播等被纳入信息安全研究范畴，信息安全的研究对象侧重于互联网空间和关键性信息系统，信息安全策略趋向广义，从技术层次的入侵检测、身份认证等到管理层次的风险评估、危机预警，一直到信息安全立法等法律政策层面的保障措施等；信息安全基础理论和技术呈现出一定程度的创新，非数学原理的加密技术成为研究热点。

4.4 基金资助情况分布

对信息安全相关论文基金资助分布进行统计，可以在一定程度上反映我国信息安全学术资源的配置情况。本文对国家级信息安全资助基金项目的论文成果进行排名，得出基金资助分布情况，如表 5 所示：

从文献情况看，在信息安全研究的萌芽期，仅 1991 年有 1 篇国家自然科学基金项目资助的研究成果，显示出国家信息安全方面的研究投入极为有限，国家对信息安全研究的重视度较低；而进入信息安全研究的成长期，国家在

表5　信息安全研究的国家级基金资助论文分布

阶段	国家级基金类别名称(篇数)				
萌芽期	国家自然科学基金(1篇)				
成长期	国家自然科学基金(161篇)	国家重点基础研究发展计划(“973”计划,73篇)	国家高技术研究发展计划(“863”计划,58篇)	高等学校骨干教师资助计划(14篇)	国家科技攻关计划(9篇)
成长期	高等学校博士学科点专项科研基金(7篇)	国防科技技术预先研究基金(6篇)	国家社会科学基金(4篇)	高等学校重点实验室访问学者基金(3篇)	中国博士后科学基金(3篇)
成熟期	国家自然科学基金(669篇)	国家高技术研究发展计划(“863”计划,405篇)	国家重点基础研究发展计划(“973”计划,163篇)	国家社会科学基金(80篇)	高等学校博士学科点专项科研基金(42篇)
成熟期	国家科技支撑计划(31篇)	中国博士后科学基金(31篇)	国家科技攻关计划(25篇)	国防科技技术预先研究基金(16篇)	教育部科学技术项目(12篇)

信息安全研究的投入显著上升，仅国家自然科学基金资助的论文就有161篇，此外，"973"、"863"、教育系列、科技系列、国防系列、社科系列等资助均陆续增加。从资助渠道不难看出，该阶段的资助成果绝大部分集中在技术领域的"硬"研究，而非技术领域的"软"研究，如国家社会科学基金资助论文仅有4篇，为国家自然科学基金（161篇）的1/40，且作者和期刊多数集中于信息管理（图情）领域；进入成熟期后，国家在信息安全方面的投入持续增加，其中对信息安全的"软"研究投入增长迅猛，仅国家社会科学基金资助论文就达到80篇，为国家自然科学基金（669篇）的1/8，反映出国家对信息安全的研究需求日益多元化和系统化。

5 我国信息安全研究的发展脉络

一个学科发展除了受制于内在规律，也同样受到外部环境的深刻影响（包括经济社会环境和科学技术发展），作为一个与实践高度结合的应用性信息学科，信息安全研究的发展受到了全球信息技术发展和我国信息化建设的深刻影响。本文基于信息安全研究的阶段划分和成果内容分布的结果，结合我国信息安全实践的发展，得出我国最近30年信息安全研究的基本发展脉络：

5.1 国内信息安全研究的萌芽期也正是我国信息化建设的初期探索阶段

上世纪80年代改革开放之初，面临全球信息技术革命浪潮和我国现代化建设的现实需要，国家开始重视电子信息产业的发展，1984年国务院成立电子振兴领导小组，随后发布了"我国电子和信息产业发展战略"，推进了邮电通信系统、国家经济信息系统等12项重大应用系统工程，为我国的信息化建设奠定了一定的技术和社会基础[5]。但该阶段由于受制于我国整体科学技术和社会经济发展水平，信息化建设处于曲折探索阶段，信息技术普及应用更是处于较低水平，与信息社会目标存在较大差距。

因此，该阶段我国信息安全实践需求有限，国家对信息安全研究的资助处于较低水平，信息安全研究仍然局限在传统的通信保密和计算机数据安全范畴，属于数学、计算机、网络通讯等专业中的非主流研究分支，成果数量也较为有限，以技术介绍性研究为主。少数研究在引入国外信息安全新概念基础上，从较为广义和综合的视角理解和阐释信息安全，具有一定的开拓意义。

5.2 国内信息安全研究的成长期也是我国信息化建设的腾飞阶段

1993年我国信息化建设正式起步，国家启动了金卡、金桥、金关等重大信息化工程，先后成立了国家经济信息化联席会议和国务院信息化工作领导小组，由此拉开了国民经济信息化建设的序幕。1994年我国正式接入国际互联网并在次年投入商用，基于互联网的政府上网工程、企业上网工程、电子商务、电子政务全面起步，至2002年前后，我国初步完成了信息化建设的总体战略布局[6]，国民经济与社会信息化水平得到全面提升。但与信息化建设加速发展相对应的是，计算机病毒、系统设计隐患、计算机犯罪、系统非法入侵等信息安全威胁急速上升，我国信息安全实践需求全面提升，信息安全产业应运而生。

与此同时，国家加大了对信息安全研究的投入力度，国家自然科学基金、国家重点基础研究发展计划（“973”计划）、国家高技术研究发展计划（“863”计划）等研究资助显著上升。这一时期计算机和网络通讯专业将信息安全纳入了学科研究的重点领域，成果大量涌现并覆盖该专业的各主要学术期刊；而信息管理（图情）、法律、公共管理、政治、军事等学科的信息安全研究也明显增多，推动信息安全研究的多维度发展：①围绕密码学、网络安全协议、操作系统、数据库系统等方面的安全理论和技术的研究向深度发展，并逐渐与国际前沿研究和技术标准接轨；②结合电子金融系统、电子政务系统、电子商务系统、公共知识数字化工程等关键信息化项目的安全保障研究成为该时期的热点；③从国家战略、政策层面进行的信息安全研究逐渐兴起，开始跟踪研究美国等主要国家的信息安全战略，信息战、信息对抗等概念相继被纳入研究视野；④从法律层面研究信息安全的成果显著增加。

5.3 信息安全研究成熟期也是我国向信息社会迈进的关键阶段

进入21世纪后，以互联网和移动网络为代表的现代信息技术飞速发展并得到广泛应用，我国信息产业全面崛起成为全球信息产业的重要组成部分。截至2009年底，我国信息化发展已经达到中等发达国家水平，其中网民规模达到3.84亿人，位居世界第一[7]。当我国正向信息社会全速迈进时，基于网络空间产生的各类安全威胁（包括国家战略对抗、意识形态渗透、低俗文化传播、恐怖主义和跨国犯罪、黑客攻击、关键生产领域信息系统运行风险、社会危机酝酿和传播、网络隐私和知识产权问题、网络病毒和垃圾邮件泛滥等）全面显现并相互交织，对我国经济、社会、文化、政治发展构成现实挑战。为此，国家对信息安全的认识不断明晰和提升，2003年7月22日，以温家宝总理为组长的国家信息化领导小组专题讨论了《关于加强信息安全保障工作的意见》，强调“保障信息安全和促进信息化发展相结合”，并提出“信息安全已经成为国家安全的重要组成部分。”2006年十六届六中全会《中共中央关于构建社会主义和谐社会若干重大问题的决定》中再次强调“要增强国家安全意识，完善国家战略，确保国家政治安全、经济安全、文化安全和信息安全。”自此，信息安全上升到国家战略层面，在国家安全中的作用日益凸显。

在此背景下，我国信息安全研究进入了更为广阔而又复杂的阶段，同时也是我国信息安全理论体系走向成熟的关键时期。从对研究成果分布情况的分析可以看出，尽管该阶段研究成果数量增长较为稳定，但结构分布更为多维和细化，跨学科、多层次、全视角的研究格局初步形成。首先，网络信息安全的关键性、基础性的理论和技术研究仍是国家重点投入领域，但从成果分布看，呈现出增长乏力的趋势（尤其在基础自然科学领域），反映出当前网络信息安全核心技术的知识产权仍被发达国家控制，国内研究创新空间受制，主要以技术应用性研究为主。相对而言，信息安全的战略政策研究日渐丰富，但成果仍以引介性和一般分析性为主，建构性研究成果仍显不足，尤其对我国国家信息安全战略理论体系的创新性研究成果较为匮乏；此外，法律层面的研究成果在不断细化，涉及网络治理的各个层面并积极与国际治理体系接轨，反映出国内外信息安全法律共性特征明显，联系日益加强。但是鉴于我国信息安全法律建设较为迟缓，信息安全法律研究仍然任重道远；管理策略层面的研究仍主要聚焦于各类信息系统的安全保障，但相较之前的研究更加趋向细分领域；信息安全学科建设与人才教育的研究与国内信息安全专业教育同步发展。此外，信息安全的方法论研究也开始增多，这些成果为信息安全学科体系的完善提供了重要支撑。

6 结 语

我国信息安全研究经历30年的发展，走过了从无到有、从单一学科研究到跨越自然科学、工程科学、管理科学和社会科学的多学科交叉研究的发展历程，初步形成了以微观层次的信息安全技术方法研究、中观层次的信息安全系统管理策略研究和宏观层次的信息安全法规、政策与战略研究的立体格局，为我国经济和社会信息化发展实践提供了有力支持。但是，相较于发达国家信息安全研究和实践水平，相较于我国所面临的信息安全威胁的严峻形势，我国信息安全理论研究和学科发展还亟待加强，尤其是信息安全顶层战略设计和底层核心技术方面的研究仍有较大拓展空间，而法律和政策研究对现实领域的推动效应仍不明显。当前，面对全球网络空间发展所产生的各类信息安全威胁，我国信息安全研究仍须在战略理论、法规政策、关键技术等方面不断积累并实现突破，建立和强化我国在全球网络信息空间中的信息安全战略话语权和关键技术主导权，推动我国信息安全管理实践趋向科学、法治与和谐，保障我国信息社会的建设与发展。

参考文献：

[1] 张焕国,王丽娜,杜瑞颖,等. 信息安全学科体系结构研究[J]. 武汉大学学报,2010,56(5):614-620.

[2] 邱均平. 改革开放30年来我国情报学研究的回顾与展望(一)[J]. 图书情报研究,2009,2(2):2-6.

[3] 朱明. 国内近十年图书馆管理研究领域的实证分析. 现代情报[J],2011(5):107-112.

[4] 褚金涛. 1999-2004年国外图书馆学情报学研究领域的分析[J]. 图书情报工作,2005,49(7):62-64.

[5] 郭诚忠. 中国信息化发展历程和基本思路[OL]. [2011-07-15]. http://cio.ccw.com.cn/cioexpert/htm2005/20050721_10M7K.asp.

[6] 2002-2003年中国信息化发展报告[OL].[2011-07-15]. http://info.hust.edu.cn/zjsd/new_001.htm.

[7] 周宏仁. 中国信息化形势分析与预测(2010)[M]. 北京:社会科学文献出版社,2010:7-25.

作者简介

惠志斌，男，1974年生，助理研究员，博士研究生，发表论文10余篇。

基于年龄的青年人才培养评估计量分析

彭颢舒[1]　曾丽斌[2,3]

（1. 中国科学院上海高等研究院文献情报中心　上海 201210；2. 中国科学院国家科学图书馆　北京 100190；3. 中国科学院研究生院　北京 100049）

摘　要　基于文献的评价往往无法针对特定年龄阶段的科研人员进行，因为文献著录项目中没有年龄这一字段。笔者所在课题组利用 SCOPUS 文摘与引文数据库，以机构为单位计算三个指标：该机构 40 岁以下科学家发表论文的篇均被引次数，篇均被引次数越多分越高；40 岁以下科学家发表论文的被引次数进入本领域前 5% 的人的数量，人越多分越高；该机构所有这些 40 岁以下科学家的平均年龄，年龄越低分越高。对上述指标进行归一化，并根据指标权重对研究机构进行排名，评价中国主要科教机构在青年科学家培养方面的表现。

关键词　青年科研人才　评估　年龄　计量分析

分类号　G350

1　概　要

青年科研人才是一个国家科技发展的重要支柱，少年强则国强，青年科研人才的科研水平从根本上决定了这个国家科研能力的基础。美国之所以能够科技崛起，并能在世界科技界保持领先地位，与其在第二次世界大战后推出一系列极具影响的科技政策并实施“成功的移民政策”和“根本的教育改革”，从而吸引和培养了一批批国际优秀科学人才密不可分[1]，而美国大量吸引的正是各个国家优秀的青年人才。时至今日，虽然中国的高等教育改革成效卓越，吸引海外高端人才的计划层出不穷，但深入分析，我们忽略了一个重要的人群，即 30 ~ 40 岁左右最具创造力的青年科学家。

早在上世纪 70 年代，赵红州就通过计算得出 20 世纪上半叶，杰出科学家科学发现最佳年龄为 37 岁左右，并提出“科学创造最佳年龄区”，把杰出科学家作出重大贡献的最佳年龄界定在 25 ~ 45 岁之间[2]。经过对 16 世纪到 20 世纪 30 年代各国重大科技成果科研人员的年龄进行统计，更得出各国 31 岁到 40 岁科研人员为人类做出重大科技发明的比例最高，成果最多[3]。陈其荣也经过计算得出诺贝尔自然科学奖获得者做出世界一流科学成果的最佳年龄区在 28 ~ 48 岁之间，最佳峰值年龄为 39 岁左右[4]。由此可见，在进行机构的科研水平评价时，把青年科研人员作为一个群体进行成果评估有着重要意义。

本研究正是以高被引论文中 40 岁以下青年科研人员的成果作为基础，探索评价机构的青年人才培养工作。笔者定义 1970 年 1 月 1 日（含）以后出生的科学家为符合 40 岁以下的条件，后文同此。

2 评价方法及指标

以往基于年龄的研究样本多是已知被研究对象年龄的样本，而本研究中，笔者利用 SCOPUS 二次文献数据库采集的样本无法获得受分析对象的年龄，只能通过人工途径获得年龄并保证样本量能够达到统计意义。通过咨询专家①，笔者构建了调研方法和评价指标体系。

2.1 计量步骤

第一步：检索信息科学、环境科学、生命科学和纳米科学 4 个科学领域 2004—2008 年每年的高被引论文中的前 1 200 篇②。

以全球最大的文摘与英文数据库 SCOPUS 为数据源，利用 Citation Tracker 功能，下载 4 个领域 2004—2008 年中每年被引频次排名前 1 200 的论文（去除通讯地址机构均为外国机构的记录），即每个领域 6 000 篇论文，4 个领域共 24 000 篇。

在 SCOPUS 中的具体操作步骤为：首先在 SCOPUS 的高级检索框中输入各个领域的检索式，然后将检索结果按被引频次降序排列，最后保存被引频次排名前 1 200 的论文。

第二步：抽取论文中的通讯作者信息。

---

① 在此要特别感谢中国科学院国家科学图书馆情报研究部谭宗颖研究员和杨丽英副研究员在前期给予课题组的指导和建议。

② 经测试，在对论文通讯作者发文当时年龄进行逐一确认时，达到 1 200 篇论文能够基本确保不少于 120 名通讯作者（以保证统计意义）发文当时的年龄在 40 周岁以下，并且来自中国的科研机构。

通讯作者信息主要包括：作者名称（英文）、机构名称（英文）与 email 地址。通过上述信息，获取通讯作者发表文章时的年龄。具体操作步骤为：对于每篇核心论文，首先抽取 Correspondence Address（通讯作者地址）字段中的国别信息，如果有不是 China 的，将该文删除；然后将 Correspondence Address 字段按顺序排列，并进行数据清洗。对于不重复的通讯作者，通过搜索引擎、发送 email 与电话询问等方式得到该作者的出生年份，据此推断其发文时（即文章见刊的时间）的年龄；如果发文年龄超过 40 岁（即作者在 1970 年 1 月 1 日（不含）之前出生），则删除该条论文记录，否则保留该记录以便进一步的分析。

第三步：抽取论文的机构信息。

对于剩余的核心论文，从 Correspondence Address 字段中抽取各篇论文的机构名称，规范化后生成数据透视表，得到候选的机构列表 O。

第四步：机构分值的计算。

通过专家咨询，对于 O 中的每个机构 x 每年的检索结果，采用如下流程进行测评：

* 数量指标：x 机构发表的所有论文的篇均被引次数，进行归一化，权重为 30%；

* 质量指标：统计 x 机构的核心论文作者，人均进入中国国家引用指数前 5% 高被引论文之列的篇数，进行归一化，权重为 35%；

* 统计 x 机构的发文作者的平均年龄，进行归一化（越大的越接近于 0），权重为 35%。

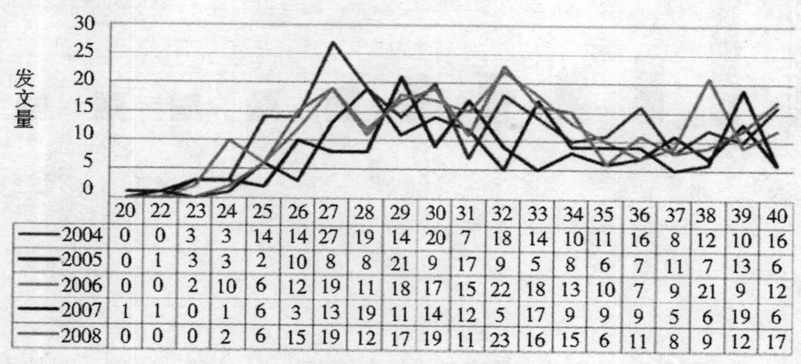

	20	22	23	24	25	26	27	28	29	30	31	32	33	34	35	36	37	38	39	40
—2004	0	0	3	3	14	14	27	19	14	20	7	18	14	10	11	16	8	12	10	16
—2005	0	1	3	3	2	10	8	8	21	9	17	9	5	8	6	7	11	7	13	6
—2006	0	0	2	10	6	12	19	11	18	17	15	22	18	13	10	7	9	21	9	12
—2007	1	1	0	1	6	3	13	19	11	14	12	5	17	9	9	9	5	6	19	6
—2008	0	0	0	2	6	15	19	12	17	19	11	23	16	15	6	11	8	9	12	17

图 1　信息科学领域 40 岁以下青年科研人员的年龄与高被引论文数分布（2004－2008 年）

2.2 分析结果：以信息科学为例

通过在 SCOPUS 数据库中检索并根据上述步骤进行年龄核实与数据清洗，2004—2008 年，我国信息科学领域上述 6 000 篇高被引论文中，可确认发文时通讯作者年龄在 40 岁以下者共 1 005 名。下述所有图表中提及的论文均为 40 岁以下通讯作者所发。

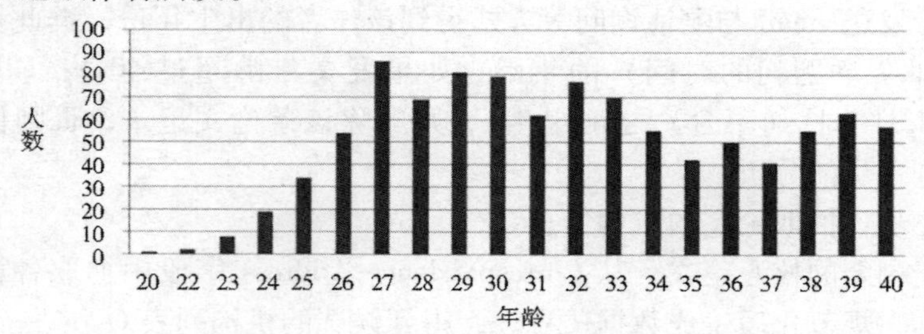

图 2　信息科学领域 40 岁以下青年科研人员的年龄分布（2004—2008 年）

通过分析图 1 和图 2 可以得出 2004—2008 年间，信息科学领域不同年龄青年科研人员发表论文的篇数分布情况。可见在信息领域，相对高产的年龄阶段集中在 27 ~ 32 岁之间。这一点与学科有着密切的关系。比较而言，纳米科学、环境科学和生命科学领域的作者年龄与发文数量呈高度的线性正相关关系。

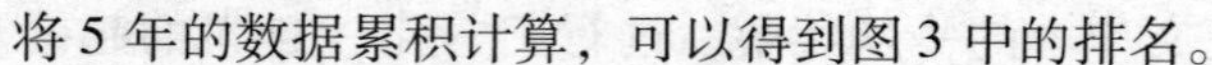
将 5 年的数据累积计算，可以得到图 3 中的排名。

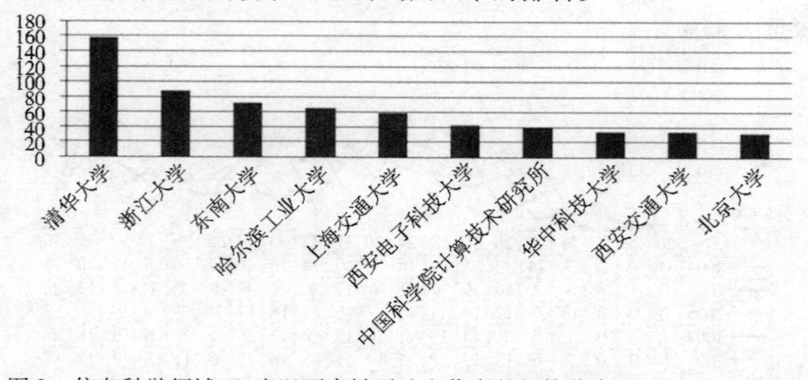

图 3　信息科学领域 40 岁以下高被引论文作者的机构分布（2004—2008 年）

为了排除学科之间的差异，课题组引入了一个相对指标“国家引用指数”：用于测算某领域内的某篇论文被引次数在该领域发文被引情况中的相对排名。在本课题中选择的评价标准是 5%，即考查某机构中 40 岁以下青年科研人才在某领域发表的论文被引次数能够进入该领域前 5% 的数量。如图 4 所示：

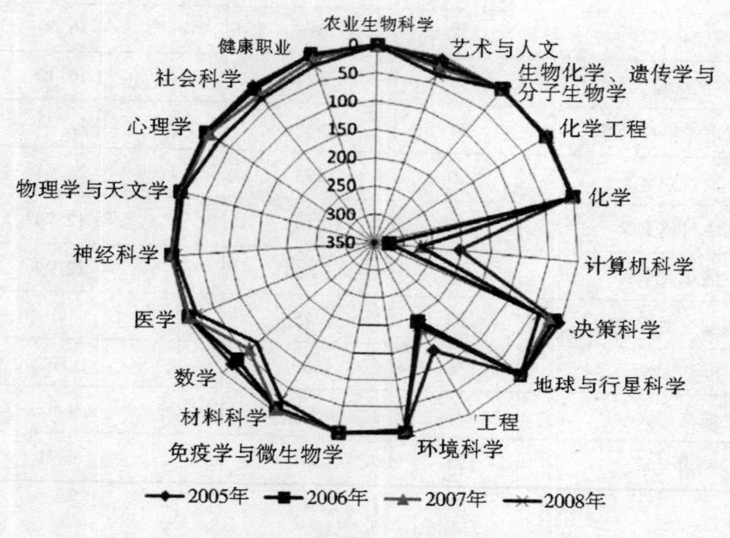

图 4 信息科学领域中国国家引用指数前 5% 论文学科分布（2005—2008 年）

从图 4 中可以看出，信息科学领域，中国国家引用指数标准随着时间增长在不断提高。特别是在计算机科学和工程领域增长较为明显，材料领域也有所增长。

在获得信息科学领域 2004—2008 年机构中 40 岁以下青年科研人员发表高被引论文的大学排名之后，课题组计算了：

- 40 岁以下通讯作者发文总量前 10 名机构的篇均被引次数（见表 1）。

另据中国科学技术信息研究所对 2008 年被引用次数高于所在学科的篇均被引次数世界平均值的表现不俗文章统计，东南大学表现不俗论文占机构论文总数比例位列第二。2008 年表现不俗论文高校前 10 名和 40 岁以下通讯作者发文总量前 10 名机构相同的高校包括东南大学、哈尔滨工业大学、复旦大学、清华大学、上海交通大学[5]。

- 40 岁以下通讯作者发文总量前 10 名机构的发文平均年龄（见表 2）。

表1 国内40岁以下通讯作者发文总量前10名机构篇均被引次数统计

机构名称	发文量	总被引次数	篇均被引次数
东南大学	57	916	16. 60
哈尔滨工业大学	38	624	16. 42
西安电子科技大学	34	585	15. 74
复旦大学	20	293	14. 65
华中科技大学	25	319	12. 76
清华大学	119	1 460	12. 27
西安交通大学	25	275	11
浙江大学	56	560	10
上海交通大学	38	377	9. 92
湖南大学	21	201	9. 71

表2 排名前10机构的通讯作者发文平均年龄统计

机构名称	发文量	年龄总和	平均年龄
西安电子科技大学	34	995	29. 26
浙江大学	56	1 693	30. 23
哈尔滨工业大学	38	1 165	30. 66
西安交通大学	25	782	31. 28
上海交通大学	38	1 194	31. 42
清华大学	119	3 785	31. 81
华中科技大学	25	835	33. 4
东南大学	57	1 917	33. 63
复旦大学	20	677	33. 85
湖南大学	21	712	35. 33

最终，通过归一化计算，获得根据本指标体系得出的排名情况，如表3所示：

表3　我国信息领域小青年科研人才培养卓越贡献机构排名（前10名）

排名	机构名称	排名	机构名称
1	哈尔滨工业大学	6	清华大学
2	西安电子科技大学	7	上海交通大学
3	西安交通大学	8	东南大学
4	浙江大学	9	华中科技大学
5	湖南大学	10	复旦大学

3　结　论

本研究尝试通过确定论文作者发文当时的年龄，对40岁以下青年科研人员的成果进行评价，虽然样本量有限、在方法上也还需要改进，但分析的结果是有意义的。

通过分析信息科学领域的结果，可以看到，评价40岁以下青年科研人员以论文形式发布的成果所得出的结论与对大学该学科科研水平的整体评价没有完全一致的对应关系，这反映出机构的科研水平并不能反映出该机构中40岁以下青年科研人员的水平。同时也表明40岁以下青年科研人员作为科研机构中最具创新活力的人群，尚未成为机构、甚至整个社会关注的核心人群。学科带头人、顶尖人才受到的关注掩盖了这些在团队中贡献智慧和力量的青年学者所应得到的肯定和支持。

我们希望通过本研究为机构人才评估工作提供一个范例。建议将40岁以下青年科研人员的评估列入机构科技评估的重要部分。也呼吁科技管理相关部门加大对这个人群的支持和关注。

参考文献：

[1]　段志光,卢祖洵,王爱珍,等．诺贝尔奖级生物医学科学家的成长规律研究[J]．中国软科学,2006（增）:29－31,36.

[2]　赵红州．关于科学家社会年龄问题的研究[J]．自然辩证法通讯,1979(4):29－44.

[3]　赵红州,梁立明,王元．重大科技成果威布尔分布的普遍性[J]．科学学与科学技术管理, 1992,13(3): 5－12.

[4]　陈其荣．诺贝尔自然科学奖获得者的创造峰值研究[J]．河池学院学报,2009(6):1－7.

[5]　中国科学技术信息研究所．2008年度中国科技论文统计结果(2009－11－27)[EB/

OL]. [2011 - 09 - 10]. http://www. istic. ac. cn/portals/0/documents/kxpj/2008 年度中国科技论文统计结果 . pdf.

作者简介

彭颢舒，女，1982 年生，助理研究员，发表论文 5 篇，译文 4 篇，参编著作 2 部，译作 1 部。

曾丽斌，男，1986 年生，硕士研究生，发表论文 5 篇。

作者合作视角下的 h 指数计量方法：比较与归纳

杜 建 张 玢

（中国医学科学院医学信息研究所　北京 100005）

摘　要　对作者合作视角下被引次数、h 指数等评价指标的计量方法进行全面系统的梳理，归纳比较“均分作者荣誉”、“考虑主要贡献作者”和“计算合作者权重”三种观点的优势与不足，以期为优选较为科学合理的作者合作视角下 h 指数的计量方法提供基础。

关键词　作者合作　作者合作度　被引次数　h 指数　科研评价

分类号　G350

1 引　言

2007 年，*Science* 杂志报道了一项对过去 50 年间1 990万篇论文和 210 万条专利中的作者合作状况的研究，指出多作者合作越来越成为现代科学技术中知识产出的主流趋势[1]。同年，Greene 在 *Nature* 上撰文指出，目前科研合作规模一直保持不断扩大，在一些学科领域（如基因组学、蛋白质组学、气候建模、粒子物理学等），多作者合作已经影响到了学者的荣誉分配体系。单作者的论文几乎已经消失，在数学之外的大多数学科领域，越来越少的学者能够掌握足够的知识和技能独立完成重要的科学研究[2]。

然而当前国际上广泛应用的学术影响力评价指标，如被引次数、h 指数、g 指数均未考虑到多作者合作的问题，均把“针对作者的引用次数”等同于“针对论文的引用次数”，而实际上各个作者在合作研究中的贡献是不同的。Hirsch 在提出 h 指数时就已经考虑到了这一点，他认为 h 指数的缺陷之一就是没有考虑到多作者合作[3]。同时，一些学术型检索系统（如 Web of Science、Scopus、Google Scholar）在统计被引次数和 h 指数时也没有考虑到作者在论文中不同的贡献度，这尤其对于多作者合作研究成果的评价“有失公允”。针对于此，学界的努力主要是基于作者合作对 h 指数进行修正。其中，国内文献仅见周春雷在2009年以《科学计量学》杂志（*Scientometrics*）的发文作者为例对h指数合作式注水的缺陷与对策进行简单探讨，且属于对社会科学学者的研究，得到的结果和结论并不适用于自然科学[4]。国外文献中不少学者均从不同角度提出了新方法或新指标。为全面反映该领域的研究现状，本文通过系统梳理，分析比较并归纳不同学者的思想和观点，以期为优选较为科学合理的作者合作视角下h指数的计量方法提供基础。

2　科研合作及其测度

科学研究中的合作关系在20世纪50年代就受到了关注，当时学术界一致认为多作者和多地址文献是计量科研合作活动的基本单元，合著文献的增多被认为是科学合作增长的一个标志[5]。史密斯（M. Smith）是探索多作者文献增长的研究者之一，他认为合著论文可作为研究小组间合作的计量指标[6]。普赖斯（S. Price）也提倡运用科学计量学方法研究科学合作的变化，并证实了史密斯关于科学研究中合作关系不断增加的结论[7]。

为衡量作者的合作规模，科学计量学界引入了期刊论文的作者合作度（co-authorship degree）的概念，即以人为单位对期刊论文的作者合作规模进行度量，一篇论文的作者个数即为该论文的作者合作度[8]。如今科研合作已经演变成为更大规模的作者合作（mega-authorship或hyper-authorship）[9-10]，平均每篇论文的作者合作度越来越高，十几个甚至上百个作者也司空见惯。例如，在高能物理领域，80~200位作者甚至更多作者的合作论文已经比较普遍[11]。在生物医学研究领域，从研究设计、实验操作、结果报告到论文撰写均由一个人承担的现象已经不存在了。医学文献中作者的数量从17世纪60年代晚期到1920年的单个作者，已迅速增长到如今的多作者（multiple authors），甚至某些情况下论文署名中数百个作者[12]。随着生物医学研究中作者的合作现象越来越显著，研究群体越来越大，多作者合作的趋势也仍在继续。因此，作者合作研究成果的贡献度评估和荣誉分配问题成为近年来科学计量学和科研评价领域讨论的热点主题。

3　学者观点的比较与归纳

目前，有关作者合作视角下的h指数的计量方法主要有均分作者荣誉、考虑主要贡献作者和计算合作者权重三种观点，其中包括浙江大学医学信息中心胡小君（X J Hu）及天津大学生命科学与工程研究院张春霆（C T Zhang）院士的研究成果。详细信息见表1。

3.1 均分作者荣誉

h 指数的定义是，某作者发表的所有文献中，有 h 篇论文的被引次数至少为 h 次[13]。作者合作视角下通过均分作者荣誉对 h 指数进行的修正主要包括：①直接对 h 指数进行平均；②对论文数或被引次数进行平均，“平均”所用的分母均为论文的作者合作度。

表 1　作者合作视角下 h 指数的主要计量方法

主要观点	指标名称	代表人物及其提出年份	计量方法	优势与不足
均分作者荣誉	h_I 指数	Batista，2006	作者的传统 h 指数值除以该作者纳入 h 指数的论文的平均作者合作度	计算方便，但未考虑作者不同的贡献度
	h_m 指数	Schreiber，2008，2010；Egghe，2008	每篇论文作者合作度的倒数乘以论文数或被引次数，对论文数或被引次数进行“分数式计量”	
	p_f 指数	Prathap G，2011	$p_f = (C_f^2/P_f)^{1/3} = (C_f \cdot C_f/P_f)^{1/3}$ $C_f = \Sigma r_i c_i$，$P_f = \Sigma r_i$，a_i 是第 i 篇论文的作者合作度，r_i 表示赋予作者的荣誉份额分数 $r_i = 1/a_i$	
考虑主要贡献作者	基于角色的 h 指数（Role-based h-index）	Hu X J、Rousseau R、Chen J，2010	h 指数有 4 种类型，即考虑某作者所有论文的广泛意义上的 h 指数；作为第一作者的 h 指数；作为通讯作者的 h 指数；仅作为参与者的 h 指数	计算方便，但在一定程度上影响了作者合作的积极性
	h_{maj} 指数		只纳入作为第一作者和通讯作者的论文	
	$\bar{h}$ 指数（h-bar-index）	Hirsh，2010	由合作者 h 指数及论文被引次数两个值决定，只考虑那些除作者本人外，所有合作者的 h 指数均小于该论文被引次数的论文	思路独特而巧妙，但计算比较复杂，需计算所有合作者的 h 指数

续表

主要观点	指标名称	代表人物及其提出年份	计量方法	优势与不足
计算合作者权重	—	Hagen，2008	在一篇合作度为 N 的论文中，第 i 个作者的荣誉为 i^{th} author credit =（1/i）/（1 +（1/2）+ … +（1/N））	只根据作者的排序进行权重赋值，但未考虑到通讯作者的贡献度
	p_h 指数	Prathap G，2011	$p_h = (C_h{}^2/P_h)^{1/3} = (C_h.C_h/P_h)^{1/3}$，其中，$C_h = \Sigma r_i c_i$，$P_h = \Sigma r_i$，$a_i$ 是第 i 篇论文的作者合作度，r_i 表示赋予作者的荣誉份额分数 $r_i = 1/a_i$。 a_i 为作者合作度，第 j 个作者的荣誉为：$r_i = (1/j) / (1 + (1/2) + \cdots + (1/a_i))$，其中 $C_h = \Sigma r_i c_i$，$P_h = \Sigma r_i$	
	—	Sekercioglu，2008	基于作者排序（rank）的第 k 个作者是第一作者贡献率的 1/k 的计量方法	
	纯 h 指数	Wan J K、Hua P H、Rousseau R，2007	某作者传统 h 指数值除以该作者纳入 h 指数的论文的“篇均等效合作度”的平方根	“篇均等效合作度”计算分几种情况，未明确具体方法
	w 指数	C T Zhang，2009	w 指数（weighted h-index，加权 h 指数）：一名作者的带权引用次数为论文的引用次数乘以作者权重系数	考虑较全面，作者建立了网站，计算较为方便

注：— 表示未明确提出新的指标，只是一种计量方法。

3.1.1 h 指数平均

Batista 等人在 2006 年提出了 h_I 指数，即作者的传统 h 指数值除以该作者纳入 h 指数的所有论文的平均作者合作度（篇均作者数）[14]。若某作者是一个庞大团体中的一员（例如高能物理领域、大规模流行病学调查领域、人口统计学领域），则通常是用该作者的传统 h 指数值除以其发表论文的作者数的中位数。

3.1.2 “分数式”计量

通过采用每篇论文作者合作度的倒数乘以论文数或被引次数的方式对论

文数或被引次数进行“分数式计量”（fractional counting），主要的代表人物及其观点如下：①h_m 指数。不直接对 h 指数进行平均，Schreiber 在 2008 年提出了一种计算方法。每篇论文的被引次数都取该论文的合作度的倒数乘以该论文的实际被引次数，即 h_m 指数[15-16]。将某学者的论文按被引频次从大到小排列，从第一篇论文开始逐次累加每篇论文的作者合作度的倒数，直至累加值大于其对应文献的被引频次为止，该累加值的上一个累加值便是该学者的 h_m 指数。通过对 8 位物理学家的分析，结果显示这种方法与传统的 h 指数的排序有很大区别[17]，说明作者合作是一个对 h 指数有影响的重要因素。与 h_m 指数类似，Egghe 在 2008 年提出被引次数和论文数都可以根据论文的作者合作度进行“分数式”计量，因此会产生两个分数式计量后的 h 指数和 g 指数[18]。②p_f 指数。h 指数不能很好地展示当高值和长尾存在时的论文数量和质量[19]。单独增加论文的数量不会对 h 指数产生影响，“高峰”（即高被引论文）不会显著改变 h 指数，零被引文献的“长尾”也不会改变 h 指数。后来 Egghe 提出的 g 指数解决了 h 指数不对高被引论文敏感的问题[20]。但上述指标均不能反映长尾处的引文。为此，Prathap 在 2009 年提出了 p 指数，其计算公式为：

$$p = (C^2/P)^{1/3} = (C \cdot C/P)^{1/3}$$

即总被引次数与篇均被引次数之积的立方根，其中 C 是指某学者发表论文的总被引次数，P 是指论文数。

2011 年，Prathap G 考虑多作者合作的问题提出了“分数式”计量的 p 指数（fractional p-indices）[21]，即 p_f 指数，其计算公式为：

$$p_f = (C_f^{\,2}/P_f)^{1/3} = (C_f \cdot C_f/P_f)^{1/3}$$

其中，$C_f = \Sigma r_i c_i$，$P_f = \Sigma r_i$，a_i 是第 i 篇论文的作者合作度，r_i 表示赋予作者的荣誉的份额（分数）$r_i = 1/a_i$。

3.2 考虑主要贡献作者

持有该观点的学者认为，在计算 h 指数时，只纳入该作者作为主要贡献作者的论文，代表人物为 Hu X J 与 Hirsh J E。Hu X J 等人提出了基于作者角色的 h 指数以及只考虑作为主要贡献作者论文的 h_{maj} 指数；Hirsh J E 则从另外一个角度提出了只考虑该作者作为主要贡献作者论文的 $\bar{h}$ 指数。

3.2.1 基于作者角色的 h 指数

目前，在生物医学领域的论文中，经常可以看到关于“前两个（或三个甚至多个）作者对于本论文有同样的贡献”，导致了“同为第一作者”的现象。当几个大的科研项目集体攻关某一科学问题时，产出的论文也可能有多个通讯作者。为此，Hu X J、Ronald R 和 Chen J 认为 h 指数应有 4 种类型，即：①考虑某作者所有论文的广泛意义上的 h 指数；②作为第一作者的 h 指数；③作为通讯作者的 h 指数；④仅作为参与者的 h 指数。

这 4 种 h 指数称为基于角色的 h 指数（role-based h-indices）。这种思想在第一作者数或通讯作者数日益增多的生物医学领域比较适用。但是在很多情况下，第一作者往往也作为通讯作者，将两者合称为主要贡献作者，提出了 h_{maj} 指数，该指数在计算时只考虑作为通讯作者和第一作者的论文[22]。

3.2.2 $\bar{h}$ 指数

Hirsh J E 在提出 h 指数时就指出其缺陷之一就是没有考虑到多作者合作，但同时指出新设计的指标又不能挫伤作者合作的积极性。为此，他在 2010 年又提出了 $\bar{h}$ 指数（h-bar-index）。其计算方法为：将某作者的论文按被引次数从大到小排列，然后将每篇论文的合作者的 h 指数与该论文的被引次数作比较，若至少有一个作者的 h 指数大于该论文的被引次数，则认为该论文的被引次数是由该作者的合作者所贡献的，删除该论文，并将后面的论文序号依次提升。依次进行，直到某篇论文的序号大于被引次数，且符合 $\bar{h}$ 的要求为止。$\bar{h}$ 指数是由合著者 h 指数及论文被引次数两个值所决定的，即 $\bar{h}$ 指数是动态的[23]。与 h_{maj} 指数类似，该指数只考虑那些除作者本人外，所有合作者的 h 指数均小于该论文被引次数的论文。

3.3 计算合作者权重

以上方法或指标都是对所有的合作者平均分配荣誉或者只考虑主要贡献作者的方法，在一定程度上影响了作者合作的积极性。为此，又有学者提出了根据作者的排序（rank）计算合作者权重的观点。其中，Sekercioglu 在 *Science* 上撰文提出基于作者排序的第 k 个作者是第一作者贡献率的 1/k 的计量方法[24]。Hagen 在 2008 年提出了一种基于作者排序和合作作者数目的荣誉分配方法，以减少将荣誉归于全部作者以及平分到每个作者带来的一种通胀式或平均式的偏倚（inflationary bias or an equalising bias）[25]。他提出，在一篇合作度为 N 的论文中，第 i 个作者的荣誉 i^{th} author credit = (1/i) / (1 + (1/2) + … + (1/N))。此外还有 p_h 指数和 w 指数。

3.3.1 p_h 指数

Prathap G 在提出“分数式”计量的 p 指数时，也提出了“调和式”计量的 p 指数（harmonic p-indices）[26]，即 p_h 指数，其计算公式为：

$$P_h = (C_h{}^2/P_h)^{1/3} = (C_h \cdot C_h/P_h)^{1/3} \tag{1}$$

其中，$C_h = \sum r_i c_i$，$P_h = \sum r_i$，a_i 是第 i 篇论文的作者合作度，r_i 表示赋予作者的荣誉的分数 $r_i = 1/a_i$。第 j 个作者的荣誉为：

$$r_i = (1/j)/(1 + (1/2) + \cdots + (1/a_i)) \tag{2}$$

其中 $C_h = \sum r_i c_i$，$P_h = \sum r_i$

3.3.2 h_p 指数

Wan J K、Hua P H 和 Rousseau R 于 2007 年提出了纯 h 指数（pure h-index，hp 指数）的概念，用以评估既定作者的纯粹的贡献[27]。其具体计算方法为：

$$h_p(A) = \frac{h}{\sqrt{E(A)}} \tag{3}$$

其中 E（A）表示 A 作者纳入 h 指数的论文的篇均等效合作度，其计算公式为：

$$E(A) = \frac{\sum_{D \in h(A)} N_E(A,D)}{h} \tag{4}$$

N_E（A，D）表示作者 A 所在的论文 D 的等效合作度（the equivalent number of co-authors of author A in document D）。A 为作者，D 为论文，N 为论文 D 的作者总数（即合作度）。

等效合作度的计算分几种情况：①“分数式”计量，该方法将所有作者的荣誉平均分配，即等效合作度等于实际的合作度；②“比例式“计量（proportional counting）：N_E（A，D）＝（N（N+1））／（2（N+1-R））；③“几何式“计量（geometric counting）：N_E（A，D）＝（2^{N-1}）／（2^{N-R}）。

该指标也可扩展到作者发表的所有论文（而不仅仅是那些被纳入 h 指数的论文），即修正的纯 h 指数[28]。

3.3.3 w 指数

Zhang C T（张春霆）院士提出了一种计算合作者权重系数的方法以及一个新的指数——w 指数（weighted h-index，加权 h 指数）。一名作者的带权引用次数为论文的引用次数乘以作者权重系数。他提出两项原则来计算作者权重系数：①荣誉三分原则：将一篇论文所获得的荣誉等分为三份，作为项目负责人的通讯作者和主要完成人的第一作者的权重系数均为 1，其他作者的权重系数的总和为 1；②线性原则：除通讯作者和第一作者外，其余作者所分得的荣誉按其作者排列顺序以等差级数递减。对一篇论文，第一作者和通讯作者的权重引用次数与论文引用次数相同。其他作者的权重引用次数随排名位置递减[29-30]。为了给权重系数的计算提供方便，笔者建立了一个网站，免费提供权重系数和权重引用次数的在线计算，详见：http://www.wcitation.org/。

4 结 语

本研究将作者合作关系作为科研人员学术影响力评价中应考虑的重要因素，针对目前未考虑多作者合作而出现的作者“引用次数泡沫”的现象，在理论方面对现有的不同学者对作者合作视角下的被引次数、h 指数、g 指数等指标开展的修正研究的主要思想和具体的计量方法进行了归纳与比较分析：“均分作者荣誉”、“考虑主要贡献作者”和“计算合作者权重”方法各有优势与不足。具体处理方法的应用可能还要结合不同的合作度与合作模式。本研究的下一步将对医学领域不同学科 SCI 论文作者合作度的分布规律以及不同的合作模式对论文被引次数的影响进行分析，以期揭示这三种方法在评价国内学者的国际影响力时的具体适用条件，并通过实证研究选择更为科学合理的评估合作者贡献度的计量方法，以对科研人员的学术表现进行更加客观、公正的评价。

致谢：感谢武夷山研究员、许培扬研究员、唐小利副研究馆员对本文的悉心指导及提出的宝贵修改意见，感谢硕士研究生李阳对本文部分指标或方法进行的细致的梳理。

参考文献：

[1] Wuchty S, Jones B F, Uzzi B. The increasing dominance of teams in production of knowledge. Science,2007, 316(5827): 1036 - 1039.

[2] Greene M. The demise of the lone author. Nature,2007,450(7173): 1165.

[3] Hirsch J E. An index to quantify an individual's scientific research output that takes into account the effect of multiple coauthorship. Scientometrics,2010,85(3):741 - 754.

[4] 周春雷. h 指数合作式注水缺陷与对策. 图书情报知识,2009(5):109 - 112.

[5] 谢彩霞. 国际科学合作研究状况综述. 科研管理,2008,29(3):179 - 186.

[6] Smith M. The trend toward multiple authorship in psychology. The American Psychologist, 1958,13(10):596 - 599.

[7] Price D J. Little science, big science. New York:Columbia University Press,1963.

[8] 蒋颖,金碧辉,刘筱敏. 期刊论文的作者合作度与合作作者的自引分析. 图书情报工作,2000, 43(12):23 - 28.

[9] Cronin B. Hyperauthorship: A postmodern perversion or evidence of a structural shift in

scholarly communication practices. Journal of the American Society for Information Science and Technology,2001, 52(4):558 – 569.

[10] Kretschmer H, Rousseau R. Author inflation leads to a breakdown of Lotka's law. Journal of the American Society for Information Science and Technology,2001,52(5):610 – 614.

[11] Birnholtz J P, What does it mean to be an author? The intersection of credit, contribution, and collaboration in science. Journal of the American Society for Information Science and Technology, 2006,57(13):1758 – 1770.

[12] Claxton L D. Scientific authorship. Part 2. History, recurring issues, practices, and guidelines Mutat Res. 2005 ,589(1):31 – 45.

[13] Hirsch J E. An index to quantify an individual's scientific research output. Proceedings of the National Academy of Sciences,2005, 102(46): 16569 – 16572.

[14] Batista P D, Campiteli M G, Kinouchi O,et al. Is it possible to compare researchers with different scientific interests? . Scientometrics,2006,68(1):179 – 189.

[15] Schreiber M. A modification of the h-index: The hm-index accounts for multi-authored manuscripts. Journal of Informetrics,2008,2(3):211 – 216.

[16] Schreiber M. To share the fame in a fair way, hm modifies h for multi-authored manuscripts. New Journal of Physics,2008,10(4):211 – 216.

[17] Schreiber M. A case study of the modified hirsch index hm accounting for multiple coauthors. Journal of the American Society for Information Science and Technology, 2009,60(6):1274 – 1282.

[18] Egghe L. Mathematical theory of the h-index and g-index in case of fractional counting of authorship. Journal of the American Society for Information Science and Technology, 2008, 59(12):1608 – 1616.

[19] Prathap G. Is there a place for a mock h-index. Scientometrics,2009,84(1): 153 – 165

[20] Egghe L. Theory and practise of the g-index. Scientometrics,2006,69(1):131 – 152.

[21] Prathap G. The fractional and harmonic p-indices for multiple authorship. Scientometrics, 2011,86(2):239 – 244

[22] Hu X J, Rousseau R, Chen J. In those fields where multiple authorship is the rule,the h-index should be supplemented by role-based h-indices. Journal of Information Science, 2010,36(1):73 – 85.

[23] Hirsch J E. An index to quantify an individual's scientific research output that takes into account the effect of multiple coauthorship. Scientometrics,2010,85(3):741 – 754.

[24] Sekercioglu C H. Quantifying coauthor contributions. Science,2008,322(5900):371.

[25] Hagen N T. Harmonic allocation of authorshi Pcredit: source-level correction of bibliometric bias assures accurate publication and citation analysis. PLoS ONE, 2008, 3(12):e4021.

[26] Prathap G. The fractional and harmonic p-indices for multiple authorship. Scientometrics,

2011,86(2):239－244

[27] Wan J K, Hua P H, Rousseau R. The pure h-index: Calculating an author's h-index by taking co-authors into account. Collnet Journal of Scientometrics and Information Management, 2007,1(2):1－5.

[28] Chai J C, Hua P H, Rousseau R, et al. The adapted pure h-index//Kretschmer H, Havemann F. Proceedings of WIS 2008. Berlin. Fourth International Conference on Webometrics, Informetrics and Scientometrics and Ninth COLLNET Meeting,2011.

[29] Zhang C T. A proposal for calculating weighted citations based on author rank. EMBO Reports, 2009,10(5):416－417.

[30] 张春霆. 如何评价一名科研人员的学术表现？——关于论文引用次数泡沫问题及解决方案. 科技导报,2009,27(10):1.

作者简介

杜　建，男，1986 年生，助理馆员，发表论文数篇。

张　玢，女，1975 年生，副研究馆员，发表论文 30 余篇。

国内链接分析研究的计量分析

魏瑞斌

（安徽财经大学管理科学与工程学院　蚌埠 233030）

摘　要　链接分析是近些年来信息计量学研究的一个热点问题。以国内2000—2010年链接分析的部分研究成果为对象，运用词频统计、共词网络等方法对其进行计量分析。研究发现，国内链接分析研究目前主要集中在图书情报学和计算机科学领域。这两个领域的研究既有一些交叉的内容，也各自有一些学科特色鲜明的研究子主题。

关键词　链接分析　计量分析　共词网络　合作网络

分类号　G353.1

1　引　言

链接分析源于对Web结构中超链接的多维分析。1996年，Larson在《万维网的文献计量：网络空间结构初探》一文中明确将信息技术从文献计量学移植到网络中。1997年，Almind和Ingwersen提出了“网络计量学（webometrics）”一词，旨在定量分析网络现象。此后，链接分析便成了网络计量学的主要研究内容之一[1]。

目前，国内一些学者对国外链接分析研究成果进行了文献计量分析。李江和殷之明[2]在国内外相关文献调研的基础上，将国外链接分析研究归纳为四大视角；郑曦和邓中华[3]、邱均平和娇翠翠[4]都以Web of Science为数据源，对国外链接分析的文献进行了计量研究；董珏和李江[5]、邓中华等[6]分别对国内外链接分类和链接指标文献进行了综述。这些文献侧重于对国外链接分析研究的现状、存在的问题及其发展趋势的研究。本文主要通过国内链接分析成果的计量分析，梳理国内链接分析研究的现状和特点，同时对国内外链接分析的某些方面进行比较。

2 数据来源与研究方法

2.1 数据来源

本文以中国学术期刊全文数据库来源期刊为数据源，检索条件是题名或关键词当中包括“链接分析”，时间范围是2000—2010年。初次检索到346篇文献，经题名、关键词和摘要信息分析后，最终确认270篇为本文的研究对象。

这些文献分布在四大类型学术期刊中，其中图书情报学和计算机科学刊物的发文量占总体的78%（见图1）。结合表1的数据可以发现，这与邱均平等的研究相比，相同之处是研究成果的学科主要集中在图书情报学和计算机的两个学科；不同之处是国外研究成果在计算机科学期刊上发文较多，信息科学与图书馆相对较少，而国内的情况则正好相反。

从图2可看出，图书情报学刊物的发文量在2005年和2008年出现了两个高峰，发文数量仍处于上升趋势；而计算机科学刊物的发文量在2007年达到高峰，2008年之后呈现出下降趋势。从图3来看，国内链接文献期刊论文的数量自2001以来一直处于上升的趋势，而国外自2007年开始出现快速下滑趋势（国外数据采集自邱均平等的研究[4]）。

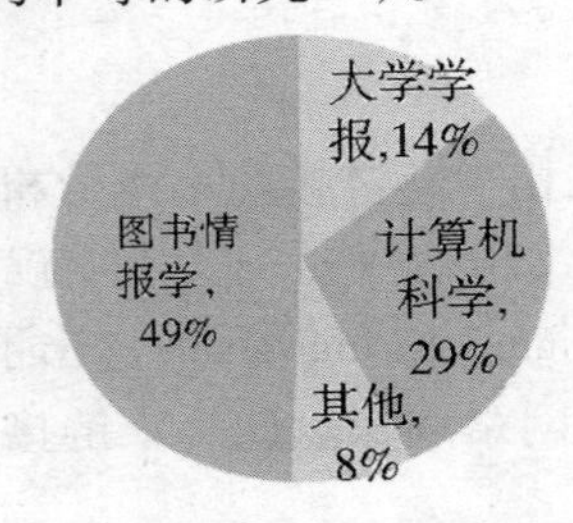

图1 链接分析发文刊物类型比例

表1 国内链接分析领域发文较多的期刊

序号	刊名	发文量	序号	刊名	发文量
1	图书情报工作	21	10	计算机应用	5
2	情报学报	15	11	计算机应用研究	5
3	情报科学	13	12	情报资料工作	5
4	情报杂志	12	13	图书情报知识	5
5	计算机工程与应用	11	14	现代情报	5

续表

序号	刊名	发文量	序号	刊名	发文量
6	计算机工程与设计	8	15	计算机科学	4
7	情报探索	8	16	情报理论与实践	4
8	现代图书情报技术	8	17	软件学报	4
9	中国图书馆学报	6	18	小型微型计算机系统	4

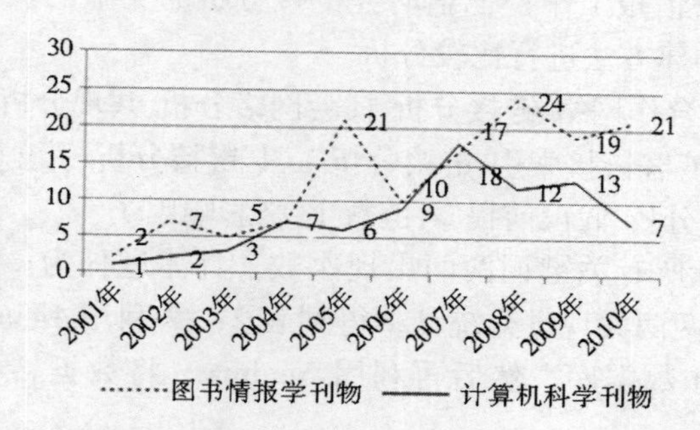

图 2　图书情报学和计算机科学刊物发文量

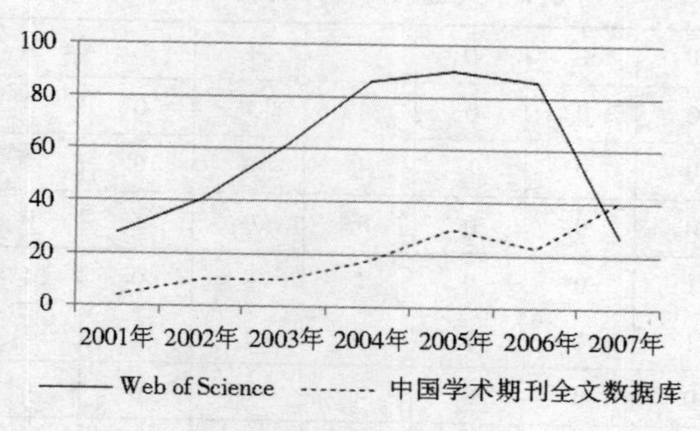

图 3　国内外链接分析发文数量对比

2.2　研究方法

王晓光[7]提出，由文章关键词及其共现关系形成的网络可以称为“共词网络”，它是以“知识单元”——文章关键词为基础构建的一类特殊的知识网络。共词网络作为一种研究方法，不仅可以从微观层面揭示科学知识体系内的实体关系特征，还以其演化过程反映了科学概念和科学命题的增长规律。本文通过对国内链接分析文献的关键词共词网络分析来揭示其主题结构。为了进行对比研究，本文分别选取在图书情报学期刊和计算机科学期刊上发文的关键词构建两个共词网络。

共词网络通常是两两统计关键词在同一篇文献中出现的次数，它们形成一个共词矩阵，然后可以利用 SPSS、Ucinet 等软件处理成不同的图形。这种方法一般只处理高频关键词，而且数据统计要自行编制统计软件，如马费成等的研究[8]。本文采用相关文献的所有关键词来构建一个共词网络图，数据处理的方法与国内目前普遍采用的共词分析方法相比，有一定差异。

下面以《图书情报工作》三篇研究链接分析的文献的关键词为例，对两种共词网络图的构建方法进行比较分析。

文献 1：科研合作网络 链接分析 社会网络分析 共现分析

文献 2：BSI 博客链接索引 链接分析工具 链接分析 引文分析

文献 3：链接分析 假设前提 入链数 网络影响因子

方法一：统计所有关键词两两出现次数。具体过程为：①对三篇文献出现的 10 个关键词两两共现进行统计，得到表 2；②利用 Ucinet 的编辑功能将数据保存为 Ucinet 数据库，然后再利用 Netdraw，将数据转换为共现网络图（见图 4）。

表 2　关键词两两共现统计结果

	A	B	C	D	E	F	G	H	I	J
A	0	0	0	0	1	1	0	0	0	1
B	0	0	0	1	1	0	0	1	0	0
C	0	0	0	0	1	0	1	0	1	0
D	0	1	0	0	1	0	0	1	0	0
E	1	1	1	1	0	1	1	1	1	1
F	1	0	0	0	1	0	0	0	0	1
G	0	0	1	0	1	0	0	0	1	0
H	0	1	0	1	1	0	0	0	0	0
I	0	0	1	0	1	0	1	0	0	0
J	1	0	0	0	1	1	0	0	0	0

方法二：统计部分关键词的共现次数。具体过程为：①利用记事本，将三篇文献的关键词数据编辑为 DL 语言格式（见图 5）。第一行中的 n = 10 表示三篇文献共有 10 个关键词；format = nodelist1 这行语句指定一种形式，即数据中每

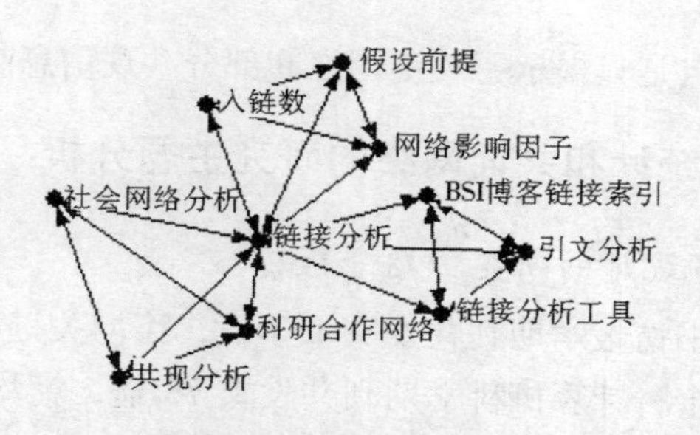

图4　共词网络（a）

行的第一个关键词确定了一个行动者（称之为自我点），其关系指向对应文献的其他关键词[9]。②利用 Ucinet 的 import test file-DL 直接将记事本数据转换为它可以处理的文件格式。其实际处理数据是图6。Ucinet 读入 DL 文档，自动生成关键词共现矩阵。③利用 Ucinet 的绘图功能得到共词网络图（见图7）。

d1 n=10,format=nodelist1
labels embedded
data:
科研合作网络 链接分析 社会网络分析 共现分析
BSI博客链接索引 链接分析工具 链接分析 引文分析
链接分析 假设前提 入链数 网络影响因子

图5　关键词DL格式

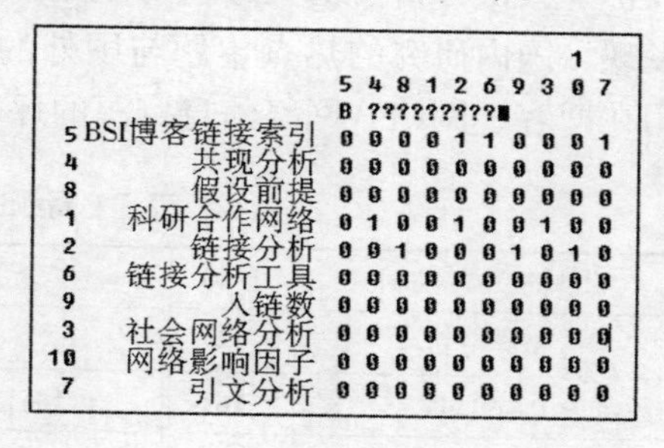

		5	4	8	1	2	6	9	3	10	7
		B	?	?	?	?	?	?	?	?	?
5	BSI博客链接索引	0	0	0	0	1	1	0	0	0	1
4	共现分析	0	0	0	0	0	0	0	0	0	0
8	假设前提	0	0	0	0	0	0	0	0	0	0
1	科研合作网络	0	1	0	0	1	0	0	1	0	0
2	链接分析	0	0	1	0	0	0	1	0	1	0
6	链接分析工具	0	0	0	0	0	0	0	0	0	0
9	入链数	0	0	0	0	0	0	0	0	0	0
3	社会网络分析	0	0	0	0	0	0	0	0	0	0
10	网络影响因子	0	0	0	0	0	0	0	0	0	0
7	引文分析	0	0	0	0	0	0	0	0	0	0

图6　关键词共现矩阵

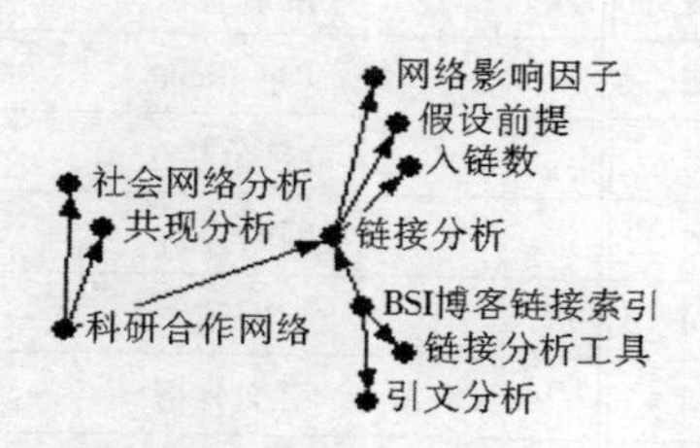

图7　共词网络（b）

对比图4和图7可以发现，在两种方法得到的关键词共词网络中，节点都代表了文献中出现的所有关键词。第一种方法可以全面显示关键词共现的信息，而第二种方法只显示每篇文献中第一个关键词与其他关键词共现和多篇文献中共同出现的关键词的信息。从网络图构建的过程看，第二种方法操作简单；当网络中节点较多时，其可视化效果较好；低频词的信息也很容易在图中显示。其缺点是只揭示了关键词之间部分共现信息。

3 基于词频统计和共词网络的研究主题分析

3.1 基于词频统计的研究主题分析

本文研究的图书情报学期刊共发文133篇，篇均关键词为4.03个，去重后共有关键词249个；计算机科学期刊共发文78篇，篇均关键词为4.33个，去重后的关键词共188个。从表3看，除链接分析、PageRank、搜索引擎三个关键词外，两类期刊的高频词没有重合，这反映出两类期刊论文的研究内容有很大的差异性。计算机科学期刊发文的重点是链接分析的相关算法、页面或网页排序、信息检索（Web信息检索）、主题提取、主题漂移和Web结构挖掘等主题。图书情报学刊物发文重点是网络计量学、网络影响因子、网站评价、共链分析、引文分析等主题。对照郑曦等[3]、邱均平等[4]的研究可以发现，国内研究的热点主题与国外的基本一致。相对而言，国内链接分析应用在博客、网站、网络信息资源的评价等领域成果丰富。

表3 高频关键词词频统计

关键词（CS期刊）	词频	关键词（LIS期刊）	词频
链接分析	57	链接分析	84
PageRank	16	网络计量学（网络信息计量学）	23+16
搜索引擎	16	网络影响因子	21
HITS	9	搜索引擎	12
Web信息检索	5	PageRank	11
网页排序	5	链接分析法	11
主题提取	5	网站评价	10
Web结构挖掘	4	网站	8
Web搜索	4	引文分析	7
排序	4	共链分析	6
信息检索	4	网络信息资源	6
主题爬虫	4	博客	5
主题漂移	4	链接	5
算法	3	社会网络分析	5
页面排序	3	网络链接分析	5

注：CS（计算机科学）期刊的高频词占总体的42%；LIS（图书情报学）期刊的高频词占总体的44%。

3.2 基于共词网络的研究主题分析

3.2.1 图书情报学领域

为了从更细的颗粒度来分析国内链接分析的研究内容，下面分别对网络评价等子主题进行研究。运用链接分析方法对网站或网络资源进行评价是图书情报学领域重要的研究内容。这方面论文共有45篇，占总体的34%。图8是笔者利用Ucinet绘制的共词网络。

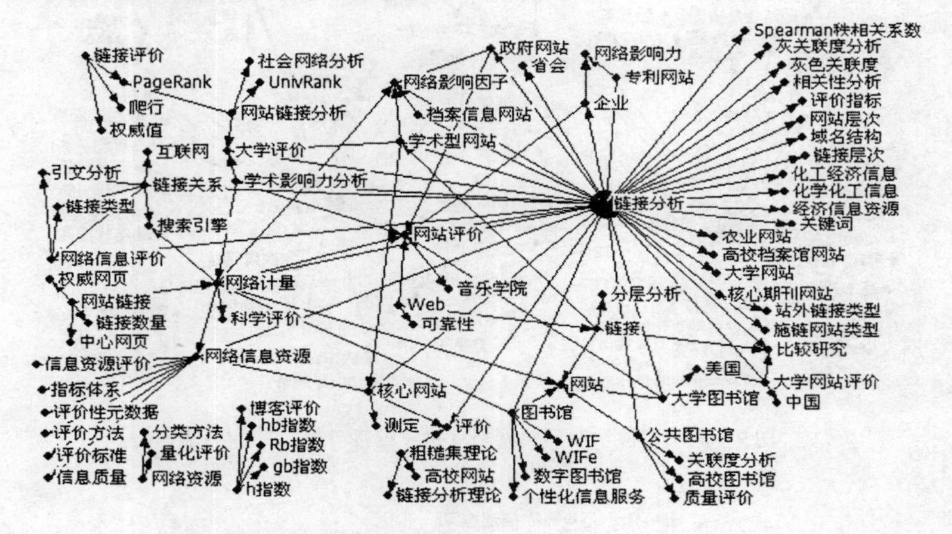

图8　图书情报学期刊“网站+评价+链接分析”共词网络

从图中可以发现，这些关键词形成两个大的部分。一部分主要是利用链接分析方法对网络信息、信息资源、博客等对象进行评价。另一部分则是对大学网站、核心网站、图书馆网站、专利网络等进行评价。从图中还可以发现，这些研究成果除利用链接分析之外，还同时采用了灰色关联分析、引文分析、社会网络分析、比较研究、分类等研究方法。结合关键词出现的时间可以发现，图书情报学领域利用链接分析研究的网站类型越来越多，而且研究过程中比较注重多种研究方法的共同使用。

链接分析方法是网络计量学的一个重要研究领域。关键词中包含“计量”的链接分析论文共有49篇，占总体的37%。从图9看，整体关键词网络形成了三个部分。左、右两个部分的关键词分别以“网络计量”和“链接分析”为中心成射线状分布。左部分的研究内容主要是“共链分析”、“网络链接”、“链接的类型与特征”、“网络信息资源”，研究过程中同时采用内容分析等研究方法。右部分则是知识地图、文献计量、Web 结构挖掘等与网络计量相对独立的一些研究内容。中间部分的关键词则与左、右两个中心都有联系，在网络中作为连通两者的“桥梁”，涉及网站评价、网络影响因子等与左、右两部分中心词关联性较强的研究内容。这也反映出国内图书情报学学者的研究内容相对集中。

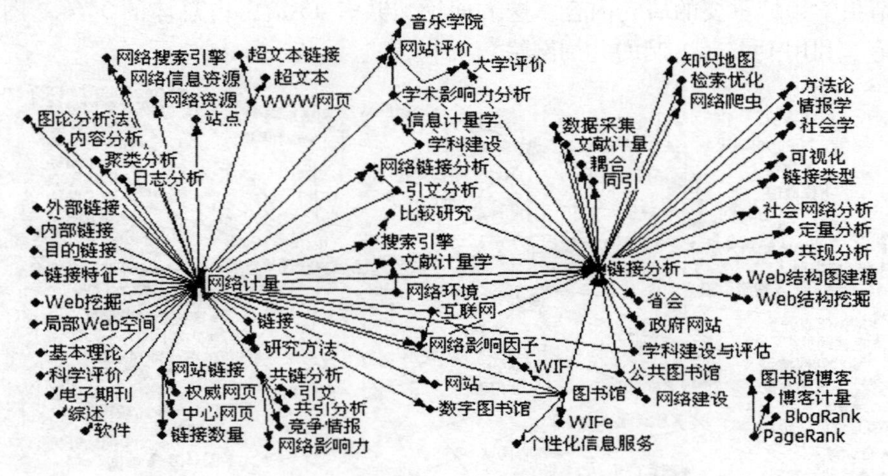

图 9　图书情报学期刊“网络计量 + 链接分析”共词网络

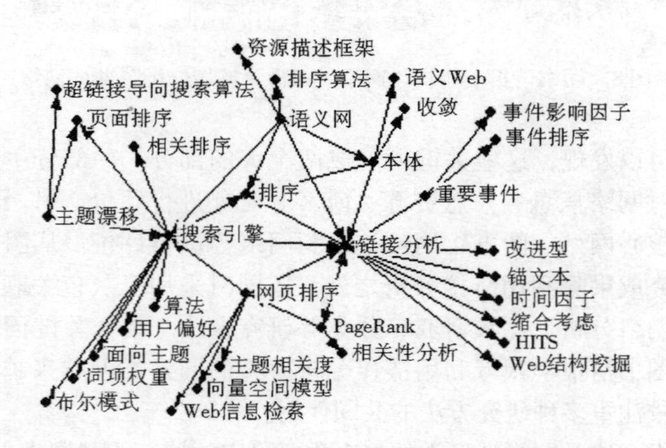

图 10　计算机科学期刊“主题 + 链接分析”共词网络

3.2.2　计算机科学领域

笔者经词频统计发现，计算机科学期刊发文关键词中包含“主题”的论文有 23 篇，约占总体的 30%。图 10 是这些论文关键词形成的共词网络。从中可以发现，主题爬虫、主题抽取、主题发现、主题相似度计算、主题漂移这些主题不仅与链接分析有很高的相关度，同时与 Web 挖掘、搜索引擎、Web 信息检索等有较强的关联性。

另一个研究较多的主题是“排序”，共有 15 篇文献，占总体的 15%。从图 11 看，既有排序算法的研究，也有网页和页面排序，同时涉及“搜索引擎”、“PageRank”、“语义网”等相关主题。与图 4、图 5 相比，图 6 除“链接分析”外，没有其他强势的中心节点。这反映出计算机科学期刊上这类发文在内容上相对独立。

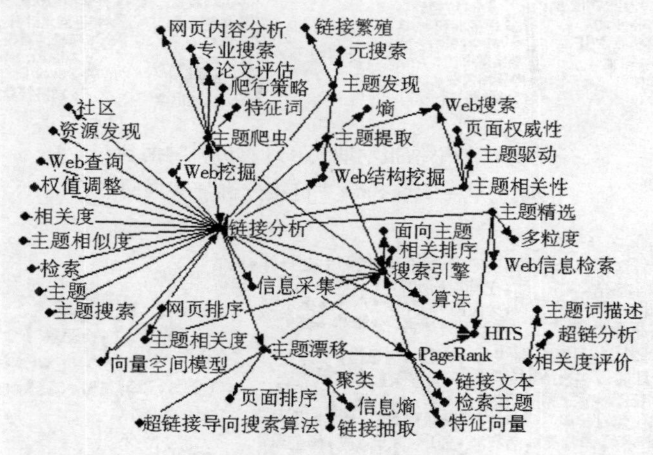

图 11　计算机科学期刊“排序 + 链接分析”共词网络

“链接分析”、“搜索引擎” 和 “PageRank” 虽然都是图书情报学和计算机科学期刊上发文中出现较多的关键词，但从图 12 看，两类期刊所发文章的具体研究内容却不尽相同。围绕这三个关键词，图书情报学期刊的研究内容集中于“博客计量”、“网络信息资源评价”、“网络计量”、“链接类型、结构和分析工具”、“信息检索” 和 “大学评价” 等主题，既包括链接分析的基本理论研究，也涉及到链接分析的应用研究。而计算机科学期刊则围绕 “主题”、“排序”、“Web 挖掘”、“算法和模型” 等主题展开研究。

4　研究队伍的结构及分析

为了对国内链接分析领域的研究队伍状况进行分析，本文利用 Ucinet 分别绘制了两类期刊发文作者的合著网络图（见图 13 和图 14）。

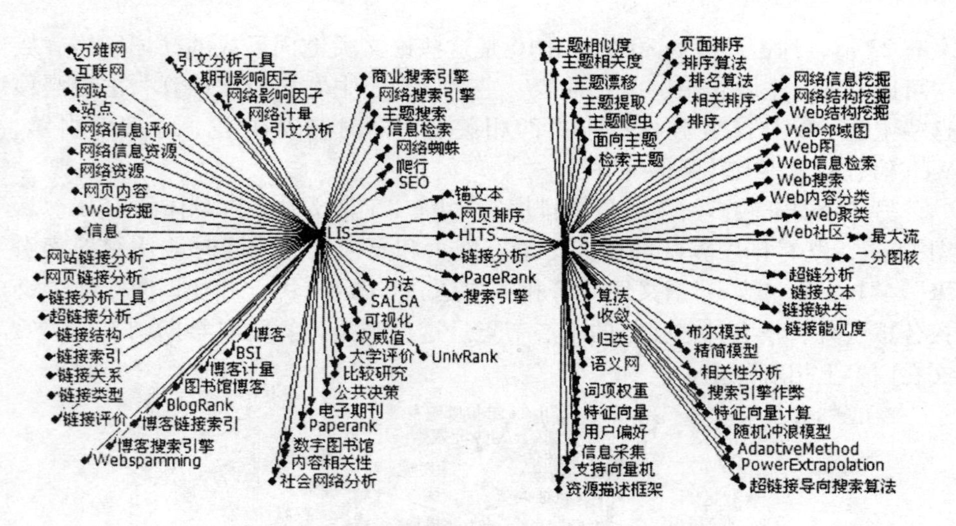

图 12　图书情报学期刊和计算机科学期刊
“搜索引擎 + PageRank + 链接分析”共词网络

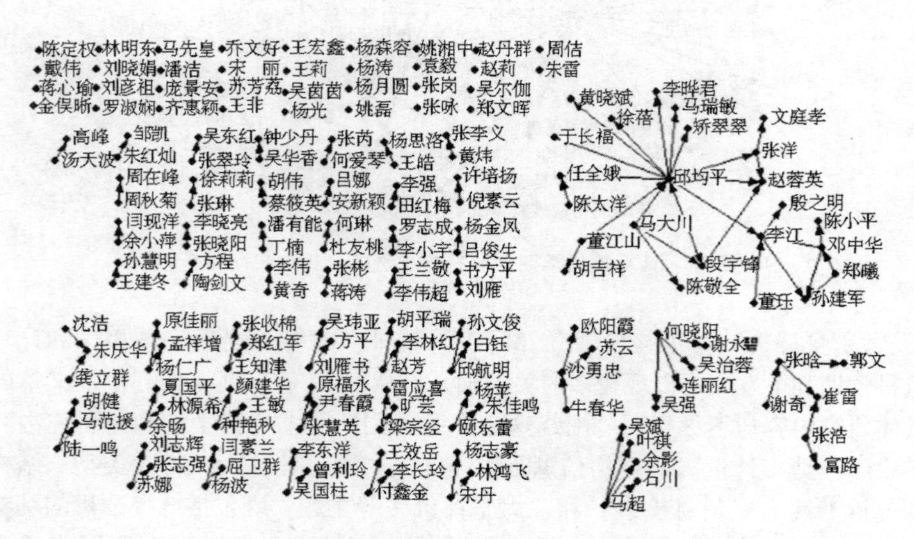

图 13　图书情报学期刊研究队伍合作网络

4.1　从合著率看

在图书情报学领域，有 34 篇文献是单一作者的论文，合著率是 74%；而计算机科学期刊上单作者论文只有 5 篇，合著率是 94%。这表明从论文合作角度看，计算机科学期刊上发文的合作程度较高。对照郑曦等[3]的统计数据

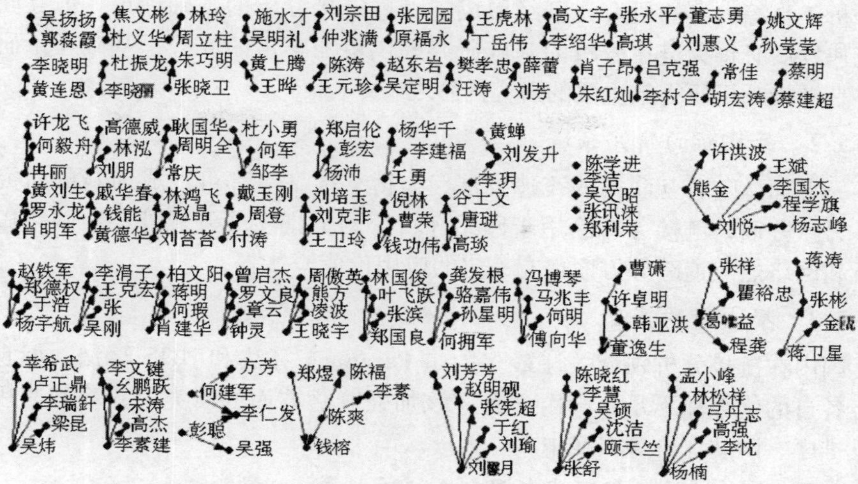

图 14　计算机科学期刊研究队伍合作网络

可以看出，国外链接分析的研究在 2002—2007 年之间的合作率一直在 75% 以上。这表明链接分析领域的科研人员之间合作非常普遍，同时也从一个侧面表明链接分析是一个学科交叉的领域，研究需要综合多方面的相关知识。

4.2　从合作的规模看

两类期刊上发文的合作规模都是以 2 人或 3 人合作为主，4 人以上的较少。从网络角度分析，图书情报学期刊上的发文，以武汉大学邱均平教授为中心，形成了一个非常明显的规模较大的合作团队，且多是师生之间、同一导师的学生之间的合作；而计算机科学期刊上的发文作者没有出现较大规模的合作网络，研究者之间的合作程度较低，这种情况与作者研究主题相对独立有关，图 10、图 11 就是较好的例证。

5　结　论

从前面的分析可以看出，目前国内链接分析的研究主要分布在图书情报学和计算机科学两个领域，而且基本形成了各自独特的研究内容和学科优势。但与国外学者相比，无论是链接分析的基本理论，还是研究方法和研究工具等方面，均存在较大的差距。笔者认为，国内链接分析今后应该加强以下 5 个方面的研究：

5.1　加强基础理论的研究

国内外学者通过对 Web 结构、链接规律、链接分类、链接分析算法、链接分析工具等内容的研究，已经形成了一些链接分析的基础理论。但互联网的飞速发展必将为链接分析的基础研究提供更加丰富的养分，基础理论研究也将是链接分析研究最重要的研究内容之一。

5.2 开拓新的研究领域

一方面，随着互联网的飞速发展，微博、维基等都可以成为新的研究对象；另一方面，链接分析除用于网站评价、网页排序等领域外，在网络舆情分析和网络热点追踪等方面也有一定的应用价值。

5.3 提出新的算法

国内在链接分析领域关注最多的是 PageRank 算法和 HITS 算法。但它们都有各自的优势和不足。国内学者应该加强算法方面的研究，并将其应用在网页排序、网站评价等实践中。

5.4 开发链接分析研究工具

目前，国内在链接分析研究过程中，通常使用 SocSciBot、Cyclist 等工具或利用 Google、AltaVista 等搜索引擎来收集研究数据，然后再利用 Pajek、SPSS 等软件进行可视化处理。国内学者可以开发一些将数据收集、处理、分析一体化的集成软件，以提高链接分析研究的效率。

5.5 注重学科交叉与整合

链接分析是一个学科交叉的研究领域，但无论从研究主题，还是从科研队伍的合作情况看，国内图书情报学和计算机科学两个学科之间的合作程度还较低。今后应该加强合作，优势互补，提高我国链接分析研究的整体水平。

参考文献:

[1] 塞沃尔. 链接分析:信息科学的研究方法[M]. 孙建军,李江,张煦,等译. 南京:东南大学出版社,2008:3-4.

[2] 李江,殷之明. 链接分析研究综述[J]. 大学图书馆学报,2008(2):51-58.

[3] 郑曦,邓中华. 1998-2007 年链接分析研究论文的计量分析[J]. 中国科技资源导刊,2008,40(3):32-37.

[4] 邱均平,娇翠翠. 网络链接分析论文的计量研究[J]. 情报科学,2008,26(8):1130-1134.

[5] 董珏,李江. 国内外链接分类研究综述[J]. 中国科技资源导刊,2008,40(3):26-31.

[6] 邓中华,孙建军,李江. 国外链接指标研究综述[J]. 情报科学,2008,26(7):1116-1120.

[7] 王晓光. 科学知识网络的形成与深化(I):共词网络方法的提出[J]. 情报学报,2009,

28(4):599 - 605.
[8] 马费成,望俊成,陈金霞,等. 我国数字信息资源研究的热点领域:共词分析透视[J]. 情报理论与实践,2007,30(4):438 - 443.
[9] 刘军. 整体网分析讲义:UCINET 软件实用指南[M]. 上海:格致出版社,2009:67.

作者简介

魏瑞斌，男，1973 年生，副教授，硕士生导师，发表论文 20 余篇，出版专著 1 部。

制造业企业信息化水平测度研究的文献计量分析*

高　巍[1]　毕克新[1,2]

(1. 哈尔滨理工大学管理学院　哈尔滨 150080；2. 哈尔滨工程大学经济管理学院　哈尔滨 150001)

摘　要　运用文献计量法，在比较分析50篇文献的基础上，根据具体指标入选相应文献的频次，提出制造业企业信息化水平测度指标体系；考虑到单纯运用主观或客观赋权法都难以做到准确和全面，提出基于组合赋权的信息化水平指数模型；以东北地区10家制造业企业的相关统计数据为依据，应用测度体系，对制造业企业信息化水平进行测度，以验证测度体系的可行性和有效性。

关键词　制造业企业　信息化水平　测度　文献计量

分类号　F273. 1

1　引　言

信息化水平测度的研究，最早可追溯到1965年马克卢普[1]对美国信息经济进行的测度。随后又有了波拉特[2]的信息经济测度理论。制造业企业信息化是国民经济信息化建设的重要组成部分，它将对企业的生产、经营、管理产生深刻影响，给社会、经济、政治活动带来重大变化。因而，全面、公正、客观地测度制造业企业信息化水平也就成为企业界与学术界讨论的热门话题，尤其是定性基础上的定量测度是管理界亟待解决的问题。

2　基于文献计量的制造业企业信息化水平测度方法

科学计量学是运用数学方法对科学的各个方面和整体进行定量化研究，

* 本文系国家自然科学基金资助项目“信息化条件下制造业企业工艺创新组织、模式与机制研究”（项目编号：70872024）研究成果之一。

以揭示其发展规律的一门新兴学科[3]。文献计量分析是科学计量学的重要组成部分，具有预测功能、判断功能、发现功能等[4]，是近年来广泛采用的一种分析工具[5-7]。考虑到企业信息化水平测度研究的成果主要是期刊、著作、研究报告等，而期刊全文或者题录数据库建设国内已经比较完善和规范，因此，本文拟基于科学计量学的视角，采用文献计量法对文献进行挖掘和分析，来研究制造业企业信息化水平测度问题。

所谓文献计量法，就是比较和聚类相关领域已经发表的文献，通过再创造的过程，在见解不同的各个文献中找出比较一致的意见，以作为确立最终指标体系的依据。为了比较客观、科学地建立起有效的制造业企业信息化水平测度指标体系，本文主要依据以下原则对制造业企业信息化水平测度方面的文献进行筛选：

• 对于著作类的文献，仅选择最新的版本作为独立的一篇文献进入分析系统，旧的版本将不再进入本分析系统。

• 对于同一作者的文献，一般最多只选择指标体系设计有所不同的两篇文献（不考虑作者排名的先后顺序）。

• 对于明显含有一些概念无法判断的指标的文献、企业信息化水平方面指标太少的文献或者不是根据基层实际操作情况设计指标的文献，均未予以考虑，不作为分析基础。

依据上述原则，在500余篇相关文献中筛选出50篇文献作为文献计量分析的基础，具体文献信息见表1。通过文献聚合分析后本文最终确立的指标数目为21个，而计算可得所有文献平均指标数目为21.84个，两者基本相同。

表1　制造业企业信息化水平测度指标体系建立所选相关文献的基本信息

序号	文献题名	作者	文献出版信息（出版社、期刊、网站、学位论文）	发表年份	指标数目
1	企业信息化的基础理论与评价方法	梁滨	科学出版社	2000	20
2	企业信息管理学	司有和	科学出版社	2007	27
3	基于熵权理论的企业信息化测评模型研究	陈力	科技管理研究	2010	21

续表

序号	文献题名	作者	文献出版信息（出版社、期刊、网站、学位论文）	发表年份	指标数目
4	企业信息化评价指标体系研究与应用概述	王浩	中国管理信息化	2010	23
5	基于模糊决策的离散制造业信息化评价及应用	汪旭，等	价值工程	2010	17
6	利用平衡记分卡的企业信息化水平评价研究	毛加强，等	现代制造工程	2009	17
7	以DEA和SOM方法为支撑的企业信息化评价研究	鲁昌荣，等	科学学与科学技术管理	2009	40
8	企业信息化水平测评方法研究	颜志军，等	北京理工大学学报	2009	16
9	中国制造业信息化评价指标体系研究	常建娥	科技进步与对策	2008	10
10	基于供应链管理的制造业信息化评价模型研究	齐二石，等	北京理工大学学报（社会科学版）	2008	38
11	企业信息化水平评价模型及实证研究	倪明	情报学报	2008	14
12	中小型制造企业信息化水平测评方法研究	邹建军，等	长沙理工大学学报（社会科学版）	2008	31
13	制造业信息化的多层次熵值综合评价方法	王瑛，等	中国制造业信息化	2007	21
14	制造企业信息化评价指标体系的构建与测度	吴宪忠，等	工业技术经济	2007	26
15	企业信息化水平的模糊综合评价模型及其应用	倪宏宁，等	价值工程	2007	19
16	未确知理论在企业信息化水平评价中的应用	刘俊娥，等	中国管理信息化	2007	17
17	企业信息化水平的一种集成评价方法	庞庆华	统计与决策	2007	24
18	基于主成分分析法的企业信息化评价研究	洪江涛，等	情报杂志	2006	18

续表

序号	文献题名	作者	文献出版信息（出版社、期刊、网站、学位论文）	发表年份	指标数目
19	老工业基地制造业企业信息化水平评价指标的设计	李长云，等	哈尔滨理工大学学报	2006	10
20	多层次灰色评价法在企业信息化评价中的应用	陈骑兵，等	科技管理研究	2006	16
21	企业信息化测度理论与方法研究	张勇刚	科研管理	2006	17
22	基于供应链管理的企业信息化水平评价研究	陈春明	情报科学	2006	7
23	制造业信息化评价指标体系与评价标准研究	胡军，等	组合机床与自动化加工技术	2005	41
24	企业信息化水平评估方法	周常英	企业经济	2005	21
25	企业信息化评价指标体系及其评价方法的研究	马莉，等	现代制造工程	2005	37
26	制造业信息化评价指标体系和方法研究	齐二石，等	工业工程	2005	29
27	基于主成分分析的制造企业信息化评价方法研究	王慧英	天津大学学报（社会科学版）	2005	19
28	制造业企业信息化水平评价指标体系的研究	宋彦彦，等	机械工业信息与网络	2005	52
29	企业信息化的评价指标体系与评价方法的研究	杜栋，等	科技管理研究	2005	9
30	企业信息化水平评价模型及方法的研究	陈淮莉，等	计算机工程	2004	20
31	基于模糊理论的企业信息化评价模型及应用	刘英姿，等	科技进步与对策	2004	17
32	企业信息化水平的评价模型	傅铅生，等	商业研究	2003	11
33	企业信息化水平测评的思考	彭赓，等	科学学研究	2003	17
34	企业信息化水平的评价体系研究	程刚	数量经济技术经济研究	2003	37

续表

序号	文献题名	作者	文献出版信息（出版社、期刊、网站、学位论文）	发表年份	指标数目
35	企业信息化水平灰类评估	傅铅生，等	科技管理研究	2003	24
36	企业信息化水平测算	白先春，等	统计与决策	2003	12
37	企业信息化评价指标体系及评价方法	金勇	科技进步与对策	2003	10
38	机械制造企业信息化水平的综合评价研究	吴诣民，等	机械工业信息与网络	2003	27
39	企业信息化水平测度指标体系的构建	盖爽，等	情报杂志	2002	27
40	企业信息化水平测量	尤建新，等	上海管理科学	2002	12
41	企业信息化水平测评指标体系研究	唐志荣，等	科学学与科学技术管理	2002	18
42	企业信息化指数测算方法研究	蒋晓云，等	中国管理科学	2002	10
43	机械工业企业信息化建设水平测度方法	刘凤勤，等	情报学报	2001	9
44	企业信息化水平评价指标体系	国家信息化测评中心	http：//www. cip. com. cn/tx_ bgtxfan. htm	2002	38
45	中国企业信息化水平指标体系研究	北大网络经济研究中心	“北大网研”网站	2002	28
46	基于模糊多属性决策的企业信息化水平评价方法与应用研究	刘培德	【博士】北京交通大学	2009	24
47	制造业企业信息化建设评价体系研究	李延锋	【博士】合肥工业大学	2007	30
48	基于竞争力的企业信息化评价指标体系研究	李玫	【硕士】哈尔滨工业大学	2009	28
49	制造业企业信息化评价研究	徐英杰	【硕士】沈阳工业大学	2008	18
50	制造企业信息化水平综合评价研究	宋宁华	【硕士】天津大学	2004	18

3　基于文献计量的制造业企业信息化水平测度指标体系的建立

在建立制造业企业信息化水平测度指标体系过程中，本文按照指标概念的合理解释和本质内涵，将筛选出的50篇文献进行指标体系的聚合分析，结果如表2所示：

表2　建立制造业企业信息化水平测度指标体系的文献计量分析结果

目标	模块	具体指标	次数
制造业企业信息化水平测度指标体系	企业信息化基础建设水平	X_1 信息化投入占同期固定资产投入的比重	38
		X_2 人均计算机装备率	40
		X_3 网络性能水平	37
		X_4 信息安全技术操作水平	30
	产品研发信息化水平	X_5 信息技术投入占研发支出的比重	16
		X_6 研发过程信息技术的应用率	17
		X_7 信息技术研发产品占企业总产品数比例	16
	生产制造信息化水平	X_8 生产过程计算机自动控制应用率	19
		X_9 生产过程计算机自动控制质量水平	17
		X_{10} 主要产品生产线或关键工序的数控比率	17
	经营管理信息化水平	X_{11} 企业核心业务流程再造的程度	26
		X_{12} 办公自动化水平	28
		X_{13} 决策信息化水平	26
		X_{14} 管理信息系统使用的覆盖率	29
	企业商务信息化水平	X_{15} 供应商关系管理系统建设和应用水平	16
		X_{16} 客户关系管理系统建设和应用水平	16
		X_{17} 电子商务建设和应用水平	27
	企业人员信息化水平	X_{18} 大专以上学历员工的比重	35
		X_{19} 专职信息技术人员的比重	19
		X_{20} 信息化技能的普及率	23
		X_{21} 电子化学习的员工覆盖率	20

注：模块划分为本文作者观点，各个参考文献有所不同。

表2中的具体指标是入选相应文献次数超过或接近1/3（即至少16次）的指标，是经过聚合判断后整理加工而形成的。按照《中国统计年鉴》、《中国信息年鉴》等权威文献，本文对绝对量指标的称谓基本进行了规范化处理。

从表 2 的数量关系来看，本文最终确立的 21 个指标是基本合理的。各个测度模块既不可分割，又相互独立，每个模块都形成各自不同的指标种类，具有各自的内容和特点，为进行制造业企业信息化水平的综合测度奠定了基础。

4 实证分析

东北老工业基地的制造业基础良好，制造业企业发展比较成熟，因此本文从该地区中选取 10 家制造业企业作为样本，定为 N_1、N_2、…N_{10}。

4.1 测度指标权重确定

本文首先采用模糊标度法对测度指标进行主观赋权，得到反映测度指标实际含义的主观权重。同时，利用熵值法对同样的测度指标进行客观赋权，得到其较少受人为因素影响的客观权重，并采用结合赋权对主观赋权和客观赋权得到的权重进行处理，确定最终权重。

4.1.1 主观权重计算

通过向有关专家发放调查问卷，对信息化水平测度指标之间的相对重要性关系进行详细分析，用语气算子和模糊标度表示信息化水平测度指标的权重[8-9]，即将最重要的信息化水平测度指标依次与第 2 重要、……、第 m 重要的信息化水平测度指标进行对比，权衡比较不同测度指标对总目标作用程度的差异，按照语气算子得到未归一化的权重 W'_{si}，归一化后便可得到各信息化水平测度指标的权重 $W_{si} = \frac{W'_{si}}{\sum_{i=1}^{m} W'_{si}}$，结果见表 3。

4.1.2 客观权重计算

熵值法是在客观条件下，由测度指标值构成的判断矩阵来确定指标权重的一种方法[10]。熵值法的实质为，利用各项测度指标的价值系数来计算其权重，价值系数越大的指标，其对系统测度的重要性越大[11]。

- 原始数据矩阵归一化。上述指标都是取极大值为最佳，故采用

$$X_{ij} = \frac{x_{ij} - \min_i x_{ij}}{\max_i x_{ij} - \min_i x_{ij}}$$

- 定义熵。由信息熵的定义[10]可得第 j 个指标的熵为 $H_j = -k\sum_{i=1}^{m} p_{ij} lnp_{ij}$，

式中，$p_{ij} = \frac{X_{ij}}{\sum_{i=1}^{m} X_{ij}}$，$k = \frac{1}{lnm}$，同时假设 $p_{ij} = 0$ 时，$p_{ij} lnp_{ij} = 0$

• 定义熵权。定义第 j 个指标的熵之后，可得其熵权 $\omega_{\sigma j}$ 为 $\omega_{\sigma j} = \frac{1 - H_j}{\sum_{j=1}^{n}(1 - H_j)} = \frac{1 - H_j}{n - \sum_{j=1}^{n} H_j}$，其中，$\omega_{\sigma j} \in [0,1]$，且 $\sum_{j=1}^{n} \omega_{\sigma j} = 1$，结果见表3。

4.1.3 组合权重计算

组合赋权是主观赋权和客观赋权值的算术平均值，结果见表3。

4.2 信息化水平指数模型

根据加权积法[12]的适用情况，通过对制造业企业信息化水平测度指标体系的分析可知，指标体系中6个模块两两不可补偿，即使在一定范围内可以补偿，这种补偿也是非线性的。即只有6个模块都最优时，整体才最优。若某一模块较差，则整体较差。例如，若企业的信息化基础建设水平较高，但没有配备相应的信息化人员，那么该企业的信息化水平测度结果也会偏低。而相对于各个模块，具体指标之间一般是存在着线性补偿关系的。例如，就企业信息化基础建设水平模块的人均计算机装备率和网络性能水平而言，有些企业人均计算机装备率有可能低，而其网络性能水平有可能强，故高性能网络可以弥补人均计算机装备率低的缺憾。所以，本文采用加权和与加权积的混合算法对信息化水平指数进行测度认定，即

$$ILI = \prod_{m=1}^{n}\left(\omega_m \sum_{k=i}^{j} \omega_k Y_k\right)$$

式中，ILI 为信息化水平指数测度值，m 为模块代码，n 为模块的数目，k 为具体指标代码，ω_m 为模块的权重，ω_k 为具体指标的权重，Y_k 为具体指标的属性值。

根据测度方案，利用信息化水平指数测度模型，对10家制造业企业的信息化水平进行测度，结果如表4所示：

表4中，各测度指标数据来源于《中国统计年鉴2009》、《中国科技统计年鉴2009》、中国统计网数据、企业年报等官方公布数据和黑龙江省企业网、吉林省企业网、辽宁省企业网等网站披露的相关数据，并经过大量的计算整理得出。从表4可以看出，N_6、N_7 和 N_9 居信息化水平的前三位，N_6 处于领先水平。从领先指数来看，N_6 除企业信息化基础建设水平外，在分项指数和综合指数方面均处于领先水平，其他企业还无法与之相抗衡。而 N_9 在企业信息化基础建设方面处于领先水平，但总排名却位居第三名，说明仅仅是企业信息化基础建设水平高，并不能表示就一定达到了较高的信息化水平，而应该包括企业信息化过程中所做的一切。从这些企业的分析可以看出，生产信

表 3　制造业企业信息化水平测度指标权重确定

目标	模块	主观权重	客观权重	组合权重	具体指标	主观权重	客观权重	组合权重
制造业企业信息化水平测度指标体系	企业信息化基础建设水平	0. 351 0	0. 403 5	0. 377 3	X_1 信息化投入占同期固定资产投入的比重	0. 284 1	0. 260 1	0. 272 1
					X_2 人均计算机装备率	0. 250 0	0. 205 4	0. 227 7
					X_3 网络性能水平	0. 215 9	0. 310 1	0. 263 0
					X_4 信息安全技术操作水平	0. 250 0	0. 224 5	0. 237 3
	产品研发信息化水平	0. 336 6	0. 270 0	0. 303 3	X_5 信息技术投入占研发支出的比重	0. 330 6	0. 412 0	0. 371 3
					X_6 研发过程信息技术的应用率	0. 355 4	0. 254 9	0. 305 2
					X_7 信息技术研发产品占企业总产品数比例	0. 314 0	0. 333 1	0. 323 6
	生产制造信息化水平	0. 312 4	0. 326 5	0. 319 5	X_8 生产过程计算机自动控制应用率	0. 290 9	0. 429 4	0. 360 2
					X_9 生产过程计算机自动控制质量水平	0. 327 3	0. 336 8	0. 332 1
					X_{10} 主要产品生产线或关键工序的数控比率	0. 381 8	0. 233 9	0. 307 6
	经营管理信息化水平	0. 396 0	0. 219 5	0. 307 8	X_{11} 企业核心业务流程再造的程度	0. 252 9	0. 339 1	0. 296 0
					X_{12} 办公自动化水平	0. 264 4	0. 231 1	0. 247 8
					X_{13} 决策信息化水平	0. 252 9	0. 189 4	0. 221 2
					X_{14} 管理信息系统使用的覆盖率	0. 229 9	0. 240 4	0. 235 2
	企业商务信息化水平	0. 304 9	0. 175 9	0. 240 4	X_{15} 供应商关系管理系统建设和应用水平	0. 328 1	0. 318 4	0. 323 3
					X_{16} 客户关系管理系统建设和应用水平	0. 328 1	0. 318 4	0. 323 3
					X_{17} 电子商务建设和应用水平	0. 343 8	0. 363 2	0. 353 5
	企业人员信息化水平	0. 299 0	0. 604 6	0. 451 8	X_{18} 大专以上学历员工的比重	0. 247 8	0. 335 1	0. 291 5
					X_{19} 专职信息技术人员的比重	0. 230 1	0. 295 2	0. 262 7
					X_{20} 信息化技能的普及率	0. 274 3	0. 156 7	0. 215 5
					X_{21} 电子化学习的员工覆盖率	0. 247 8	0. 212 9	0. 230 4

表 4　制造业企业信息化水平指数测度结果

企业	企业信息化基础建设水平		产品研发信息化水平		生产制造信息化水平		经营管理信息化水平		企业商务信息化水平		企业人员信息化水平		综合测度结果	排序
	得分	排序	得分	排序	得分	排序	得分	排序	得分	排序	得分	排序		
N_1	42.51	7	25.32	9	31.10	8	19.67	8	32.29	9	33.90	9	28.73	8
N_2	10.00	10	15.37	10	10.00	10	18.47	9	22.88	10	36.20	7	18.15	10
N_3	21.37	8	45.69	7	59.99	4	33.38	7	36.88	7	36.16	8	37.21	7
N_4	42.70	6	52.96	6	49.42	7	43.41	6	49.64	6	57.61	5	48.97	6
N_5	58.90	4	58.97	5	62.02	3	60.01	4	67.79	3	72.45	4	63.80	4
N_6	62.72	3	83.00	1	86.85	1	83.48	1	73.34	1	90.01	1	75.61	1
N_7	80.01	2	69.58	2	56.33	6	78.70	2	56.66	4	87.66	2	74.11	2
N_8	50.01	5	61.02	4	59.89	5	50.01	5	50.02	5	52.52	6	52.95	5
N_9	90.01	1	65.81	3	63.52	2	62.51	3	70.03	2	74.47	3	73.06	3
N_{10}	10.20	9	27.92	8	28.44	9	10.00	10	32.35	8	24.92	10	20.52	9
领先指数	90.01 (N_9)		83.00 (N_6)		86.85 (N_6)		83.48 (N_6)		73.34 (N_6)		90.01 (N_6)		75.61 (N_6)	—
平均指数	46.84		50.56		50.76		45.96		49.19		56.59		49.31	—

息化和管理信息化之间的关系非常密切，并且两者是制造业企业信息化水平的重要组成部分。与此同时，企业人员信息化水平对制造业企业信息化水平的影响更为突出，这符合企业信息化中“信息化基础是前提，管理信息化是手段，人员信息化是核心”[13]的思想。

5 结 语

本文探讨了应用文献计量法对制造业企业信息化水平实施定量测度的可行性，建立了制造业企业信息化水平测度指标体系，给出了基于组合赋权的信息化水平指数测度方法，并以东北地区制造业企业为例，通过实测数据初步验证了所建立的测度指标体系及提出的测度方法的科学性和合理性。该测度理论与方法既可以用于几个企业间的横向比较，也可以用于某一企业若干年的信息化水平的纵向比较，测度模型给出了信息化指数分层次各因素的测度值，客观地反映出企业在各因素上的排序。从测度结果可以清楚地看出每个企业提高信息化水平的努力方向，从而为企业管理层提供决策依据。

参考文献：

[1] Machlup F. The production and distribution of knowledge in the United States. New Jersey: Prisceton University Press, 1962: 33 - 39.

[2] Porat M. The information economy: Definition and measurement. Washington: Special Publication, 1977: 51 - 65.

[3] 梁立明. 科学计量学. 北京:科学出版社,1995:39 - 56.

[4] 邱均平. 文献计量学. 北京:科技文献出版社,1988:68 - 93.

[5] 梁立明,谢彩霞,刘则渊. 我国纳米科技研究力量的机构分布与地域分布. 自然辩证法研究,2004(9):67 - 72.

[6] 燕辉. 1989 - 2003 年我国信息教育领域论文文献计量分析. 情报科学,2005(9):1424 - 1428.

[7] 郑刚,朱凌,陈悦. 中国创新地图——基于文献计量学的我国创新管理研究力量分布研究. 科学学研究,2008,2(2):442 - 448.

[8] Liou T S, Wang M J. Ranking fuzzy numbers with integral value. Fuzzy Sets and Systems, 1992, 50(2): 247 - 255.

[9] 徐革. 应用模糊理论获得电子资源绩效指标权重的有效性研究. 情报学报,2007(2): 191 - 197.

[10] 陈衍泰,陈国宏,李美娟. 综合评价方法分类及研究进展. 管理科学学报,2004(2): 69 - 79.

[11] Mehdi M. Bayesian estimation of a decision using information theory. IEEE System, Man

and Cybernetica, 1997, 27(4): 506 - 517.
[12] 岳超源. 决策理论与方法. 北京:科学出版社,2003:61 - 68.
[13] 司有和. 企业信息管理学. 北京:科学出版社,2003:132 - 133.

作者简介

高　巍，女，1981 年生，博士研究生，发表论文 10 余篇；

毕克新，男，1961 年生，教授，博士生导师，发表论文 122 篇，出版专著 8 部。

机构合作的科研生产力观测

——对灰色文献的文献计量与内容分析实证研究

顾立平

（香港城市大学邵逸夫图书馆　九龙）

摘　要　采用文献计量法和内容分析法，对“中华经济研究院”（台北）的研究报告和工作报告进行分析，评估馆藏合作对象的科研生产力，用以规划数字资源保存的数据库系统以及促进资源共建共享。提出“文献计量－内容分析－信息系统－沟通－送存”的简洁思路，研究传统科学计量学所不能检测的灰色文献评量方法，是一项可继续发展的初探性研究。

关键词　合作馆藏　资源共享　经济政策　产业情报　信息交流

分类号　G252

1　研究背景与目的

在“两岸三通”以及相关经贸合作协议下，两岸三地的经贸往来势必更加频繁，这就需要搜集、分析与使用两岸的产业讯息。在此需求面上，信息服务机构将顺应时势、逐步发展：①两地的产业讯息汇集（两地共同发展寄存、数位化与知识管理的合作）；②两地的产业资料整理（识别不同可信度、专业度、影响程度与质量等级的资料）；③建立两地的产业研究基地（让两地专家学者能够方便的获取、交流、共享信息）等机制。

合作馆藏建设是发展特色馆藏、馆际合作、资源共建共享的一种有效方式，海峡两岸图书情报学界各有不少相关研究。例如：张秋比较台湾地区的藏书发展政策[1]；索传军和袁静研究电子馆藏发展政策[2]；罗莹研究非资金购买的高校文库发展策略[3]；邱子恒研究文献使用率在馆藏经费的案例[4]；吴明德建议除了加强馆际间的资源共享也要提升彼此支援能力[5]；林巧敏和陈雪华梳理了电子资源馆藏的5个发展方面[6]。这些研究不仅使得作者产生上述需求面与供给面可能交会在合作馆藏的想法，也为本文进行了大量理论奠基工作。

但是，目前两地合作存在许多实践难题：①有合作意愿与需要的双方缺乏彼此认识；②可供参考的两地合作经验较少；③上述两项原因使得合作模式较难建立。针对上述困难，本文提出：使用文献计量法来了解双方供需面；在第三地的非营利和非官方机构进行合作（例如：香港城市大学图书馆）；从馆藏建设与信息服务，逐步发展两地合作模式的方法。

在传播学中，有所谓“内容分析法”的社会科学研究与应用[7]，主要是针对新闻进行词语的量化分析，在图书馆学中，有所谓“文献计量法”[8]，主要是针对图书和文章进行作者数量、词频统计、引文数量等分析和模型验证（关于文献计量、信息计量、科学计量的定义和区分，请参考 Tague-Sutcliffe J 相关论述[9]）。在信息交流学中，为求理解传播者、被传播者、信息、噪音和环境等信息交流五要素的目的[10]，这两种方法被用作文本挖掘（text mining）的最基本手段。

本研究原先计划采用科学计量方法。科学计量学是基于引文分析的领域可视化研究所衍生出来的新学科，采用文献计量学的方法分析科学文献，对科技交流进行量化研究[11]。通过一些特殊方法，科学计量学已经广泛应用于测量科学进步与科学家行为的研究中[12]。然而，目前的科学计量学尚未有针对没有引文数据库的灰色文献进行内容评量和分析，采用科学计量法并不能满足本研究欲达成合作馆藏的研究背景与目的。

故此，本文对“中华经济研究院”（以下简称“CIER”），这一对台湾地区经济政策发展提供研究报告之一的情报机构，进行其研究计划报告的文献计量与内容分析。在此基础上，提出大学图书馆与经济政策研究所的共建共享馆藏计划。使用文献计量与内容分析来促进馆藏发展的过程，可以作为其他图书情报工作的参考。

2 研究设计

2.1 研究对象

CIER 的研究计划成果报告偏重：①台湾经济发展的政策研究；②台湾重大经济与产业政策的议题倡导；③台湾产业发展策略的知识与分析。

2.2 研究方法

文献计量是根据元数据格式，对其元数据内容的描述统计分析，其研究范围为特定数据库或特定文献表格。CIER 的研究计划清单，即研究范围，在 CIER 研究计划清单中的计划编号、所、计划名称、委托单位、出版年、空白栏位（备注）等，即元数据。元数据下方所标示内容，如表1所示：

表1　CIER的研究计划数据格式

001－2	3	中国石油公司营运之研究	中国石油股份有限公司	7202

注：7202为日期码，日期码＝号码＋1911

表1即元数据内容，亦即本项文献计量的分析单位；而内容分析则着重对关键词语的抽取和统计。

2.3　研究过程

按照研究目的，对CIER的研究计划清单先进行文献分析（量化分析），再对网络资料进行内容分析，最后进行合作案建议。研究步骤如下：①数据收集，对网络上已有的CIER研究计划清单下载；②数据清理，在网络上一一核对1 232项元数据内容，并补充”备注”栏位；③数据分析，对CIER研究计划清单和已公开报告，进行分析；④图表生成，对分析结果用直方图描绘，并予以解释；⑤提出建议，根据分析结果提出发展合作的政策建议。

本文采用文献计量法与内容分析法，但研究定位是案例研究（香港城市大学图书馆的数据库系统与CIER的研究计划报告）。另，数据源（http：//www.cier.edu.tw/sp.asp？xdurl＝publish/web/plan_ list.asp&ctNode＝99）是支持Open Access的机构网址。数据采集日期为2009年9月24日，最后访问日期为2010年1月10日，后续研究人员可重复验证。

3　结　果

根据研究方法与研究过程，分述如下：

3.1　累计30年来的文献增长

根据CIER所提供的网络资料，经过计算后，有几项值得注意的结果。计算结果可以作为讨论合作计划的思考点，如表2所示：

表2　累计30年来的文献增长

1981年	1982年	1983年	1984年	1985年	1986年	1987年	1988年	1989年	1990年
1篇	1篇	4篇	4篇	12篇	6篇	33篇	15篇	15篇	12篇
1991年	1992年	1993年	1994年	1995年	1996年	1997年	1998年	1999年	2000年
27篇	29篇	31篇	33篇	40篇	50篇	53篇	55篇	106篇	144篇

续表

1981 年	1982 年	1983 年	1984 年	1985 年	1986 年	1987 年	1988 年	1989 年	1990 年
2001 年	2002 年	2003 年	2004 年	2005 年	2006 年	2007 年	2008 年	2009 年	2010 年
105 篇	110 篇	170 篇	113 篇	103 篇	127 篇	143 篇	122 篇	130 篇	12 篇

从表 2 可以看出，最近 10 年 CIER 的研究报告，每年大约生产 120 篇左右，因此未来合作计划中可以注意每年 120 篇的工作量和预算。

3.2 累计 30 年来每月出版量

CIER 累计 30 年每月出版量如图 1 所示：

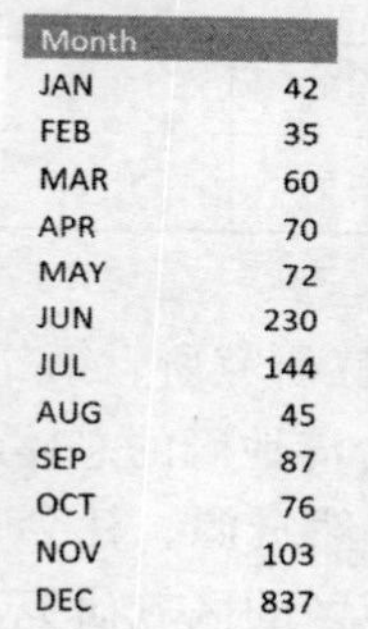

Month	
JAN	42
FEB	35
MAR	60
APR	70
MAY	72
JUN	230
JUL	144
AUG	45
SEP	87
OCT	76
NOV	103
DEC	837

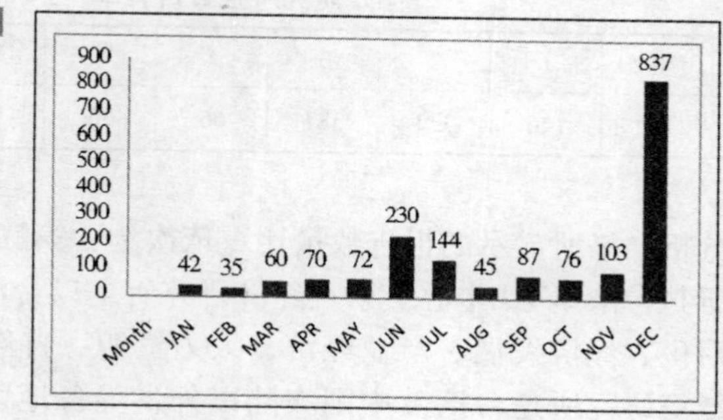

图 1　累计 30 年来每月出版量

从图 1 可以看出，报告截止日（同时也是提交 CIER 图书室的日期）集中在 6 月、7 月与 12 月，未来合作计划可以考虑在每年 2 月和 8 月进行报告寄存的工作。

3.3 主题类别及其政策建议模式

根据 CIER 的特性：对照不同类别的研究所可将研究主体划分区域类别，对照经济类别的分类可将研究主题划分为主题类别，对照研究方法可将研究主题划分为报告形式，对照委托单位的性质可将研究主体划分为若干其他政策。

结果显示，CIER 交付的报告中，区域类别依次为：台湾、大陆、美国、日韩、亚太、欧盟和中美洲等。主题类别依次为：贸易、税、农业、服务、能源、科技、国际经贸、技术、创新、金融证券、信息、电力、电子、商业、绿色环保等。报告形式依次为：XX 研究、XX 计划、XX 的影响、XX 分析、XX 政策、XX 策略、XX 评估、XX 调查、XX 措施、对 XX 的探讨、XX 专案、对 XX 的对策等。其他政策有：产业、中小企业、WTO、台商、外商、知识经济、产值、海关、国营事业等。

按照清单上的计划名称进行分析，获得如上结果。数量和累积数量的排名，虽不能全然代表 CIER 的研究方向与方式，但可反映若干类别与偏好，本项分析值得作为图书馆导航的参考，以利学者使用此类文件。

3.4　研究所报告占有率及其研究价值

根据清单上的研究所代号：0 – 院方名义、1 – 第一研究所、2 – 第二研究所、3 – 第三研究所、4 – 能源与环境研究中心（曾废止，近年复设立）、5 – 经济展望中心、6 – 财经策略中心、7 – 日本中心、W – 台湾 WTO 中心。计算 1 214 笔报告如表 3 所示：

表 3　研究所报告占有率

研究所	0	1	2	3	4	5	6	7	W
报告量	62	146	322	387	66	36	53	15	127

根据分析结果所显示的报告数量比重依次为：第三研究所、第二研究所、第一研究所与台湾 WTO 中心。第三经济研究所是以台湾地区的总体经济、货币金融、财税、经济发展、产业经济、人力资源、自然资源、社会福利等为主。第二经济研究所是台湾及中国大陆以外世界各地区的区域研究。第一经济研究所是大陆地区的经济研究、学术活动与经济信息服务。

相对于 1981 年所成立的三个研究所，中华经济研究院的台湾 WTO 中心始自 2003 年 9 月，受经济部委托办理“国际经贸事务研究及培训中心（简称 WTO 中心）”计划，其报告数量近 5 年来大幅增长，也反映了台湾近年来所关心的对外经贸政策走向。

此项排名虽不能代表台湾经济政策的优先顺序，但可反映若干台湾经济政策的偏好，本项分析值得作为图书馆导航的参考，以利学者使用此类文件。

3.5　计划主持人及其研究方向

研究计划报告的合作，需要研究人员的同意，在此需要主要研究人员的资料和对个别分析其影响力，因此针对计划主持人进行分析，如表 4 所示：

表 4　计划主持人

计划主持人	数量	研究方向
王健全（第三所）	133 篇	产业经济、产业科技政策

续表

计划主持人	数量	研究方向
刘大年（第二所）	95 篇	国际贸易投资、产业经济
吴惠林（第三所）	77 篇	劳动经济、经济发展、产业经济
王素弯（第三所）	72 篇	经济发展、人力资源
陈信宏（第二所）	69 篇	产业经济、高科技产业、信息科技经济学
顾莹华（第二所）	55 篇	国际贸易、国际投资
萧代基（经济展望；财经策略；能源环境）	54 篇	环境与资源经济学，自然资源经济、政策与管理，计量经济学
杨雅惠（第三所）	45 篇	货币银行、金融制度、产业金融
温丽琪（第二所；能源环境）	41 篇	环境经济学、法律经济学、公共经济学
刘孟俊（第一所）	40 篇	国际贸易投资、产业经济
杜巧霞（WTO）	36 篇	国际贸易、国际组织、农业经济
王京明（第二所；能源环境）	31 篇	农业经济、资源、能源、环保
王俪容（经济展望）	30 篇	期货市场、国际金融、一般金融
连文荣（第二所）	30 篇	国际贸易投资、计量经济学
史惠慈（第一所）	28 篇	产业经济、大陆经济改革、两岸产业及科技交流、区域经济
陈章真（第三所）	27 篇	农业经济、产业经济
欧阳承新（第二所）	25 篇	总体经济理论、转型中经济改革模式、国际能源、俄罗斯经济、资本理论、中亚与巴尔干民族问题
温蓓章（第二所）	21 篇	空间规划政策与管理、交通运输与地区发展
张荣丰（第一所）	18 篇	危机管理、国家安全、专桉管理、两岸关係、情报研析、赛局理论、问题分析、谈判理论、中国经济
王文娟（第二所）	17 篇	国际经济、外人直接投资、区域经济、产业经济
田君美（第一所）	17 篇	农业经济、中国经济、农产品贸易及投资
刘碧珍（WTO）	17 篇	国际贸易、对外投资、贸易政策
林昱君（第一所）	14 篇	经济发展、贸易理论、两岸贸易、香港经济

续表

计划主持人	数量	研究方向
蔡慧美（第一所；经济展望；财经策略）	14 篇	国际金融、产业经济、总体经济、专桉管理企划并办理各项国内外专业研讨会、研习课程、高峰论坛、座谈会、讲座活动
靖心慈（WTO）	13 篇	国际贸易投资、计量经济学、总体经济学
徐遵慈（WTO）	13 篇	国际组织、国际经贸法、亚太区域研究、性别议题
苏显扬（第二所；经济展望）	12 篇	产业经济、中小企业、国际贸易
林俊旭（第二所；能源环境）	10 篇	资源回收、土壤冲蚀模式、环境规划
彭素玲（经济展望）	9 篇	景气与预测、经济发展、产业经济
罗时芳（第二所；能源环境）	8 篇	绩效评估、金融市场与投资、永续发展
李淳（WTO）	8 篇	服务贸易法、经济管制与竞争政策、电子通讯汇流
颜慧欣（W TO）	7 篇	国际经济法、国际租税法、贸易救济制度
马道（第三所）	4 篇	产业组织、市场结构、赛局理论、市场集中度
陈建勳（第一所）	4 篇	货币金融、经济发展
杜英仪（第三所）	3 篇	产业组织
简台珍（WTO；能源环境）	3 篇	环境经济学、能源经济学、计量经济学
温芳宜（第一所）	2 篇	农业经济、生产效率分析
洪志铭（第三所；能源环境）	1 篇	产业经济、环境与自然资源经济
陈笔（第二所；展望中心；能源环境）	1 篇	经济成长理论、能源经济、经济预测

由表 4 可知，主持研究计划超过 20 篇报告产量的作者依序是：王建全、刘大年、吴惠林、王素弯、陈信宏、顾莹华、萧代基、杨雅惠、温丽琪、刘孟俊、杜巧霞、王京明、王俪容、连文荣、史惠慈、陈章真、欧阳承新、温蓓章，这 18 位学者各有不同的研究方向。

4 讨 论

综上所述，合作案的建立有助于获得 CIER 优质文献：①台湾区域经济的发展；②台湾产业政策的制定；③两岸经贸政策的走向；④台湾对美日韩的研究；⑤台湾参与国际上经济贸易组织的评估与策略。

根据产业讯息汇集、产业资料整理及产业研究基地的行动目标，拟定3个步骤与9个细节，分述如下：

步骤一：两地出版品交付。包括：①整理历年研究报告的文献记录（作者、出版日期、主题、关键字、专桉编号、摘要、密级时间）；②标示文献的使用对象限制和推荐；③分阶段地传送文献。

步骤二：出版品数字化建档。包括：①编辑文献数据与使用权限数据（文献数据包括：作者、出版日期、主题、关键字、专桉编号、摘要；使用权限数据包括：密级、密级时间、允许存取号码）；②扫描、建档、保护、保存、监督和检查；③数子化档案交付和信息系统规划。

步骤三：两地信息系统管理。包括：①抽查数字化档案的完整性（是否缺页扫描、扫描不清楚、输入档名错误、输入档名不完整、新增条目的用语统一、条目的正确性）；②开发检索和流览系统；③同时启用并妥善保管。

未来研究，建议在实践经验的基础上，着重：①完成纸本研究报告的数字出版品典藏；②完成文献及检索系统建置；③完成数据库的更新与使用规范。使得双方共同达到出版品异地寄存、数字资源典藏、资料库建档与管理。

5 结 语

如上文所述，信息传播学是图书馆学和新闻传播学的交叉学科，主要探讨信息在传播过程中的作用以及透过量化的信息分析，来解读传播5要素的本质。

在本研究中包括：合作双方，即指传播主体（CIER）和客体（香港城市大学)；传播内容（研究报告)；情境（合作馆藏的共识)；噪音（合作馆藏的障碍)。传播主体与客体双方，相隔两地，需要先从表面的了解，挖掘可能存在的现象，再进一步洽谈合作，并据此发展属于双方相互信任的友谊关系。

欲从传播客体的角度消除传播情境中的噪音，达成传播内容的有效互动，需要从客体（哲学中又称之为“他者”）理解主体和传播内容。

CIER台湾著名智库，集聚许多学者专家，名声显著。但是鲜少有人对它进行深度研究，而且因为其神秘感，甚至被误解为间谍机构；其实不然，它是一间汇聚众多资深学者（这些学者往往是大学教授和企业家）的研究机构。其成员在台湾社会里并非隐而不显，反而经常出席各种研讨会，在各种学术性、政策性、公共服务性的公开场合均可与这些学者直接交流。

正因如此，与之进行合作馆藏，不仅有助于发展大学图书馆馆藏，也有助于该院向外传播其研究成果。在这个过程中，由于初次合作的陌生和误解，产生了许多不必要的传播噪音，透过文献计量和内容分析，在从客体角度

(object) 进行对主体的理解过程中，排除了这些噪音，抽取了明确的传播内容（又称为“讯息”）。

信息交流学借用图书馆学和新闻传播学的方法，但是这里笔者用信息交流学的方法来解决图书馆实务的问题。根据笔者分析的结果，验证了外界对CIER高素质研究的评价。所以，采用文献计量与内容分析被证实：可以观测科研生产力，特别是传统科学计量学所不能检测的灰色文献（报告白皮书等)。然而，这套方法还有许多不足之处，值得后续发展。

参考文献：

[1] 张秋. 台湾地区图书馆馆藏发展政策实践研究. 图书情报工作,2004,48(4):19－23.

[2] 索传军,袁静. 论数字馆藏发展政策的框架与内容. 中国图书馆学报,2007,33(2):65－69.

[3] 罗莹. 基于高校文库可持续发展要求的合作关系研究. 图书馆建设,2010(2):28－30.

[4] 邱子恒. 引用文献分析在健康科学馆藏经费分配之应用:以台北医学大学图书馆为例. 图书信息学刊,2004,1(2):19－33.

[5] 吴明德. 大学图书馆馆藏发展的再省思. 图书与信息学刊,2006,59:1－15.

[6] 林巧敏,陈雪华. “国家图书馆”电子馆藏发展政策之研究. “国家图书馆”馆刊,2008(1):25－61.

[7] 王梅玲,蔡佳萦. 台湾图书资讯学教育指南发展之研究. 大学图书馆(台),2009,13(1):58－84.

[8] 顾敏. 广域图书馆时代的大学图书馆. “国家图书馆”馆刊,2009(2):1－25.

[9] Tague-Sutcliffe J. An introduction to informetrics. Information Processing and Management, 1992, 28(1):1－3.

[10] 张晓林. 信息交流理论对图书馆工作的提示. 图书馆学刊,1985(2):9－13.

[11] Boerner K, Chen C M, Boyack KW. Visualizing knowledge domains. Annual Review of Information Science & Technology,2003,37(5):179－155.

[12] 陈云伟. 科学计量学的发展与布局: 1978－2008. 现代图书情报技术,2010(1):71－76.

作者简介

顾立平，男，1978年生，博士，博士后研究（专任研究助理），发表论文27篇。

人　物　篇

2013年普赖斯奖获得者 Blaise Cronin 学术成就评介*

——基于科学计量学的视角

张春博　丁堃　王博

摘　要　克罗宁（Blaise Cronin）是世界著名的图书情报学家和科学计量学家，他于2013年获普赖斯奖这一科学计量学与信息计量学最高奖项。以 Web of Science 数据库收录的共128篇期刊论文为数据基础，运用包括词频统计、共现分析和引文分析在内的科学计量方法，辅以信息可视化技术，对 B. Cronin 30多年来的学术成就与影响以及学术交流状况进行定量分析。结果显示，B. Cronin 是一位高产作者，基于其工作经历可以划分出4个产出阶段；研究内容虽然涉及引文分析、学者研究、科研合作、网络计量和学术致谢等多个主题，但都体现出对学术交流和学术评价的指向。从 H 指数、区域扩散和引用者视角，说明 B. Cronin 同样也是一位具有国际学术影响力的学者。

关键词　科学计量学　B. Cronin　学术生涯　学术交流　学者评价　科研产出

分类号　G301　G250

1　引　言

2013年，国际科学计量学与信息计量学学会（ISSI）将普赖斯奖这一科学计量学界最高学术成就奖项颁给《美国信息科学技术学会会刊》（*Journal of the American Society for Information Science and Technology*，*JASIST*）主编克罗宁（B. Cronin），以表彰其“对科学的定量研究所做出的卓越贡献”。B. Cronin 出

*　本文系国家自然科学基金项目“基于中文文本挖掘技术的 SIPOD 专利知识演化分析”（项目编号：61272370）和高等学校博士学科点专项科研基金项目“基于 SIPOD 的专利知识测度体系及其应用研究”（项目编号：20110041110034）研究成果之一。

生于爱尔兰，现为美国印第安纳大学信息与图书馆学院鲁迪教授（Rudy professor）。他于1980年加入英国信息管理协会（ASLIB），担任研究与咨询部门的主管，1983年在北爱尔兰贝尔法斯特女王大学获得信息科学博士学位。

30多年来，B. Cronin一直从事学术交流、引文分析、学者合作、科研绩效评价以及信息科学基础理论与信息管理基本实践等方面的研究。他自2009年起担任*JASIST*的主编，同时担任*Journal of Informetrics*等6份国际期刊编委；并曾任*Annual Review of Information Science and Technology*（*ARIST*）主编和*Scientometrics*等16份国际期刊的编委。B. Cronin还是著名的图书情报教育学家，曾担任美国信息科学学会教育委员会主席。鉴于其在图书情报及信息科学领域卓越的科研成就和职业教育实践，他于2006年获美国信息科学与技术学会最佳贡献奖（Award of Merit）。

学术生涯（academic careers）一直是科学计量学尤其是学者研究领域的重要话题。2011年在南非举办的第13届ISSI大会专门将其作为17个主题之一，更使其受到关注；2013年的维也纳大会也设立了专题讨论组。B. Cronin和其他学者对他本人的科研产出绩效和学术关联进行了分析，然而这些研究或是借助绩效排名来验证某种评价指标或数据来源[1-4]，或是以其为案例提出一种分析框架[5-6]，并没有全面展示其学术成就。本文拟运用科学计量方法（尤其是B. Cronin提出和应用过的研究方法）对B. Cronin的科研成果、学术影响以及学术交流进行考察，更加多维直观地对其学术表现进行展示和“审计”（auditing），希冀为国内图书情报学和科学计量学研究提供些许有益的信息和启示。

2 数据来源及研究方法

期刊论文是学者科研成果的主要表征。Web of Science中的SCI和SSCI是世界权威的期刊论文索引数据库，被其收录的个人论文是评价学者学术能力和影响力的重要载体。本文以这两个数据库收录的论文记录为基础，兼顾其他数据来源，以“AU = Cronin B”为检索式，结合B. Cronin在个人网站发布的详细简历信息[7]，借助数据库自身的作者甄别功能，进行检索。由于B. Cronin的文章几乎都发表在“信息科学与图书馆学”类期刊上，而本文也旨在考察其在这一领域的学术成就，因而将检索结果限定于这一期刊类别，共得到250条文献记录（见表1）。该数据和本文其他数据的检索时间均截至2013年8月31日。

表 1　B. Cronin 在图书情报领域发表文献的类别

文献类别	篇数	文献类别	篇数	文献类别	篇数
研究论文	111	综述评论	8	讨论	1
书籍评论	58	书信	8	会议摘要	1
社论材料	51	会议录论文	7		
注释	9	题录项目	3		

研究论文（article）、综述评论（review）和会议录论文（proceeding paper）因其写作体例规范，有较高的学术价值，通常被作为文献计量的对象。此外，笔者在对其他类别文献进行考察后，发现 B. Cronin 的 9 篇注释（note）也具有显著的学术影响力，其中 8 篇在 Web of Science 中有被引记录，5 篇被引 10 次以上，因而也将其列为分析对象，共计 128 篇文献记录。整体而言，本文采用词频统计、引文分析（直接引用分析和共被引分析）和共现分析（共词分析和合著分析）方法，以可视化的手段，尽可能多维地展示 B. Cronin 的学术面貌。

3　科研产出分析

3.1　发文概况

科研生产率是衡量科研产出能力的重要指标，通常用学者发表的科学文献数量来表征。图 1 是 128 篇学术文献的年度分布情况，根据 B. Cronin 的工作经历，将其发文时间分为 4 个阶段（图 1 中用虚线分隔）。同时，笔者统计了这些文献中 B. Cronin 作为第一作者或通讯作者的文献的年度分布情况，即图 1 中每年发文数左侧的直方柱。

第一阶段是 1980—1984 年，B. Cronin 担任英国信息管理协会研究与咨询部研究主管（principal research officer）时期，发文数量相对均衡，主要涉及引文分析理论与图书馆服务方面的研究，大多发表在 ASLIB 旗下的 *ASLIB Proceeding* 和 *Journal of Documentation* 两刊上。第二阶段是 1985 - 1990 年，他在苏格兰斯特拉斯克莱德大学任教，并开始担任一些欧洲国家主办的图书情报学期刊的编委。期间，他转向对信息科学理论和信息管理实践的探讨，E. Davenport 和 J. L. Arenas）是其重要的合作伙伴。第三阶段是 1991—2001 年，B. Cronin 移民美国，开始了长达 19 年的担任印第安纳大学 I school 院长的经历。这是他学术生涯的重要时期，尽管在 1996 和 1997 年间担任印第安纳大

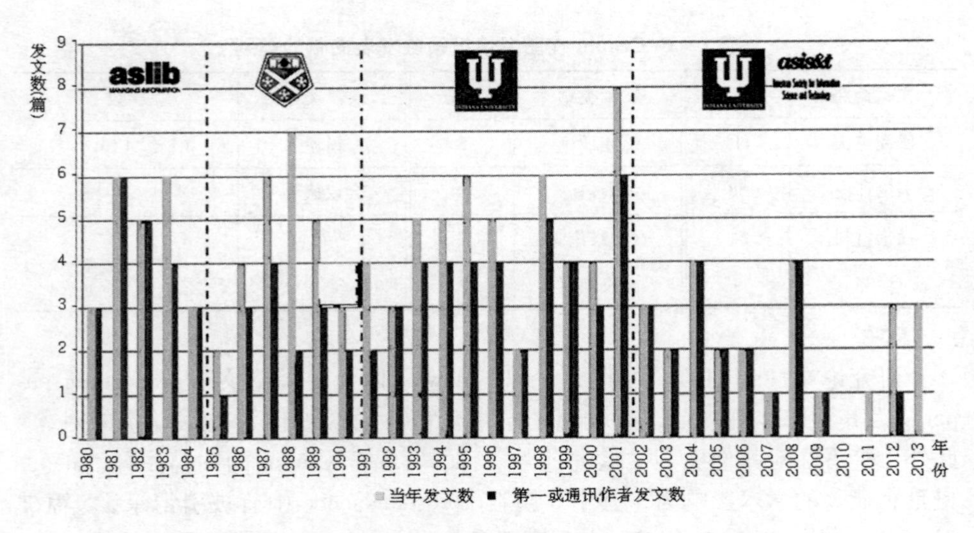

图 1　B. Cronin 所发表论文的年度分布（1980—2013 年）

学远程教育项目主管使其发文量减少，但其引文分析研究得到深化和扩展，如对学术致谢的理解以及在网络引文分析上的探索。第四阶段是 2002 年起兼任 *JASIST* 编委，开启其新的学术辉煌期。对学者的评价和学术交流是 B. Cronin 感兴趣的话题，他也结合不断兴起的新计量指标，对引文分析理论进行应用和反思。由图 1 可见，2009 年担任 *JASIST* 主编后，B. Cronin 发表的学术论文较少。一方面他致力于青年学者的培养，另一方面他以 *JASIST* 为阵地，发表了一些短小精悍的社论材料（editorial material），针砭学科领域的“大问题”，引领学科研究前沿。

3.2　研究主题

有学者[8]通过对 16 份图书馆与信息科学期刊在 20 年间（1988—2007 年）发表的 10 344 篇论文的篇名分析，判断该领域主要包含图书馆学、信息科学和科学计量学三个分支。笔者对 128 篇文献的内容进行了探测，发现 B. Cronin 的研究也体现了这三个分支；进而对文献进行标注分类（见图 2），图 2 中每个圆圈代表该分支领域在对应年份的发文篇数，圆圈大小表示数量多少。

关键词是对文章内容的高度概括和集中描述，通过对其进行统计和分析可以鉴别学者的研究主题和热点。对 128 条数据的主题项进行统计的结果是，只有 9 条包含作者关键词，52 条含有附加关键词（keywords plus）。各学术期刊在 1991 年后才逐渐设置关键词，而每条数据的附加关键词是汤森路透工作

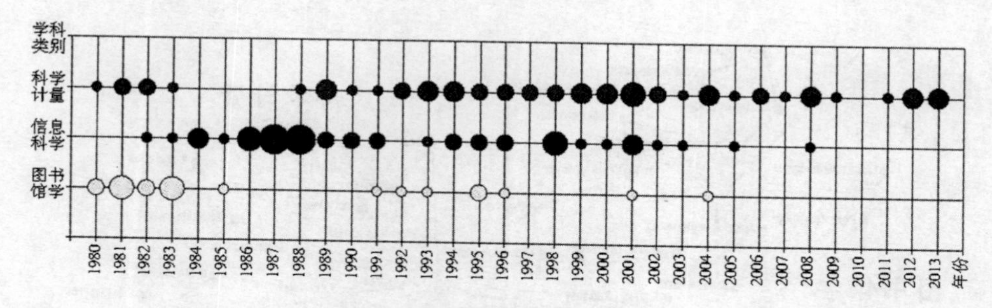

图 2　B. Cronin 所发表论文学科领域类别分布

人员从该文献参考文献的标题中抽取的词汇，准确性不够。鉴于此，笔者结合文献篇名、摘要和正文，对不包含作者关键词的 119 条文献进行了关键词的人工标注。128 篇文献共包含 515 个关键词。表 2 列出了文献集中出现频次不少于 4 次的关键词：

表 2　B. Cronin 所发表论文的高频关键词（≥4 次）

关键词	词频	关键词	词频	关键词	词频
citation analysis	19	information profession	6	information management	4
acknowledgement	16	scientific collaboration	6	corporate strategy	4
scholarly communication	12	information service	6	higher education	4
information science	10	information industry	6	librarianship	4
citation count	9	information system	5	hypertext	4
LIS	9	survey	5	academic writing	4
coauthorship	7	journal paper	5	information study	4
WWW	7	LIS program	5	public library	4
information technology	6	bibliometric analysis	4	psychology	4

选择出现频次不少于 2 次的 104 个关键词，运行 Ucinet 软件绘制共词图谱（见图 3）。其中最大的连通图包含 94 个关键词，说明 B. Cronin 尽管被认为研究兴趣广泛，但其研究成果间存在内在关联。词频统计和共现结果再次印证了其研究涉及图书馆学、信息科学以及科学计量学 3 个分支。将图 2（时间维度）、图 3（内容维度）以及表 2 结合起来，有助于我们梳理 B. Cronin 学术生涯的主题研究脉络。

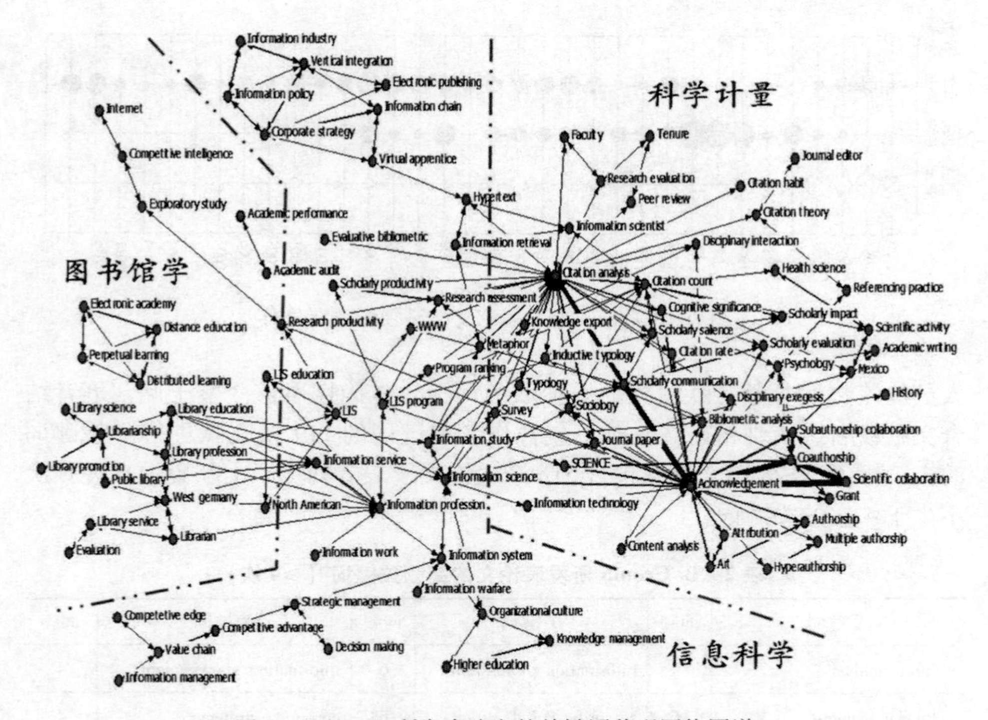

图 3　B. Cronin 所发表论文的关键词共现网络图谱

上世纪 80 年代早期，B. Cronin 主要从事引文分析基础理论和图书馆服务方面的研究，前者集中在对引用习惯和实践的探讨，后者以图书馆推广和服务为导向并逐步扩展到图书馆的职业教育和技能培训。到了 80 年代中后期，信息科学成为 B. Cronin 研究的主战场，前些年视角较为宏观，涉及社会层面的信息社会和后工业社会、国家层面的信息政策和信息规制以及产业层面的信息产业（部门）和信息经济；随后聚焦到组织层面，与达文波特合作，借助战略管理领域的波特竞争理论和价值链思想探讨了组织信息管理和公司信息战略问题。90 年代，学术致谢（acknowledgement）开始成为 B. Cronin 具有代表性的研究主题（见图 3）。致谢看似只是学术论文中不起眼的写作体例，但他挖掘了致谢背后的文本分析价值，将其上升为一种类文本（paratext）[9]，更深刻地认识到其隐含的社会关联，把这个文献引文的“穷表弟”（poor cousin）视为重要的计量指标[10]。互联网时代的到来，尤其是网络和网页两个基础要素的出现，也催生了他在三个分支中的并进。学校远程教育项目主管的任职经历使其关注远程教育系统的架构和实践，进而拓展到网络教育背景下图书馆学情报学教育和职业培训；开始从信息管理向知识管理转变，不断引入新的公司管理思想和技术，知识化的色彩也更浓；超文本和网络要素激发了他把文献计量思想和方法在Web上进行移植的尝试[11]。进入新世纪，B. Cronin更多地关注学者交流方面的研究，尤其是学者合作（如超级作者和作者贡献度）和学者引用（如引用形象和引用认同）；同时追踪前沿的科学计量指标，对学者的科研绩效进行评价。

4 产出影响分析

文献间的相互引用，表明了知识信息的利用和传播，进而也可以表征文献的学术价值。尤金·加菲尔德（E. Garfield）早在1963年就指出文献的被引数量与作者的影响力成正比，因而可以通过引文分析来衡量学者的学术影响。事实上，包括H指数在内的各类学术影响力评价指标几乎都是从引用分析衍生而来的。

4.1 H指数评价

H指数将数量指标（发文数量）与质量指标（被引频次）有机地结合起来，是评价学者尤其是高影响力学者科学成就的重要指标。B. Cronin就曾使用H指数对信息学家进行学术影响排名[2]。然而H指数本身也存在局限，与来源数据库的直接关联是其突出表现。Scopus和Google Scholar也是世界著名的引文数据库，较之Web of Science，前两者收录期刊覆盖区域的范围更广，引文分析功能也同样强大，而后者收录的论文及其引文数据则最为全面。已有研究综合运用3种数据库，对学者的H指数进行了全面考察[12-13]。本文也选择这3个数据库作为统计来源。

表3列出了1993年以来18位普赖斯奖获得者在3个数据库中的H指数。普赖斯奖得主为开创或发展当代科学计量学做出了突出贡献，是该领域最有影响的学者。自1993年起，该奖项固定地在每两年召开一次的ISSI大会上颁发。普赖斯奖得主W. Glänzel和O. Persson曾基于Web of Science数据库给出了14位获奖者的H指数[14]。本文以期刊论文为研究对象，为了使分析数据标准统一，笔者在Google Scholar数据库中只保留了以期刊为主的连续出版物中的文献。Web of Science和Scopus中也只选择作者在图书情报和科学计量学领域的期刊论文作为测算数据来源。从表3可以看到，B. Cronin的学术表现非常均衡，3项指数均排在中游。

表3　18 位普赖斯奖获得者在 Google Scholaras（GS）、Web of Science（WoS）和 Scopus 中的 H 指数

学者	获奖年份	GS	WoS	Scopus	学者	获奖年份	GS	WoS	Scopus
A. Schubert	1993	32	28	27	Egghe L	2001	31	22	20
AFJ. Van Raan	1995	37	21	30	L. Leydesdoff	2003	59	35	37
RK. Merton	1995	52	19	7	P. Ingwerson	2005	32	18	17
J. Irvine	1997	24	14	9	H. White	2005	26	18	25
B. Martin	1997	24	19	16	K. McCain	2007	27	19	14
BC. Griffith	1997	24	12	10	P. Vinkler	2009	17	17	16
W. Glänzel	1999	45	33	32	M. Zitt	2009	21	15	15
H. Moed	1999	38	28	28	O. Persson	2011	29	17	15
R. Rousseau	2001	38	25	27	B. Cronin	2013	35	19	18

4.2　学术扩散概况

截至 2013 年 8 月 31 日，B. Cronin 这 128 篇论文在 Web of Science 总共被引 1 690 次，篇均被引 13.20 次，其中他引 1 503 次。同时，这些论文被数据库中的1 249篇文献引用，去除自引的施引文献是 1 176 篇，他引率高达 94%。图 4 是这些文献被引用的时间分布。总体而言，B. Cronin 的论文的引用情况呈上升趋势：被引次数在 1996 年前相对稳定，1996 年后整体小幅提升，从 2008 年开始大幅增加，并在 2011 年达到峰值（134 次）。

B. Cronin 的这 128 篇论文虽然都是用英语写作的，但其影响力不仅仅限于以英语为母语的国家和地区。鉴于以往研究对施引文献所有合作者机构所属国别或地区进行统计所存在的不足，笔者只统计了 1 176 篇他引施引文献的第一作者或通讯作者的通讯机构所属国别（地区），同时将某国家或地区第一篇论文的时间定义为在该区域扩散的起始时间，以更加准确地展示 B. Cronin 论文影响的区域扩散（见图 5）。他在美国和英国的工作经历以及两地信息科学与图书馆学科的强大实力，使其在这两个国家得到最多的关注。而德国成为最早的扩散地区，是因为其第一篇文献是探讨在西德的移民工人接受公共图书馆服务的话题。

统计结果显示，128 篇论文得到 58 个国家和地区学者的引用，这 58 个国家和地区遍布世界各大洲，发达经济体（图中用圆圈表示）和发展中经济体

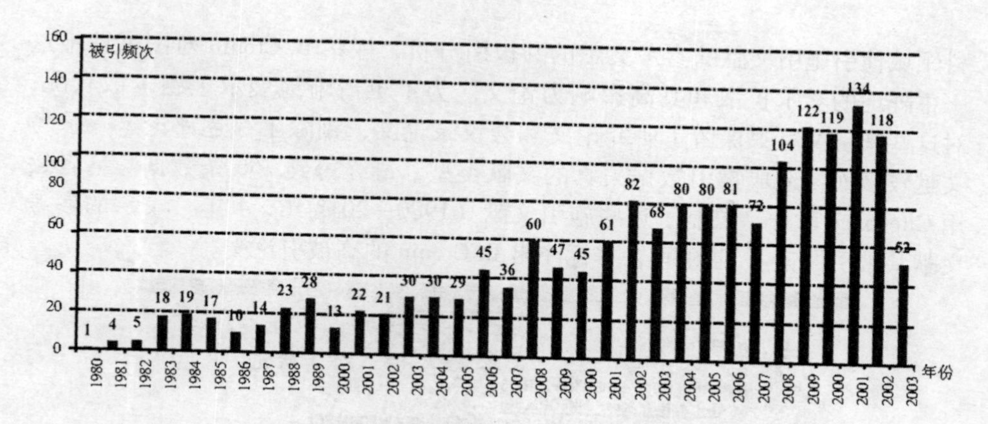

图4　B. Cronin 所发表论文被引频次年度分布

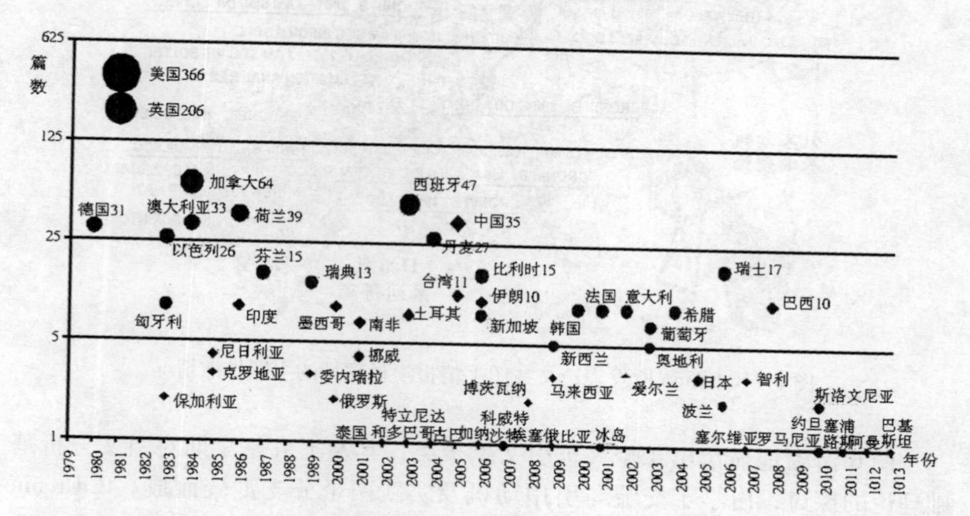

图5　B. Cronin 所发表论文学术影响的区域扩散

（图中用菱形表示）各占一半[15]。中国大陆（包括香港）共有 35 篇文献引用他的文章。尽管香港理工大学的 A. Wu 教授早在 1995 年就借鉴 B. Cronin 对专家系统的理解，提出一种自动分类系统[16]，但 2003 年之后中国大陆学者才陆续开始关注他的文章。B. Cronin 对国内的影响主要集中在引文网络、科研合作和 H 指数领域，武汉大学是引用他文章最多的机构，共 6 篇。

4.3　在图书情报领域中的知识扩散

B. Cronin 将情报学论文的被引视为学科领域的知识“出口”[17]。统计结果发现，图书情报领域几乎占据这 128 篇文献 80% 的出口。本文借助对该学科领域他引施引文献的参考文献的共被引分析，探察 B. Cronin 对图书情报这一主阵地的学术扩散和其高影响力论文。为了更清晰地展示主题扩散状况，对这些施引文献只保留了研究论文和会议录论文，剔除了综述评论这一参考文献较多而易造成被引数据失真的文献类型，最终得到 766 条数据。笔者运用 Citespace 软件，绘制了这些施引文献（1980—2013 年，4 年一段）的参考文献共被引图谱（见图 6），并标注出 B. Cronin 的高被引论文。

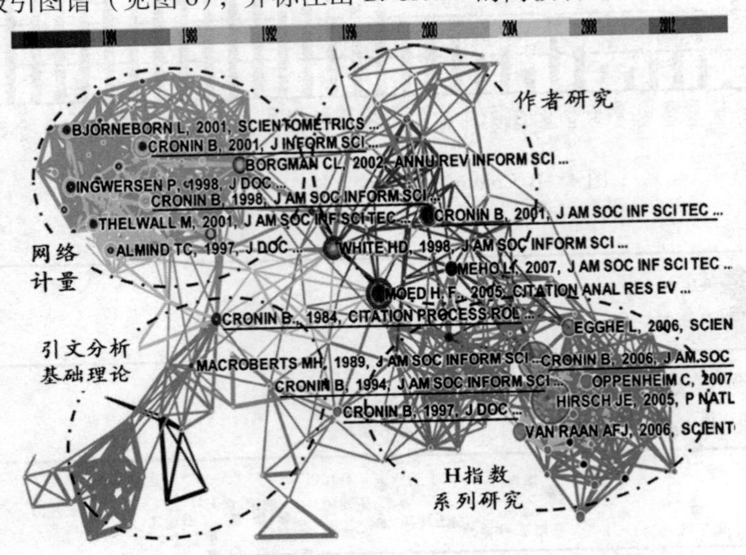

图 6　B. Cronin 所发表论文在图书情报学科领域的主题扩散情况

图 6 清晰地显示出 4 个共被引文献聚类，其左下方是早期对引文分析基础理论的探讨，由学术交流与引用动机及实践两个分支汇聚而成。B. Cronin 将引文比作科研工作者在科学园地驻留的足迹[18]。文献间的引用，形成了学术交流中的“无形学院”[19]，反映了科学知识的转移。而引文的形成受多种因素影响，除了依照学术出版程序和公约，社会和心理因素也是一部分。他对引文形式背后的科学建制和科学社会学现象的深刻认识，极大地提升了引文分析的研究层次，进而发掘出了更多的研究点。而集中体现这些思想成果的 *The Citation Process*（1984 年）一书也奠定了 B. Cronin 在引文分析领域的学术地位。图 6 的左上方是 2000 年前后对网络计量尤其是网络空间和网页载体上引文分析的探索。这一时期是网络计量研究的开创时期。B. Cronin 等人发现学术研究体裁（scholar genre）还被包含在具有更广泛内容的网页中，比如课程表和会议通知单，因而应通过 Web 的研究和开发，为学术交流提供更广

泛的替代物[11]。面对 PubMed Central、Crossref 等大型网络引文数据库的出现及其对 SCI 的冲击，他认为需要重新审视互联网环境下引文分析的理论基础，并基于以上学术交流环境的新变化，绘制出引文索引的谱系[20]。尽管 B. Cronin 接下来并未对网络引文分析做更专门的研究，但其思想深深影响了其他研究者，例如 M. Thelwall 和 P. Ingwersen 等网络计量学家。

图 6 右上方是对文章作者主体的研究，涉及作者合作、作者评价和作者间的引用分析，B. Cronin 也进行了创造性的研究，如作者合作方面的“超级作者”（hyperauthorship）概念的提出和对作者贡献度的测算，在计量学者绩效方面对各种新型指标的运用以及对学者引用认同/形象步骤的设计。图 6 的右下方是有关 H 指数的研究。如前所述，B. Cronin 曾运用 H 指数对 31 位信息科学家的科研产出进行了排名，指出 H 指数在学者历时的科学产出影响上比直接的引用次数统计表现得更为细微[2]。这是他迄今被引率最高的文章，迅速成为 H 指数领域的经典文献[21]。尽管如此，H 指数并非 B. Cronin 的专长领域，事实上这也是其 128 篇论文中仅有的与 H 指数有关的两篇文章之一。他将 H 指数看作是与引文数、网络点击数以及媒体报道数相同的“符号资本”[1]，是评价学者科研绩效的一种较好的指标。这一聚类主要与图书情报领域的“H 指数热”有关，同时也可看出 B. Cronin 善于捕捉和应用新的计量指标。

5 学术交流分析

学术交流一直是 B. Cronin 的研究焦点，同时他也始终致力于图书情报领域的交流实践。根据简历，他曾在 35 个国家和地区做过学术报告和演讲[1]，例如，1994 年他受邀在北京召开的信息市场与国际合作研讨会上做“国家信息内容市场竞争力的决定因素”报告，1998 年又在台北举行的信息科学技术大会上做“数字革命的社会维度”发言。本节基于知识视角，从学者合作和学者间引用两方面探讨学者间的学术交流。

5.1 直接的知识交流：学者合作

科学合作已成为当代科学发展的重要范式，不同学者间的科研合作一方面有助于学术交流，使不同的知识实现集成；另一方面也能增加合作成果的科研含量，提升双方的学术影响力。B. Cronin 也比较关注科研合作，他指出随着现代科学越来越庞大、复杂、精密和跨学科化，“超级作者”已经成为学术交流的一种重要现象[22]。

B. Cronin 自身较为注重学术合作，128 篇文章中有近 60% 为合作完成。

不过其早期尤其是在英国信息管理协会期间的论文几乎都是独立完成。也许是大学工作增加了他与他人合作的机会，比如接触到师生和更多的同事。尽管合著论文较多，但合著者与他形成了相对稳定的合作关系。笔者剔除了3篇多作者且合作关系几乎只有一次的合著文章或观点汇集，绘制了B. Cronin的论文合作网络（见图7）。

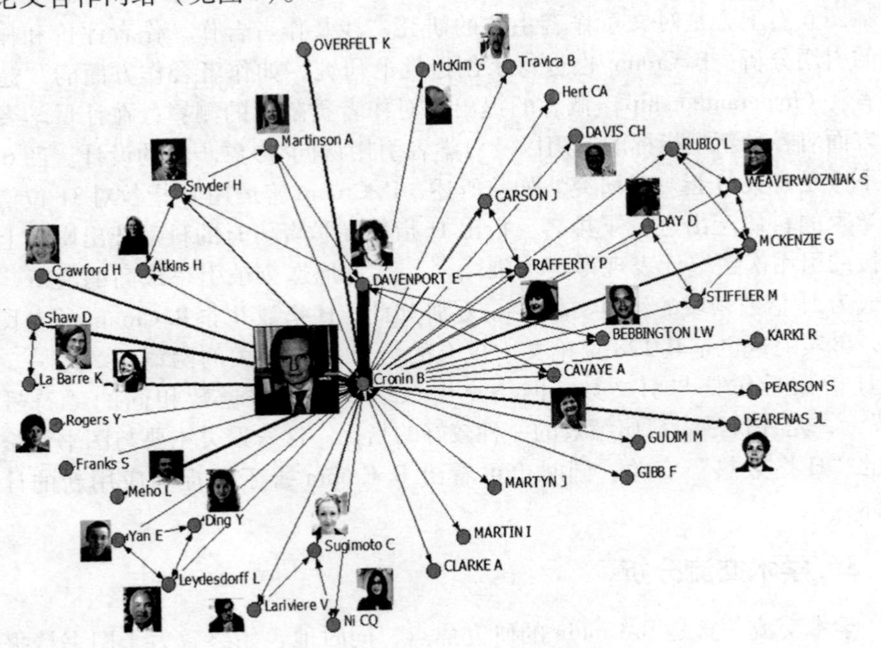

图7　B. Cronin所发表论文的合作关系网络

通过合作者身份识别，发现B. Cronin与合作者间有着显著的社会关联，主要表现为师生和同事关系。如前文所述，J. L. Arenas是他在斯特拉斯克莱德大学期间重要的合作者，同时也是他的博士生，其学位论文题目就是《墨西哥健康科学研究的文献计量剖析》。L. I. Meho博士曾任*JASIST*负责书评的副主编，现为黎巴嫩贝鲁特美国大学政治学系副教授，也是他在印第安纳大学指导的博士生，二人合作的5篇文章都得到较高的引用。B. Cronin曾担任印第安纳大学信息与图书馆学院院长19年，期间同事合作更为频繁。D. Shaw现为该学院院长，同时担任*JASIST*副主编，二人的合作集中在作者研究领域，涉及作者合作、作者评价和作者间引用多个方面。Ding Ying（丁颖）和C. R. Sugimoto博士是B. Cronin近些年合作较多的同事。前者是国际图书情报领域活跃的华人学者，后者现为*JASIST*负责书评的副主编，从图7中可见，二人在培养华人青年学者以及建构与 B. Cronin 的合作关系上起到了重要作用。E. Davenport 是 B. Cronin 最重要的论文合作者，曾经是他在斯特拉斯克莱德大学的指导博士生，随后又成为印第安纳大学的委任兼职教授（affiliated faculty）。

5.2　间接的知识交流：学者间引用

学术交流是学者间基于知识和科研主题间的交流，合作撰写论文是一种直接的交流方式，而学者间的引用则是一种间接方式，是一种非面对面而是“文对文”的交流方式。对于某位学者而言，基于论文的施引和被引，呈现引用认同（citation identity）和引用形象（citation image）两种现象。某位作者的引用认同定义为“该作者引用过的所有作者的集合”[23]，引用形象则定义为“一段时间内，引用过该作者的所有作者的集合”[24]。引用认同/形象是一种重要的引用分析方法，其与传统的引文分析以文献为研究对象不同，它更多地关注作者本身，了解引用者和被引者在研究领域和学术思想上的交流和联系[25]。B. Cronin 以包括自己在内的 3 位学者为研究对象，描述了构建作者引用认同和引用形象的步骤[5]。借鉴此方法，笔者也构建了 B. Cronin 施引和被引的全景（图 8）。其中引用认同源自 128 篇文章的参考文献中被引不少于 10 次的 31 位高被引学者，并将 B. Cronin 自身排除（自引频次最高）；引用形象则来自 1 176 篇他引、施引文献的 31 位高产作者，发文量最少 5 篇。

图 8 所示 31 对作者中，共有 8 对作者相匹配，匹配度超过 25%。而这些作者事实上构成了与 B. Cronin 间的互引关系，与他的知识交流更加紧密。E. Davenport 和 C. Sugimoto 博士是 B. Cronin 的学生和同事，S. P. Harter 教授也是印第安纳大学信息科学与图书馆学院的荣退教授（professor emeritus）。其他学者则可以被看作 B. Cronin 的学术“小同行”：H. White、K. McCain 和 L. Leydesdorff 三位普赖斯奖得主均在引文分析领域有很深造诣，J. M. Budd 教授擅长学术交流和大学图书馆方面的研究，K. Hyland 则是学术写作风格和语用学领域的著名学者。除互引作者外，引用认同与引用形象呈现较明显的差异性。引用认同中，年长的著名学者更多，如 D. J. D. Price（普赖斯）、E. Garfield（加菲尔德）、R. K. Merton（默顿）、H. Small（斯莫尔）、D. R. Swanson、Ding Ying（丁颖）、Yan Erjia（晏尔伽）、P. Ingwersen（英格沃森）、R. Rousseau（鲁索）、W. Glänzel（格兰采尔）等科学计量学领域权威学者。引用形象则有丰富的群体，Ding Ying、D. Shaw、L. I Meho 和 Yan Erjia 等人是 B. Cronin 的同事或指导的学生，而 P. Ingwersen、R. Rousseau 和 W. Glänzel 等普赖斯奖获得者和 M. Thelwall、J. Bar-Ilan、P. Jacso 和

L. Bornmann 等科学计量学知名学者的引用则再次证明了 B. Cronin 的学术影响力。

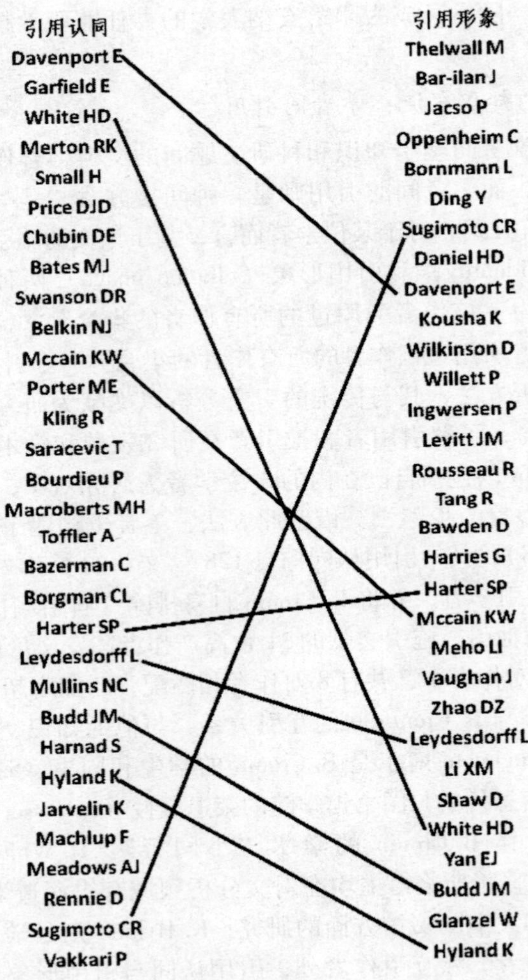

图 8　B. Cronin 引用认同和引用形象对比关联

6　结　语

本文从科研产出、产出影响和学术交流多个视角，并尝试用 B. Cronin 在其经典文献中使用过的方法，对他及其科研成果进行介绍与分析。可以看出，B. Cronin 不仅是一位高产作者，其作品在学科领域也具有重要的影响力。基于 Web of Science 数据库中提供的期刊论文，虽不能充分保证研究数据的完整性，但仍大致展示了他在学术交流、引文分析、学者研究和学术评价等方面的学术思想和贡献。尽管如此，作为一位有影响力的高产作者，图书专著也是其重要研究成果，本文对这类作品尤其是 *The Citation Process* 和 *The Scholar's Courtesy*（1995 年）等经典著作未作分析，不能不说是一种遗憾。

因为“对科学的定量研究所做出的卓越贡献”[7]，B. Cronin 荣获普赖斯奖，但其文章实际上罕有极其复杂晦涩的数理模型，而更多地是运用一种可计量的思想和方法对学术交流与学术评价等科学基本现象或建制进行剖析和研究。同时，他很注重运用社会科学研究方法和方法论去解决这些问题，如社会调查（survey）、归纳类型学（inductive typology）甚至隐喻（metaphor）。同样，尽管看似研究兴趣广泛，触及引文分析、学者研究、科研合作、网络计量和学术致谢等多个领域，但背后其实都蕴含着其对学术交流和学术评价话题的探讨，而这些思想也会在他即将出版的著作中表达出来[10]。

参考文献：

[1] Cronin B, Shaw D. Banking (on) different forms of symbolic capital [J]. Journal of the American Society for Information Science and Technology, 2002, 53(14):1267 - 1270.

[2] Cronin B, Meho L I. Using the h-index to rank influential information scientists [J]. Journal of the American Society for Information Science and Technology, 2006, 57(9):1275 - 1278.

[3] Cronin B, Meho L I. Timelines of creativity: A study of intellectual innovators in information science [J]. Journal of the American Society for Information Science and Technology, 2007, 58(13):1948 - 1959.

[4] Ahlgren P, Järvelin K. Measuring impact of twelve influential information scientists using the DCI index [J]. Journal of the American Society for Information Science and Technology, 2010, 61(7):1424 - 1439.

[5] Cronin B, Shaw D. Identity - creators and image - makers: Using citation analysis and thick description to put authors in their place [J]. Scientometrics, 2002, 54(1):31 - 49.

[6] White H D. Some new tests of relevance theory in information science [J]. Scientometrics, 2010, 83(3):653 - 667.

[7] Cronin B. Blaise Cronin's home page [EB/OL]. [2013 - 09 - 09]. http://www.slis.indiana.edu/faculty/cronin/index.html.

[8] Milojevic S, Sugimoto C R, Yan Erjia, et al. The cognitive structure of library and information science: Analysis of article title words [J]. Journal of the American Society for Information Science and Technology, 2011, 62(10):1933 - 1953.

[9] Cronin B, Frank S. Trading cultures: Resource mobilization and service rendering in the life science as revealed in the journal article's paratext [J]. Journal of the American Society for Information Science and Technology, 2006, 57(14):1909 – 1918.

[10] Cronin B. The evolving indicator space (I space) [J]. Journal of the American Society for Information Science and Technology, 2013, 64(8):1523 – 1525.

[11] Cronin B, Snyder H W, Rosenbaum H, et al. Invoked on the Web [J]. Journal of the American Society for Information Science, 1998, 49(14):1319 – 1328.

[12] Meho L I, Yang K. Impact of data sources on citation counts and rankings of LIS faculty: Web of science versus Scopus and Google Scholar [J]. Journal of the American Society for Information Science and Technology, 2007, 58(13):2105 – 2125.

[13] Bar-Ilan J. Which h-index? ——A comparison of WOS, Scopus and Google Scholar [J]. Scientometrics, 2008, 74(2):257 – 271.

[14] Glänzel W, Persson O. H-index for price medalists [J]. ISSI Newsletter, 2005, 1(4):15 – 18.

[15] 联合国开发计划署.2010 年人类发展报告第二章:人的进步[R/OL].[2013 – 09 – 09]. http://www.un.org/zh/development/hdr/2010/pdf/HDR_2010_CN_Chapter2.pdf.

[16] Cheng P, Wu A. ACS: An automatic classification system [J]. Journal of Information Science, 1995, 21(4):289 – 299.

[17] Cronin B, Meho L I. The shifting balance of intellectual trade in information studies [J]. Journal of the American Society for Information Science and Technology, 2008, 59(4):551 – 564.

[18] Cronin B. The need for a theory of citing [J]. Journal of Documentation, 1981, 37(1):16 – 24.

[19] Cronin B. Invisible colleges and information transfer: A review and commentary with particular reference to the social sciences [J]. Journal of Documentation, 1982, 38(3):212 – 236.

[20] Cronin B. Bibliometrics and beyond: Some thoughts on Web-based citation analysis [J]. Journal of Information Science, 2001, 27(1):1 – 7.

[21] Zhang Lin, Thijs B, Glänzel W. The diffusion of H-related literature [J]. Journal of Informetrics, 2011, 5(4):589 – 593.

[22] Cronin B. Hyperauthorship: A postmodern perversion or evidence of a structural shift in scholarly communication practices? [J]. Journal of the American Society for Information Science and Technology, 2001, 52(7):558 – 569.

[23] White H D. Authors as citers over time [J]. Journal of the American Society for Information Science and Technology, 2001, 52(2):87 – 108.

[24] White H D, McCain K W. Visualizing a discipline: An author co – citation analysis of information science, 1972 – 1995 [J]. Journal of the American Society for Information Sci-

ence and Technology, 1998, 49(4):327 - 355.

[25] 马凤,武夷山．引用认同——一个值得注意的概念[J]．图书情报工作,2009,53(16):27 - 30,115.

作者简介

张春博，大连理工大学科学学与科学技术管理研究所博士研究生；

丁堃，大连理工大学科学学与科学技术管理研究所教授，博士生导师；

王博，大连理工大学科学学与科学技术管理研究所博士研究生。

刘则渊与中国知识计量学

梁永霞　杨中楷　王贤文

摘　要　刘则渊是知识计量学的主要开创者。自1998年以来，他在知识计量学的概念内涵、方法范式、队伍建设等方面都做出了较大的学术贡献。以刘则渊为切入点，通过对他的学术贡献进行梳理和归纳，总结他和他的团队在知识计量学研究中的学术工作。同时以点带面，展现我国知识计量学近年来的发展状况和态势，为我国知识计量学的发展提供研判依据。

关键词　刘则渊　知识计量学　知识图谱　引文分析　WISE实验室

分类号　G350

知识计量学（knowmetrics，即knowledge metrics或knowledge metrology）是刘则渊在1998年北京举办的“科研评价暨科学计量学与情报计量学国际研讨会”上提出的新学科设想[1]。10余年来，知识计量学在中国的兴起和发展，也一直与刘则渊的名字如影相随。近年来，随着我国学术界对知识计量学认识的不断深化，该学科在我国取得了较大的发展，也涌现出一批知名的研究学者和有代表性的研究成果。饮水思源，我们有必要梳理和归纳刘则渊在知识计量学的开创和发展过程中的重要作用，同时以点带面，对我国知识计量学近年来的发展脉络相应地做一简要回顾。

1　刘则渊学术思想之脉络

刘则渊，1940年5月生，湖北恩施人，大连理工大学教授，博士生导师，全国优秀科技工作者。他从教50余年，学术兴趣广泛，知识渊博，著述等身，贡献卓著，截至2012年共出版学术专著、译著10余部，发表学术论文300余篇（其中关于知识计量的有190余篇）。从金相热处理到自然辩证法和技术哲学，从科学技术与社会研究到发展战略学，从科学学和科学计量学到科学知识图谱，刘则渊凭借其对学术的孜孜追求，在自然科学、技术科学以及人文社会科学之间的交叉领域不断追踪探索[2]，不断探求科学的“非常之道”。他在科学学（科学学理论、科学计量学与科技管理研究）、发展战略学、技术哲学、知识计量学等方面均有所建树，其主要学术成就及其代表作可以概述为以下几个方面：

1.1 对科学学的贡献

从1977年钱学森在《现代学科技术》一书中倡议建立“科学的科学”至今，科学学在中国已有36年的历史。刘则渊亲历了科学学在中国的初创与发展，在科学学理论体系、研究方法的创建和探索等方面都有突出贡献。20世纪70年代，他用科学计量的方法对科技活动进行定量分析，取得了“哲学—科学—技术—经济波动转化规律”等诸多研究成果。30余年来，坚持贝尔纳分析科学的范式，并构建了“对象维—学科维—研究维”三维矩阵，作为中国科学学的理论体系框架，为科学学拓展出一片新的疆域。他常告诫学生除了要多读经典和原著并重视理论研究外，还要善于捕捉科学前沿，积极探索科学学研究的计量方法。从2004年起，在他敏锐地察觉信息可视化技术将对科学计量学带来巨大冲击时，开始带领学生翻译国外文献，探索科学学的新领域、新方法。在他的努力下，我国学者开始与国际学术界频繁地交流、互动，并取得了大量研究成果。代表作为《科学学理论体系建构的思考——基于科学计量学的中外科学学进展研究报告》[3]。

1.2 对发展战略学的贡献

刘则渊具有深厚、扎实的马克思主义理论功底，他研究问题力求从这些理论根据进行分析，形成以“哲学—科学—技术—经济”、“人—自然—社会”、“技术科学—高等教育—强国战略”为核心的发展战略思想体系。他的发展战略思想在我国地区经济、社会发展规划、中国科学学学科建设及大连理工大学文科发展的实践中均有体现。其代表作为1988年的《发展战略学》[4]（获2003年辽宁社科优秀成果一等奖和2005年全国首届高校人文社科优秀成果管理类二等奖），这是国内第一部关于一般发展战略理论的学术专著。

1.3 对技术哲学的贡献

“技术科学”是钱学森提出来的概念，20世纪80年代，刘则渊通过与钱学森频繁的书信往来，领悟到技术科学思想的精髓，成为国内最早倡导和开展技术哲学研究的学者之一，被同行称为技术哲学东北学派的四大领军人物之一。他最先提出技术哲学的伦理转向问题，并于2000年率先与作为世界技术哲学策源地的德国同行建立了双边合作与交流关系，为科学技术哲学博士点顺利获批做出了开拓性贡献；对马克思的技术哲学思想进行了深入的研究，从理论出发，剖析了技术科学对建设创新型国家的作用；结合新巴斯德象限理论，构建了以人类知识活动系统全息性为理论基础的三螺旋结构，从而为中国的理工科大学教育及人才培养提供了独到的见解，并以技术前沿知识图谱作为支撑，进而提出了中国的强国战略。代表作为《近代世界哲学高潮和科学中心关系的历史考察》[5]、《新巴斯德象限：高科技政策的新范式》[6]。

1.4 对知识计量学的贡献

1998 年提出了知识计量学的概念后，刘则渊对中国的知识计量学的创建、概念解析、方法引入、范式开创、基地建设等方面都做出了突出贡献（见下文具体分析）。他提出的“知识价值论”引发了国内对知识经济理论的高度关注；率领 WISE 实验室团队瞄准国际领先的知识可视化技术，开展探测科技前沿的知识计量学与科学知识图谱研究，他对知识图谱的推崇也带动科学界甚至推动了企业界对知识计量的重视和创新，迅速达到国内领先、国际前沿的水平。其代表作为《关于知识计量学研究的方法论思考》[7]、《科学知识图谱：方法与应用》[8]、《悄然兴起的科学知识图谱》[9]。

他对知识计量学的研究又与科学学、发展战略学、技术哲学的研究密不可分，知识计量研究作为一门基础性、方法性交叉学科为其他的学术研究提供了方法和工具。

2 刘则渊对中国知识计量学的独特贡献

近几十年来，学者们在文献计量学、科学计量学、情报计量学、信息计量学、经济计量学（国内又称数量经济学）、网络计量学等方面进行了许多研究和探索，这些研究都或多或少涉及对知识的计量研究。但由于研究的目的和意义不同，各领域均有所侧重，在国内形成了一些研究中心，如河南师范大学、中国科学技术信息研究所、中国科学院文献情报中心、武汉大学、南京大学、北京大学、大连理工大学等。涌现出一些有突出贡献和有影响力的研究者，如赵红洲、蒋国华、梁立明（主要是系统地提出了科学计量学的一些新兴指标）、邱均平（文献计量学和信息计量学的推广与普及）、孟连生、金碧辉、武夷山、庞景安、马费成等。这些研究中心和学术带头人为推动我国的计量学发展都做出了不可磨灭的贡献，而大连理工大学的刘则渊对中国知识计量学做出了如下独特的贡献：

2.1 提出知识计量学的创建构想

1996 年，OECD 发表了《以知识为基础的经济》、《国家创新系统》等研究报告，轰动一时，引发了对知识以及知识在经济社会发展中作用的重新认识。报告中提出的有关知识测度的理念和思路，为广大学者打开了一扇对知识进行定量研究的大门。

在此大背景下，知识计量学应运而生。如前所述，刘则渊在 1998 年提出了建立知识计量学的设想[1]，此举得到国内许多学者的认同和赞赏。事实上早在 1995 年，科学计量学学者赵红州、蒋国华二人就曾经指出，在知识经济时代，科学计量学与经济计量学是姐妹学科，对推进知识经济学研究具有特殊意义[10]。作为对上述见解的延伸，刘则渊进一步解释："在知识经济环境下，很有必要将科学计量学拓展为'知识计量学'，并与经济计量学结合起来，从宏观和微观上对知识生产和应用，知识存量和流量，知识投入和产出，知识价值和价格，知识分配与转移等，进行广泛的跨学科的综合研究"[1]。可见，知识计量学并不是凭空产生的，是科学计量学为适应知识经济发展的强烈需要，与经济计量学等学科融合交汇而形成的具备崭新面貌的基础学科。

依据对知识计量学长时间的持续研究所形成的结论[11-12]，刘则渊对知识计量学做出如下定义："知识计量学是以整个人类知识体系为对象，运用对象分析和计算技术对社会的知识（生产、流通、消费、累积和增殖等）能力和知识的社会关系（组织形式、协作网络、社会建制等）进行综合研究的一门交叉学科，是正在形成的知识科学中的一门方法性的分支学科"[7]。

在可视化方法出现之后，刘则渊继续对知识计量学的交叉学科属性开展研究[13]，认为计算机科学、图书馆与信息科学、知识工程等居于知识计量学学科体系的核心地位。同时，利用可视化方法清晰地展示出知识计量学的学科结构和重点领域，为知识计量学的发展奠定了研究基础。

2.2 阐释知识计量学的研究基础

在提出知识计量学的学科建设构想之后，刘则渊认为应该界定知识计量学的概念体系，为知识计量学的研究建立统一的认识基础。他拓展了科学计量学中属于科学领域的知识单元的涵义，重新定义了知识计量学中属于知识领域的知识单元概念。刘则渊利用 30 年中国科学学的案例[14]，在剖析赵红州的科学计量学中的知识单元概念后，提出知识单元（knowledge unit）是知识领域的基本单位。他认为，知识单元一般表征文献或信息内容的概念、术语、词语等；任何知识载体如文献、机构、作者等及其承载的知识域，均可借助术语、概念等用知识单元加以表示。某个在知识网络中居关键节点位置的知识单元可能扮演知识基因的角色，决定着特定领域知识的进化与突变。由此，基于知识单元所构成的复杂自组织知识系统，就能够进行知识的生产、传播和应用，不断形成知识的基础、中介和前沿；随着不断演化和重组，知识系统形成了新的知识结构，新的知识会涌现、断层和变革；等等。

如何发现和识别知识单元演化所表征的知识活动呢？刘则渊指导他的研

究生从文献引文分析的角度来考察[15]。他们认为，除去复杂的文献引用动机或引用的社会影响因素外，可以把文献引用抽象为知识流动的过程。从知识的发展模式来看，文献引用是知识的选择、遗传和变异的过程，也是知识的产生、传播和应用的过程。因此，引文形成的全过程就是知识流动和知识活动过程。“从普赖斯到加菲尔德到斯莫尔，已确立起日臻完备的引文分析理论与方法，构成科学计量学的基础与主流，在一定意义上也可以说在科学计量学中已形成一门成熟的分支学科——引文分析学。”[8]引文分析就是运用数学和计算机等方法与手段，分析文献之间引证和被引证的知识联系与知识网络，揭示文献之间知识流动规律的一种计量方法。

如果说知识单元奠定了知识计量学的概念基础，那么引文分析则构成了知识计量学的方法论基础。而这些观点的厘清，极大程度上得益于刘则渊的长期研究工作。作为补充，刘则渊和他的学生通过可视化研究展示出引文分析学在科学计量学、网络计量学以及知识计量学学科体系中的公共基础作用，为上述观点的合理性做出完美注解。

2.3 开创知识计量学的研究范式

2004 年，《参考消息》上一则不足 200 字的短文——“科学家拟绘制科学门类图”激发了刘则渊研究科学知识图谱的兴趣。2005 年以来，刘则渊率领其团队在国内最早开展知识图谱研究，以科学知识图谱研究促进知识计量学发展，迅速在国内掀起了一阵热潮，形成知识可视化的知识计量研究范式。“悄然兴起的科学知识图谱”[9]一文在 CNKI 中已被引用 158 次；《科学知识图谱：方法与应用》[8]一书则被认为是一部极具价值并及时的著作。科学知识图谱可帮助大众获取知识，防止其迷失在信息海洋中。在刘则渊率先提出“知识图谱”名词 7 年之后，2012 年 5 月 18 日，Google 在其官方博客中宣称：为了让用户能够更快更简单的发现新的信息和知识，Google 搜索将发布一项名为 Knowledge Graph 的新技术——可以将搜索结果进行知识系统化，任何一个关键词都能获得完整的知识体系[16]。Knowledge Graph 在国内也被人冠以“知识图谱”的中文名称，说明刘则渊提出的“知识图谱”名词表述已经被大众广泛认可和接受。

当今时代迅速崛起的 e-科学研究前沿可视化分析，不仅引起当代科学研究方式的深刻变革，也是对科学学大变革的时代呼唤[17]。刘则渊推崇利用陈超美研制的 CiteSpace 软件，并深入理解 CiteSpace 软件所蕴含的科学发现理论以及科学革命的范式转变。他结合科学计量学大师普赖斯提出的“参考文献的模式标志科学研究前沿的本质”以及库恩提出的“科学革命是范式的根本转换”等，提出了知识图谱与参考文献及库恩范式之间的关系，力图推动学者真正“皈依”CiteSpace知识图谱的学术范式，进一步牢固地形成基于CiteSpace知识可视化研究范式的科学共同体，在知识可视化理论、方法、应用、传播上取得新的业绩。

2010年中秋节前夕，刘则渊教授为其团队做了题为“知识图谱与知识计量的思考”的报告。他对陈超美开发的新一代CiteSpace软件及其基于知识单元动态可视化手段所绘制出的知识图谱，做出了“4个一”的形容：一图展春秋，一览无余；一图胜万言，一目了然[18]，并且利用波普尔的三个世界理论完美地诠释了陈超美的“科学图谱改变你看世界的方式”的箴言，即：世界2以视觉思维方式，分析世界3中的一个知识领域，绘制知识图谱来透视世界1的一个现实领域。这种高超的思维方式，将知识计量学从数据的理性描述擢升至图谱的形象展示，变革了知识计量学的研究路径，开创了知识计量学的新的研究范式。

2.4 引领知识计量学的研究潮流

截至2013年5月，在CNKI中以“知识图谱”为检索词，检索到640余篇（其中125篇来自大连理工大学）相关文献。从年代分布可以看出，自2005年第一篇文献问世后，之后几年间数量迅速增长，2011年全年发表153篇，2012年全年发表228篇，2013年仍然保持增长的趋势，知识图谱已经成为科学计量学领域的一个热点领域。自刘则渊2006年的“科学学理论体系建构的思考”[3]（被引47次）一文提出“当前文献计量学、信息计量学和网络计量学作为科学计量学的手段和方法，也是把科学技术活动及相关对象看作知识元来进行计量分析的。在这个意义上，科学计量学及相关的计量学科都将统一于以知识元为计量单位的知识计量学”一段时间之后，知识计量学的研究逐渐增多而且研究范围逐渐扩大。王续琨等研究了知识计量学的研究定位和框架[19]。文庭孝等对知识计量相关问题进行了初步的综合探索研究[20-22]，并获得了国家社科基金的资助。赵蓉英从研究对象、特点、测度标准、使用方法技术等各方面探讨了知识计量学的有关内容，探索了知识计量学的基本理论[23]。侯海燕等也研究了知识计量学的交叉学科属性[13]。还有许多学者也纷纷投入于知识计量学研究的大潮。

借助信息可视化工具CiteSpace 2.2.R11，对2005—2011年的论文数据进行关键词共现分析，绘制知识计量学关键词共现图谱（见图1），可以发现知识计量研究的几个重点研究领域和新进展。如知识图谱方法、可视化分析、可视化工具、科学研究前沿、研究热点、知识结构、网络分析等。知识计量

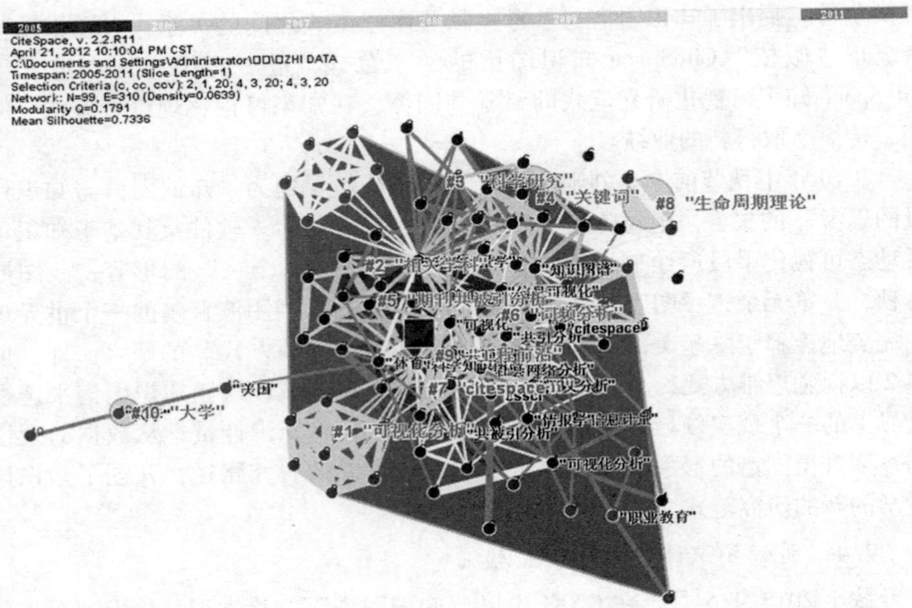

图1　知识计量学研究领域关键词共现图谱（2005—2011年）

学的研究除了在情报学和信息管理、科学学、经济学、管理学领域展开研究外，也拓展到了许多学科的应用上，如体育科学、社会学、教育学、传播学、医学等。

图1表明知识计量学作为新兴学科，不但其学科领域内部不断发展，对其他学科的带动作用也逐渐增强。知识计量方法从计量对象来看可以大致分为以人、物、社会为载体的知识计量，即知识人力资源计量、文献和专利计量以及知识产业和知识经济测度计量三类[24]。刘则渊带领团队出版的学术著作《科学知识图谱：理论与应用》[8]以及主编的知识计量与知识图谱丛书（目前出到第二辑，两辑一共10册），力图向研究者和同行展示知识计量的新方法、新领域、新境界。除了出版著作外，刘则渊团队还应业界需求，专门开办“知识图谱与知识计量”讲习班，为国内同行介绍绘制知识图谱以及知识计量的方法和理论，赢得了业界的好评。他认为研究方式、方法和手段上的每一次重大改进与变革，往往会导致新的科学发现，创造新的科学领域，甚至开辟新的科学时代。而知识计量学如果利用新的方法，则同样会发现新领域，达到新境界[18]。作为一种基本的计量方法，知识计量学将会在更为广阔的领域发挥更大的作用。

2.5 建设知识计量学研究阵地

刘则渊有着“敢为天下先”的精神和魄力，在知识计量学的研究阵地建设上也当仁不让，建设了大连理工大学第一个人文学科实验室——WISE Lab（Webometrics Information Scientometrics and Econometrics Lab，网络－信息－科学－经济实验室），引进了大连理工大学第一个管理学科的长江学者，培养了第一批国内的科学学与科技管理博士，将 WISE 实验室建设成为国际科学计量学与知识计量学的研究中心之一。

2.5.1 实验室建设

知识计量的基础建设包括各类科技信息数据库、科技知识网络、相关资料、工具以及设备设施的建设。在刘则渊的倡导下，大连理工大学在基础建设方面给予了很大的支持，如大连理工大学图书馆购买了 ISI 的相关数据库，包括 SCI \ SSCI \ DERWENT \ JCR 等，为开展知识计量研究提供了丰富的数据资源。2004 年与著名德国科学计量学家克雷奇默博士创建大连理工大学网络－信息－科学－经济计量实验室（WISE 实验室）并任主任，确立了“科学可量、智慧无限，中西合璧，少长咸集”的理念。实验室从刚开始只有一间 10 平米的办公室到现在几百平米的实验室，数十台高配的计算机以及完善的软硬件设施为知识计量提供了很好的环境。从 2005 年至 2013 年 5 月的 7 年多时间，WISE 实验室在 *Journal of Informetrics*、*Scientometrics*、*Journal of the American Society for Information Science and Technology* 等国际权威期刊上发表了 SSCI 论文 25 篇。WISE 实验室被著名的 SCI 创始人加菲尔德博士赞誉为世界科学计量学研究中心之一。

2.5.2 团队建设

以刘则渊为负责人和学术带头人的大连理工大学科学学与科技管理博士点、创新基地及 WISE 实验室造就了一支以长江学者和海天学者为领军人物的高水平研究队伍，锻炼和培养出我国第一批科学计量学和知识计量学博士和硕士 50 余人。同时广泛吸引了数学、计算机科学、系统科学、经济学、社会学科学诸方面的优秀人才，逐步形成知识结构、专业结构、年龄结构最佳的知识计量学人才群体。他和他的学生在研究过程中的相互切磋、师生之间的教学相长，使博士点和团队整体迈向了知识计量和知识图谱的新领域、新境界和新高度，同时也做出了新的重要科学发现[18]。图 2 显示了刘则渊知识计量研究的合作者网络。

2.5.3 国际交流

刘则渊和他的团队非常注意国际间的交流与合作，紧随国际研究前沿：

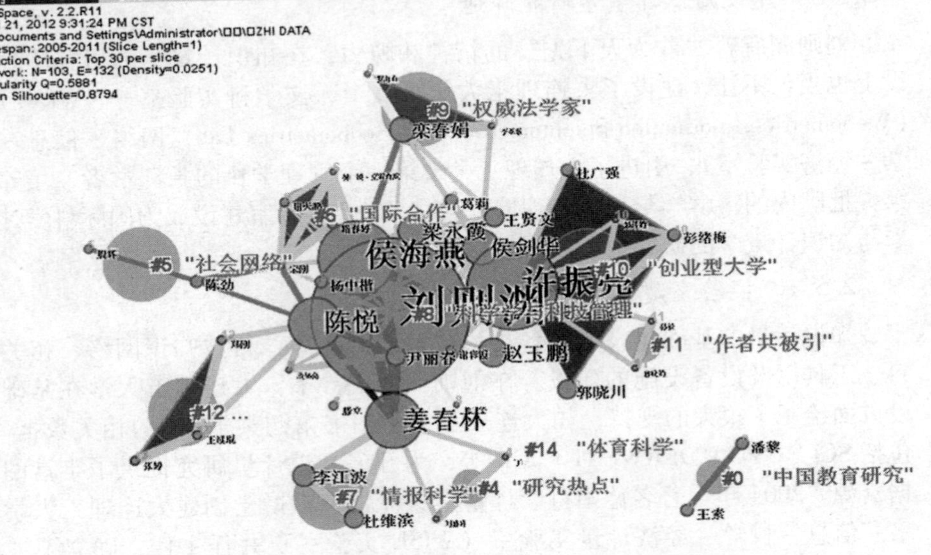

图2　知识计量学研究领域主要作者（2005—2011年）

聘请了德国学者克雷奇默为大连理工大学海天学者、英籍华人陈超美为长江学者、比利时学者鲁索为客座教授来大连理工大学授课；邀请多名国际科学计量学界知名学者来华参观访问讲座；多次主持召开了科学计量学与知识计量学术研讨会和讲习班，邀请国际著名科学学界专家来华访问讲学；带领团队积极参加国际科学计量学以及信息计量学大会，宣讲研究成果，使WISE实验室成为世界一支重要的知识计量的研究力量；推荐优秀博士生、青年教师出国交流学习，远赴美国的德雷塞尔大学、美国亚利桑那大学、德国洪堡大学、比利时鲁汶大学等著名机构去学习新方法、新知识和新技术；同时，作为双向交流，他还招收了国外访问学者。在他的努力下，2009年与陈超美博士共同创办中国大连理工大学－美国德雷塞尔大学知识可视化与科学发现联合研究所。

3　结　语

自提出知识计量学以来，刘则渊一直在为中国的知识计量学的发展和壮大而努力。他对知识计量提出了独特而深刻的见解，提出了知识计量的方法论。近年来，他提出以科学知识图谱作为知识计量科学共同体研究的新范式，鼓励研究人员努力开创知识计量的新方法，以使之上升到新境界、新高度。

在刘则渊的影响下，以知识图谱为基础的知识计量研究在我国迅猛发展，他为知识计量的基础建设、人才培养和国际交流做出了力所能及的贡献。

知识计量学作为一个独立学科开展研究有重要的现实意义。虽然文献计量学和信息计量学的研究与知识计量学研究有交叉和重叠，但知识计量学作为一个独立学科，还相当的年轻，其理论体系有待进一步的完善[24]。国内的许多学者对知识计量学理论和方法钻研较少，虽然利用科学知识图谱较多，但还没能完全挖掘知识图谱中知识单元、知识链以及知识群的深意。希望以后的知识计量研究能更多地发掘知识计量的方法和理论，拓展知识计量的应用领域，结合知识之间的联系与流动规律，为科学知识以及社会创新发展谱写新的篇章！

参考文献：

[1] 刘则渊．赵红州与中国科学计量学[J]．科学学研究，1999，17(4)：104－109.

[2] 陈悦．"学术是生命，也是一种生活方式"——刘则渊教授的学术人生[EB/OL].[2013－05－15]. http://www. csstoday. net/2012/06/11/15451. html.

[3] 刘则渊．科学学理论体系建构的思考——基于科学计量学的中外科学学进展研究报告[J]．科学学研究，2006，24(1)：1－11.

[4] 刘则渊．发展战略学[M]．杭州：浙江教育出版社，1988.

[5] 刘则渊，王海山．近代世界哲学高潮和科学中心关系的历史考察[J]．科研管理，1981(1)：7－21.

[6] 刘则渊，陈悦．新巴斯德象限：高科技政策的新范式[J]．管理学报，2007，4(3)：346－353.

[7] 刘则渊，刘凤朝．关于知识计量学研究的方法论思考[J]．科学学与科学技术管理，2002，23(8)：5－9.

[8] 刘则渊，陈悦，侯海燕，等．科学知识图谱：方法与应用[M]．北京：人民出版社，2008.

[9] 陈悦，刘则渊．悄然兴起的科学知识图谱[J]．科学学研究，2005，23 (2)：149－154.

[10] 梁立明．科学计量学：指标·模型·应用[M]．北京：科学出版社，1995.

[11] Liu Zeyuan. On scientometrics-based institutional science studies [C]//Second Berlin Workshop on Scientometrics and Informetrics & First COLLNET Meeting. Berlin：Gesellschaft für Wissenschaftsforschung，2001：155－160.

[12] 刘则渊，冷云生．关于创建知识计量学的初步构想[C]//王战军，蒋国华．科研评价与大学评价．北京：红旗出版社，2001：401－405.

[13] 侯海燕，陈超美，刘则渊，等．知识计量学的交叉学科属性研究[J]．科学学研究，2010，28(3)：328－332.

[14] 刘则渊，胡志刚，王贤文．30 年中国科学学历程的知识图谱展现——为《科学学与

科学技术管理》杂志创刊 30 周年而作[J]. 科学学与科学技术管理，2010(5)：17 –23.
[15] 梁永霞. 引文分析学的知识计量学研究[D]. 大连:大连理工大学,2009.
[16] Google“知识图谱”:完整知识体系的搜索结果[EB/OL]. [2013 – 05 – 15]. http://labs. chinamobile. com/news/72041.
[17] 刘则渊，陈超美，侯海燕，等. 迈向科学学大变革的时代[J]. 科学学与科学技术管理，2009(7)：5 – 13.
[18] 刘则渊. 知识计量与知识图谱丛书(第二辑)[M]. 大连:大连理工大学出版社,2012.
[19] 王续琨，侯剑华. 知识计量学的学科定位和研究框架[J]. 大连理工大学学报(社会科学版),2008,29(3):51 – 54.
[20] 文庭孝. 知识计量单元的比较与评价研究[J]. 情报理论与实践，2007，31(6)：731 –736.
[21] 文庭孝，陈书华，王丙炎,等. 不同学科视野下的知识计量研究[J]. 情报理论与实践,2008，31(5)：654 –658.
[22] 文庭孝，刘晓英，梁秀娟,等. 知识计量研究综述[J]. 图书情报知识，2010(1)：93 –101.
[23] 赵蓉英，李静. 知识计量学基本理论初探[J]. 评价与管理，2008，6(3)：29 –32.
[24] 贺飞，韩伯棠. 基于科技人力资源的区域知识存量测度研究思路[J]. 现代管理科学，2006(7)：17 –19.

作者简介

梁永霞，中国科学院国家科学图书馆编辑，博士；
杨中楷，大连理工大学 WISE 实验室副教授，博士；
王贤文，大连理工大学 WISE 实验室讲师，博士。

埃里克·冯·希普尔创新管理理论学术贡献的计量分析*

陈 悦[1,2] 朱晓宇[2] 陈 劲[1]

（1. 浙江大学国家哲学社会科学创新基地 杭州 310027；2. 大连理工大学科技伦理与科技管理研究中心 WISE 实验室 大连 116085）

摘 要 利用科学计量学方法和手段，从发表作品的期刊分布、高频引用的作者和作品、高被引论文、学术合作网络及学术影响范围几个方面，对创新管理专家希普尔的学术贡献进行客观分析，以为了解希普尔的学术贡献提供独特视角。

关键词 埃里克·冯·希普尔 创新管理 科学计量

分类号 G301

埃里克·冯·希普尔（Eric von Hippel）教授是麻省理工大学斯隆学院创新与创业部主管，主要研究分散式创新和开放式创新的本质及经济学规律，同时也研究开发并讲授改善企业产品和服务开发过程的应用方法[1]。希普尔有关创新管理的研究始于1973年在卡内基梅隆大学完成的博士学位论文《企业风险探究——大企业实施的新产品创新战略》。在这之前，他曾做过公司合伙人兼研发主管及麦肯锡咨询公司顾问，也许正是这种工作经历，使其后来的学术研究附有大量的实证案例。

1 希普尔的作品发表概况

1.1 期刊分布

从SSCI数据库中共检索到希普尔的49篇记录（包含47篇期刊论文和2篇书评，1975—2007年）。由图1可见，其作品发表情况从一开始即呈现出持续稳定增长趋势，表明希普尔在其30多年的学术生涯中，一直活跃在创新管

* 本文系国家社会科学基金项目青年项目“基于科学知识图谱的中外创新管理研究”（项目编号：07CTQ008）研究成果之一。

理学术舞台上，并显示出强劲的学术生命力。

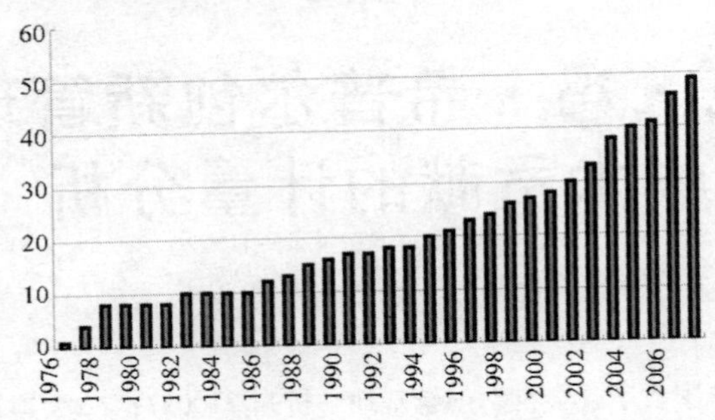

图1　希普尔的科研产出状况（累计数量）

从发表论文的期刊分布状况来看，49篇记录分布于22种期刊中，涵盖了科学、技术和创新为主题的期刊（见表1）。其中，以从经济学视角进行政策研究为主的 *Research Policy* 一直是希普尔发表论文的主要阵地，共发表14篇论文。

表1　希普尔引用期刊（频次大于10次）的分布情况

被引频次	期刊名称
99	Research Policy
59	Management Science
24	Organization Science
18	Journal of Product Innovation Management
16	IEEE Transactions On Engineering Management
14	Journal of Marketing Research
12	Journal of Experimental Psychology
11	R&D Management
10	Administrative Science Quarterly
10	Journal of Industrial Economics
10	Science

其后依次是以管理数量分析见长的 *Management Science*（8篇）；以引导和传播工商管理领域中最新思想、理论、观点和方法的准学术期刊 *Harvard Busi-*

ness Review（4 篇）；注重市场学视角的 *Journal of Product Innovation Management*（2 篇）；基于金融经济和行为科学的 *R&D Management*（2 篇）。从引文的期刊分布来看（见表 1），主要集中在 *Research Policy* 和 *Management Science* 两种期刊。希普尔的创新管理理论涉及到经济学、数量分析、组织行为学、市场学、工程管理以及自然科学的相关理论知识。

1.2　希普尔高频引用的作品和作者

表 2 列出了希普尔高频引用的 10 篇论文和 14 位作者：

表 2　希普尔高频引用的论文和作者

高频引用论文
1. E von Hippel，The Sources of Innovation，1988（17 次）
2. P. D. Morrison，J. H. Roberts，E von Hippel，Determinants of User Innovation and Innovation Sharing in a Local Market，Management Science，2000，v46，1513 – 1527.（9 次）
3. E von Hippel，Sticky Information and the Locus of Problem-solving：Implications for Innovation，Management Science，1994，40（4）：429 – 439.（9 次）
4. G. L. Urban，E von Hippel. Lead User Analyses for the Development of New Industrial Products，Management Science，1988，34（5），569 – 582.（8 次）
5. W. M. Cohen，D. A. Levinthal. Absorptive Capacity：A New Perspective on Learning and Innovation，Administrative Science Quarterly，Vol. 35，1990（35）：128 – 152.（8 次）
6. S. Ogawa. Does Sticky Information Affect the Locus of Innovation? Evidence from the Japanese convenience – store industry. Research Policy，1998（26），777 – 790.（8 次）
7. E von Hippel，The Dominant Role of Users in the Scientific Instrument Innovation Process，Research Policy，1976（5）：212 – 39.（7 次）
8. E von Hippel. Lead Users：A Source of Novel Product Concepts，Management Science，1986（32）：791 – 805.（7 次）
9. K. E. Knight，A. Study of Technological Innovation：The Evolution of Digital Computers'，PHD Dissertation，Carnegie Institute of Technology.（7 次）
10. J. Schmookler，Invention and Economic Growth，1966.（7 次）

高频引用作者		
E. von Hippel（117 次）	E. Mansfield（21 次）	N. Franke（18 次）
W. M. Cohen（15 次）	C. Lüthje（15 次）	T. J. Allen（14 次）
M. J. Tyre（11 次）	R. R. Nelson（10 次）	R. H. Katz（10 次）
P. D. Morrison（10 次）	G. L. Urban（10 次）	D. Harhoff（9 次）
H. A. Simon（9 次）	K. J. Arrow（9 次）	

值得注意的是，希普尔的研究自引率相当高（自引高达117次，远远高于对第二位 E Mansfield 的引用），在高频被引的前10篇论文中，有6篇论文属于自引，这表明希普尔创新管理研究的专一性和连贯性，这6篇论文也正是其在创新管理研究历程中的代表作，它们分别代表着“创新源理论”、“领先用户理论”、“粘滞信息理论”、“创新工具箱理论”的正式提出。希普尔引用的高频作者大都是经济学领域的专家（见表2），表明他是以经济学知识为创新管理研究的组织框架和工具。他继承了美国卡内基理工学院和耶鲁大学经济学教授曼斯菲尔德（E. Mansfield）的技术推广理论，杜克大学福库商学院教授科恩（W. M. Cohen）的有关技术吸收能力理论，纳尔逊（R. R. Nelson）的经济演化理论，西蒙（H. A. Simon）的决策理论以及阿罗（K. J. Arrow）的均衡经济理论等。

1.3 希普尔的高被引论文

希普尔的论文在过去30年里一直备受人们关注，如表3所示：

表3 希普尔在 Web of Science 中的高被引文章

序号	题目	期刊	年份	被引频次
1	Sticky Information and the Locus of Problem-solving: Implications for Innovation（“黏滞信息”与解决问题的症结：创新的内涵）	Management Science	1994	291
2	Lead Users-A source of Novel Product Concepts（领先用户：新产品概念的来源）	Management Science	1986	225
3	Cooperation Between Rivals: Informal Know-how Trading（竞争者之间的合作：非正式的信息交流）	Research Policy	1987	146
4	The Situated Nature of Adaptive Learning in Organizations（组织持续学习的情境本质）	Organization Science	1997	91
5	Lead User Analyses for the Development of New Industrial Products（新工业产品开发的领先用户分析）	Management Science	1988	78
6	Task Partitioning: An Innovation Process Variable（任务分配：一个创新过程变量）	Research Policy	1990	68
7	Economics of Product Development by Users: The Impact of “Sticky” Local Information（用户开发产品的经济学：局部粘滞信息的影响）	Management Science	1998	61

续表

序号	题目	期刊	年份	被引频次
8	How "Learning by Doing" is Done: Problem Identification in Novel Process Equipment（如何边学边做：自新颖的处理设备中辨析问题）	Research Policy	1995	58
9	From Experience: Developing New Product Concepts Via the Lead User Method: A Case Study in a Low-Tech Field（来自经验：通过用户方法指导开发新产品概念：低端技术领域的案例研究）	Journal of Product Innovation Management	1992	47
10	Open Source Software and the "Private-Collective" Innovation Model: Lssues for Organization Science（开放源代码软件和"私人－集体"创新模型：组织科学议题）	Organization Science	2003	45

Web of Science 中收录的 49 篇论文共被引用了1 317次，平均每篇被引 26.9 次，33%的论文被引 30 次以上，8 篇论文被引 50 次以上，h 指数高达 21。其中被引频次最高的是于 1994 年发表在 *Management Science* 上的《粘滞信息及解决问题的症结：创新的内涵》一文。该论文明确提出了粘滞信息和信息粘性的概念，不仅极好地解释了创新源，而且由此对整个创新过程，对创新中知识管理、组织学习、知识产权保护，对组织创新包括战略创新、组织结构创新、业务流程创新、组织文化创新、合作创新、创新外包以及创新网络等都具有极大的解释力[12]，同时，也为后来提出的用户创新工具箱奠定了坚实的理论基础。在高被引论文中，年代分布于其学术研究的各个时期，其中很多是 20 世纪 90 年代以后发表的，有 5 篇是 21 世纪发表的，这说明希普尔一直引领着有关创新源研究的热点和前沿，其研究一直在创新管理学术研究中备受关注。

2 希普尔的学术合作网络

笔者以在 Web of Science 中检索到的 49 篇记录为研究对象，绘制出了希普尔的合作网络图谱（见图 2）。从图 2 可以看出，右侧看似一个严密的合作团队，实际上，这是 2007 年在《哈佛商业评论》上发表的一篇由多篇论文组成的汇集，阐释 2007 年突破性的管理理论或观点[3]。其中包括希普尔的"用户中心性法则"理论。

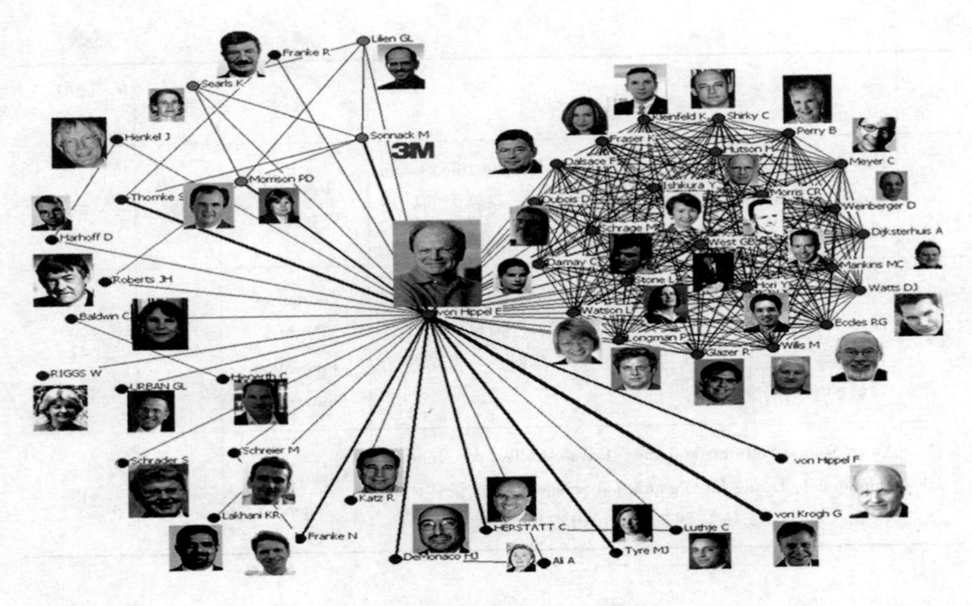

图2　希普尔的学术合作网络

图2左侧扇状作者群是和希普尔真正合作过的人。表4列出了这些合作者的身份和学术背景，他们是希普尔学术研究的重要资源，大多毕业于或曾任职于MIT，具有管理学、营销学和经济学的知识背景，还有相当一部分人具有很高的技术开发能力。更为重要的是，他们大多都有着开发产品或营销产品的实践经验，这与希普尔自身的学术背景和经历都极为相似。这些学术资源充分奠定了希普尔的研究基础，也决定了其创新理论研究的特点，即从"经验研究上升到理论，再由理论开发出具体的操作手段，并付诸于创新活动的实践"。

表4　希普尔部分学术合作者的身份及学术背景

序号	频次	合作人	身份及学术背景
1	4	G von Krogh	瑞士苏黎世理工大学（ETH Zurich）战略、技术和经济学系教授，主要研究竞争战略、创新管理和知识管理。为ABB、Fujitsu、UBS、IBM等多家公司的战略顾问和培训师，是世界经济论坛的重要成员，在产业和经济发展方面做出积极的贡献。
2	3	Marcie. J. Tyre	MIT斯隆管理学院管理学教授。

续表

序号	频次	合作人	身份及学术背景
3	3	S. Thomke	哈佛商学院教授，技术管理和产品创新专家。主要研究创新的工艺、创新经济学和创新中的试验管理。
4	2	C. Herstatt	德国汉堡工业大学技术和创新管理研究所所长，全球创新项目协调员。
5	2	N. Franke	维也纳大学经济学和工商管理教授，创新和创业研究所所长。主要研究领域有用户创新、用户创新工具、水平创新网络、创业、创新管理及市场营销。
6	2	M. Sonnack	3M公司的部门科学家，专门引进新的产品发展程序，并把这些新做法推广到整个公司。
7	2	H. J. DeMonaco	资深分析师，研究诊断和治疗方法的创新，曼彻斯特总医院人类研究委员会主席。
8	2	P. D. Morrison	悉尼新南威尔士大学市场营销学教授。在政府、包装消费品市场上具有广泛的咨询经验，作为营销总监，专门从事市场营销的支持与预测咨询服务。
9	2	F von Hippel	理论物理学家，威尔逊学院公共国际事务教授，1959 年在 MIT 获取学士学位。
10	1	G. L. Urban	麻省理工学院斯隆管理学院电子商务中心副主任、管理学教授。致力于提高新产品开发和市场营销生产率的管理科学模式的研究，专门从事市场营销和新产品开发。

3 希普尔的学术影响范围

笔者借助 Drexel 大学陈超美教授开发的信息可视化工具——CiteSpace[4]，并通过对在 Web of Science 上检索到的引用前述 49 篇记录的 1 120 条引文记录的国家共现（见图 3）分析和机构共现（见图 4）分析，来进一步说明希普尔学术研究的影响范围。

图 3 表明希普尔创新理论的本地化影响程度最强，其影响的国家主要是美国，其次是英国、德国、法国、加拿大、意大利、荷兰、澳大利亚、丹麦、瑞典等，再次是新加坡、日本和中国。受希普尔的创新理论影响较大的机构见表 5：

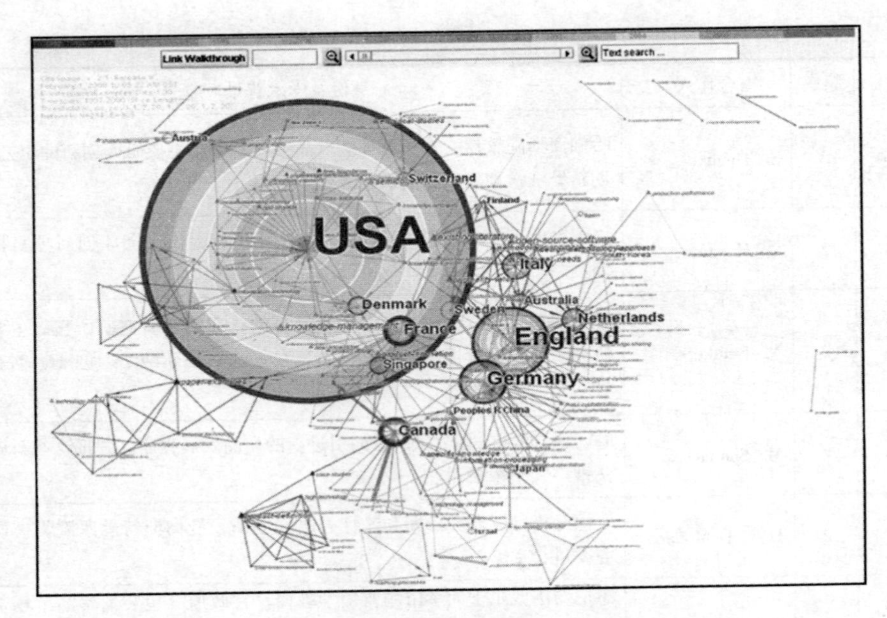

图 3　国家共现图谱

表 5　受希普尔的创新理论影响较大的机构

频次	机构	频次	机构
53	麻省理工大学（斯隆管理学院）	17	斯坦福大学（斯坦福商学院）
38	哈佛大学（哈佛商学院）	17	马里兰大学（史密斯商学院）
23	宾夕法尼亚大学（沃顿商学院）	17	德克萨斯大学（迈克库姆商学院）
22	哥本哈根经济和商业管理学院	15	华盛顿大学商学院
20	波士顿大学（管理学院）		

图 4 突显出 MIT 斯隆管理学院和哈佛商学院不仅是受希普尔创新理论影响最大的两个机构，而且它们之间以“technology-based（基于技术）”为共同的研究兴趣而形成了密切的合作伙伴关系，前者更侧重于“用户需求”、“工程设计”及“实证研究”，而后者更侧重于“特定知识”、“公司边界”、“半导体产业”、“信息处理”及“卡片式管理”。

4　结　语

通过科学计量学方法对希普尔在 Web of Science 中索引的 49 篇记录进行

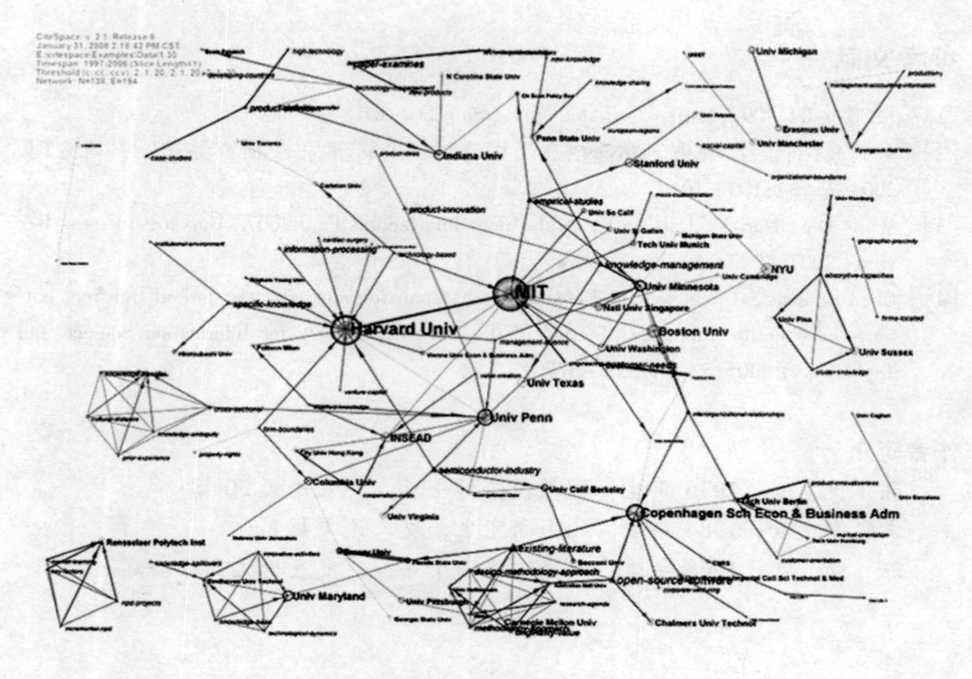

图4　机构共现图谱

探讨和分析，可以得出如下结论：①从发表论文的分布来看，希普尔的创新管理理论涉及到经济学、数量分析、组织行为学、市场学、工程管理以及自然科学的相关理论知识；②从发表论文的引用情况来看，希普尔的研究自引率相当高，表明希普尔创新管理研究的专一性和连贯性；③从发表论文的被引情况来看，希普尔高被引论文发表年代分布于其学术研究的各个时期，说明希普尔一直引领着有关创新源研究的热点和前沿；④通过对希普尔论文合作网络的分析，揭示出其创新理论研究的特点，即从“经验研究上升到理论，再由理论开发出具体的操作手段，并付诸于创新活动的实践”；⑤通过对创新管理研究的国家及机构分析，揭示出希普尔创新理论的本地化影响程度最强。

笔者借助于数量分析方法对希普尔的学术贡献作了较为客观的分析，但需要指出的是，分析的对象仅限于被 Web of Science 索引的 49 篇记录，从希普尔的主页网站上记录了 69 篇论文，其中有一些是发表在未被 Web of Science 收录的期刊上，另外一些是一些研究报告，仔细阅读每篇论文，笔者发现，仅用 49 个记录来进行上述有关希普尔的学术贡献分析并不会产生太大的影响。

参考文献：

[1] [2008-07-09]. http://web. mit. edu/evhippel/www/.

[2] 叶兴波,刘景江,魏梅. 粘滞信息与用户创新工具箱:一个研究综述. 科研管理,2004,25(3):100-105.

[3] Watts D J, Hori Y, Dalsace F, et al. Ideas Innovadoras Para 2007. Harvard Business Review, 2007,85(2):8-36.

[4] Chen Chaomei. CiteSpace II: Detecting and visualizing emerging trends and transient patterns in scientific literature. Journal of the American Society for Information Science and Technology, 2005,57(3):359-377.

作者简介

陈　悦，女，1975 年生，副教授，博士后，发表论文 30 篇；

朱晓宇，女，1984 年生，硕士研究生，发表论文数篇；

陈　劲，男，1968 年生，教授，博士生导师，发表论文 300 余篇。